普通高等教育"十一五"国家级规划教材

建 筑 施 工 技 术

（第四版）

主　编　邹绍明

副主编　李建民　张根凤

U0190545

重庆大学出版社

内 容 简 介

本书是高职高专建筑工程系列教材之一。全书共分 11 章,内容包括:土石方施工技术、起重技术、脚手架搭设技术、地基加固与桩基施工技术、钢筋砼施工技术、预应力砼结构施工技术、砌体施工技术、安装施工技术、防水施工技术、装饰施工技术、高层建筑施工技术。

本书是高职高专房屋建筑工程的教材,也可作为土建类专业的教学用书,同时也可供建筑企事业单位的工程技术人员参考。

图书在版编目(CIP)数据

建筑施工技术/邹绍明主编.—3 版.—重庆:
重庆大学出版社,2012.7(2016.8 重印)
高职高专建筑工程系列规划教材
ISBN 978-7-5624-2442-0

Ⅰ.①建… Ⅱ.①邹… Ⅲ.①建筑工程—工程施工—
高等职业教育—教材 Ⅳ.①TU74

中国版本图书馆 CIP 数据核字(2012)第 140787 号

普通高等教育"十一五"国家级规划教材
建筑施工技术
(第四版)

主 编 邹绍明
副主编 李建民 张根凤
责任编辑:曾令维 穆安民 版式设计:曾令维
责任校对:任卓惠 责任印制:赵 晟

*

重庆大学出版社出版发行
出版人:易树平
社址:重庆市沙坪坝区大学城西路 21 号
邮编:401331
电话:(023)88617190 88617185(中小学)
传真:(023)88617186 88617166
网址:http://www.cqup.com.cn
邮箱:fxk@cqup.com.cn(营销中心)
全国新华书店经销
重庆升光电力印务有限公司印刷

*

开本:787mm×1092mm 1/16 印张:27.25 字数:680 千
2016 年 8 月第 4 版 2016 年 8 月第 13 次印刷
印数:36 001—39 000
ISBN 978-7-5624-2442-0 定价:48.00 元

前 言

　　本书根据高等职业技术教育的要求和房屋建筑工程专业的培养目标,以及最新的建筑施工规范与建筑技术标准编写而成,系普通高等教育"十一五"国家级规划教材。本书参考教学时数为110学时,各院校可根据其地域的不同,做适当的调整。

　　《建筑施工技术》是房屋建筑专业的主要职业技术必修课之一,它主要研究建筑产品施工活动中的基本规律、施工方法、施工工艺、施工技术。实践证明,建筑施工技术在培养和造就建筑施工及管理的专门人才方面,起到了非常重要的作用。

　　但是,建筑产品在形成的过程中,由于有其自身的特点和施工的特殊性,决定了建筑施工的复杂性,往往学生在学完本门课程后,较难掌握其规律。为此,本书紧密结合建筑施工技术实际,紧紧围绕施工程序来阐述本专业的基本理论和先进的科学技术理论,并对现有的建筑施工技术的内容做了一些整合,让学生在学习各单一建筑施工技术的同时,能对前后施工技术的区别与联系有一个全面了解,在学完本课程后,能掌握一套较完整的施工技术,一改过去以分部工程作为建筑施工技术教材体系的传统做法。本书系统地介绍了一般民用和工业建筑的施工技术,同时还介绍了国外的一些新技术、新工艺。对一些不常用的施工方法,做了适当的删减。为了使本教材具有体现施工现场实际的特点,便于学生考取土建施工员执业资格证,故章末附有模拟项目工程题,供学生练习。这些尝试,无疑对提高学生的职业技术能力、分析和解决现场施工问题的能力有较大帮助。

　　本书可作为土建类专业高职高专《建筑施工技术》教材,亦可作土建工程技术人员参考用书。

　　全书由邹绍明主编,李建明、张根凤担任副主编。本书绪论、第1章、第3章由重庆工程职业技术学院邹绍明编写;第2章、第8章由重庆科技学院谢炳科编写;第4章、第5章由中铁咸阳铁路干部管理学院张根凤编写;第6章由河北工程职业技术学院郝永池编写;第7章由贵州大学鲁海梅编写;第11章由

1

贵州大学吴旭编写；第9章、第10章由昆明学院李建明编写。

本书在编写过程中参考了《建筑施工技术》、《建筑技术》、《建筑工程施工及验收规范》、《建筑施工手册》等杂志和书籍，重庆工程职业技术学院建筑工程教研室的全体同仁对本书提供了许多宝贵意见，在此特表示衷心感谢，并对本书付出辛勤劳动的重庆大学出版社的编辑同志表示深深谢意！

限于时间和业务水平，书中不妥之处在所难免，我们真诚欢迎读者批评、指正。

编　者
2016 年 6 月

目 录

1

绪　论

0.1　本课程的基本任务

建筑产品的形成一般应包括建筑立项、地质勘察、建筑设计、施工准备、建筑施工、竣工验收等程序。在这一复杂的过程中,建筑施工最为重要,它是形成建筑产品的重要阶段,并由建筑企业担纲主角。

作为建筑施工单位主要有两项任务:一是根据建筑产品的特点、技术要求、施工条件、技术装备等,制订出技术可行、安全可靠的施工组织设计或施工方案(措施);二是根据施工组织设计的要求,组织科学的建筑施工,并利用新技术、新工艺,建造出满足使用功能要求的建筑产品。

一个建筑产品在形成过程中,存在着生产(施工)规律,即同一个建筑产品,虽可采用不同的施工方案、不同的技术装备、不同的施工方法和不同的施工技术来完成,但应有一种施工方案、施工方法和施工技术,更能体现建筑产品实际,施工工期最短,经济效果最明显。建筑施工技术的基本任务就是要探索建筑施工的一般规律。

建筑施工技术一般应包括:施工方法原理、施工工艺过程、施工先后顺序、施工质量标准、施工安全技术等内容。因此,本课程是一门研究建筑产品生产(施工)规律的学科。建筑施工技术不仅要合理应用国家的建筑法规,研究建筑产品的一般方法,同时还要借鉴和学习国内外的先进施工技术。

0.2　我国建筑施工技术的现状

我国古代建筑施工技术有着辉煌的成就,远在公元前 2000 年,我国就已掌握了夯填、砌筑、营造、铺瓦、油漆等方面的施工技术。

自新中国成立以来,经过 50 多年的发展,初步形成了具有中国本土特色的建筑体系,建成了不少结构复杂、技术水平高的民用与工业建筑。如北京的"十大建筑"、上海宝钢厂、上海世界金融中心(95层,460 m)等的建成,标志着我国的建筑施工技术水平已达到世界先进水平。

在地基基础施工技术方面,掌握了强夯法、旋喷法、锚喷支护法、地下连续墙法、逆作法等新技术;在现浇钢筋砼结构方面,应用了大模板、滑模、爬模、隧道模、组合钢模,以及钢筋气压焊、机械连接、砼的泵送技术等;在脚手架方面,采用了钢制脚手架、工具式脚手架、桥式脚手架及吊脚手架等;在提升技术方面,应用了大型塔吊、爬升式塔吊和建筑施工电梯等;在建筑装修、防水防潮、施工测试等方面,均掌握和发展了许多新技术。这些新技术的运用,有力地推动了我国建筑施工技术的不断发展。

0.3 建筑施工及验收规范、施工规程(规定)

0.3.1 建筑施工及验收规范

建筑标准分强制性标准和推荐性标准,它们是建筑行业从事勘察、设计、施工、安装、验收构配件等技术活动的根据。

强制性标准内容包括:有关安全、卫生环境、基本功能要求的标准;有关全国统一的模数、公差、计量单位、符号、术语等基础标准;通用试验方法和检验方法标准等。

推荐性标准内容包括:勘察设计、施工方法或生产工艺标准;产品标准等。

建筑施工方面的标准是建设部颁发的"施工及验收规范",它是国家的技术标准,是按各分部工程制订的。该法规条文的制订,主要是为了加强建筑施工的技术管理和统一验收标准,以达到提高施工技术水平,保证工程质量和降低工程成本的目的。因此,凡从事建筑工程设计和施工技术管理的人员,都必须遵照执行。

施工及验收规范内容一般包括:建筑材料、半成品、成品、建筑零配件的质量标准和技术条件,施工准备、施工质量要求,施工技术要点,质量控制方法和检验方法等。凡新建、改建、修复等工程,在设计、施工或竣工验收时,均应遵守现行的建筑安装工程施工及验收规范。

对民用与工业建筑和建筑设备安装工程的中间和竣工验收,应按照现行的建筑安装工程质量检验统一评定标准进行评定。

0.3.2 施工规程(规定)

施工规程(规定)是比施工及验收规范低一个等级的施工标准,是反映新结构、新工艺、新材料的设计与施工标准文件。其内容一般包括:总则、设计规定、计算要求、构造要求、施工规定和工程质量验收等。

施工规程(规定)的内容不得与施工及验收规范相抵触,如有不同之处,应以施工及验收规范为准。

0.4 建筑施工程序

建筑施工的成果就是完成各类建筑产品——各种建筑物或构筑物。每个建筑产品都需要经过场地平整、基础施工、主体施工、装饰施工、安装施工等,最后竣工验收形成建筑产品。

在建筑施工中,必须坚持施工程序,按照建筑产品施工的客观规律,组织工程施工。只有这样,才能加快工程建设速度、保证工程质量和降低工程成本。

建筑施工程序是指建筑产品的生产过程或施工阶段必须遵守的顺序,主要包括接受施工任务、签订工程承包合同、施工准备、组织工程施工和竣工验收阶段等。

0.4.1　接受施工任务、签订工程承包合同

建筑施工企业接受施工任务,一是由上级主管部门统一接受任务后,按计划下达的;二是参加投标,中标而得到的。无论按哪种方式接受的施工任务,都必须同建设单位签订工程承包合同,明确各自在施工内的经济责任和承担义务,工程合同一经签订,即具有法律效力。

0.4.2　施工准备

施工任务落实后,在工程开工之前,应安排一定的施工准备期。做好施工准备工作,是坚持施工程序的重要环节之一。

施工准备的主要任务是根据建设工程的特点、施工进度和工程质量要求,以及施工的客观条件,合理布置施工力量,从技术、物质、人力和组织等方面为建筑施工顺利进行创造必要的条件。

施工准备的内容,以单项工程为例,主要包括编制施工组织设计和施工预算、征地和拆迁、施工现场四通一平、修建临时设施、建筑材料和施工机具的准备、施工队伍的准备等,并做好施工与监理单位的配合及协调工作。

0.4.3　组织工程施工

组织工程施工在整个建筑生产过程中占有极为重要的地位。因为只有通过合理的组织施工,才能最后形成建筑产品。

组织工程施工的主要内容,一是根据施工组织设计确定的施工方案和施工方法以及进度的要求,科学地组织综合施工;二是在施工中,对施工过程的进度、质量、安全等进行全面控制,最终全面完成施工计划任务。

0.4.4　工程竣工验收

工程竣工验收是对建筑产品进行检验评定的重要程序,亦是对基本建设成果和投资效果的总检查。所有工程项目按设计文件要求的内容建成后,均须根据国家的有关规定进行竣工验收,并评定其质量等级。

只有验收合格的建筑工程,才能正式移交使用。不合格的建筑工程,不准报竣工面积,更不得移交使用。

在工程交付使用的同时,施工单位须向业主交付一套完整的工程竣工资料,以作为历史档案资料,供今后备查用。

0.5　本课程的学习方法

　　建筑施工技术是一门综合性很强的应用技术,要综合运用建筑材料、建筑力学、房屋建筑学、建筑工程测量、建筑结构、建筑机械、建筑施工组织、建筑工程预算等学科的知识,因此,要掌握建筑施工技术,就得学好前述相关课程。

　　为了在建筑施工过程中加强技术管理,执行统一的"施工质量验收规范",不断提高施工技术水平,保证施工质量,降低工程成本,能正确运用有关施工规范、施工规程(规定)来处理建筑施工中的技术问题,还必须认真学习国家颁发的建筑工程施工验收规范。这些规范是国家的技术标准,是我国建筑施工技术和建筑经验的结晶,亦是我国建筑界所有作业人员应共同遵守的准则。因此,学习和掌握建筑工程施工验收规范显得非常重要。

　　由于建筑施工技术涉及的知识面广、实践性强,每章之间内容的相互联系不很紧密,且逻辑性、系统性不很强,叙述性的内容亦较多,往往看似简单,但要真正掌握甚至融会贯通又较困难,加之建筑科学技术发展较快,因此,在学习中必须加强建筑施工的基本知识、基本理论和基本技能的学习。学完各章后,应及时总结归纳已学过的知识和能力要求。同时,还应高度重视电化教学、课后作业、课程设计、现场教学、参观实习、工种实习、岗位实习等学习环节。只要坚持循序渐进、理论联系实际的学习方法,掌握建筑施工技术是不难的,可以做到学以致用、融会贯通。

第 **1** 章
土石方施工技术

学习目标:

1. 了解土石的种类和鉴别方法。
2. 熟悉土石的技术性质及其工程应用。
3. 掌握土方量计算方法、土方调配及土方调配优化的基本理论。
4. 掌握轻型井点设计方法和地基回填的要求及质量检验标准。
5. 熟悉土方、石方的施工方法。

职业能力:

1. 具有能熟练运用方格网法计算场地平整时的土方量,并合理调配土方的能力。
2. 具有能合理选择土方的施工方法和施工机械的能力。
3. 具有能正确选择填方土料、填筑方法和压实方法的能力。
4. 具有能正确运用爆破方法对石方进行施工的能力。
5. 具有正确处理土石方施工中常见事故的初步能力。

1.1 土石方施工概述

任何建筑物或构筑物的施工,首先遇到的是土石方的施工。在工业与民用建筑工程中,土石方施工主要有场地平整、基坑(槽)的开挖与回填、地基填土与压实、基坑(槽)与边坡的支护等。

1.1.1 土的工程分类

在建筑工程施工中所遇到的土方主要有地基土和非地基土两类,按地基土颗粒级配不同和开挖难易程度不同来进行分类。

(1)按地基土的颗粒级配不同分类

根据土的颗粒级配或塑性指标不同,将地基土分为 5 大类,见表 1.1。

表 1.1　地基土的分类

土的分类	土的名称	承载力标准值/kPa
黏　　土	黏土、亚黏土、轻亚黏土	硬塑 140～300；可塑 100～200；流塑≤80
岩　　石	软石、次坚石、坚石、特坚石	风化：强 200～1 000；中 700～2 500；微 1 500～4 500
碎石类土	漂(块)石土、中砂、粉砂	稍密 150～500；中密 200～800；密实 400～1 000
砂　　土	砾砂、粗砂、轻亚黏土	中粗砂 180～500；粉细砂 140～340
人工填土	素填土、杂填土、冲填土	素填土 85～160

注：本表分类不包括特殊类土；黏土的承载力标准值仅供参考；杂填土、冲填土不宜作地基土。

(2)按土的开挖难易程度不同分类

用此方法将土分为 8 类，前 4 类为一般土，后 4 类为岩石，见表 1.2。

表 1.2　土的工程分类

土的分类	土的名称	最初可松性系数 K_s	最终可松性系数 K'_s	现场鉴别方法
一类土（松软土）	砂、亚黏土、冲积砂土层、种植土、泥炭(淤泥)	1.08～1.17	1.01～1.03	用锹、锄头挖掘
二类土（普通土）	亚黏土、潮湿黄土、含有碎(卵)石砂、种植土、填筑土及亚砂土	1.14～1.28	1.02～1.05	用锹、锄头挖掘，少许用镐翻松
三类土（坚土）	软及中等密实黏土、重亚黏土、粗砾石、干(碎石、卵石)黄土、亚黏土、压实填筑土	1.24～1.30	1.04～1.07	主要用镐，少许用锹、锄头挖掘，部分用撬棍挖掘
四类土（砂砾坚土）	重黏土、碎(卵)石黏土、粗砾石、密实黄土、天然砂、软泥炭岩及蛋白石	1.26～1.32	1.06～1.09	先用镐、撬棍，后用锹挖掘，部分用楔子及大锤开挖
五类土（软石）	硬石炭纪黏土、中密页岩、泥灰岩、白垩土、胶结松的砾岩、软石炭岩	1.30～1.45	1.10～1.20	用镐或撬棍、大锤挖掘，部分用爆破方法开挖
六类土（次坚石）	泥岩、砂岩、砾岩、坚实页岩、泥灰岩、密实石灰岩、风化花岗岩、片麻岩	1.30～1.45	1.10～1.20	用爆破方法开挖，部分用风镐开挖
七类土（坚石）	大理岩、辉绿岩、玢岩、花岗岩、白云岩、砂岩、砾岩、片麻岩、石灰岩、玄武岩	1.30～1.45	1.10～1.20	用爆破方法开挖
八类土（特坚石）	安山岩、玄武岩、片麻岩、花岗岩、闪长岩、石英岩、辉长岩、辉绿岩、玢岩	1.45～1.50	1.20～1.30	用爆破方法开挖

1.1.2　土的技术性质

(1)土的可松性

天然状态的土经过开挖后,其结构被破坏,因土质松散而体积增大,虽经回填压实,仍不能恢复到原来的体积,这种性质称为土的可松性。

土经开挖后的松散体积与原天然状态下的体积之比值,称为最初可松性系数 K_s,用它表示土由天然状态经开挖成为松散土时体积增大的程度。

土经回填压实后的体积与原来天然状态下的体积之比值,称为最终可松性系数 K'_s,用它表示天然土经开挖回填压实后体积的增大程度。其计算公式如下:

$$K_s = \frac{V_2}{V_1}, \quad K'_s = \frac{V_3}{V_1} \tag{1.1}$$

式中　K_s——最初可松性系数,松土为 1.08 ~ 1.17,普通土为 1.14 ~ 1.24,坚土为 1.24 ~ 1.30;

$\quad\quad$ K'_s——最终可松性系数,松土为 1.01 ~ 1.03,普通土为 1.02 ~ 1.05,坚土为 1.04 ~ 1.07;

$\quad\quad$ V_1——土在天然状态下的体积,m^3;

$\quad\quad$ V_2——土经开挖后的松散体积,m^3;

$\quad\quad$ V_3——土经回填压实后的体积,m^3。

在土方施工中,K_s 是计算土方施工机械(含运土车辆)等的重要参数,而 K'_s 则是计算场地平整标高及填土时所需挖土量等的重要参数。因此,施工中绝不可忽视土的可松性。

(2)土的天然含水量

土的天然含水量是指土中水的质量与固体颗粒质量之比的百分率,用以表示土的干湿程度,即

$$\omega = \frac{m_w}{m_s} \times 100\% \tag{1.2}$$

式中　ω——土的天然含水量;

$\quad\quad$ m_w——土中水的质量,kg;

$\quad\quad$ m_s——土中固体颗粒经烘干后的质量,kg。

土含水量在 5% 以下称为干土;在 5% ~ 30% 之间者称为潮湿土;大于 30% 者称为湿土。土的含水量将直接影响土方的开挖、土方边坡稳定及填土压实等。

(3)土的天然密度和干密度

土在天然状态下单位体积的质量,称为土的天然密度(简称密度)。土的密度按下式计算:

$$\rho = \frac{m}{V} \tag{1.3}$$

式中　ρ——土的密度,kg/m^3;

$\quad\quad$ m——土的总质量,kg;

$\quad\quad$ V——土的体积,m^3。

一般黏土的密度为 1 800 ~ 2 000 kg/m^3,砂土为 1 600 ~ 2 000 kg/m^3。

干密度是土的固体颗粒质量与总体积的比值,用下式表示:

$$\rho_{d} = \frac{m_s}{V} \qquad (1.4)$$

式中　ρ_{d}——土的干密度,kg/m³;

其余符号同前。

密度和干密度表示土的紧密程度。工程上通常用干密度表示土的压实质量。

(4)土的孔隙比 e 和孔隙率 n

孔隙比 e 是土体中的孔隙体积与固体体积的比值,用下式表示:

$$e = \frac{V_v}{V_s} \qquad (1.5)$$

式中　V_v——土体中的孔隙体积,m³;

　　　V_s——土体固体体积,m³。

孔隙率 n 是土的孔隙体积与总体积的比值,用百分率表示:

$$n = \frac{V_v}{V} \times 100\% \qquad (1.6)$$

式中　V——土体的外形体积,m³。

孔隙比和孔隙率反映了土的密实程度。孔隙比和孔隙率越小土越密实。

(5)土的渗透系数

单位时间内水穿透土层的能力称为土的渗透系数,以 m/d 表示。根据土的渗透系数不同,土可分为透水性土(如砂土)和不透水性土(如黏土)。一般土的渗透系数见表1.3。

土渗透系数的大小影响土方施工的降水与排水速度。渗透系数越大土的降水与排水速度越快。

表 1.3　土的渗透系数表

土的名称	渗透系数/(m·d⁻¹)	土的名称	渗透系数/(m·d⁻¹)
黏土	<0.005	中砂土	5.00~20.00
亚黏土	0.005~0.10	均质中砂土	35.00~50.00
轻亚黏土	0.10~0.50	粗砂土	20.00~50.00
黄土	0.25~0.50	圆砾石土	50.00~100.00
粉砂土	0.50~1.00	卵石土	100.00~500.00
细砂土	1.00~5.00		

(6)土体边坡度

土体边坡度是指为保持土体施工阶段的稳定性而放坡的程度,用土方边坡高度 h 与边坡底宽 b 之比来表示(见图1.1),即:

$$土方边坡度 = \frac{h}{b} = \frac{1}{\frac{b}{h}} = 1 : m \qquad (1.7)$$

式中,$m = b/h$ 称为土体边坡系数。

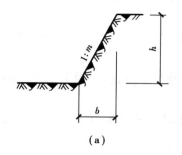
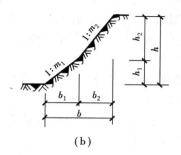
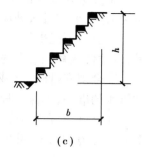

（a）　　　　　　　　　（b）　　　　　　　　　（c）

图 1.1　土体开挖时的边坡度
（a）直线形　（b）折线形　（c）阶梯形

当土体的坡度系数 m 和边坡高度 h 为已知时，则边坡的宽度 b 等于 mh。若土方土壁高度较高时，土方边坡可根据各土层土质及土体所承受的压力，可做成折线形或阶梯形。

土方边坡度的大小，应根据土质条件、开挖深度、地下水位高低、施工方法、工期长短、附近堆土及相邻建筑物情况等因素而定。

1.1.3　土方施工特点

（1）土方开挖工作繁杂，劳动强度大

在建筑工程中，尤其大型建筑工程项目的场地平整，土方施工范围大，其工程量达数百万立方米，开挖面积达数千平方米，开挖深度可达 20 m 以上。

（2）土方工程施工条件复杂

土方施工大多为露天作业，而土方是一种种类繁多的天然物质，土层的水文和地质条件复杂，加之土方工程又往往是在施工条件不完备的情况下进行，不确定的因素较多。

（3）土方施工工期较长

土方工程施工范围大、劳动强度大、施工要求高，故土方工程施工工期少则半年，多则数年。因此，作为现场施工技术和管理人员，在土方施工前，必须详细分析土方地质勘察资料和施工条件，踏勘现场，在此基础上制订出合理的土方施工方案。

1.1.4　土方施工设计及准备工作

土方施工前，应制订出以技术分析为依据的施工设计。土方的施工设计应遵循以下原则：

①选择的土方施工方案和方法要合理，使施工的总土方量达到最少。

②选用的土方施工机械要合理，施工机械组织得当，施工机械效率高，保证施工机械发挥最大的效益。

③土方施工前运输道路要畅通，并做好排水、降水、土壁支撑等工作。

④编制土方施工计划时，应尽可能将其避开冬季和雨季。

⑤对施工中可能遇到的流砂、滑坡、古墓、枯井、古河道、人防等问题，应进行技术分析，并提出解决措施。

⑥进行土方施工设计时，应提出确保安全施工的措施。

根据土方施工特点，应做好以下准备工作：

①分析和校核各项技术资料　根据土方各项技术资料,做好现场勘探、地面清理、地下障碍物清除、土方机械进场道路修筑以及土方搬运去向等工作。

②应尽可能采用机械化施工　由于土方工程量比较大,采用一些行之有效的新工艺、新工具,以替代或减轻繁重的体力劳动。

③合理安排施工计划,拟订合理施工方案　充分做好准备,避开雨季施工,否则要做好防洪排水的准备,确保工程质量,以取得较好的经济效果。

④办理土方运输许可证　在主城区施工土方时,应拟订合理的运输路线,防止运输土方时对城市环境的污染,并办理城市环卫准运手续。

1.2　土方量计算与土方调配

土方量是土方施工设计和预算的重要依据,因此在施工前必须进行土方量计算。但由于土方地形复杂,几何形状不规则,要精确计算土方量比较困难。一般是将其假设或划分为一定的几何形体,并采用既能达到一定精度而又与实际土方量相近的方法进行计算。

1.2.1　场地平整土方量计算

场地平整施工时,对场地的挖填方量较大的工地,一般应先平整整个场地,后开挖建筑物的基坑(槽),以便大型土方机械有较大的工作面,能充分发挥其效能,亦可减少与其他工序的干扰。

场地平整前,一般采用方格网法计算场地平整时的土方量。其基本思路是:先根据建筑设计文件的规定要求,确定场地平整后的设计标高。再由场地设计标高和自然地形地面的标高之差,计算场地各方格角点的施工高度,即土的挖方或填方高度,并根据施工高度计算整个场地的挖方和填方量。最后根据挖方、填方量的大小,对挖方、填方进行平衡调配,并根据工程的总体规划、规模大小、工期要求、土方施工机械设备条件等,拟订土方施工方案。

方格网法计算场地平整土方量的步骤如下:

(1)划分方格网

根据地形图(1∶500),将场地范围划分成由若干个方格组成的方格网。方格大小一般为 20 m×20 m～40 m×40 m。为便于计算,应对方格网角点进行编号,其编号标注在"方格角点的左上角"。

(2)确定各方格角点的地面标高 H_{ij}

根据地形图上的等高线,用插入法确定 H_{ij}。插入法分为解析法和图解法。解析法相对准确,但计算较繁琐。而图解法解算较快,其精确度相对于解析法要低,但一般能满足施工需要。在实际工作中,一般只用一种方法即可。如果没有地形图时,可在地面上用木桩打好方格网,用测量仪器直接测出各方格角点的地面标高。

1)解析法　在地形方格网图上,过某一方格角点作一条与该角点两侧等高线大致垂直的直线,并假想沿该直线截开,再利用相似三角形原理,求解该角点的地面标高,如图 1.2 所示。

根据相似三角形原理,因为 $h_x : 0.5 = x : l$,所以 $h_x = 0.5x/l$,只要在地形图上量出 x 和 l 的长度,便可计算出角点 4 的地面标高,即 $H_4 = 44.0 + h_x$。

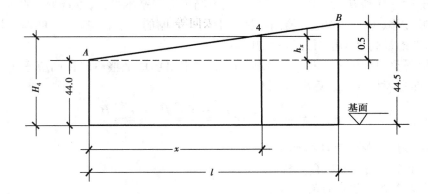

图 1.2　解析法示意图

2)图解法　用一张透明纸,在其上画 6 条等间隔的相互平行的细直线,然后把该透明纸放在标有方格网的地形图上,最外两根直线分别对准方格与等高线的交点(A、B 点),则透明纸上的平行线就将 A、B 之间的高差分成 5 等份。此时,用插入法便可在透明纸上直接读出角点 4 的地面标高 H_4,如图 1.3 所示。依此类推,其他各点的地面标高均可用此法求出。

角点的地面标高求出后,标注在"相应方格角点的左下角"。

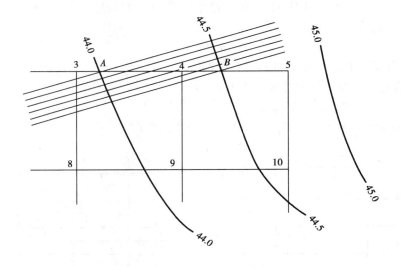

图 1.3　图解法示意图

(3)确定场地设计标高 H_0

场地设计标高是进行场地平整和土方计算的依据,合理确定场地的设计标高,对减少挖填方量、节约土方运输费用、加快施工进度等具有重要的经济意义。

当场地设计标高为 H_0 时,挖方与填方基本平衡,可移挖作填,挖方就地处理。若场地设计标高定得过低,挖方土用于填方后有剩余,则需要向场外弃土;若场地设计标高定得过高,挖方土不足以填平场地,则需要从场外取土作填土。无论是弃土还是取土,都要增加运输等费用。因此,在确定场地设计标高时,须结合地形条件,进行技术经济比较,确定一个合理的场地标高。

11

确定场地设计标高 H_0 的原则：场地内的挖方与填方应基本平衡，以减少运输等费用；尽量考虑自然地形，以减少挖、填方量；能满足施工工艺和运输的要求；具有一定的泄水坡度，能满足排水要求；考虑最高洪水位对建筑物的影响。

根据场地平整前后土方量相等的原则和 H_{ij}，确定出场地平整后的标高应等于 H_0 的水平面，由此可用四角棱柱体法计算出 H_0，即

$$H_0 = \frac{\sum H_1 + 2\sum H_2 + 3\sum H_3 + 4\sum H_4}{4N} \qquad (1.8)$$

式中　H_0——场地平整的设计标高，m；

　　　H_1——1 个方格拥有的角点标高，m；

　　　H_2——2 个方格共有的角点标高，m；

　　　H_3——3 个方格共有的角点标高，m；

　　　H_4——4 个方格共有的角点标高，m；

　　　N——方格网数，个。

（4）确定各方格角点的设计标高 H'_{ij}

平整后的场地根据排水要求应具有一定的泄水坡度。因此，场内各角点应按泄水要求计算其设计标高。

1）单向坡排水　如图 1.4 所示，设单向排水坡度为 i，取场地中心线为 H_0，场地内任意方格角点的设计标高为：

$$H'_{ij} = H_0 \pm l \cdot i \qquad (1.9)$$

式中　H'_{ij}——场地内任意方格角点的设计标高，m；

　　　l——场地中心线到各方格角点的距离，m；

　　　i——单向排水坡度，一般 $i \not< 2‰$；

　　　$\pm$——若该方格角点低于 H_0 时，取"$-$"；反之取"$+$"。

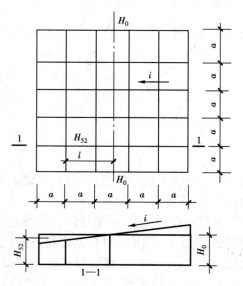

图 1.4　单向坡排水

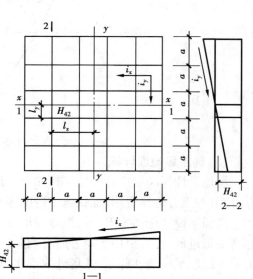

图 1.5　双向坡排水

2)双向坡排水 如图 1.5 所示,设 x 轴方向排水坡度为 i_x,y 轴方向排水坡度为 i_y,则场内各角点的设计标高为:

$$H'_{ij} = H_0 \pm l_x \cdot i_x \pm l_y \cdot i_y \tag{1.10}$$

式中 l_x、l_y——该角点在 x—x、y—y 方向至场地中心的距离,m;

i_x、i_y——该角点在 x—x、y—y 方向的泄水坡度。

角点设计标高 H'_{ij} 求出后,标注在"相应角点的右下角"。

(5)计算各方格角点施工高度 h_{ij}

各方格角点施工高度为:

$$h_{ij} = H_{ij} - H'_{ij} \tag{1.11}$$

式中 H_{ij}——角点地面标高,m;

H'_{ij}——角点设计标高,m。

若计算出的 h_{ij} 为"+"时,即为该角点的挖土深度;若计算出的 h_{ij} 为"-"时,即为该角点的填土深度。

计算出的各角点施工高度,标注在"相应方格角点的右上角"。

(6)土方量计算

1)确定零点、零线、划分挖填区 如果方格边两端的施工高度符号不同,则说明在该方格边上有零点(不挖、不填点)存在。先把方格边上的零点找出来,再把相邻两个零点连接起来,这条线即为零线(挖方区与填方区的分界线)。确定零点的方法有解析法和图解法,在工作中用一种方法即可。

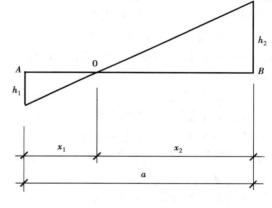

图 1.6 用解析法求解零点

①解析法 由图 1.6 可得:

$$h_1 : x_A = h_2 : x_B$$
$$h_1 : x_A = h_2(a - x_A)$$

所以

$$x_A = \frac{a \cdot h_1}{h_1 + h_2} \qquad x_B = a - x_A \tag{1.12}$$

式中 x_A、x_B——角点 A、B 至零点的距离,m;

h_1、h_2——角点 A、B 的施工高度(均用绝对值),m;

a——方格的边长,m。

然后在有零点的方格边长上按比例量出 x_A 或 x_B,即得出零点。将相邻的零点连接起来,即得到零线。

②图解法 以有零点的方格边为纵轴,以有零点方格边两端的方格边为横轴(为折线),然后用直尺将有零点的方格边两端的施工高度按比例标于纵轴两侧的横轴上。若角点的施工高度为"+"时,其比例长度在纵轴的右侧量取;若角点的施工高度为"-"时,则比例长度应在纵轴的左侧量取。然后用直尺将两个比例长度的终点相连,直尺与纵轴的交点,即为该方格边

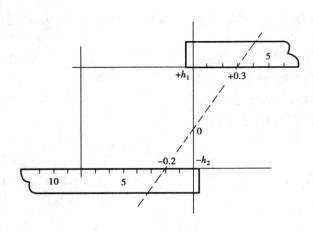

图 1.7 零点位置图解法

上的零点(图 1.7)。用此法将方格网中所有零点找出,依次将相邻的零点连接起来,即得到零线。

用图解法确定零点比较快捷,可避免计算或查表不慎而出错,故在实际工作中常用此法求解零点和零线。

2)计算场地内各方格内挖方、填方的土方量 零线求出后,场地的挖方区、填方区随之确定。由于地形的不同,其挖、填方式亦不同,故方格内的挖、填方的方式有 4 点挖方(4 点填方)、3 点挖方(3 点填方)、2 点挖方(2 点填方)和 1 点挖方(1 点填方)四种类型。计算各方格内的挖、填方量,通常采用平均高度法。各种类型的土方量计算方法见表 1.4。

3)计算场地边坡土方量 在场地平整施工中,一般情况下场地四周应做成一定的坡度(见图 1.8),以保持土体稳定,防止塌方,保证正常施工和使用安全。边坡度的大小,按设计规定选取。

场地边坡土方量的计算步骤为:在方格网上标出零线位置和场地四个角点挖、填高度;根据土质条件确定挖、填边坡的边坡度系数 m_1、m_2;计算出场地四个角点的放坡宽度;按比例绘出场地及边坡平面图;计算边坡土方量。

场地的边坡可划分为三角棱锥体和三角棱柱体两种几何形体,按场地边坡的类型及个数分别进行计算。

三角棱锥体的计算公式如下:

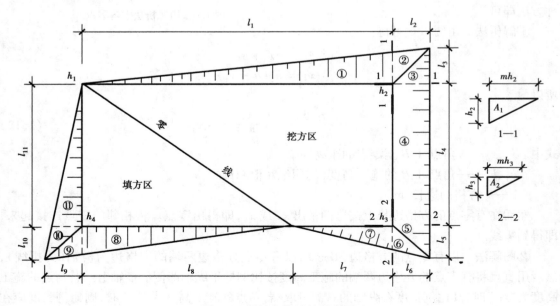

图 1.8 场地土方边坡示意图

$$V_i = \frac{A_i \cdot l_i}{3} \qquad (1.13)$$

式中　V_i——第 i 个三角棱锥体体积，m^3；

　　　A_i——第 i 个三角棱锥体端面积，m^2；

　　　l_i——第 i 个三角棱锥体的长度，m。

三角棱柱体体积计算公式如下：

$$V_i' = \frac{A_{i1} + A_{i2}}{2} l_i' \qquad (1.14)$$

式中　V_i'——第 i 个三角棱柱体体积，m^3；

　　　A_{i1}、A_{i2}——第 i 个三角棱柱体两端的端面积，m^2；

　　　l_i'——第 i 个三角棱柱体的长度，m。

表 1.4　各种类型方格土方量计算表

项　目	图　式	计　算　公　式
1 点填方或挖方（三角形）		$V = \dfrac{1}{2}bc\dfrac{\sum h}{3} = \dfrac{bch_3}{6}$ 当 $b = c = a$ 时，$V = \dfrac{a^2 h_3}{6}$
2 点填方或挖方（梯形）		$V_+ = \dfrac{b+c}{2} \cdot a \cdot \dfrac{\sum h}{4} = \dfrac{a}{8}(b+c)(h_1 + h_3)$ $V_- = \dfrac{d+e}{2} \cdot a \cdot \dfrac{\sum h}{4} = \dfrac{a}{8}(d+e)(h_2 + h_4)$
3 点填方或挖方（五角形）		$V = \left(a^2 - \dfrac{bc}{2}\right)\dfrac{\sum h}{5} = \left(a^2 - \dfrac{bc}{2}\right)\dfrac{h_1 + h_2 + h_4}{5}$
4 点填方或挖方（正方形）		$V = \dfrac{a^2}{4}\sum h = \dfrac{a^2}{4}(h_1 + h_2 + h_3 + h_4)$

注：①a 为方格网的边长，单位为 m；b、c 分别为零点到方格同一角的边长，单位为 m；h_1、h_2、h_3、h_4 分别为方格网
　　四个角点的施工高度（绝对值），单位为 m；$\sum h$ 为挖方或填方施工高度（绝对值）之和，单位为 m；V 为挖
　　方或填方量，单位为 m^3。

②本表中的各公式系按计算图形底面积乘以施工高度而得。

4）计算场地平整土方总量　将场地平整时方格内的挖方、填方量及边坡挖、填方量进行汇总，即得到该场地挖方和填方总土方量大小。此时应初步检验挖方、填方是否大致平衡。

如果挖方量大大超过填方量,则需要提高场地的设计标高;反之,则应降低场地的设计标高。

1.2.2　平整场地的土方调配

平整场地的土方工程量算出后,紧接着进行土方调配。土方调配是对挖土、填土和弃土三者之间的关系进行综合协调处理,其目的在于确定挖方区和填方区土方的调配方向、调配数量及平均运距,使土方运输量最小或运输费用最少。

土方调配的内容主要包括:划分土方调配区、计算土方调配区的平均运距、确定土方的最优调配方案及编制土方调配成果图表。

(1)土方调配原则

编制土方调配方案时应做到:力求就近调配,使挖方、填方平衡和运距最短;应考虑近期施工和后期利用相结合,避免重复挖运;选择适当的调配方向、运输路线,以方便施工,提高施工效率;填土材料尽量与自然土相匹配,以提高填土质量;借土、弃土时,应少占或不占农田。

(2)土方调配图表的编制

1)划分土方调配区,计算各调配区土方量

①确定挖方区和填方区　在土方施工中,要确定场地的挖方区和填方区,应首先确定零线。根据地形起伏的变化,零线可能是一条,亦可能是多条。一条零线时,场地分为一个挖方区,一个填方区;若为多条零线时,则场地分为多个挖方区和多个填方区。

②划分土方调配区　场地挖方区和填方区可根据工程的施工顺序、分期施工要求,使近期施工和后期利用相结合;调配区大小应满足土方机械和运输机械的技术性能要求,使其达到最大效率;调配区范围应与计算方格网相协调,即一个调配区土方量由若干方格的土方量所组成。

③计算各调配区土方量　将各调配区土方量算出,并标注在土方初始调配图上。

2)计算各调配区间的平均运距或综合单价　单机施工时,一般采用平均运距作为调配参数;多机施工时,则采用综合单价(单位土方施工费用)作为调配参数。计算各调配区间的平均运距,实际上是计算挖方区重心(形心)至填方区重心(形心)的距离。

①计算各方格的重心位置　以场地的左下角为原点,场地的纵、横边为坐标轴,建立直角坐标系,计算各方格的重心位置(x,y)。

②计算各调配区的重心位置

$$x_{\mathrm{g}} = \frac{\sum V \cdot x}{\sum V}, \qquad y_{\mathrm{g}} = \frac{\sum V \cdot y}{\sum V} \qquad (1.15)$$

式中　x_{g}、y_{g}——挖方或填方调配区的重心坐标,m;

　　　V——每个方格的土方量,m³;

　　　x、y——每个方格的重心坐标,m。

③求每个调配区间的平均运距　用数学方法可确定每一对调配区间的平均运距,即:

$$L_0 = \sqrt{(x_{\mathrm{gt}} - x_{\mathrm{gw}})^2 + (y_{\mathrm{gt}} - y_{\mathrm{gw}})^2} \qquad (1.16)$$

式中　x_{gt}、y_{gt}——填方区的重心坐标,m;

　　　x_{gw}、y_{gw}——挖方区的重心坐标,m。

每一对调配区间的平均运距应标注在土方调配图上,如图1.9所示。

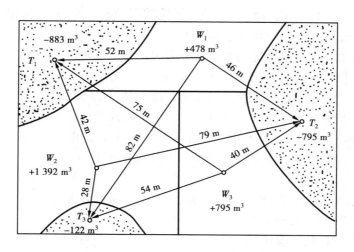

图 1.9 土方调配区示意图

3）编制土方初始调配方案 土方初始调配方案是土方调配优化的基础。土方初始调配方案是将土方调配图中的主要参数填入土方初始方案表中。

编制土方初始调配方案的方法是：采用"最小元素法"，即运距（综合单价）最小，而调配的土方量最大，通常简称"最小元素，最大满足"。

编制初始调配方案的步骤如下：

①绘制土方运距表 根据土方调配区图中挖方、填方的数量，各挖方、填方区之间的平均运距绘制土方调配运距表，见表 1.5。为便于土方的优化计算，设小方格内的平均运距为 C_{ij}，大方格内的土方量为 x_{ij}（i 为挖方区序数，j 为填方区序数）。

表 1.5 土方平均运距表

填方区　挖方区	T_1		T_2		T_3		T_4		挖方量/m³
W_1	C_{11}		C_{12}		C_{13}		C_{14}		
		x_{11}		x_{12}		x_{13}		x_{14}	
W_2	C_{21}		C_{22}		C_{23}		C_{24}		
		x_{21}		x_{22}		x_{23}		x_{24}	
W_3	C_{31}		C_{32}		C_{33}		C_{34}		
		x_{31}		x_{32}		x_{33}		x_{34}	
填方量/m³									

②在运距表（小方格）中找一个最小值，并使相应方格内的值尽可能大 如表 1.6 所示，小方格内的最小值为 $C_{23} = 28$，于是应使 x_{23} 的值尽可能大，即 $x_{23} = 122$。虽第 2 挖方区的总量为 1 392 m³，但第 3 填方区的需要量只有 122 m³，即将 122 m³ 挖方全部填于该区的填方。

③在得不到挖方土的填方区方格内打上" × "号 表 1.6 中，因 W_2 的土方量全部调配到

T_1、T_3、T_4,所以 $x_{22}=0$,故应在 x_{22} 的方格内打上"×"号。同理,W_1 所对应的方格 $x_{11}=x_{13}=0$;W_3 所对应的方格 $x_{31}=x_{33}=x_{34}=0$,故也应打上"×"号。

④绘制土方初始调配方案 土方初始调配方案是土方优化的基础,其模式如表 1.6 所示。

4)确定最优调配方案 土方调配方案的优化,是以线性规划为基础,采用"表上作业法"进行求解。只有通过优化的调配方案才是最优调配方案。

采用"最小元素法"编制的初始调配方案,考虑了就近调配的原则,求得的总运输量是较小的,但并不能保证其运输量是最小的。因此,还需要对初始调配方案进行判断。判断方法一般采用"位势法",其实质是用检验数 λ_{ij} 来进行判断,即:

$$\lambda_{ij} \geqslant 0 \text{ 或 } \lambda_{ij} < 0 \tag{1.17}$$

若调配方案表中所有方格的检验数 $\lambda_{ij} \geqslant 0$ 时,该调配方案为最优。若表中出现有 $\lambda_{ij} < 0$ 时,则该方案不是最优方案,需要作调整。

土方调配方案的优化步骤如下:

①求检验数 λ_{ij} 令挖方区的位势数为 $u_i(i=1,2,3,\cdots,m)$,填方区的位势数为 $v_i(i=1,2,3,\cdots,n)$,各方格间的平均运距(或综合单价)为:

$$C_{ij} = u_i + v_i \tag{1.18}$$

式中 C_{ij}——平均运距(或综合单价);

u_i——挖方区的位势数;

v_i——填方区的位势数。

位势数求出后,便可用下式计算各方格的检验数:

$$\lambda_{ij} = c_{ij} - u_i - v_i \tag{1.19}$$

表 1.6 土方初始调配表

挖方区＼填方区	T_1		T_2		T_3		T_4		挖方量/m³
W_1	52		46		82		100		478
	×		156		×		322		
W_2	42		79		28		66		1 392
	883		×		122		387		
W_3	75		40		54		92		795
	×		795		×		×		
填方量/m³	883		951		122		709		2 665 / 2 665

表 1.6 中各挖方、填方的位势数及各方格的检验数计算如下:

A. 令 W_1 的位势数 $u_1=0$,则 T_2、T_4 的位势数为:

$$v_2 = C_{12} - u_1 = 46 - 0 = 46$$
$$v_4 = C_{14} - u_1 = 100 - 0 = 100$$

W_2、T_1、T_3 的位势数为:

$$u_2 = C_{24} - v_4 = 66 - 100 = -34$$
$$v_1 = C_{21} - u_2 = 42 - (-34) = 76$$
$$v_3 = C_{23} - u_2 = 28 - (-34) = 62$$

w_3 的位势数为：

$$u_3 = C_{32} - v_2 = 40 - 46 = -6$$

B. 各方格的检验数 λ_{ij} 为：

$$\lambda_{11} = C_{11} - u_1 - v_1 = 52 - 0 - 76 = -24$$
$$\lambda_{12} = C_{12} - u_1 - v_2 = 46 - 0 - 46 = 0$$
$$\lambda_{13} = C_{13} - u_1 - v_3 = 82 - 0 - 62 = +20$$
$$\lambda_{14} = C_{14} - u_1 - v_4 = 100 - 0 - 100 = 0$$
$$\lambda_{21} = C_{21} - u_2 - v_1 = 42 - (-34) - 76 = 0$$
$$\lambda_{22} = C_{22} - u_2 - v_2 = 79 - (-34) - 46 = +67$$
$$\lambda_{23} = C_{23} - u_2 - v_3 = 28 - (-34) - 62 = 0$$
$$\lambda_{24} = C_{24} - u_2 - v_4 = 66 - (-34) - 100 = 0$$
$$\lambda_{31} = C_{31} - u_3 - v_1 = 75 - (-6) - 76 = +5$$
$$\lambda_{32} = C_{32} - u_3 - v_2 = 40 - (-6) - 46 = 0$$
$$\lambda_{33} = C_{33} - u_3 - v_3 = 54 - (-6) - 62 = -2$$
$$\lambda_{34} = C_{34} - u_3 - v_4 = 92 - (-6) - 100 = -2$$

将上述计算结果填入表 1.7 中，检验数可只写"＋"或"－"，不必填入数值。

由表 1.7 可知，表内仍有为负检验数存在，说明该方案仍不是最优调配方案，尚需作进一步调整，直至方格内全部检验数 $\lambda_{ij} \geqslant 0$ 为止。

②方案调整

A. 找出调整对象　在所有负检验数中选一个(一般可选最小的一个)，把它所对应的变量作为调整对象。

B. 找出变量的闭合回路　从变量 x_{11} 方格出发，沿水平或垂直方向前进，遇到适当的有数字的方格作 90°转弯。然后，依次继续前进再回到出发点，形成一条闭合回路。本例从 $x_{11} \rightarrow x_{21} \rightarrow x_{23} \rightarrow x_{24} \rightarrow x_{14} \rightarrow x_{21} \rightarrow x_{11}$，见表 1.8。

表 1.7　检验数计算表

填方区 挖方区	位势数 v_i u_i	T_1 $v_1 = 76$	T_2 $v_2 = 46$	T_3 $v_3 = 62$	T_4 $v_4 = 100$
W_1	$u_1 = 0$	52 －24	46 0	82 +20	100 0
W_2	$u_2 = -34$	42 0	79 +67	28 0	66 0
W_3	$u_3 = -6$	75 +5	40 0	54 －2	92 －2

表 1.8　与调整对象相关的闭合回路

挖方区＼填方区	T_1	T_2	T_3	T_4
W_1	x_{11} ←	←156←		322 ↑
W_2	883 ↓		→122→	→387
W_3		795		

C.找一个适当的调整对象　从空格出发,沿着闭合回路的垂直(水平)方向前进,在奇数次转角点的数字(原调配量)中,挑选一个最小的数字作为重新调整对象。表 1.8 中奇数次转角点的数字中,有 883 和 322,选 322 作为最小的调配对象。

D.对调配方案进行调整　将调配对象沿闭合回路向空格内调配。在闭合回路的奇次数转角点减去调配对象的数量,在偶次数转角点加上调配对象的数量,以求得挖填方行列的平衡。通过调整得到新的调配方案。

如表 1.8,将奇次数转角点中最小的 x_{14}(322)调配至 x_{11}。为求得平衡,应在 x_{21} 格减去 322,x_{24} 格加上 322,x_{14} 格上减去 322,即得出土方第 2 调配方案,见表 1.9。

表 1.9　土方第 2 调配方案

挖方区＼填方区	T_1	T_2	T_3	T_4	挖方量/m³
W_1	52 322	46 156	82 ×	100 ×	478
W_2	42 561	79 ×	28 122	66 709	1 392
W_3	75 ×	40 795	54 ×	92 ×	795
填方量/m³	883	951	122	709	2 665 / 2 665

对土方第 2 调配方案,仍需计算位势数,并用检验数判断其是否为最优。经检验,土方第 2 调配方案(表 1.9)为最优调配方案,其最小运输量为 129 492 m³·m,而初始调配方案的运输量为 137 220 m³·m。

5)绘制土方调配图　根据最优调配方案中的调配参数,绘制出土方调配图。在该图上应标出土方调配区、调配区土方量、调配方向和数量、调配区间的平均运距,如图 1.10 所示。

例 1.1　已知条件如图 1.11 所示,现不考虑土的可松性和场地内挖方及填方的影响。试求该场地平整时土方施工的最优调配方案,并绘出其调配图。

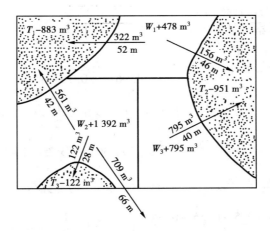

图 1.10　最优土方调配图(1∶1 000)

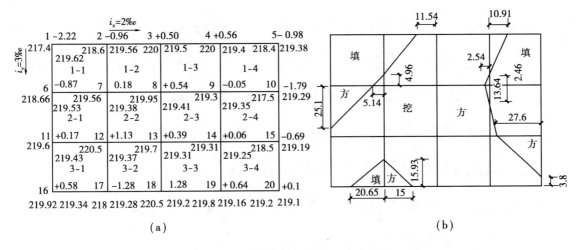

(a)　　　　　　　　　　　　　(b)

图 1.11　某场地平整时的方格网
(a)场地各方格角点参数　(b)场地挖方区及填方区

解　1)计算场地设计标高 H_0

$\sum H_1 = 217.4 + 218.4 + 219.92 + 219.2 = 874.92(\text{m})$

$2 \sum H_2 = 2 \times (218.6 + 220 + 220 + 218.66 + 217.5 + 219.6 + 218.5 + 218 + 220.5 + 219.8)$
$\qquad = 4\,382.32(\text{m})$

$3 \sum H_3 = 0$

$4 \sum H_4 = 4 \times (219.56 + 219.95 + 219.3 + 220.5 + 219.7 + 219.3) = 5\,273.24(\text{m})$

所以

$$H_0 = \frac{\sum H_1 + 2\sum H_2 + 3\sum H_3 + 4\sum H_4}{4N} = \frac{874.92 + 4\,382.32 + 0 + 5\,273.24}{4 \times 12}$$

$= 219.39(\text{m})$

2）计算各方格角点的设计标高 H'_{ij}

计算过程略，其计算结果见图 1.11（a）。

3）计算平整场地的土方量

1-1 方格：$V^+_{1-1} = \dfrac{0+0+0.18}{3} \times \dfrac{1}{2} \times 5.14 \times 4.96 = +0.76(\mathrm{m}^3)$

$\qquad V^-_{1-1} = \dfrac{0+0+2.22+0.96+0.87}{5} \times \left(30 \times 30 - \dfrac{1}{2} \times 5.14 \times 4.96\right) = -718.67(\mathrm{m}^3)$

1-2 方格：$V^+_{1-2} = \dfrac{0+0+0.5+0.18+0.54}{5} \times \left(30 \times 30 - \dfrac{1}{2} \times 25.04 \times 18.46\right) = +163.21(\mathrm{m}^3)$

$\qquad V^-_{1-2} = \dfrac{0+0+0.96}{3} \times \dfrac{1}{2} \times 25.04 \times 18.46 = -73.96(\mathrm{m}^3)$

1-3 方格：$V^+_{1-3} = \dfrac{0+0+0.5+0.56+0.54}{5} \times \left(30 \times 30 - \dfrac{1}{2} \times 2.54 \times 2.46\right) = +287(\mathrm{m}^3)$

$\qquad V^-_{1-3} = \dfrac{0+0+0.05}{3} \times \dfrac{1}{2} \times 2.54 \times 2.46 = -0.05(\mathrm{m}^3)$

1-4 方格：$V^-_{1-4} = \dfrac{0+0+0.56}{3} \times \dfrac{1}{2} \times 27.54 \times 10.91 = +28.05(\mathrm{m}^3)$

$\qquad V^-_{1-4} = \dfrac{0+0+0.98+0.05+1.79}{5} \times \left(30 \times 30 - \dfrac{1}{2} \times 10.91 \times 27.54\right) = -422.87(\mathrm{m}^3)$

2-1 方格：$V^+_{2-1} = \dfrac{0+0+0.18+0.17+1.13}{5} \times \left(30 \times 30 - \dfrac{1}{2} \times 24.86 \times 25.1\right) = +174.05(\mathrm{m}^3)$

$\qquad V^-_{2-1} = \dfrac{0+0+0.87}{3} \times \dfrac{1}{2} \times 24.86 \times 25.1 = -90.5(\mathrm{m}^3)$

2-2 方格：$V^+_{2-2} = \dfrac{0.18+0.54+1.13+0.39}{4} \times 900 = +504(\mathrm{m}^3)$

2-3 方格：$V^+_{2-3} = \dfrac{0+0+0.54+0.39+0.06}{5} \times \left(30 \times 30 - \dfrac{1}{2} \times 13.64 \times 2.54\right) = +174.77(\mathrm{m}^3)$

$\qquad V^-_{2-3} = \dfrac{0+0+0.05}{3} \times \dfrac{1}{2} \times 2.54 \times 13.64 = -0.29(\mathrm{m}^3)$

2-4 方格：$V^+_{2-4} = \dfrac{0.06+0+0}{3} \times \dfrac{1}{2} \times 16.36 \times 2.4 = +0.39(\mathrm{m}^3)$

$\qquad V^-_{2-4} = \dfrac{0+0+0.05+1.79+0.69}{5} \times \left(30 \times 30 - \dfrac{1}{2} \times 16.36 \times 2.4\right) = -445.47(\mathrm{m}^3)$

3-1 方格：$V^+_{3-1} = \dfrac{0+0+0.17+1.13+0.58}{5} \times \left(30 \times - \dfrac{1}{2} \times 20.65 \times 15.93\right) = +276.56(\mathrm{m}^3)$

$\qquad V^-_{3-1} = \dfrac{0+0+1.28}{3} \times \dfrac{1}{2} \times 20.65 \times 15.93 = -70.18(\mathrm{m}^3)$

3-2 方格：$V^+_{3-2} = \dfrac{0+0+1.13+0.39+1.28}{5} \times \left(30 \times 30 - \dfrac{1}{2} \times 15.93 \times 15\right) = +437.09(\mathrm{m}^3)$

$\qquad V^-_{3-2} = \dfrac{0+0+1.28}{3} \times \dfrac{1}{2} \times 15.93 \times 15 = -50.98(\mathrm{m}^3)$

3-3 方格：$V^+_{3-3} = \dfrac{0.39+0.06+1.28+0.64}{4} \times 30 \times 30 = +533.25(\mathrm{m}^3)$

3-4 方格：$V_{3-4}^{+} = \dfrac{0.06 + 0.64 + 0.1 + 0 + 0}{5} \times \left(30 \times 30 - \dfrac{1}{2} \times 27.6 \times 26.2\right) = +86.15\,(\text{m}^3)$

$V_{3-4}^{-} = \dfrac{0 + 0 + 0.69}{3} \times \dfrac{1}{2} \times 27.6 \times 26.2 = -83.16\,(\text{m}^3)$

平整场地总挖方量：$V_{总}^{挖} = \sum V_{ij}^{挖} = +2\,665.28\,(\text{m}^3)$

平整场地总填方量：$V_{总}^{填} = \sum V_{ij}^{挖} = -1\,956.13\,(\text{m}^3)$

4) 土方调配方案　该该场地平整时的土方调配方案如图 1.9、图 1.10 及表 1.6、表 1.7、表 1.8、表 1.9 所示。为使挖方、填方在其调配过程中保持基本平衡,拟将挖、填方量的差 709 m³ 作为一个独立的弃土区(T_4),该弃土区分别距 W_1、W_2、W_3 的距离测定为 100 m、66 m、92 m。

1.3　场地平整施工技术

1.3.1　场地平整施工方案选择

场地平整施工方案的选择应依据工程规模、地质水文条件、运输条件、技术力量、机械装备、施工工期要求等综合确定。

(1) 施工方法与施工顺序

场地平整的施工方法有人工挖运和机械挖运两种。人工挖运法是指采用人工及简单的工具进行平整场地的施工。人工挖运法适用于数量小、范围小、高差小的"三小"土方的施工,或者与机械化施工配合,进行整理、修边等工作。机械挖运法是指采用各种大型的土方施工机械进行平整场地的施工。机械挖运法适用于大、中型土方的施工。

场地平整施工的施工顺序主要确定和解决的内容:土方施工的起始点及流向;各调配区内土方施工的起始点及流向;各主要工种之间的施工顺序;不同专业之间的穿插与配合等。

(2) 土方施工机械及配套方案选择

土方施工主要包括开挖、运输、填筑、压实等工序。在场地平整时应尽可能选择适合施工条件的土方机械配套方案进行施工,以期达到提高施工机械的效率、缩短施工工期、提高施工效益的目的。

1) 推土机施工　推土机由履带式拖拉机、推土板等组成,如图 1.12 所示。按其行走方式有履带式和轮胎式两种,按其操作方式有液压操纵和钢丝绳操纵两种。推土机具有操作灵活,转运方便,所需场所小,能爬 30°左右的缓坡等优点。为提高推土机的生产效率,缩短施工时间,减少推土失散量,施工时采用下坡推土法、分批集中一次推运法、槽形推土法、并列推运法等推土方法。

推土机多用于场地平整和清理,适用于推挖一类~三类土、开挖深度 1.5 m 以内的基槽及填平沟坑等。经济运距在 100 m 以内,40~60 m 时效率最高。

2) 铲运机施工　铲运机是一种集铲土、装土、运土、卸土、压实和平土的施工机械。按行走方式不同分为自行式铲运机(见图 1.13)和拖拉式铲运机(见图 1.14)两种。按其铲斗的操作系统可分为液压操纵和钢丝绳操纵两种。常用的铲运机机斗容量为 1.5~7 m³。铲运机具有操纵简单灵活,行驶速度快,铲运效率高,转运费用低等优点。铲运机可直接铲运一类~三

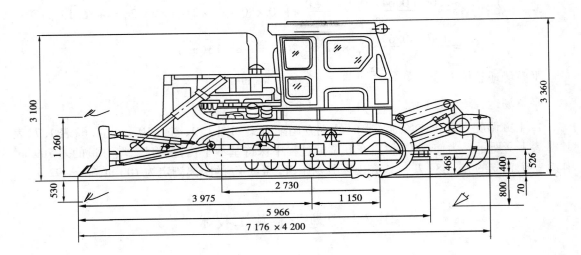

图 1.12　T-18 型推土机示意图(单位:mm)

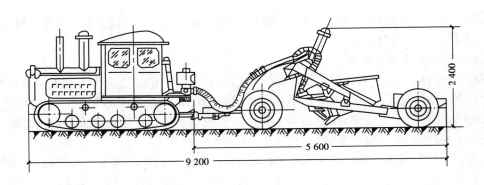

图 1.13　自行式铲运机示意图(单位:mm)

类土,多用于大面积的场地平整、大型基坑的开挖或堤坝与路基的填筑等土方施工。自行式铲运机的经济运距以 800～1 500 m 为宜;拖拉式铲运机的经济运距以 200～300 m 为宜。当运距为 200～300 m 时效率最高。因此,在规划铲运机开行路线时,应力求满足经济运距的要求。为了提高铲运机的生产效率,应根据施工现场的具体情况,选择合理的开行路线和采取适宜的施工技术措施。

①铲运机开行路线的选择　当施工地段较短,地形起伏不大,土需对侧调运时,应采用图 1.15(a)所示的开行路线;土需同侧调运时,应采用图 1.15(b)所示的开行路线。当挖、填交替,挖、填之间的距离较短,土需同侧调运时,应采用图 1.15(c)所示的开行路线。当地势起伏较大,施工地段较宽时,应采用图 1.15(d)所示的"∞"字形开行路线。

②提高铲运机生产率的施工技术措施

A.采用下坡铲土　当地形坡度在 5°～7°时,可利用地形进行下坡铲土,借助铲土的重力加大铲斗的切土深度,以缩短装土时间,提高铲运机生产率。

B.采取间隔铲土　间隔铲土能形成若干个土槽和土垄。土槽可减少铲土时土的外撒量,提高铲运生产率。一般情况土槽间的土垄高度不得大于 300 mm,宽度不得大于拖拉机两履带

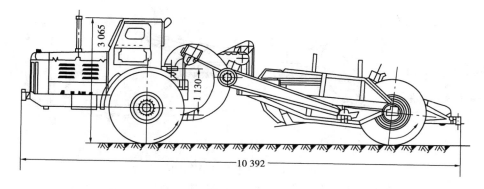

图 1.14　拖拉式铲运机示意图(单位:mm)

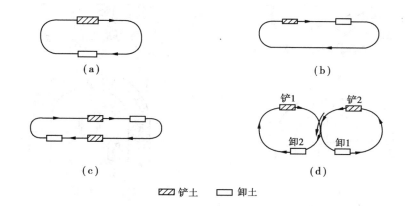

图 1.15　铲运机开行路线

(a)、(b)环形路线　(c)大循环路线　(d)"∞"字形路线

净宽,以保证铲除土埂时阻力小、工效高。

C. 选用推土机助铲　当土质较硬时,可另配一台推土机对铲运机进行协助铲土,这样可加大铲刀切削力、切土深度和铲土速度。一般一台推土机可对三台或四台铲运机助铲。推土机在助铲间隙时可用于松土和平土,为铲运机施工创造良好条件。

3)单斗挖土机施工　单斗挖土机在土石方施工尤其是在场地平整中应用广泛。按其行走方式不同,分为履带式和轮胎式两类;按其操纵方式不同,分为液压式和机械式两类;按其工作方式不同,分为正铲、反铲、拉铲和抓铲等,如图 1.16 所示。

①正铲挖土机施工　正铲挖土机的挖土特点是向前向上,强制切土。其挖土能力大,生产效率高,适用于开挖停机面以上一类~四类土。它与自卸汽车配合,可完成大型干燥基坑或土丘的挖运任务。正铲挖土机技术性能见表 1.10、表 1.11,供土方施工时选择使用。

根据正铲挖土机的开行路线与运输设备的位置不同,其开挖方式可分为正向挖土侧向卸土和正向挖土后方卸土两种,如图 1.17 所示。

为了提高正铲挖土机生产效率,首先工作面高度应满足装满铲斗要求,其次应合理选择开挖方式及合理搭配运土机械,同时应尽量减小回转角度,缩短每个挖土卸土的循环时间。

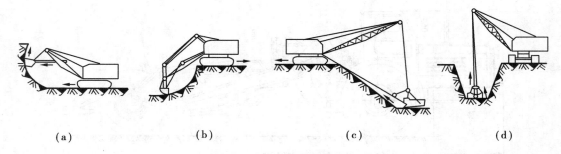

图 1.16　挖土机的工作简图

（a）正铲挖土机　（b）反铲挖土机　（c）拉铲挖土机　（d）抓铲挖土机

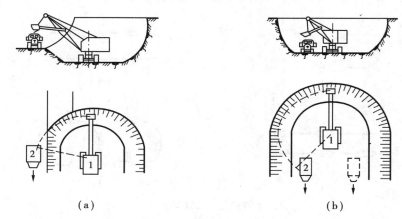

图 1.17　正铲挖土机的开挖方式

（a）正向开挖侧向卸土　（b）正向开挖后方卸土

1—正铲挖土机；2—自卸式汽车

表 1.10　正铲挖土机技术性能

项次	工作项目	W_1-50		W_1-100		W_1-200	
1	动臂倾角 α/(°)	45	60	45	60	45	60
2	最大挖土高度 H_1/m	6.5	7.9	8.0	9.0	9.0	10
3	最大挖土半径 R/m	7.8	7.2	9.8	9.0	11.5	10.8
4	最大卸土高度 H_2/m	4.5	5.6	5.5	6.0	6.0	7.0
5	最大卸土时卸土半径 R_2/m	6.5	5.4	8.0	7.0	10.2	8.5
6	最大卸土半径 R_3/m	7.1	6.5	8.7	8.0	10	9.6
7	最大卸土半径时卸土高度 H_3/m	2.7	3.0	3.3	3.7	3.75	4.7
8	停机面处最大挖土半径 R_1/m	4.7	4.35	6.4	5.7	7.4	6.25
9	停机面处最小挖土半径 R_1'/m	2.5	2.8	3.3	3.6		

注：W_1-50—斗容为 0.5 m^3；W_1-100—斗容为 1 m^3；W_1-200—斗容为 2 m^3。

表 1.11　单斗液压挖掘机正铲技术性能

符号	名　　称	WY60	WY100	WY160
	铲斗容量/m³	0.6	1.5	1.6
	动臂长度/m		3	
	斗柄长度/m		2.7	2
A	停机面上最大挖掘半径/m	7.6	7.7	7.7
B	最大挖掘深度/m	4.36	2.9	3.2
C	停机面上最小挖掘半径/m			2.3
D	最大挖掘半径/m	7.78	7.9	8.05
E	最大挖掘半径时挖掘高度/m	1.7	1.8	2
F	最大卸载高度时卸载半径/m	4.77	4.5	4.6
G	最大卸载高度/m	4.05	2.5	5.7
H	最大挖掘高度时挖掘半径/m	6.16	5.7	5
I	最大挖掘高度/m	6.34	7.0	8.1
J	停机面上最小装载半径/m	2.2	4.7	4.2
K	停机面上最大水平装载行程/m	5.4	3.0	3.6

　　②反铲挖土机施工　反铲挖土机的挖土特点是后退向下,强制切土。其挖掘力比正铲挖土机小,常用于开挖停机面以下的一类~三类土,适用于开挖基坑、基槽或管沟等,有地下水的土层或泥泞的土壤。反铲挖土机可与自卸式汽车配合进行装土运土,根据不同的情况亦可将弃土堆于基坑(槽)附近。液压反铲挖土机的技术性能见表 1.12,供施工时选择用。

　　反铲挖土机挖土时,可采用沟端开挖和沟侧开挖两种方式,如图 1.18 所示。

　　③拉铲挖土机施工　拉铲挖土机的挖土特点是后退向下,自重切土。其开挖半径及挖土深度较大,但不如反铲挖土机灵活,开挖的准确性不易控制。适用于开挖停机面以下的一类、二类土,可用于开挖大而深的基坑(槽),亦可用于挖取水下泥土等。

　　拉铲挖土机的开挖方式与反铲挖土机开挖方式相似,可采用沟端开挖,亦可采用沟侧开挖。

表 1.12　单斗液压反铲挖掘机技术性能

符号	名　　称	WY40	WY60	WY100	WY160
	铲斗容量/m³	0.4	0.6	1~1.2	1.6
	动臂长度/m			5.3	
	斗柄长度/m			2	
A	停机面上最大挖掘半径/m	6.9	8.2	8.7	9.8
B	最大挖掘深度时挖掘半径/m	3.0	4.7	4.0	4.5
C	最大挖掘深度/m	4.0	5.3	5.7	6.1
D	停机面上最小挖掘半径/m		8.2		3.3

续表

符号	名 称	WY40	WY60	WY100	WY160
E	最大挖掘半径/m	7.18	8.63	9.0	10.6
F	最大挖掘半径时挖掘高度/m	1.97	1.3	1.8	2
G	最大卸载高度时卸载半径/m	5.267	5.1	4.7	5.4
H	最大卸载高度/m	3.8	4.48	5.4	5.83
I	最大挖掘高度时挖掘半径/m	6.367	7.35	6.7	7.8
J	最大挖掘高度/m	5.1	6.025	7.6	8.1

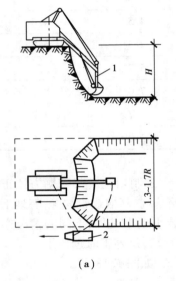
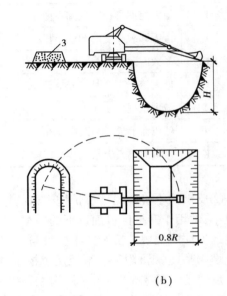

（a） （b）

图 1.18 反铲挖土机的开挖方式
（a）端部开挖 （b）沟侧开挖
1—反铲挖土机;2—自卸式汽车;3—弃土土堆

④抓铲挖土机施工 抓铲挖土机的挖土特点是直上直下，自重切土。其挖掘力较小，适用于开挖停机面以下一类、二类土，用于开挖窄而深的基坑（槽）、抓取水中淤泥、装卸碎石、矿渣等松散性材料。

（3）土方挖运机械配套方案选择要点

在选择土方施工机械时，通常应首先依据土方工程特点及施工单位现有技术装备，提出几种可行性方案，然后进行技术经济比较，选择效率高、成本低的机械配套方案进行施工。土方施工机械配套方案选择要点如下：

①当地形起伏不大，其坡度在 20°以内，挖填平整的土方面积较大，土的含水率适当，平均运距在 1 km 以内时，宜选用铲运机施工方案。当土的含水率大于 25%时，须使土中的水疏干后再施工，否则要陷车。

②当地形起伏较大，一般挖土高度在 3 m 以上，平均运距在 1 km 以上，土方量较大且集中

时,常选择正铲机配合自卸式汽车进行施工配套方案,必要时可在弃土区配备推土机平整土堆。对于土方量在 1.5 万 m³ 以内时,可选用 0.5 m³ 容量的铲斗;当开挖土方在 1.5 万 m³ 时,宜选用 1.0 m³ 容量的铲斗。

③对于含水量较小、挖深较小、运距较短的基坑,开挖时可选择推土机、铲运机或正铲机配合自卸式汽车的施工配套方案;当地下水位较高,土质松软时,可采用反铲、拉铲或抓铲机配合自卸式汽车的施工配套方案。

④对于移挖作填或基坑及管沟的回填,其运距在 60 ~ 100 m 时,可选用推土机进行施工。

(4)场地平整安全技术要点

场地内应设置临时排水沟及截水沟,保证排水畅通,必要时应有防泥石流、滑坡的安全措施(如防滑桩);交叉道及转弯处应设有明显安全标志;运输道路的坡度、转弯度均应符合安全要求;标明道路和桥梁通过的允许吨位及限高;提出场地平整的质量标准和技术保证措施等。

1.3.2　施工场地准备

(1)场地清理

凡是位于场地平整规划范围以内的建筑物、构筑物和古墓等均应拆除,对有保护和使用价值的建筑,应有计划地组织拆除或迁移;对通讯、电力设施、地下水管道等应进行拆迁或改建;对耕植土及淤泥等应及时清除;对树木应进行移栽。

(2)清除地面积水

对一般地势可选用截面为 0.5 m×0.5 m 的排水沟进行排水;对山坡地带应设置临时截水沟,用以阻截山洪水对平整场地施工的影响;对低洼地带则应设临时排水沟或挡水堤坝等设施,阻止场外水流入施工场地。排水沟、截水沟的纵向坡度:一般地势不小于3‰,平坦地势不小于2‰,沼泽地区可减至1‰。

(3)修筑临时设施

在场地平整施工之前应按施工组织设计要求,做好"四通"(通路、通水、通电、通讯)、"两堂一舍"(食堂、澡堂、宿舍)及其他准备工作。

1.3.3　机械化场地平整施工

(1)定位、放线、抄平、找坡

场地平整的定位主要是确定场地的施工范围。放线主要是根据场地平整设计要求(方格网、调配区)确定其控制桩。抄平是根据永久水准点的要求,确定场地平整的挖、填深度,并检查场地平整度是否符合设计要求。找坡则是根据场地设计的要求,将场地做成一定的坡度,以确保场地的排水通畅。

(2)土方开挖

根据场地平整施工组织设计所确定的调配方案及施工方法分区分层进行开挖。用留设标志土桩的办法或现场抄平的方法控制场地标高及挖方数量。用放坡或支护措施来保证场地土体边坡的稳定性。

(3)土方运输

场地平整时的土方运输机械,应按土方施工设计要求的运行路线组织运输和调配,以保证开挖、运输等工序的连续性和均衡性,尽量减少场内的多次运输。

(4)土方填筑

为保证填方的填土能满足其建造房屋所需的强度、变形及稳定性方面的要求,不仅要正确选择填土的土料,而且还应合理选择其填筑方法和压实方法,以确保土方填筑质量。

1)对土料的选择 填方土料应符合设计要求,如无具体要求时可将碎石类土、爆破石渣、砂土等,用作表层以下的填料;含水量符合压实要求的粘性土,可用作平场的各层填土;草皮土和有机质含量大于8%的土,只用于无压实的填土;淤泥或淤泥质土,一般不能用作填土,但经处理的软土或沼泽土,可用作次要部位的填方;冻土或碱性盐含量大于2%、硫酸盐含量大于5%、氯盐含量大于8%的土,一般不用作填土。

2)填筑施工要求 平场时的填土应尽量采用同类土分层填筑,如采用不同性质的土填筑时,应将透水性大的土填筑在下层,把透水性小的土填筑在上层;填筑凹坑时,应将其斜坡面挖成台阶状(台阶宽度不小于1 m)后再填土,并将凹坑周围的填土夯实;对于有压实要求的填土,不能将各种杂土混合使用,以避免地基承载后产生不均匀沉降而导致建筑物上部结构的破坏。

(5)填土压实方法

填土压实方法有碾压法、夯实法、振动压实法及运输工具压实法。对于大面积填土,多采用碾压和利用运土工具压实;对于较小面积填土,宜采用夯实机具进行压实。

1)碾压法 此法是利用机械碾轮(8~12 t)的压力压实填土,使之达到所需要的密实度。常用机械有平碾、羊足碾和振动碾。

平碾是一种以内燃机为动力的自行式压路机,可压实砂类土和粘性土,其行驶速度为2 km/h;羊足碾一般自身不带动力,要靠拖拉机进行牵引,对碾压粘性土效果很好,其行驶速度为3 km/h;振动碾是一种振动和碾压同时作用的高效能压实机械,适用于压实石渣、碎石、杂填土和轻亚黏土等,其行驶速度为2 km/h。

2)夯实法 此法是利用夯锤自由下落的冲击力来夯实填土。夯实机械有夯锤、内燃机夯土机和蛙式打夯机。在夯实机械不能作业的地方或土方压实量较小的黄土、砂土、杂土及有石块的填土,可采用人工夯实法,如木夯、石夯、飞硪夯等。

3)振动压实法 此法是将振动压实机放在土层表面,借助于机械的振动,使土颗粒发生相对位移而达到密实状态,此法适用于振实非粘性土。

4)运土工具压实法 此法是利用铲运机、推土机工作时的压力来压实土层。在一般条件下,压四遍便可压实填土。如利用运土的自卸汽车进行压实或运土工具压实填土时,应当合理组织,使运土工具的行驶路线大体均匀地分布在填土的全部面积上,并达到要求的重复行驶遍数。

(6)填土压实影响因素

填土的压实质量与许多因素有关,但其主要因素有作用在填土上的压实功、填土中的含水量、施工时填土的虚填厚度。

1)填土所需压实功 压实机械对填土所做的功称为压实功。压实功的大小对填土的压实质量有直接影响,如图1.19所示。压土机械开始碾压时,土的密度急剧增加,当土达到最大密度时,压实功虽增加许多,但土的密度几乎不变。因此,无须对填土进行多次压实。在土方填筑中,应根据不同的填土、压实机械及压实密度要求等来确定其填土压实的遍数,见表1.13。

2)填土中的含水量 在压实功相同的条件下,土中的含水量大小直接影响填土压实的质

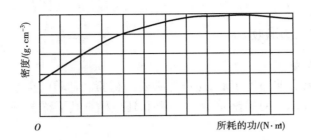

图 1.19　压实功与土密度的关系示意图

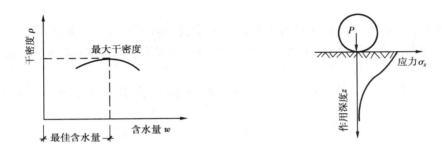

图 1.20　填土压实干密度与含水量的关系　　图 1.21　压实作用对填土厚度的影响曲线

量,如图 1.20 所示。若填土中的含水量过小,则引起土颗粒间的摩擦阻力增大,土不易压实,可将其洒水湿润后再碾压。若填土中的含水量过大,颗粒间的大部分空隙全被水充填而呈饱和状态,碾压时由于水的隔离作用,不能把压实功有效地作用在土的颗粒上,土反而压不实。应将土翻松晾干(亦可掺入同类干土或吸水性土料)后再碾压。

常见土的最佳含水量(质量比):砂土 8% ~ 12%;黏土 19% ~ 23%;粉质黏土 12% ~ 15%;粉土 16% ~ 22%。现场检查填土含水量是否合适,可用手捏土成团,土团落地散开为宜。

表 1.13　土方填筑铺设和压实要求

压实机具类型	每层铺土厚度/m	每层压实遍数/遍
羊足碾	0.20 ~ 0.35	8 ~ 16
平　碾	0.20 ~ 0.30	6 ~ 8
拖拉机	0.20 ~ 0.30	8 ~ 16
推土机	0.20 ~ 0.30	6 ~ 8
蛙式打夯机	0.20 ~ 0.25	3 ~ 4
人工打夯	不大于 0.20	3 ~ 4

3)填土的虚铺厚度　填土在压实机具的作用下,其应力随深度增加而逐渐减少(图 1.21),因而土的密度亦随深度的加大而减小。填土厚度过小会增加机械的总碾压遍数;填土厚度过大,压很多遍后才能达到规定的密实度,甚至可能出现"表实底疏"的情况。因此,填土

31

虚铺厚度应小于压实机械压土时的作用深度,一次填土最佳厚度见表1.13。

1.3.4 场地平整检查验收

(1)初验、复检、修整

大面积的场地机械化平整施工后,应进行必要的初验。初验时应复核其标高、坡度、填土质量等是否满足设计要求。对平整质量要求高时,还应检查其平整度,并做好终验的准备。

(2)检查验收

1)检查验收有关技术资料 土石方竣工图和施工记录;有关变更和补充设计的图纸或文件;施工实测图和隐蔽工程验收记录;永久性控制桩和水准点的测量结果;填土边坡质量检查和验收记录。

2)实地抽查检测 坐标、高程符合测量精度要求;标高(平整度)应满足表1.20、表1.21的规定;中线位置符合设计要求,断面尺寸不应偏小;边坡坡度不应偏陡;水沟排水设施符合设计要求;填土质量符合设计规范的要求。

3)作出验收结论 根据上述验收资料和检测结果,应作出平整场地验收是否合格的结论。

1.4 基坑(槽)施工技术

基坑(槽)的施工应在场地平整后,首先根据建筑施工设计的要求进行基坑(槽)的放线,然后进行基坑(槽)的开挖工作。开挖出的土方一般可堆积在基坑(槽)的周边,作为基坑(槽)的回填土,以减少基坑(槽)回填时土的运输等费用。基坑(槽)的土方量应纳入土石方预算,并应进行单独计算。

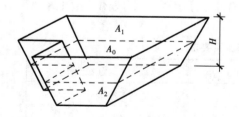

图1.22 基坑土方量计算示意图

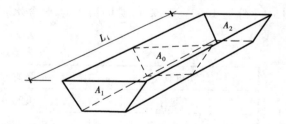

图1.23 基槽或管沟土方量计算示意图

1.4.1 基坑土方量计算

基坑截面一般为方形或矩形,它是由两个平行的平面作上下底的一个多面体(见图1.22),其土方量按下式计算:

$$V = \frac{h}{6}(A_1 + 4A_0 + A_2) \tag{1.20}$$

式中 h——基坑的深度,m;

A_1、A_2——基坑上底、下底的面积,m²;

A_0——基坑 1/2 深处的面积，m^2。

当基坑平面为多边形时，可将基坑划分成若干个矩形，然后分别用上式计算其土方量。

1.4.2 基槽土方量计算

基槽或管沟具有宽度较小而长度较大的特点（见图 1.23），故可沿其长度方向分段计算土方量，每段的土方量按下式计算：

$$V_i = \frac{l_i}{6}(A_1 + 4A_0 + A_2) \tag{1.21}$$

式中 V_i——第 i 段基槽或管沟的土方量，m^3；

l_i——第 i 段基槽或管沟的长度，m；

A_1、A_2——第 i 段基槽或管沟两端的横截面面积，m^2；

A_0——第 i 段基槽或管沟 1/2 长度处的横截面面积，m^2。

然后将各段土方量相加求得总土方量，即：

$$V = V_1 + V_2 + V_3 + \cdots + V_n \tag{1.22}$$

式中 V_1、V_2、V_3、$\cdots$、V_n——第 1 段至第 n 段基槽或管沟的土方量，m^3。

1.4.3 基坑、基槽的施工

基坑、基槽施工时，首先应进行房屋的定位和标高的引测，然后根据基础的底面尺寸、埋置深度、土质水文条件及施工季节等，并考虑施工需要，确定是否需要留设工作面、放坡和设置土体支撑等，从而圈定开挖边线和进行放线工作。

（1）基坑、基槽放线

1）基坑放线要点 根据建筑物平面图的纵横轴线，用经纬仪在矩形控制网上测定出基础中心线的端点，在每个柱基中心线上，测定基础的定位桩，每个基础的中心线上打设四个定位木桩，其桩位应在基础开挖线外侧 0.5～1.0 m 处；在定位桩上同样要钉上一个铁钉，以此作为基础中心线的位置标志；再按施工图上基础的尺寸和按边坡度系数确定的开挖边线的尺寸，划出基坑上口的开挖范围，并用石灰粉撒出开挖轮廓线。

2）基槽放线要点 根据建筑物平面图主轴线控制点，用经纬仪将外墙轴线的交点引测到平整后的地面上，钉上木桩，并在其上钉上铁钉作为测量的标志点；再根据外墙轴线的要求，将房屋内部所有开间的轴线都一一测出，并做好标志；根据边坡度系数计算基槽的开挖宽度，在其轴线两侧用石灰粉在地面上画出基槽的开挖边线；在房屋的大角处设置龙门板，作为基础施工时轴线校核依据。

（2）基坑、基槽施工

对基础开挖应根据基础的地质水文条件、基础平面布置与特点及施工设备等综合加以考虑，选择其可行的施工方法。如条件允许，应优先选择机械化施工方法。

1）人工开挖施工要点 先应沿灰线切出基坑（槽）的开挖轮廓线；对一类、二类土，应从上而下逐层（层厚 0.3 m）后退开挖，对三类、四类土则用镐逐层（层厚 0.15 m）挖掘；在基坑、基槽边堆放弃土或材料时，应距基坑、基槽边缘 0.8～1.5 m，其堆高不宜超过 1.5 m，并且沿边每间隔 10 m 设一个临时排水口；每 1 m 深沿水平方向间隔 3 m 修坡边坡，依此类推开挖至基坑、基槽底部。当开挖至距坑、槽底 0.1～0.15 m 时停止挖土，待基础施工时，再挖至其设计标高。

2）机械开挖施工要点　当基坑或基槽的开挖深度在 2 m 以内,且就近弃土时,可选用推土机施工,并配以人工装土、运输、修边、成形及清底;当开挖停机面以下 4～6 m 以内的一类、二类土,宜选择反铲挖土机进行施工;对垂直开挖停机面以下的一类、二类土深坑时,宜选择抓铲挖土机进行施工;施工机械的停靠点地基必须坚实可靠,应距基槽或基坑边不小于 0.8 m;当挖至基坑或基槽底部时,应预留 0.2～0.3 m 的土层,再用人工清理至设计标高。

1.4.4　土体放坡与支撑

在基坑(槽)开挖深度超过一定限度时,为了防止土体塌方,保证施工安全,其土体应做成一定斜率的边坡或用临时支撑,以保持基坑(槽)土体的稳定。

造成边坡塌方的主要原因有:土体边坡太陡、土质较差、挖深较大,使土体本身的稳定性不够;大气降水、地下水或施工用水的影响,使土体重量增大及抗剪强度降低;基坑(槽)土体上有大量堆土或停放机械设备,使得在土体中产生的剪应力超过土体的抗剪强度。

（1）土体放坡

土体放坡是土方施工中保持土体稳定的常用方法之一。根据《土方和爆破工程施工及验收规范》(GBJ 201—83)的规定,当地质条件良好,土质均匀且地下水低于基坑(槽)或管沟底面标高时,其挖方土体可做成直立土壁不加支撑,其挖深不宜超过下列规定:

①密实、中密砂土和碎石类土(充填物为砂土)为 1.0 m;硬塑、可塑性粉土、粉质黏土为 1.25 m;硬塑、可塑性黏土、碎石类土(充填物为粘性土)为 1.5 m;坚硬黏土为 2 m。

当土方挖深超过上述规定时,应考虑放坡或选用直立土壁再加支撑的施工方法。

②当地质条件良好,土质均匀,地下水低于基坑(槽)或管沟底面标高时,挖方深度在 5 m 以内,不加支撑的边坡最陡坡度应符合表 1.14 的规定。

表 1.14　深度在 5 m 内的基坑(槽)边坡不加支撑时的最陡坡度

土 的 类 别	边坡坡度(高:宽)		
	坡顶无荷载	坡顶有静载	坡顶有动载
中密的砂土	1:1.00	1:1.25	1:1.50
中密的碎石类土(充填物为砂土)	1:0.75	1:1.00	1:1.25
硬塑的粉土	1:0.67	1:0.75	1:1.00
中密的碎石类土(充填物为粘性土)	1:0.50	1:0.67	1:0.75
硬塑的粉质黏土、黏土	1:0.33	1:0.50	1:0.67
老黄土	1:0.10	1:0.25	1:0.33
软土(经井点降水后)	1:1.00	—	—

注:①静载指堆土或材料等,动载指机械挖土或汽车运输作业等。静载或动载距挖方边缘的距离应保证边坡和直立土壁的稳定,堆土或材料应距挖方边缘 0.8 m 以外,其高度不超过 1.5 m。
　　②当有成熟施工经验时,可不受本表限制。

③对使用时间较长的临时性边坡挖方边坡坡度,在山坡整体稳定情况下,如地质条件良好,土质均匀,高度在 10 m 以内的临时性挖方边坡坡度应按表 1.15 确定。

表 1.15　使用时间较长的临时性边坡挖土边坡坡度

土 的 类 别		边坡坡度(高:宽)
砂土(不包括细砂、粉砂)		1:1.25 ~ 1:1.50
一般粘性土	坚 硬	1:0.75 ~ 1:1.00
	硬 塑	1:1.00 ~ 1:1.25
碎石类土	充填坚硬、硬塑粘性土	1:0.50 ~ 1:1.00
	充填砂土	1:1.00 ~ 1:1.50

注:①使用时间较长的临时性挖方是指使用时间超过1年的临时性道路、临时工程的挖方。
　　②挖方经过不同类别的土(岩)层或深度超过10 m时,其边坡可做成折线状或阶梯形。
　　③有成熟施工经验时,可不受本表限制。

(2)土体支撑

在开挖基坑(槽)时,为缩小工作面,减少挖土量或受条件限制不能放坡时,可采用设置土体支撑的方法进行施工。这样不仅能确保施工安全,同时能减少对邻近建筑物的不利影响。

1)横式支撑　在开挖较窄基槽时常采用横式支撑。横式支撑根据挡土板的不同,分为水平挡土板[见图1.24(a)]和垂直挡土板[见图1.24(b)]两类。前者按其挡土板的布置形式不同,又分为间断式支撑和连续式支撑两种。

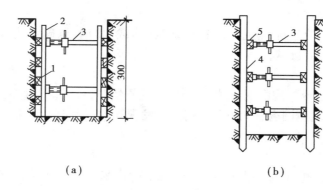

(a)　　　　　　　　　　　　　　(b)

图1.24　横撑式支撑结构示意图

(a)间断式水平挡土板支撑　(b)垂直挡土板支撑

1—水平挡土板;2—竖楞木;3—工具式横撑(撑木);4—垂直挡土板;5—横楞木

对湿度小的粘性土、挖土深度小于3 m的基槽,选择间断式水平支撑。对松散、湿度较大的土、挖土深度小于5 m的基槽,可选择连续式水平支撑。对松散和湿度大、其挖深在5 m以上的基槽,则选择垂直挡土板式支撑。采用横式支撑时,应随开挖随支撑,做到支撑牢固安全可靠。施工过程中应经常观察和检查支撑结构,如发现支护结构有松动或变形时,应及时加固或更换松动或变形的构件。支撑结构的拆除应按回填顺序依次进行。对多层支护结构应从下而上逐层拆除,并随拆除随填土。

2)板桩支撑　当挖基坑(槽)较深,地下水位较高易发生流砂危险,且没有降低地下水位时,则应选择钢板桩的支撑方法(见图1.25)。板桩支撑不仅可防止流砂和塌方,而且还可防止周围的建筑物下沉、土体滑塌等。

除上述支护方法外,土体的支护方法还有很多,如土层锚杆等。

图 1.25　钢板桩支撑
1—基槽底;2—钢板桩;3—横撑;4—直线形钢板桩;5—槽形钢板桩

1.4.5　验坑(槽)方法

验坑(槽)是为了检验和判断其土质(层)是否达到设计要求,有无异常情况,是否需要对地基进行加固处理。检验内容主要有:土质(层)及变化情况、坑(槽)底标高、上下口尺寸、边坡及轴线等。

对柱基、转角、承重墙下,或其他受力大的部分均作为重点部位进行检查验收,并作好记录,经业主单位、设计单位鉴定认可并签字后,方可进行下道工序。

对验坑(槽)中发现的问题,应采取经业主及设计单位同意的措施进行处理,处理后应重新对其进行质量评定验收。

对于大型建筑和高耸建筑,应对地基进行动载(静载)检测,以确定地基承受荷载后在强度、变形等方面能否达到设计要求。

(1)人工观察法

在挖好的基坑(槽)或管沟内观察,检验土层与土质情况,有无地下管道、电缆等。配合人工夯探,判断在一定深度范围内有无空洞、古墓等,发现异常应及时会同业主及设计单位研究和制订处理方案。

(2)人工钎探法

基坑(槽)挖成后,为防止今后基础的不均匀沉降,应采用钎探方法检查地基土下有无软(硬)下卧层、空洞及暗穴等。

1)探钎规格　探钎由 $\phi22 \sim 25$ mm 钢筋制成,钎尖呈 60°锥状,长 1.8～2.0 m,钎杆上应刻有深度标记。

2)探孔布置　画出钎探点平面布置图,并对探点编号,以此作为检验基坑(槽)的依据。探孔后应做好施工日志和有关记录,以作为竣工验收的资料之一。钎探孔位若无设计要求时,可参考表 1.16 进行确定。

3)禁用钎探情形　持力层为不厚的粘性土,而下面是含承压水的砂土层;下面有电缆或水管等。

表1.16　钎探孔布置

槽　宽/cm	钎孔布置方式	图　示	钎探间距/m	钎探深度/m
<80	中心一排		1.5	1.5
80~200	两排错开		1.5	1.5
>200	梅花形		1.5	2.0
桩　基	梅花形		1.5~2.0	1.5并不浅于桩基短边

1.4.6　基础回填要点

填土前应将基坑(槽)内清理干净,并对局部地基进行加固,找平至设计标高;当施工的基础经验收合格后,即可对基础两侧的空隙进行回填,其虚铺层厚为200~250 mm;回填土应逐层夯实,其密度应符合设计要求,并进行填土表面铲平与补填工作;基坑(槽)的回填工作应连续进行,防止雨水流入,以保证回填土的质量。

1.5　土方施工排水与降水技术

在土方施工过程中,会经常遇到大气降水和地下水的影响,如使土方施工条件恶化、易造成土壁塌方、地基承载能力降低等。因此,在土方施工中必须认真做好施工排水工作。施工排水内容分为地表水的排除和地下水位的降低。

1.5.1　地表水的排除

做好地表水的排除工作是非常重要的,尤其是雷雨季节更应做好地表水的排除工作。

(1)地表水的处理原则

对地表水的处理原则是:上游截水,下游疏水,场外挡水,场内排水。

(2)地表水的处理方法

施工时应根据当地历年来最大降水量和降水期,结合现场地形条件和施工条件综合加以考虑,并采取以下排水措施:

①临时性排水设施与永久性排水设施相结合,尽量利用自然排水系统;

②山坡地带可设置临时截水沟排水;平坦地区可采用排水沟或修筑土堤等措施,阻止场外水流入施工现场。

③截水沟、排水沟的构造参数应符合《规范》规定:一般情况水沟纵向坡度≮3‰,平坦地区≮2‰,沼泽地带为1‰;水沟横断面应根据施工期内最大流量来确定;水沟边坡一般为

1:0.7~1:0.5。

1.5.2 地下水位的降低

对开挖面积较小的基坑(槽),在开挖过程中所产生的积水一般采用集水坑排水法排水。对开挖面积较大、地下水位较高的基坑(槽),常采用井点降水法进行降水。

(1)集水坑排水法

亦称明排水法,其实质是在基坑(槽)逐层开挖过程中,沿坑边设置排水沟,坑底设置超前集水坑,水通过排水沟流入集水坑,再用水泵将水抽出坑外,如图1.26所示。

1)集水坑施工要点 排水沟及集水坑随基坑开挖逐层设置,并设于基础轮廓0.3 m以外处;排水沟断面尺寸一般为(0.3~0.5) m×(0.3~0.5) m,其坡度为1‰~5‰;集水坑宜设于转角处,并每隔20~40 m设置一个;集水坑直径(宽度)一般为0.7~1 m,其深度宜比排水沟低0.5~1 m,坑壁应简易加固。

2)水泵及选用 基坑排水用的水泵主要有离心泵、潜水泵等。集水坑排水所用的水泵应根据基坑(槽)内水的流量、基坑(槽)的开挖深度及水泵性能来选用。

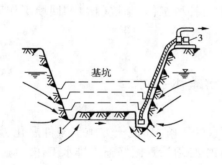

图1.26 集水坑排水法
1—坑内排水沟;2—超前集水坑;3—排水泵

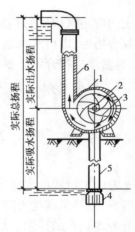

图1.27 离心水泵工作示意图
1—泵壳;2—泵轴;3—叶轮;4—底阀及滤网;
5—吸水管;6—出水管

①离心水泵 由泵壳、泵轴及叶轮等主要部件组成。其管路系统包括底阀及滤网、吸水管和出水管等,如图1.27所示。离心水泵的抽水是利用叶片轮高速旋转时所产生的离心力,将轮中心的水甩出而形成负压,使水在大气压力的作用下自动进入水泵,并将水压出。施工中常用水泵性能指标见表1.17。

选择离心水泵的要点:

A.正确确定水泵安装高度 由于水经过管有阻力而引起水头(扬程)损失,通常实际吸水扬程可按表1.17中吸水扬程减去0.8(无底阀)~1.2 m(有底阀)来进行估算。

B.水泵流量应大于基坑内的涌水量 一般选用口径为2~4 in(5.08~10.16 cm)的排水管,能满足水泵流量的要求。

表1.17　常用离心泵技术性能

型　号	流量 /(m³·h⁻¹)	总扬程 /m	吸水扬程 /m	电动机功率 /kW
$1\frac{1}{2}$B17	6~14	20.3~14	6.6~6.0	1.7
2B19	11~15	21~16	8.0~6.0	2.8
2B31	10~30	34.5~24.0	8.7~5.7	4.5
3B19	32.4~52.2	21.5~15.6	6.5~5.0	4.5
3B33	30~55	35.5~28.8	7.3~3.0	7.0
4B20	65~110	22.6~17.1	5	10.0

注:①2B19 单级离心泵的进水口径为 2 in(50.8 mm),总扬程为 19 m。
　　②B 为改进型。

C.吸水扬程应与降水深度保持一致　若不能保持一致时,可另选水泵,亦可将水泵安装位置降低至基坑(槽)土壁台阶上。

②潜水泵　由立式水泵和电动机组成。其构造如图1.28所示,水泵装在电动机上端,电动机设有密封装置,工作时完全浸在水中。常用潜水泵流量有 15 m³/h、25 m³/h、65 m³/h、100 m³/h,其扬程分别为 25 m、15 m、7 m、3.5 m。它具有体积小、重量轻、移动方便、开泵时不需引水等特点,适用于一般基坑(槽)和独立的柱基坑的排水。

(2)井点降水法

1)井点降水的作用

井点降水法是在基坑(槽)开挖前,预先在基坑(槽)四周埋设一定数量的滤水管,利用真空原理,通过抽水设备不断地抽出地下水,使地下水位降低到坑(槽)底以下,使所挖的土始终保持较干燥状态。

其作用主要表现在:杜绝地下水漏入坑内[图1.29(a)]、阻止边坡塌方[图1.29(b)]、防止坑底土的管涌[图1.29(c)]、减小侧向水平荷载[图1.29(d)]、消除流砂现象[图1.29(e)]。

2)井点降水方法

井点分为轻型井点(包括电渗井点及喷射井点)和管井井点(包括深井井点)。各类井点降水法应根据土的渗透系数、降水深度、设备条件及经济性等要求来选用,可参见表1.18。井点降水法中轻型井点应用广泛,故作重点介绍。

3)轻型井点降水设计

①轻型井点所需设备　轻型井点设备由管路系统和抽水设备组成(见图1.30)。

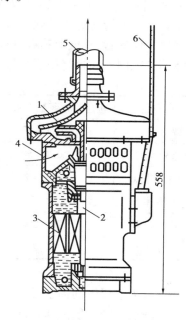

图1.28　潜水泵构造及工作原理简图
1—叶轮;2—轴;3—电动机;
4—进水口;5—出水胶管;6—电缆

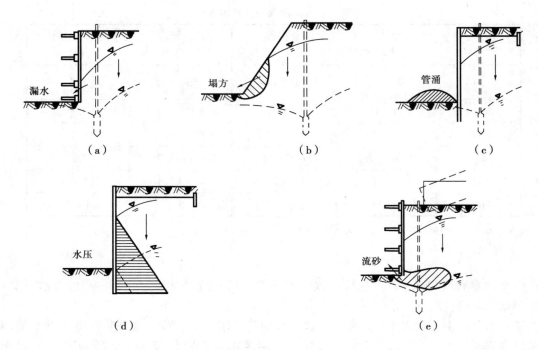

图 1.29　井点降水的作用

(a)杜绝漏水　(b)阻止塌方　(c)防止管涌　(d)减小水平荷载　(e)消除流砂

A.管路系统　包括滤管、井点管、弯联管及总管等。

滤管为井点管的进水设施(见图 1.31)。一般采用长度为 1～1.5 m,直径为 38～55 mm 的无缝钢管作滤管,管壁上钻有直径为 13～19 mm 的滤孔,外包两层孔径不同的铜丝布或纤维布滤网。滤网外面再绕一层 8 号粗铁丝保护网。滤管上端与井点管相连接。

表 1.18　井点降水的适用范围

井点类型	土层渗透系数/(m·d⁻¹)	降低水位深度/m	适用土质
1 级轻型井点	0.1～50	3～6	粘质粉土、砂质粉土、粉砂土等
2 级轻型井点	0.1～50	6～12	同上
喷射井点	0.1～2	8～20	同上
电渗井点	<0.1	根据选用的井点确定	黏土、粉质黏土
管井井点	20～200	3～5	砂质粉土、粉砂土、砂土等
深井井点	10～250	>15	同上

井点管为土层中的抽水设施。一般采用长度为 5～7 m、直径为 38～55 mm 的无缝钢管作井点管。埋设间距一般为 0.8 m、1.2 m、1.6 m。井点下接滤管、上接弯联管。

弯联管用于井点管与总管的连接,其规格与井点管规格相同。

集水总管采用直径为 100～127 mm 的无缝钢管,每节长度为 4 m。集水总管前接弯联管,后接抽水设备。

B.抽水设备　由真空泵、离心泵和气水分离器等组成,见图 1.32。

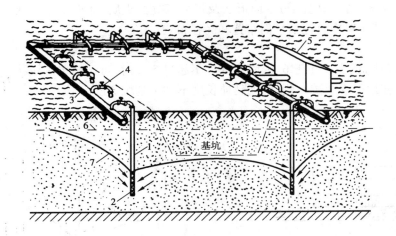 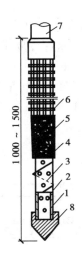

图 1.30　轻型井点降水地下水位的全貌
1—井点管；2—滤管；3—总管；4—弯联管；
5—水泵房；6—原有地下水位线；
7—抽水后的地下水位线

图 1.31　滤管构造
1—钢管；2—滤孔；3—缠绕的塑料管；
4—细滤网；5—粗滤网；6—粗铁丝网；
7—井点管；8—铸铁头

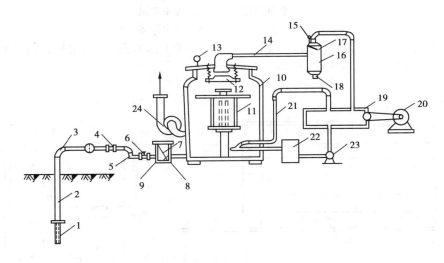

图 1.32　轻型井点抽水设备
1—滤管；2—井点管；3—弯联管；4—阀门；5—集水总管；6—闸门；7—滤管；8—过滤箱；
9—淘砂孔；10—气水分离器；11—浮筒；12—阀门；13—真空计；14—进水管；15—真空计；
16—副气水分离器；17—挡水板；18—放水口；19—真空泵；20—电动机；21—冷却水管；
22—冷却水箱；23—循环水泵；24—离心水泵

　　抽水前应将管路系统和抽水设备连接好。抽水时先开真空泵 19，将气水分离器 10 内部抽至一定程度的真空，使土中的水和空气经过滤管 1 和井点管 2 向上吸出，经弯联管、阀门进入总管 5，并经过滤箱 8 进入气水分离器 10。当进入气水分离器内的水达到一定程度时，浮筒 11 上升。此时，即可开动离心泵 24，将气水分离器内的水排出，而空气集中在气水分离器上部，由真空泵排出。

②轻型井点布置　井点系统应根据基坑(槽)平面形状及尺寸、深度、土质、地下水位高低及流向、降水深度要求等确定。其布置内容包括平面布置和高程布置。

A. 平面布置

a. 单排线状布置　当基坑(槽)的宽度小于 6 m、降水深度不超过 5 m 时,可选择单排线状井点(图 1.33),井点管应布置在地下水上游一侧,两端延伸长度不小于基坑宽度。

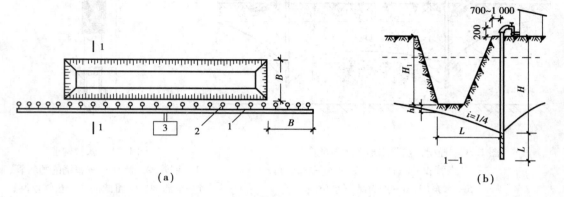

图 1.33　单排线状井点布置
(a)平面布置图　(b)高程布置图
1—总管;2—井点管;3—抽水设备

b. 双排线状布置　当基坑(槽)的宽度大于 6 m,或土质不良,则应选择双排线状井点(见图 1.34)。双排线状井点抽水快,但需两套抽水设备。

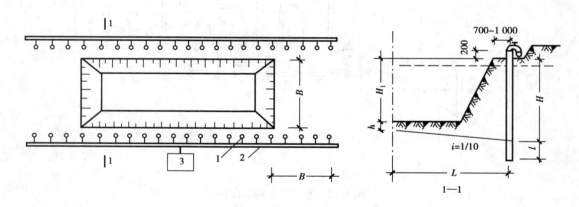

图 1.34　双排线状井点布置
(a)平面布置　(b)高程布置
1—井点管;2—抽水总管;3—抽水设备

c. 环状布置　对面积较大的基坑(槽),宜选择环状井点(见图 1.35),亦可布置成 U 形,以有利于挖土机和运土车辆进入基坑(槽)。井点管距基坑(槽)一般为 0.7～1.0 m。在四个角点处,井点管可适当加密。

B. 高程布置　由于管路系统水头损失,轻型井点管的降水深度一般不超过 6 m。井点管的埋管深度(不包括滤管),可按下式计算[见图 1.35(b)]:

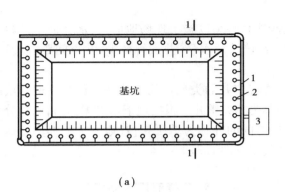
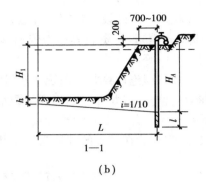

（a）　　　　　　　　　　（b）

图 1.35　环状井点布置

（a）平面布置　（b）高程布置

1—抽水总管；2—井点管；3—抽水设备

$$H_A \geq H_1 + h + i \cdot L \tag{1.23}$$

式中　H_A——井点管理设深度，m；

　　　H_1——总管所处平面至基坑底面的距离，m；

　　　h——基坑底面至降低后的地下水位线的距离，一般为 $0.5 \sim 1.0$ m；

　　　i——水力坡度，单排线状井点为 1/4，双排和环状井点为 1/10；

　　　L——井点管至基坑中心的水平距离（单排井点为至基坑另一边的距离），m。

当轻型井点的降水深度 $H_A < 6$ m 时，可用一级井点。当一级井点系统达不到降水深度要求时，可采用二级井点，即先挖去第一级井点所疏干的土，然后在其底部再安装二级井点（见图 1.36）。

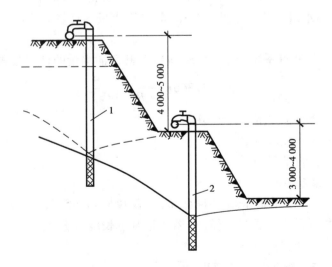

图 1.36　两级轻型井点

1—第 1 级井点系统井点管；2—第 2 级井点系统井点管

此外，在确定井点管深度时，为了便于操作应将井点管露出地面 $0.2 \sim 0.3$ m。为能有效地抽水,滤管必须埋在含水层中。

③轻型井点的设计计算 井点系统的设计计算必须以施工现场地形图、水文地质勘察资料及基坑(槽)设计资料等作为依据,确定井点系统的涌水量、井点管数量、井点间距,以及选择抽水设备等。

按水井理论计算井点系统涌水量时,首先要确定井的类型。凡水井井底达到不透水层的井称为完整井;水井井底达不到不透水层的井称为非完整井。根据地下水有无压力,水井分为承压井和无压井。当滤管布置在上下不透水层之间的井称为承压井;若地下水上部均为透水地层,滤管布置在其间的井称为无压井。水井类型见图1.37。

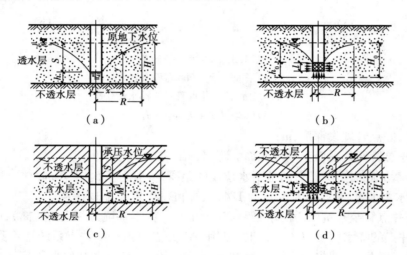

图1.37 水井的类型
(a)无压完整井 (b)无压非完整井 (c)承压完整井 (d)承压非完整井

A.井点系统的涌水量计算 水井类型不同,其涌水量的计算方法亦不同。各类水井的涌水量计算如下:

a.无压完整井环状井点系统[见图1.38(a)] 其总涌水量的计算公式为:

$$Q = 1.366K \frac{(2H - S)S}{\lg R - \lg x_0} \tag{1.24}$$

式中 Q——井点系统的总涌水量,m^3/d;

K——土的渗透系数,m/d;

H——含水土层的厚度,m;

S——水位降低值,m;

R——环状井点系统的抽水影响半径,m,其值由$R = 1.95S(H \cdot K)^{1/2}$计算;

x_0——环状井点系统的假想半径,m;若矩形基坑长度与宽度之比不大于5时,可按$x_0 = (F/\pi)^{1/2}$计算;

F——环状井点系统所包围的面积,m^2。

b.无压非完整井井点系统[见图1.38(b)] 其总涌水量的计算公式为:

$$Q = 1.366K \cdot \frac{(2H_0 - S)S}{\lg R - \lg x_0} \cdot \sqrt{\frac{h_0 - 0.5r}{h_0}} \cdot \sqrt{\frac{2H_0 - l}{h_0}} \tag{1.25}$$

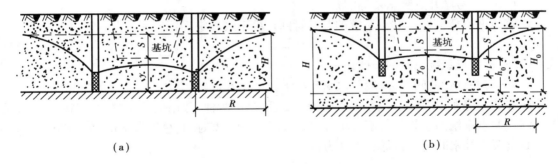

（a）　　　　　　　　　　　（b）

图 1.38　环状井点涌水量计算简图

（a）无压完整井　（b）无压非完整井

式中　H_0——抽水影响深度（查表 1.19），当计算出的 H_0 大于实际含水土层厚度 H 时，取
　　　　　$H_0 = H$，m；

　　　　r——井点管的半径，m；

　　　　l——滤管的长度，m；

　　　　h_0——最小理论含水土层的厚度，m。

表 1.19　抽水影响深度 H_0

$S'/(S'+l)$	0.2	0.3	0.5	0.8
H_0	$1.3(S'+l)$	$1.5(S'+l)$	$1.7(S'+l)$	$1.85(S'+l)$

注：S'—地下水位线至滤管顶部的高度，单位为 m；l—滤管的长度，单位为 m。

c. 承压完整井点系统　其总涌水量的计算公式为：

$$Q = 2.73K \frac{M \cdot S}{\lg R - \lg x_0} \tag{1.26}$$

式中　M——承压含水土层厚度，m。

　　　应当注意：当矩形基坑的长与宽之比大于 5，或基坑宽度大于抽水影响半径的 2 倍时，应将基坑分块，使其符合上述计算公式的适用条件，然后分别计算各块的涌水量，并将其相加即为总涌水量。

　　　B. 确定井点管数量　先计算出单根井点管的最大出水量，再根据总涌水量大小计算出井点管的数量。因有的井点管可能被堵塞，故井点管应考虑 10% 的备用系数。

　　　单根井点管的最大出水量为：

$$q = 65\pi d \cdot l \cdot K^{1/3} \tag{1.27}$$

式中　q——单根井点管的最大出水量，m^3/d；

　　　　d——滤管的直径，m。

　　　井点系统的井点管数量由下式确定：

$$n = 1.1 \frac{Q}{q}（根）\tag{1.28}$$

式中　Q——井点系统的总涌水量，m^3；

　　　　q——单根井点管的最大出水量，m^3/d；

1.1——考虑井点管堵塞等的备用系数。

C.确定井点管间距　井点系统的井点管间距由下式确定：

$$D = L/n \tag{1.29}$$

式中　L——井点系统总管的长度，m；

n——井点管的间距，一般可取 0.8 m、1.2 m、1.6 m 等。

D.抽水设备的选择　真空泵的类型有干式和湿式两种，常用的是干式 W_5、W_6 型。采用 W_5 型时，井点系统的总管长度不得超过 100 m；采用 W_6 型时，其总管长不得超过 120 m。

真空泵在抽水时所需最低真空度为：

$$h_k = 10^3 g(h_A + \Delta h) \tag{1.30}$$

式中　h_k——真空泵在抽水时所需的最低真空度，Pa；

h_A——可吸真空高度（近似取集水总管至滤管的深度），m；

Δh——水头损失，包括进入滤管的水头损失、管路阻力损失及漏气损失等（近似取 1.0 ~ 1.5 m）。

抽水时，真空泵的实际真空度若小于上式计算的最低真空度，降水深度则达不到要求，应重新选择水泵。

在轻型井点中水泵类型宜选用单级离心泵（见表 1.17），其型号应根据流量、吸水扬程和总扬程而定，一般水泵流量应比井点系统涌水量大 10% ~ 20%。如采用多套抽水设备共同工作时，则涌水量应除以套数。通常一套抽水设备配置两台离心泵，既可轮换使用，又可同时使用。

4）井点管的施工程序及要点

①冲孔　用起吊设备将冲管吊起并插在井点位置上，开动高压水泵，将土层冲松，边冲管边下沉，如图 1.39(a) 所示。为保证井点管四周能充填一定厚度的砂滤层，冲孔直径一般为 0.3 m；考虑到拔出冲管时可能部分土粒沉于孔底而影响抽水效果，故冲孔深度宜比滤管底部深 0.5 m。

②插入滤管、井点管　冲孔后应立即拔出冲管，插入井点管［见图 1.39(b)］，并用干净粗砂将井点管与孔壁之间的间隙填至滤管顶上部 1 ~ 1.5 m，以保证水流畅通。

③封口　在井点管顶部周围（地面以下 0.5 ~ 1.0 m）须用黏土封严，以防抽水时漏气而影响其抽水效果。

④试抽水　井点管埋设完毕后，将其与井点系统总管及抽水设备接通，进行试抽水。当无漏水漏气，出水正常方可投入使用。

5）井点系统的使用要点

井点使用时，应采用双回路电源，以保证井点系统在任何情况下均能连续抽水；抽水时须经常观测真空度的大小，以判断井点系统工作是否正常，真空度一般宜为 55.3 ~ 667 kPa；检查观测井中水位的下降情况，如有较多的井点管发生堵塞，应逐根用高压水反向冲洗或拔出重埋；井点系统降水工作结束后，所有井孔须用砂砾或黏土填实。

例 1.2　某综合楼的基坑即将开挖，由于基坑范围土层内富含水，为保证基坑的正常施工，现决定采用轻型井点法降低地下水位。已知基坑底宽为 20 m，长为 60 m，基坑深为 4.5 m，挖土边坡度为 1:0.5，其平、剖面图如图 1.40、图 1.41 所示。根据地质勘探资料，在天然地面以下土层依次为 1 m 的亚黏土，8 m 厚的细砂土（渗透系数为 5 m/d）和不透水的黏土。地下水位在地面以下 1.4 m 处。试进行井点系统设计。

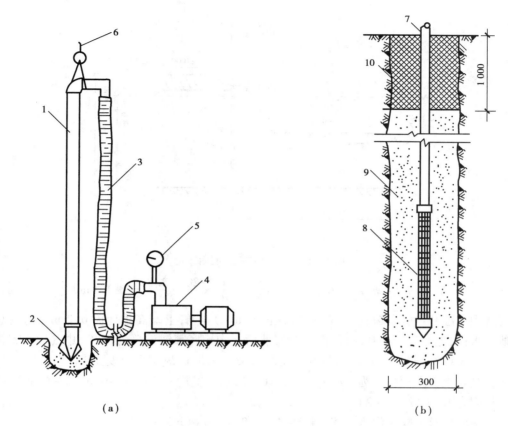

（a）　　　　　　　　　　　　　（b）

图1.39　井点管的施工
（a）冲井点管孔　（b）埋设井点管
1—冲管;2—冲嘴;3—胶皮管;4—高压水泵;5—压力表;
6—起重机钩头;7—井点管;8—滤管;9—填砂;10—封口黏土

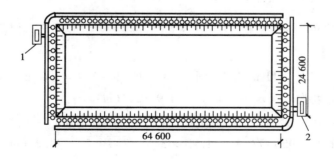

图1.40　基坑井点系统平面布置
1—抽水设备;2—井点管

解　1）井点系统布置　为降低井点管深度和不影响地面交通运输,将抽水总管埋设在地面以下0.5 m处。为不致影响基坑边坡,将井点管布置在距基坑边缘1 m处。根据已知条件,基坑坑底尺寸为20 m×60 m,每侧留0.3 m的工作面,挖土边坡为1∶0.5,则基坑上口平面尺寸为25.1 m×65.1 m,故按环状井点布置。井点管的埋置深度（不计滤管）为:

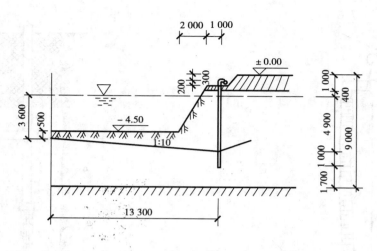

图 1.41　基坑井点系统剖面布置

$$H_A \geqslant H_1 + h + I \cdot L = 4.5 + 0.5 + \frac{1}{10} \times \frac{20 + 2.6}{2} = 6.13(\text{m})$$

现选用标准井点管,其长度为 6 m,滤管长 1 m。井点管上端高出地面 0.2 m。为使总管接近地下水位,先在地面挖 0.5 m 深的沟槽,然后在沟槽底部铺设总管,此时井点管所需长度为 6.13 − 0.5 + 0.2 = 5.83(m),因井点管长度 5.83 m < 6 m,故符合埋设要求。

此时基坑上口平面长度为 60 + 4 + 0.6 = 64.6(m),宽度为 20 + 4 + 0.6 = 24.6(m),故所需总管长度为 $L = [(24.6 + 2) + (64.6 + 2)] \times 2 = 186.4(\text{m})$。

基坑中心要求的降水深度为 $S = 4.5 − 1.4 + 0.5 = 3.6(\text{m})$。

井点管及滤管总长度为 6 + 1 = 7(m),滤管底部到不透水层的距离为 9 − (6 + 1 + 0.3) = 1.7(m)。

由于该基坑的长宽比小于 5,故按无压非完整井环状井点系统计算。

2)计算涌水量　地下水面标高至滤管上端的距离为 $S' = 6 − (1.4 − 0.3) = 4.9(\text{m})$,由 $\frac{S'}{(S' + l)} = \frac{4.9}{4.9 + 1} = 0.83$,查表 1.19,则抽水影响深度为 $H_0 = 1.85(S' + l) = 1.85(4.9 + 1) = 10.92 \approx 11(\text{m})$。

由于抽水影响深度 $H_0 = 11$ m 大于含水层厚度 $H = 9 − 1.4 = 7.6(\text{m})$,取 $H_0 > H = 7.6$ m,则最小理论含水层厚度为 $h_0 = H_0 − S' = 7.6 − 4.9 = 2.7(\text{m})$。

抽水影响半径为:

$$R = 1.95S \sqrt{H_0 K} = 1.95 \times 3.6 \sqrt{7.6 \times 5} = 43.27(\text{m})$$

基坑假想半径为:

$$x_0 = \sqrt{\frac{F}{\pi}} = \sqrt{\frac{66.6 \times 26.6}{3.14}} = 23.75(\text{m})$$

则总涌水量为:

$$Q = 1.366K \frac{(2H_0 − S)S}{\lg R − \lg x_0} \sqrt{\frac{h_0 + 0.5r}{h_0}} \cdot \sqrt{\frac{2h_0 − l}{h_0}}$$

$$= 1.366 \times 5 \cdot \frac{(2 \times 7.6 - 3.6) \times 3.6}{\lg 43.27 - \lg 23.75} \cdot \sqrt{\frac{2.7 + 0.5 \times 0.025}{2.7}} \cdot \sqrt{\frac{2 \times 2.7 - 1}{2.7}} = 1\,367\,(\text{m}^3/\text{d})$$

3)计算井点管数量及井距

①先计算单根井点管的出水量 $q = 65\pi \cdot d \cdot l \cdot \sqrt[3]{K} = 65 \times 3.14 \times 0.05 \times \sqrt[3]{5} = 17.34\,(\text{m}^3/\text{d})$，则该井点系统所需的井点管数量为 $n = 1.1 \times \dfrac{Q}{q} = 1.1 \times \dfrac{1\,367}{17.34} = 78.84\,(\text{根})$，取 79 根。

②再计算井点管的距离 根据该井点系统平面尺寸的周长，其井点管的距离为 $D = \dfrac{L}{n} = \dfrac{186.4}{79} = 2.36\,(\text{m})$，取 2.4(m)。

为了提高基坑四个大角处的抽水效率，在每个大角处各增加 2 根井点管，故整个抽水系统共布置 86 根井点管。

4)选用抽水设备 根据总管长度 186.4 m，故选用 2 台 W_5 型干式真空泵。真空泵所需的最低真空度为 $h_k = 10^3 g(h_A + \Delta h) = 10^3 \times 9.8 \times (6 + 1) = 68\,600\,(\text{Pa})$。

水泵所需的流量为 $Q_1 = 1.1 \times \dfrac{Q}{2} = 1.1 \times \dfrac{1\,367}{2} = 751.85\,(\text{m}^3/\text{d}) = 31.327\,(\text{m}^3/\text{h})$。

水泵吸水扬程为 $H_3 \geq 6 + 1 = 7\,(\text{m})$。根据 Q_1 及 H_3 查表 1.17，选用 3B33 型离心式水泵。

1.5.3 流砂及其防治

(1)流砂的形成

当基坑开挖深度大、地下水位较高而土质又不好，挖至地下水位以下时，有时坑底的泥砂会呈流动状态，并随地下水涌入基坑内，这种现象称为流砂。

基坑在开挖过程中一旦发生流砂，坑内的土会边挖边冒，使施工条件难以达到开挖的设计深度。严重时会造成边坡塌方，致使临近的建筑物下沉、倾斜，甚至倒塌。因此，流砂现象必须引起高度重视。

(2)流砂的防治技术措施

实践表明，在颗粒细、松散、饱和的非粘性土中容易发生流砂现象，但只要能减少或平衡动压水，设法使动压水方向向下或截断地下水流，就能有效地防止流砂。具体技术措施为：

①选择枯水季节进行施工 枯水期地下水位低，土方开挖时坑内外水位差小，相应地动压水亦小，因此，选择在枯水季节施工，可从根本上杜绝流砂现象。

②采用人工降低水位法施工 对于流砂较严重的大型基坑宜采用轻型井点法降水，不仅可使地下水的渗流向下，而且可增大坑底土体颗粒的阻力，从而有效地抑制流砂现象。

③采用钢板桩法施工 在基坑(槽)开挖轮廓处，将钢板桩连续打入坑底标高以下一定深度，增加地下水从坑外流入坑的渗流长度，减小水力坡度和动压水，可防止流砂现象的产生。

④采用抢挖及抛石法施工 对于轻微流砂可组织分段抢挖，使挖土速度超前于流砂冒砂速度。当挖至坑底下标高时立即铺设竹筏或芦苇席，后抛入大石块压住流砂，用以平衡动压水，防止产生流砂。

⑤采用地下连续墙法施工 在基坑四周开挖轮廓线处先挖一道槽，并浇筑砼或钢筋砼的连续墙(具体施工方法见 11.2 节)，用以支承土体压力、截断地下水流，防止产生流砂。

1.6　土方施工质量标准与安全技术

（1）质量标准

1）柱基、基坑和管沟基底的土质必须符合设计要求，并严禁扰动。

2）填方的基底处理，必须符合设计要求或施工规范规定。

3）填方柱基、基坑、基槽和管沟填土的土料必须符合设计要求和施工规范要求。

4）填方和柱基、基坑、基槽及管沟的回填，必须按规定分层夯压密实。取样测定压实后的干密度，90%以上符合设计要求，其余10%的最低值与设计值的差不应大于 0.08 g/cm^3，且分散。土的实际干密度用"环刀法"测定。柱基回填取样不少于柱基总数的10%，且不少于5个；基槽、管沟回填取样每层按 20~50 m 取一组；基坑和室内填土取样每层按 100~500 m^2 取一组；场地平整填土取样每层按 400~900 m^2 取一组，取样部位应在每层压实后的下半部。

5）土方施工的允许偏差和质量检验标准，应符合表1.20、表1.21的规定。

（2）安全技术

1）基坑开挖时，两人操作间距应大于 2.5 m；多台机械开挖时，挖土机间距应大于 10 mm。挖土应从上至下逐层进行，严禁采用挖空底脚的施工方法。

2）基坑开挖严格按要求放坡。施工时应随时注意土壁变化情况，若发现有裂纹或部分坍塌现象，应及时进行支撑或放坡，并注意支撑的稳固性和土壁的变化。

3）基坑（槽）的挖土深度超过 3 m 以上，使用吊装设备吊土时，起吊后坑内施工作业人员应立即离开吊点的垂直下方；起吊设备距坑边一般不得小于 1.5 m；坑内作业人员应戴安全帽。

4）用手推车运土，应先铺好道路；卸土回填不得放手让车自动翻转；用翻斗汽车运土，运输道路的坡度、转弯半径应符合有关安全规定。

表1.20　土方开挖施工质量检验标准

项	序	项　目	允许偏差或允许值/mm					检验方法
			柱基、基坑、基槽	挖方场地平整		管沟	地面基层	
				人工	机械			
主控项目	1	标高	−50	±30	±50	−50	−50	用水准仪检查
	2	长度、宽度（从设计中心线向两边量）	+200 −50	+300 −100	+500 −150	+100	—	用经纬仪和钢尺检查
	3	边坡坡度	按设计要求					观察或坡度尺检查
一般项目	1	表面平整度	20	20	50	20	20	用 2 m 靠尺和塞尺检查
	2	基本土性	按设计要求					观察或土样分析

表1.21 填土施工质量检验标准

项	序	检查项目	允许偏差或允许值/mm					检验方法
			桩基、基坑、基槽	填方场地平整		管沟	地(路)面基层	
				人工	机械			
主控项目	1	标高	−50	±30	±50	−50	−50	用水准仪检查
	2	分层压实系数	按设计要求					按规定方法
一般项目	1	表面平整度	20	20	50	20	20	用2m靠尺和塞尺检查
	2	回填土料	按设计要求					取样检查或直观鉴别
	3	分层厚度及含水量	按设计要求					观察或土样分析

5)深基坑应先挖好阶梯、设置靠梯或开斜坡道,并采取防滑措施,禁止踩踏支撑物上下;坑四周应设置安全栏杆或悬挂危险标志。

6)基坑(槽)设置的支撑物应经常检查是否有松动变形等不安全迹象,尤其是雨后更应加强检查。

7)基坑(槽)边1m以内不得堆土、堆料和停放机具;1m以外堆土,其高度不宜超过1.5m;基坑(槽)、沟与附近建筑物的距离不得小于1.5m,危险时必须予以加固。

1.7 石方爆破法施工技术

在平场土石方施工中,土方一般可用人工或机械进行开挖平场,但石方则必须采用爆破的方法先将岩石破碎下来,再用机械装运岩块进行平场。因此,学习和掌握一定的爆破基本知识,对于土建施工技术和管理人员显得十分重要。

1.7.1 爆破的基本概念

用钻孔机械在需要爆破的岩体上钻孔,把炸药和雷管装填于炮孔中,然后将其引爆,炸药在极短的时间内释放出大量的高温、高压和高速行进的爆炸冲击波,冲击和压缩周围的介质(土、石等),使岩石受到不同程度的破坏,从而达到破碎岩石的目的,这就叫爆破。

如果将一个球形或立方体形的炸药包置入岩体中进行的爆破,称为集中装药爆破;若先用钻孔机械进行钻孔,再装入炸药卷进行的爆破称为柱状装药爆破。

岩体与空气的接触面称为临空面。实践表明,岩体的临空面愈多,其爆破效果愈好。爆破时,装药中心至临空面的距离称为最小抵抗线。

当最小抵抗线取很大时[见图1.42(a)的w_1],炸药的爆炸作用只能在岩石内部产生作

51

用,这种作用称为炸药爆炸的内部作用。

当最小抵抗线取小一些时[见图 1.42(b)的 w_2],炸药的爆炸作用能对临空面产生作用,这种作用称为炸药爆炸的外部作用。

当最小抵抗线再取小一些时[见图 1.42(c)的 w_3],炸药爆炸的外部作用仅对岩石产生松动破坏,这种作用称为松动爆破。如果炸药爆炸的外部作用不仅松动岩石,而且将破碎的岩石抛掷出去[见图 1.42(d)的 w_4],这种作用称为抛掷爆破。

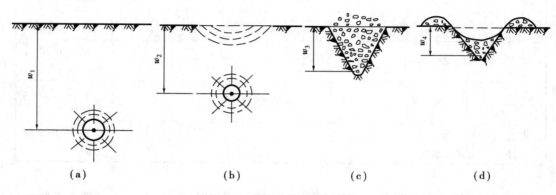

图 1.42　炸药的爆破作用分类

(a)炸药内部作用　(b)炸药外部作用　(c)炸药松动爆破　(d)炸药抛掷作用

(1)炸药爆破的破坏作用

爆破时,越靠近炸药处的土石受到的压力越大,其受破坏的程度也越大。但是由于炸药周围的介质不同,其破坏的形式便有所不同,对于固结性的岩石,则被粉碎;对于可塑性土层,则被压缩成腔室,炸药的这个作用范围称为破碎圈或压缩圈。

在破碎圈或压缩圈以外,虽炸药爆炸冲击波有所减弱,但足以破坏土石的结构,将其分裂成支离破碎的碎块,这个范围称为破坏圈或松动圈。

因炸药爆炸冲击波的减弱,其能量不足以使破坏圈或松动圈以外的介质破坏,只能产生震动,这个范围称为震动圈。

由于炸药爆破的类型不同,被爆破的土石级别不同,其爆破作用范围大小亦不同。上述三个爆破作用范围,大致可用三个同心圆来表示,称为炸药爆破作用圈,如图 1.43 所示。

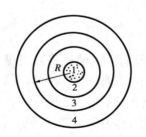

图 1.43　炸药爆破作用圈

1—药包;2—压缩破碎区;3—破坏区;

4—震动区;R—爆破作用半径

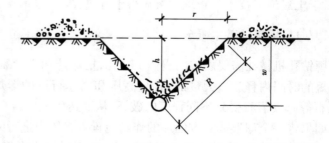

图 1.44　爆破漏斗及其构成要素

（2）爆破漏斗及其构成要素

1）爆破漏斗　在破碎圈和破坏圈内统称为破坏范围,它的半径称为破坏半径或炸药包的爆破作用半径,用 R 表示。

若炸药埋置深度小于炸药爆破作用半径,炸药的爆炸破坏作用必然显露到地表,在爆生气体的强力作用下可将破碎的大部分土石抛掷出去,形成一个漏斗状爆坑,这个爆坑称为爆破漏斗,如图 1.44 所示。

爆破漏斗由以下要素构成:

①最小抵抗线 w　从装药中心至临空面的最短距离。

②爆破漏斗半径 r　漏斗上口半径。

③爆破作用半径 R　从装药中心至爆破漏斗上口边缘的距离。

④可见深度 h　爆破漏斗内岩块表面至临空面的距离。

2）爆破作用指数 n　在爆破时,n 值是岩石爆破中的一个重要参数,用它可确定抛掷爆破的类型、爆破漏斗的尺寸等。爆破漏斗的形状一般用爆破作用指数 n 表示,即:

$$n = r/w \tag{1.31}$$

式中　r——爆破漏斗半径,m;

w——最小抵抗线,m。

3）松动爆破　若炸药埋置深度接近破坏区或松动区的外围,炸药的爆破作用不能使破碎的介质产生抛掷运动,只能引起土石的松动,亦形不成爆坑,这种爆破称为松动爆破,如图1.42（c）所示。

其爆破作用指数 $n < 0.75$。有时为了控制爆破后土石的飞散,此时应实施松动爆破,即爆破后土石只产生松动,形不成爆破漏斗。对于松动爆破,用 n 值表达不了松动爆破的情况,一般借用函数值 $f(n)$ 来计算炸药量。

压缩爆破:　　　$f(n) = 0.12 \sim 0.20$;

减弱松动爆破:　$f(n) = 0.20 \sim 0.44$;

正常松动爆破:　$f(n) = 0.44$;

加强松动爆破:　$f(n) = 0.44 \sim 0.64$。

4）抛掷爆破　抛掷爆破不仅能在地表形成爆破漏斗,而且还将爆落的岩块抛离一定的距离[见图 1.42（d）]。实施抛掷爆破的目的在于抛出岩块,以减少岩块的运输量。

根据漏斗的形状,可将抛掷爆破分为三类:

①标准抛掷爆破　当 $r = w$,$n = 1$;

②加强抛掷爆破　当 $r > w$,$n > 1$（$\geqslant 3$）;

③减弱抛掷爆破　当 $r < w$,$n < 1$（$\leqslant 0.75$）。

对于抛掷爆破,应根据地面的坡度来选取 n 值的大小:

小于 30°的平缓地面:　　　$n = 1.5 \sim 2.0$;

地面坡度为 30°～45°时:　$n = 1.25 \sim 1.5$;

地面坡度为 45°～60°时:　$n = 1.0 \sim 1.25$;

地面坡度超过 60°时:　　　$n = 0.75 \sim 1.0$。

1.7.2 炸药及炸药量计算

(1)炸药

炸药可分起爆炸药和主爆炸药。起爆炸药通常用于制造雷管、导爆索和起爆药包等爆破器材。起爆炸药主要有雷汞、二硝基重氮酚、叠氮铅、黑索金、泰安、特屈儿等。

主爆炸药用于岩石的爆破,通常采用混合炸药。其稳定性好,只有在爆炸能的作用下,才能产生爆炸。这类炸药有硝铵炸药、铵油炸药、浆状炸药、乳化炸药等。

(2)炸药量计算

1)抛掷爆破的炸药量

$$Q = q \cdot e \cdot w \cdot f(n) \tag{1.32}$$

式中　Q——炸药量,kg;

　　　q——标准抛掷爆破的单位炸药消耗量,kg/m³,可查爆破施工手册;

　　　e——炸药类型换算系数,2 号硝铵炸药 $e = 1$,其他炸药的 e 值可查爆破施工手册;

　　　w——最小抵抗线,m;

　　　$f(n)$——爆破作用指数 n 的函数,$f(n) = 0.4 + 0.6n^2$。

2)松动爆破的炸药量

$$Q = q' \cdot V \tag{1.33}$$

式中　Q——炸药量,kg;

　　　q'——松动爆破时的单位炸药消耗量,$q' = (0.2 \sim 0.6) \cdot q$;

　　　V——爆破岩体体积,m³。

1.7.3 爆破方法

(1)起爆技术

1)导火索起爆法　此法是利用导火索和雷管起爆炸药的一种方法,它利用导火索燃烧火焰引爆火雷管产生的爆炸能来起爆炸药。

①火雷管　火雷管由管壳、正副起爆药和加强帽等组成,如图 1.45 所示。雷管的规格有 1 ~ 10 号,号数愈大,其起爆能力愈强。在工程爆破中,以 8 号雷管应用最广。

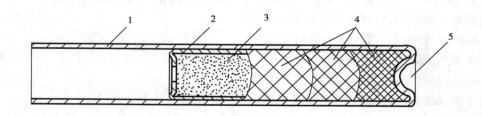

图 1.45　火雷管结构示意图

1—外壳;2—加强帽;3—正起爆药;4—副起爆药;5—聚能穴

②导火索　用黑火药作芯药,由棉线和纸条包缠而成,外观为白色,每卷 50 m,直径 5 ~ 6 mm,其正常燃速约为 10 mm/s。使用时用锋利的电工刀或剪刀将导火索所需要的长度切下,把插入雷管一端平切,将导火索谨慎地插入雷管空腔内,不准用力挤压或转动。导火索的

长度以点火手能退至安全地点为宜(不小于1 m)。在距雷管口5 mm处用雷管钳夹紧,亦可用胶布缠紧。

③起爆药卷　装有雷管的炸药卷称为起爆药卷。它可以产生巨大的爆炸能,使柱状装药连续起爆。制作时,先将炸药卷搓松,把上口掀开,用专用的木锥在药卷中央扎一雷管孔,再将带有导火索的火雷管插入其中,然后用细绳将药卷捆扎。

④装药结构　根据爆破作用和爆破技术的要求不同,爆破工作面上的各类炮孔的装药结构和装药量是不同的。

炸药在炮孔内的安置方式称为装药结构。把起爆炸药卷置于孔口端的第1个或第2个炸药卷处,所有炸药卷的聚能穴朝向孔底的称为正向装药结构。把起爆炸药卷置孔底,所有炸药卷的聚能穴朝向孔口的装药称为反向装药结构。实践证明,爆破时反向装药结构比正向装药结构爆破效果要好。但采用导火索起爆法宜采用正向装药结构,其他起爆法则宜采用反向装药结构。

装药时应根据爆破设计的要求,用炮棍将炸药卷一节一节地送入炮孔内,在靠近孔口时装入起爆药卷,导火索留在孔口外,剩余的空孔段用炮泥进行填塞。

⑤点燃方法　导火索可用拉火管或火柴点燃,严禁点明火。看到冒烟,即已点燃。

2)导爆管起爆法　导爆管网路主体是一种内壁喷涂有混合炸药粉末的塑料软管,并由引爆元件、传爆元件、连接与分流元件和起爆元件组成。

①引爆元件　导爆管网路中,一般选用8号雷管作引爆元件。引爆时,须把导爆管捆绑在雷管上。

②传爆元件　主要由导爆管和传爆雷管组成。一个引爆元件能激起若干个导爆雷管爆炸,从而引爆若干个爆破点。

③连接与分流元件　连接元件是用来连接引爆元件、传爆元件和起爆元件的部件。分流元件是用来接长与分流导爆管的元件。在实际工作中常直接采用"捆绑连接"来实现,一个传爆雷管可分流40根左右的导爆管。

④起爆元件　起爆元件的作用是起爆装药。导爆管传爆的前端必须与雷管组合在一起才能完成起爆过程。导爆管与各种规格的火雷管组合在一起,即成为导爆管雷管。根据爆破的需要,导爆管雷管有瞬发、毫秒、半秒和秒延期导爆雷管。

⑤装药结构　同导火索起爆法。

3)电力起爆法　电力起爆法是利用电源所产生的电流起爆电雷管,从而使炮孔中的炸药爆炸。该法能同时起爆多个装药炮孔,能事先用仪表检查,且能远距离起爆,操作安全可靠,故大规模的爆破或一次起爆较多的炮孔装药,多采用电力起爆法。实施电力起爆网路所需的器材主要有电雷管、放炮母线、起爆器和欧姆表等。

①电雷管　电雷管分为瞬发电雷管和延期电雷管。瞬发电雷管由火雷管和电力引火装置组成,如图1.46所示。通电后,电雷管内脚线端部上的桥丝发热,点燃发火药头,使正起爆药爆炸,进而引起副起爆药爆炸,并产生爆炸能。

延期电雷管是在发火药头与正起爆药之间装有延期装置(毫秒延期电雷管为延期药、秒延期电雷管为长度不等的导火索),如图1.47所示。延期电雷管可延长雷管的爆炸时间,能满足一次通电分次爆破的要求。

②放炮母线　是用来连接电雷管网路和放炮电源的,一般采用绝缘良好的铜芯线。放炮

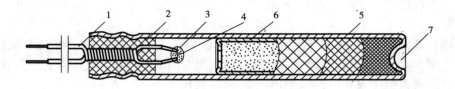

图 1.46 瞬发电雷管

1—脚线;2—塑料塞;3—发火药头;4—桥丝;5—雷管;6—加强帽;7—聚能穴

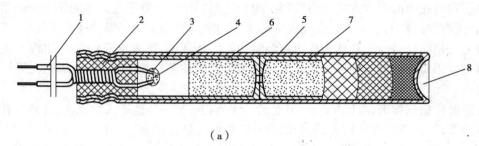

（a）

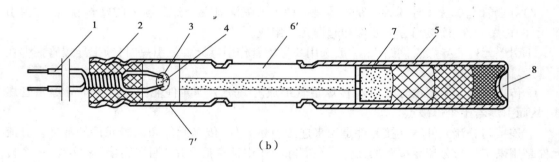

（b）

图 1.47 延期电雷管

（a）毫秒延期电雷管 （b）秒延期电雷管

1—脚线;2—塑料塞;3—发火药头;4—桥丝;5—雷管;6—内铜管及延期药;
6′—导火索;7—加强帽;7′—排烟孔;8—聚能穴

时,放炮母线须与电雷管网路和放电源连接牢固。禁止使用不带绝缘胶皮的裸线进行放炮。

③放炮电源 可用电容式放炮,亦可用照明和动力电源放炮。放炮电源是否满足电爆破网路准爆电流的要求,应进行准爆电流的计算。其计算方法可参考爆破有关资料。

④欧姆表 用于检查单个雷管、放炮母线和电爆破网路电阻的大小,检测爆破网路是否通断。

(2)浅孔爆破法

浅孔爆破法是指炮孔直径小于 50 mm,炮孔深度小于 4 m 的爆破。该法适用于开挖基坑、松动冻土、开采石料、开挖路堑和爆破大块岩石。

浅孔爆破布孔原则:应尽量利用临空面较多的地形;炮孔方向应尽量与岩层的层理或节理垂直;孔底应打在同一标高层面上;最小抵抗线应大致相等。

①炮孔深度 L 根据岩石坚固程度和爆破梯段高度 H 而定。对中等坚固岩层,炮孔深度可取梯段高度,即 $L=H$;对较坚固完整的岩层,为克服底板的阻力,需超钻一定深度,即 $L=$

$(1.1 \sim 1.5)H$;对较松软破碎的岩层,炮孔深度可适当减小,即 $L = (0.85 \sim 0.95)H$。

②最小抵抗线 w　指炮孔装药中心至梯段边坡的最短距离,一般取 $w = 2L/3$。

③炮孔间距 a 和排距 b　炮孔间距 $a = (1 \sim 2)w$;炮孔排距 $b = (0.5 \sim 1)w$。

④单孔药量 Q_d　与其爆破的岩石体积和岩石性质有关,$Q_d = q \cdot V$(q 为爆破 $1\ m^3$ 实体岩石所需的炸药量,简称单位炸药量;V 为爆破的岩石体积)。

浅孔爆破的炮孔布置方式如图 1.48 所示。

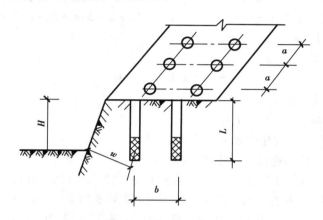

图 1.48　浅孔爆破的爆破参数及炮孔布置方式

1.7.4　爆破安全技术措施

爆破作为一种特殊的工程技术手段,已广泛地应用于土石方的平场施工中。为了确保爆破工作的安全,必须认真执行爆破安全规程,并采取以下安全措施:

①制订爆破器材的储存、运输及领取的规章制度　爆破器材应储存在干燥、通风的炸药库内,炸药、雷管应分别储存,并与建筑物或构筑物保持一定的安全距离;炸药、雷管不得同车装运;炸药、雷管须由放炮员领取,严格执行消退制度。

②编制爆破作业规程　在爆破作业前须编制好爆破作业规程(方案);爆破作业人员必须严格执行爆破作业规程,不得擅自修改爆破作业规程。

③站岗警戒　在实施爆破前,必须按爆破作业规程规定的安全距离和地点,设专人站岗警戒。

④拒爆或瞎炮的处理　爆破时产生拒爆原因很多,应针对不同情况具体分析,若是连线的问题,可重新连线放炮;若是放炮器电池的问题,应更换新电池后重新放炮。出现盲炮时,可在距盲炮 $0.3\ m$ 处钻一平行炮孔,重新装药起爆来处理盲炮。

⑤计算爆破震动、空气冲击波及飞石的安全距离。

A. 爆破地震的安全距离为

$$R_1 = K_1 \cdot \alpha \cdot \sqrt[3]{Q} \tag{1.34}$$

式中　R_1——爆破地震的安全距离,m;

　　　K_1——场地系数,坚硬密实岩石,$K_1 = 3.0$;次坚硬密实岩石,$K_1 = 5.0$;砾石、碎石类土,$K_1 = 7.0$;砂土,$K_1 = 8.0$;黏土,$K_1 = 9.0$;回填土,$K_1 = 15.0$;

　　　α——常数,根据爆破作用指数 n 而定,$n < 1$,$\alpha = 1.2$;$n = 1$,$\alpha = 1.0$;$n = 2$,$\alpha = 0.8$;$n \geq$

$3, \alpha = 0.7$;

Q——总炸药量,kg。

B. 爆破冲击波的安全距离为

$$R_2 = K_2 \cdot \sqrt{Q} \tag{1.35}$$

式中 R_2——爆破冲击波安全距离,m;

K_2——按爆破作用指数 n 选取的系数,松动爆破,可不考虑 K_2 的影响;加强松动爆破,
$K_2 = 0.5 \sim 1.0$;$n = 1$,$K_2 = 1 \sim 2$;$n = 2$,$K_2 = 2 \sim 5$;$n = 3$,$K_2 = 5 \sim 10$;

Q——总炸药量,kg。

C. 个别飞石的安全距离为

$$R_3 = 20K_3 \cdot n^2 \cdot W \tag{1.36}$$

式中 R_3——飞石的安全距离,m;

K_3——安全系数,一般 $K_3 = 1.0 \sim 1.5$;

n——最大一个装药炮孔的爆破作用指数;

W——最大一个装药炮孔的最小抵抗线,m。

例1.3 某家具市场第2期土石方平整场地工程,占地面积 36 000 m²,平均开挖土石方工程量约 500 000 m³,最大开挖高度约 20 m,最大回填深度约 8 m。该工程距某高速公路约 45 m,交通十分方便,各种施工机械均可直达施工现场,施工环境如图 1.49 所示。试进行爆破方案设计。

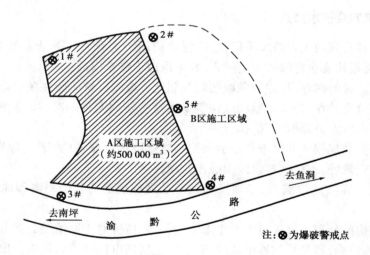

图 1.49 爆破施工区平面图

解 1)爆破方案选择 该土石方工程上层为 1 ~ 2 m 亚黏土,下层主要为砂岩,岩石坚固性系数 $f = 4 \sim 6$。为了不影响四周建筑的基础安全,采用分层、小孔径群爆方案施工。为满足施工进度和确保四周建筑物不受爆破地震波的影响,爆破作业采用微差控制爆破技术进行爆破。

2)爆破原则确定 爆破采用松动爆破,其爆破作用指数 $n < 0.75$。根据岩石坚固性系数,单位炸药量 $q = 0.4$ kg/m³,爆破时不得产生飞石。地震波、空气冲击波的影响半径小于 4.0 m。

3)钻爆参数的选择 局部岩层选用手持式凿岩机钻孔,孔径 ϕ32 mm,孔深 2 m;大部岩层

选用潜孔机钻孔,孔径 $\phi100$ mm,孔深 4 m。选用 2 号岩石硝铵炸药、8 号瞬发电雷管及毫秒导爆雷管。

4)爆破技术设计

①爆破施工组织设计　该平场工程表层为浮土,下部为基岩。施工时可先用反铲挖土机将表土挖去,然后进行钻孔爆破。

②爆破技术设计

A. 爆破参数的选择　爆破梯段高 $H=0.7\sim2$ m;炮孔深度 $L=(1.1\sim1.2)H$;最小抵抗线 $w=(0.5\sim1)H$;炮孔间距 $a=(0.8\sim1)H$;炮孔排距 $b=0.86a$;单位炸药消耗量 $q'=0.33\cdot e\cdot c\cdot q=0.33\times0.88\times0.85\times q=0.25q$($e$ 为炸药类型系数,c 为松动爆破减弱系数,q 为标准抛掷爆破时单位炸药消耗量)。装药量 $Q=q'\cdot w^3$ 或 $Q=q'\cdot a\cdot b\cdot w$。该平场时的爆破参数见表 1.22、表 1.23。

表 1.22　$\phi32$ mm 孔径爆破参数表

序号	梯段高度 H/m	孔深 L/m	最小抵抗线 w/m	炮孔间距 a/m	炮孔排距 b/m	装药量 Q/kg	爆破方量 V/m³
1	0.5	0.7	0.6	0.6	0.5	0.14	0.18
2	1.2	1.35	0.8	0.8	0.7	0.27	0.67
3	1.3	2.00	1.0	1.0	0.9	0.63	1.8
4	2.4	2.65	1.2	1.2	1.2	1.21	3.52

表 1.23　$\phi100$ mm 孔径爆破参数表

序号	梯段高度 H/m	孔深 L/m	最小抵抗线 w/m	炮孔间距 a/m	炮孔排距 b/m	装药量 Q/kg	爆破方量 V/m³
1	0.50	1	0.50	0.50	0.50	0.16	0.60
2	1.00	2	0.80	1.00	1.00	0.30	1.20
3	1.50	3	1.30	1.50	1.50	0.80	4.00
4	1.80	4	1.50	1.80	1.80	2.10	12.00
5	2.10	5	2.00	2.10	2.10	4.00	20.00
6	2.50	6	2.20	2.50	2.50	8.20	30.00

B. 炮孔填塞　其填塞长度 l 为 20~30 倍孔径。

C. 起爆方法　群炮采用电力起爆法或导爆管起爆法;单孔爆破采用火花起爆法。

a. 电力起爆网路　采用串并联网路,每一串联组最多串联 20 发雷管,组与组之间并联时,每组的电阻值应均等;用 380 V 电源起爆,放炮母线截面积为 4 mm²,爆破电源线路应单独敷设,设置专用闸刀并上锁,设专人管理。

b. 塑料导爆管起爆网路　采用簇并联网路,每簇最多不得超过 30 发。用专用起爆器起爆。

c. 火花起爆　导火索长度不得小于 1.2 m,点火时必须先点信号引,信号引长度为 0.6 m,

信号引燃完时,爆破人员必须迅速撤离现场。

D. 爆破安全距离计算

a. 对地震效应的验算　根据 $v = K_v \left(\dfrac{\sqrt[3]{Q}}{R}\right)^\alpha$ 进行计算。本例取 $K_v = 90$,$\alpha = 1.5$,根据验算符合爆破安全规程 $v = 5$ cm/s 的规定。

根据上述公式计算:当爆破距离为 10 m 时,一次允许起爆破药量为 3.9 kg,20 m 时为 31.25 kg,30 m 时为 72 kg。因此在爆破作业中,应严格控制装药量,以确保周围建筑物的安全。

b. 空气冲击波安全距离的计算　因该平场爆破时,爆破作用指数 $n = 0.75$,破坏仅限于在爆破漏斗抛掷界限以内,对建筑物无影响,故计算略。

c. 个别飞石安全距离的计算　根据安全公式 $R_3 = 20K_3 \cdot n^2 \cdot w = 20 \times 1.2 \times 0.75^2 \times 1.2 = 15.29$(m)。为确保安全,取个别飞石的安全距离为 50 m。

5)安全技术措施

①在爆破施工整个过程中,必须严格执行 GBJ 201—83《土方爆破工程施工及验收规范》。

②在爆破施工中必须严格执行 GB 6722—86《爆破安全规程》和《中华人民共和国民用爆炸物品管理条例》。

③在爆破作业中,须由工程技术人员进行监护,并做好记录,严格控制装药量,杜绝冲炮现象发生。

④为降低爆破地震效应对四周建筑物的影响,爆破中采用微差控制爆破技术,采用塑料导爆微差雷管 1~10 段作起爆管,以确保施工安全。

⑤为防止个别飞石伤人,对炮位用草垫和安全网覆盖。

⑥严格执行爆破器材领退制度,做到账目清,手续全。

⑦当现场出现盲炮时,应用竹木工具将填塞物掏出少许,见到炸药后采用灌水法将其浸湿,轻轻取出雷管,或重新装入起爆体再引爆炸药,或距盲炮孔 30 cm 处钻 1 个平行炮孔装药起爆处理盲炮。处理盲炮时,无关人员应撤离现场。

⑧在离建筑物基础较近处,应采用跳槽开挖,边坡开挖时采用光面爆破。

⑨安全警戒半径原则上按 50 m 执行,安全警戒人员应定点、定人,服从指挥。

⑩放炮信号以口哨声为准。第 1 次信号:嘟……嘟……嘟,为预告信号。所有与爆破无关人员应立即撤到危险区以外,或撤至指定的安全地点,向危险区边界派出警戒人员,警戒范围见图 1.49。第 2 次信号:嘟嘟嘟,为起爆信号。确认人员、设备全部撤离危险区,具备安全起爆条件时,方准发出起爆信号,根据起爆信号由放炮员起爆。第 3 次信号:嘟……,为解除警戒信号。经检查确认安全后方准发出解除警戒信号,未发出解除信号之前,岗哨应坚守岗位,除爆破工作领导人批准的检查人以外,不准任何人进入爆破区。

1.8　土方施工中常见事故及其处理技术

1.8.1　场地内积水

(1)表现现象

当平整场地后,在场地内出现局部或大面积的积水,影响土方下一道工序的施工。

(2)产生原因

在平整场地时,由于测量产生错误,造成地面凹陷;未按设计排水坡度要求进行施工;没有设置排水沟;回填时未分层夯实,遇雨水而产生沉降。

(3)预防措施

在平整场地前,应做到先施工地下、后施工地上;按设计要求做好排水设施,使场地内的排水通畅;对填方要分层夯实,其密实度应达到80%以上;做好平整场地的测量工作,使平整后的坡度满足设计要求。

(4)处理办法

出现场内积水时,应立即疏通排水沟,将积水排除;重新调整或加大场地的排水坡度;对积水部位进行填土,并夯实至不再积水为止。

1.8.2　填方出现橡皮土

(1)表现现象

填土在夯打或碾压时,其受力处出现下陷,四周则鼓起,形成塑性状态,而填土体积并没有被压缩。这种地基土变形大,长期不能稳定下来,承载能力低,如不加以处理,今后对建筑物的危害很大。

(2)产生原因

在填土前未清除腐植土或淤泥等原状土;填土材料选择不恰当,搭配不合理;填土中含水量过大;夯打或碾压的时间过早,夯压后其表面形成一层硬壳,阻止了水分的蒸发。

(3)预防措施

清除腐植土或淤泥,并尽量避免在腐植土、淤泥等原状土上填土;控制回填土的含水量,必要时可将填土晾干后再进行回填;做好填土周围的排水设施,避免地表水和施工用水流入填土范围。

(4)处理办法

出现橡皮土时,可用2:8或3:7的灰土以及碎砖掺和到橡皮土中,以吸收土中的水分,降低土中的含水量;将橡皮土挖松晾干后再夯打或碾压;如果由于施工期的限制,应将橡皮土及时挖除,换填3:7的灰土,并配以砂、石,再将其碾压密实。

1.8.3　边坡塌方

边坡塌方分为填方边坡塌方和挖方边坡塌方。

（1）表现现象

1）填方边坡塌方　填方边坡塌方会造成坡脚处的土方堆积；场地范围变小，使后续工序难以正常施工。

2）挖方边坡塌方　挖方边坡塌方会使土体承载能力降低，出现局部塌方或大面积滑塌；影响后续工序的正常开展，甚至危及在建建筑物的安全。

（2）产生原因

填方边坡塌方的原因主要是边坡基底的杂草或淤泥未清除干净；原陡坡未挖成阶梯状，填土与原坡土未能很好搭接；边坡没按设计要求分层夯实，填方土的密实度未达到要求；护坡措施不力，有水的渗透或冲刷。挖方边坡塌方的原因主要是未按设计要求进行放坡；放坡坡度太陡；没采取有效措施，及时排除地表水及地下水；边坡顶部堆放重物太多，使土体失去稳定性。

（3）预防措施

预防填方边坡塌方的措施主要有按设计要求进行放坡；当填土高度在 10 m 以内时可做成直线边坡，当填土高度超过 10 m 时，则应做成折线形边坡；对填土要进行分段分层夯实；必要时则应在坡脚处铺砌片石基础，或采取锚喷等护面措施。预防挖方边坡塌方的措施主要有按设计要求进行放坡；如不允许放坡时，则应有可靠的护坡措施；减少坡顶的重物，或增大重物至边坡边缘的距离。

（4）处理办法

填方出现了塌方时，应清除塌方松土，用3:7灰土分层回填夯实进行修复；做好填方方向的排水和边坡表面的防护工作。挖方出现塌方时，应清除塌方松土，再将原边坡坡度改缓；将原状土体做成阶梯形，再用块石填砌或回填2:8 或 3:7 灰土进行嵌补；做好挖方边坡表面的防护，必要时可加支撑、护墙或挡土墙等。

复习思考题 1

1. 土按开挖的难易程度分为几类？试简述各类的主要特征。
2. 土的可松性对土方施工有何影响？
3. 在确定场地平整设计标高时，应考虑哪些因素？
4. 试简述用方格网法计算土方量的步骤和方法。
5. 为什么要进行土方调配？土方调配时应遵循哪些原则？土方调配区怎么划分？
6. 试简述表上作业法确定土方最优调配方案的步骤及方法。
7. 土方调配时如何才能使土方运输量最小？
8. 土方施工时，如何选择其施工机械？
9. 地基土的土料应如何选择？在填筑土方时有哪些要求？
10. 影响填土压实质量的主要因素有哪些？如何检查填土压实的质量？
11. 试简述流砂发生的原因及防治方法。
12. 试简述井点降水有何作用。井点降水有哪些常用方法？
13. 试简述轻型井点系统的设备组成和布置方案。
14. 何谓爆破漏斗？爆破漏斗有哪些构成要素？为什么说爆破漏斗形状会影响爆破效果？

15. 采用炮眼法爆破时,爆破参数如何确定? 爆破作业中若出现了盲炮应如何进行处理?

16. 采用爆破法进行平整场地时,在安全上应采取哪些措施?

模拟项目工程

1. 某高层建筑基础设计尺寸为 80 m×60 m,基坑开挖深度为 5.0 m,基础垫层厚度为 0.2 m,用 C15 砼浇筑。按已批准的施工方案,各边预留 0.8 m 宽的工作面,基坑四侧按 1:0.3 放坡。经计算,基础和地下室共占用体积为 12 200 m³。基础和地下室四周用原土分层夯实,余土外运。土的最初可松性系数 $K_S = 1.20$。最终可松性系数 $K'_S = 1.03$。用容量为 6 m³ 的汽车进行运输。

【问题】:

(1)什么是土的可松性?

(2)土方施工中计算运输工具数量和挖土机生产率主要使用哪个可松性系数?

(3)基坑开挖应遵循什么原则?

(4)基坑挖方量为多少(计算结果保留整数)?

(5)多余的土需要外运时,弃土土方量为多少?

(6)外运弃土车辆有多少车次?

2. 某场地方格网边长 $a = 20$ m,各方格角点的地面标高如图 1.50 所示。该场地地面设计为双向排水坡度 $i_x = i_y = 2‰$,现不计土的可松散性。

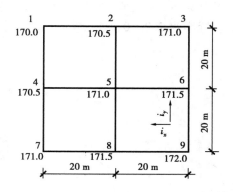

图 1.50 某场地方格网及各方格角点地面标高

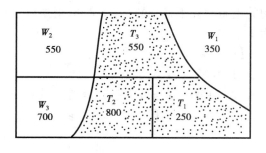

图 1.51 某场地挖填方调配区及其挖填方量

【问题】:

(1)标高测量一般使用什么测量仪器?

(2)什么是相对标高?

(3)什么是设计标高?

(4)何谓零线?

(5)根据挖、填平衡原则,场地各方格角点的设计标高如何进行计算?

(6)各角点的施工高度怎样进行计算? 零线位置怎样确定?

(7)该场地平整时的挖、填方量(不考虑边坡土方量)为多少?

3. 某场地有挖方区 W_1,W_2,W_3,有填方区 T_1,T_2,T_3,其挖、填方量如图 1.51 所示,每一对调配区的平均运距如表 1.24 所示。

【问题】:

(1)该场地平整时土方的调配方案如何进行确定?

(2)怎样用位势数检验土方调配方案是最优调配方案?

(3)怎样绘出土方调配图?

表 1.24 调配区的平均运距

填方区 挖方区	T_1	T_2	T_3	挖方量/m³
W_1	50	80	40	350
W_2	100	70	60	550
W_3	90	40	80	700
填方量/m³	250	800	550	1 600 1 600

4. 某一管沟的位置如图 1.52 所示,从 a 到 b 的距离为 30 m,从 b 到 c 的距离为 20 m;该管沟的土质为黏土,沟底宽为 2.2 m;根据设计 a 点的沟底标高为 262.50,从 a 至 b 沟底的坡度为 3‰。

【问题】:

(1)该管沟需不需要放坡?

(2)边坡坡度与坡度系数是同一回事吗? 为什么?

(3)该管沟 ac 段的土方量为多少?

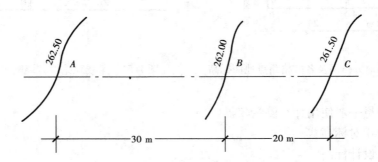

图 1.52 管沟位置及其地形图

5. 某基坑平面尺寸为 30 m×20 m,基坑开挖深度为 4 m,地下水在地面以下 1 m,不透水层在地面以下 10 m 处,基坑的开挖土层为细砂土,基坑设计边坡为 1∶0.5, 现拟选用轻型井点法降低地下水位。

【问题】:

(1)何谓流砂? 根据你的认识,治理流砂应采取哪些主要技术措施?

(2)轻型井点应由哪些设备组成?

(3)有哪些因素可使井点管抽不出水? 如果抽不出水该如何处理?

(4)该井点系统如何进行平面布置?

(5)该井点系统如何进行高程布置?

第 **2** 章
起重技术

学习目标：

1. 熟悉常用起重机械的类型、构造和技术性能。

2. 熟悉起重机械的安装施工方法。

3. 熟悉起重索具的类型及其构造。

职业能力：

1. 具有选择起重机械及与之相配套起重索具的能力。

2. 具有验算起重机械吊装强度及稳定性的能力。

3. 具有指导安装起重机械的能力。

2.1　起重机械与起重技术

2.1.1　塔式起重机

(1)塔式起重机的工作特点

塔式起重机简称塔机或塔吊，它是一种竖立塔身，吊臂装在塔身顶端的转臂起重机，如图 2.1 所示。塔式起重机具有适用范围广、回转半径大、起升高度高、效率高、操作简便等特点。目前，在高层的工业与民用建筑施工中，它是一种不可缺少的重要施工机械。

(2)塔式起重机的适用条件

塔式起重机的使用要受到建筑物的体型和平面布置，建筑层数、层高和总的建设高度，建筑构件、制品、材料设备的搬运量，建筑工期、施工节奏、施工流水段的划分以及施工进度的安排，建筑基地及周围施工环境条件，本单位的财力、人力管理和技术装备等诸因素的影响。

选用塔机时，应合理确定其技术参数，即起重半径、起重高度、起重量和起重力矩等。起重半径是指塔机回转中心线至吊钩中心线的水平距离。起重量是指所起吊的重物重量、铁扁担、吊索和容器重的总和。起重力矩是起重量与相应工作半径的乘积，它通常以起重力矩曲线表示。起重高度是从基础顶面(或钢轨顶面)至吊钩的垂直距离。它不仅取决于塔身结构的强度和刚度，而且取决于起升机构卷筒钢丝绳容量和吊钩滑轮组的倍率。

塔机台班作业生产率 P 通常可按下式估算：

$$P = 8Q \cdot n \cdot K_q \cdot K_t \quad (t/班) \quad (2.1)$$

式中 Q——塔机的额定起重量，t；

n——1 h 内起吊次数（即吊次），$n = 60/T_{吊}$，式中 $T_{吊}$ 为 1 吊次的延续时间，min；

K_q——塔机额定起重量利用系数；

K_t——工作时间利用系数。

选用塔机应满足造价低、生产效率高的要求。

（3）附着式起重机

1）起重机位置的确定 塔机安设时，应考虑塔机的起重半径与起重量均能很好地适应施工需要，并留有充足的安全裕量；要留有环形通道，便于运输塔机的车辆进出施工现场；应靠近工地电源变电站；附近若有其他的塔机时，要注意其工作面的划分和相互间的配合，并防止互相干扰；确保工程竣工后仍留有充足的空间，便于拆卸和将部件运出现场等因素。

2）起重机的顶升过程 附着式塔机顶升接高是借助于液压千斤顶和顶升套架来实现的，其顶升接高过程如图 2.2 所示。

3）起重机塔身的固定 附着式塔机在塔

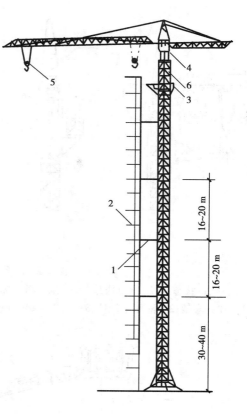

图 2.1 塔式起重机
1—撑杆；2—建筑物；3—标准节；
4—操纵室；5—起重小车；6—顶升套架

身高度达到 30～40 m 时，必须附着于建筑物，并加以锚固。在装设第 1 道锚固后，塔身每增高 14～20 m 应加设一道锚固附着装置。根据建筑物高度和塔架结构特点，一台附着式塔机可能需要设置 3 道、4 道或更多道锚固附着装置。

如图 2.3 所示，锚固附着装置由抱箍、附着杆及承座等组成。附着距离（塔机回转中心至建筑物外墙皮的距离）一般不超过 6 m。

锚固时，应采用经纬仪观察塔身的垂直度。必要时，可通过调节螺母调节附着杆的长度，以消除不垂直误差。锚固装置应尽可能保持水平。

塔机的锚固和拆除要点：应在风力不超过 5 级的情况下进行锚固，以策安全；利用施工间歇进行锚固，不致影响塔机的吊装；锚固后须经详细检查，确认无异常后方可投入运行；施工中应定期检查锚固环紧固的情况，保证塔机的正常运转；拆卸塔机时，须由上而下逐层松解锚固装置，一道一道拆卸附着杆。

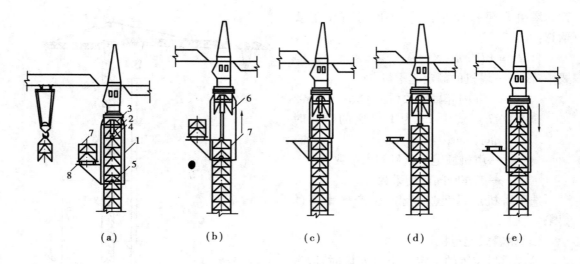

图 2.2　自升塔机接高过程示意图

(a)准备状态　(b)顶升塔顶　(c)推入塔身标准节　(d)安装塔身标准节　(e)塔顶与塔身连成整体
1—顶升套架;2—液压千斤顶;3—支撑座;4—顶升横梁;5—定位销;6—过渡节;7—标准节;8—摆渡小车

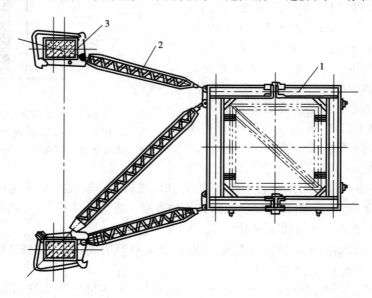

图 2.3　附着装置
1—塔身抱箍;2—附着杆;3—承座

2.1.2　履带式起重机

(1)组成及类型

履带式起重机主要由动力装置、传动机构、行走机构、工作机构以及平衡重等组成,如图2.4所示。该起重机为是一种360°全回转起重机,具有行走方便、操纵灵活、可全方位回转、能负荷行驶等优点。该起重机的缺点是稳定性差,不宜超负荷吊装;行走时对路面的破坏较大,行走速度慢,长距离转移需用拖车运输。履带式起重机在装配式结构施工及单层工业厂房结构安装中应用广泛。履带式起重机若超负荷吊装或需加长起重臂时,要进行稳定性验算,并采取相应的技术措施。

目前,常用的型号有:W_1-50,W_1-100,W_1-200 等。履带式起重机的外形尺寸见图2.4及表2.1。

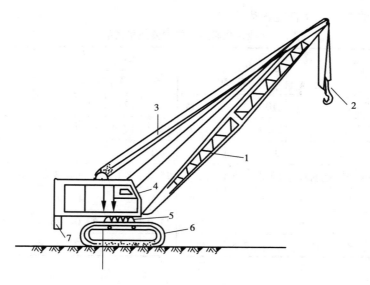

图 2.4　履带式起重机

1—起重杆;2—起重滑轮组;3—变幅滑轮组;4—驾驶室;5—旋转部分;6—履带;7—平衡重

表 2.1　履带式起重机外形尺寸　　　　　　　　　　　　mm

符号	名　　称	型　　号		
		W_1-50	W_1-100	W_1-200
A	机身尾部至回转中心距离	2 900	3 300	4 500
B	机身宽度	2 700	3 120	3 200
C	机身顶部至地面高度	3 220	3 675	4 125
D	机身底部距地面高度	1 000	1 045	1 190
E	起重臂下铰点中心距地面高度	1 555	1 700	2 100
F	起重臂下铰点中心至回转中心距离	1 000	1 300	1 600
G	履带长度	3 420	4 005	4 950
M	履带架宽度	2 850	3 200	4 050
N	履带板宽度	550	675	800
J	行走底架距地面高度	300	275	390
K	机身上部支架距地面高度	3 480	4 170	6 300

（2）技术性能

履带式起重机的主要技术性能包括三个主要参数:起重量 Q、起重半径 R、起重高度 H。起重半径 R 指起重机回转中心至吊钩的水平距离,起重高度 H 指起重吊钩至地面的铅垂距离。

当起重机臂长一定时，随起重臂仰角的增大，起重量 Q 和起重高度 H 增大，而起重半径 R 减小。起重臂仰角不变时，随着起重臂长度的增加，起重半径 R 和起重高度 H 增加，而起重量 Q 减小。

履带式起重机的主要技术性能见表2.2。

表2.2　履带式起重机的主要技术性能

参　　数		型　　号								
		W₁-50			W₁-100				W₁-200		
		10	18	18 鸟嘴	13	23	27	30	15	30	40
起重臂长度/m		10	18	18 鸟嘴	13	23	27	30	15	30	40
最大起重半径/m		10.0	17.0	10.0	12.0	17.0	15.0	15.0	15.5	22.5	30.0
最小起重半径/m		3.7	4.5	6.0	4.2	6.5	8.0	9.0	4.5	8.0	10.0
起重量	最小起重半径时/t	10.0	7.5	2.0	15.0	8.0	3.6		50.0	20.0	8.0
	最大起重半径时/t	2.6	1.0	1.0	3.5	1.7	1.4	0.9	8.2	4.3	1.5
起　重高　度	最小起重半径时/m	9.2	17.2	17.2	11.0	19.0	23.0	26.0	12.0	26.8	36
	最大起重半径时/m	3.7	7.6	14	5.8	16.0	21.0	23.8	3.0	19.0	25

(3)稳定性验算

当履带式起重机超负荷吊装或接长起重臂时，为保证起重机的稳定性，保证在吊装中不发生倾覆事故，需进行整个机身在作业时的稳定性验算。

在图2.5所示的情况下，起重机的稳定性最差。此时，以履带中心 A 点为倾覆中心，验算起重机的稳定性。

考虑吊装荷载及所有附加荷载时，起重机应满足下述条件：

$$K_1 = 稳定力矩 / 倾覆力矩 \geq 1.15 \qquad (2.2)$$

只考虑吊装荷载，不考虑附加荷载时：

$$K_2 = 稳定力矩 / 倾覆力矩 \geq 1.4 \qquad (2.3)$$

以上两式中，K_1，K_2 为稳定性安全系数。为简化验算，施工现场一般按 K_2 进行验算。具体验算公式为：

$$K_2 = (G_1 \cdot l_1 + G_2 \cdot l_2 + G_0 \cdot l_0 - G_3 \cdot l_3)/[(Q + q)(R - l_2)] \geq 1.4 \qquad (2.4)$$

式中　G_1——机身可转动部分的质量，t；

　　　G_2——机身不转动部分的质量，t；

　　　G_0——平衡重，t；

　　　G_3——起重臂质量（起重臂接长时，为接长后质量），t；

　　　Q——吊装荷载（构件及索具质量），t；

　　　q——起重滑轮组及吊钩质量，t；

　　　l_1——G_1 重心至 A 点的距离，m；

　　　l_2——G_2 重心至 A 点的距离，m；

　　　l_3——G_3 重心至 A 点的距离，m；

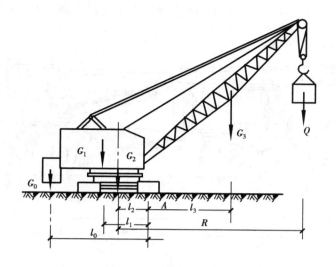

图 2.5　履带式起重机稳定性验算

l_0——G_0 重心至 A 点的距离，m；

例 2.1　已知某单层工业厂房柱子质量为 6.4 t，柱长 13.10 m，屋架质量为（包括吊具）4.76 t，要求起重高度（吊钩的高度）为 17.24 m，屋面板质量为 1.35 t，要求起重高度（吊钩的高度）17.38 m，选用 W_1-100 型，臂长 23 m 的履带式起重机吊装。试验算其稳定性。

解　该厂房结构吊装的特点是柱子质量大，但吊装半径小；而屋面板的吊装半径大，则起重荷载量小，故取吊装屋架来验算其稳定性。

经过现场实测得到：

$G_0 = 3.0$ t，$G_1 = 20.2$ t，$G_2 = 14.4$ t，$G_3 = 7.70$ t（23 m 杆长质量），根据表 2.1 查得：

$l_2 = \dfrac{M}{2} - \dfrac{N}{2} = \dfrac{3.2}{2} - \dfrac{0.675}{2} = 1.26$（m），$l_0 = 4.59$ m（实测），$l_1 = 2.63$ m（实测），$R = 9.0$ m，

$l_3 = R - \left(l_2 + \dfrac{23 \cos 67°}{2} \right) = 3.25$ m，$Q = 17.24$ t；

将以上数值代入式(2.4)得：

$$K = \frac{G_1 \cdot l_1 + G_2 \cdot l_2 + G_0 \cdot l_0 - G_3 \cdot l_3}{Q(R - l_2)} = \frac{60.02}{133.44} = 0.45 < 1.4$$

由此可知机身的稳定性不够，需在尾部增加配重（压铁）。所需增加的质量 $G_0{}'$ 可按下式计算：

$$60.02 + G_0'l_0 \geqslant 1.4 \times 133.44$$

$$G_0' \geqslant \frac{186.82 - 60.02}{4.59} = 27.62 \text{（t）}$$

故压铁增加质量不低于 27.62 t。

2.1.3　汽车式起重机

(1) 组成

汽车式起重机是把起重机安装在普通载重汽车或专用汽车底盘上的一种自行式全回转起重机，其构造与履带式起重机基本相同，如图 2.6 所示。汽车式起重机的优点是行驶速度较

大、转移迅速、对路面破坏性小。缺点是起吊重物时必须支设支腿,因而该起重机不能带负荷行驶。

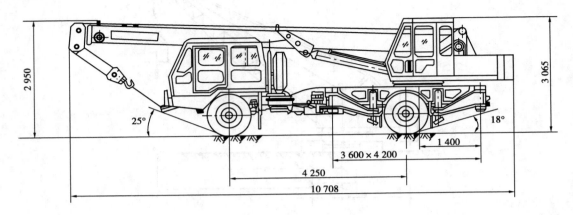

图 2.6　Q$_2$-12 汽车式起重机(单位为 mm)

(2)技术性能

我国常用的汽车式起重机有 Q$_2$-8,Q$_2$-12,Q$_2$-16 等型号,其主要性能见表 2.3。重型汽车式起重机有 Q$_3$-100 型,起重臂长 12～16 m,最大起重量 100 t;NK-400 型,起重臂长 11～35 m,最大起重量为 40 t 等,可用于大型构件吊装。

表 2.3　汽车式起重机性能

参　数		型　号								
		Q$_2$-8				Q$_2$-12			Q$_2$-16	
起重臂长度/m		6.95	8.50	10.1	11.7	8.5	10.8	13.2	8.8	14.4	20.0
最小起重半径/m		3.2	3.4	4.2	4.9	3.6	4.6	5.5	3.8	5.0	7.4
最大起重半径/m		5.5	7.5	9.0	10.5	6.4	7.8	10.4	7.4	12	14
起重量	最小起重半径时/t	8	6.7	4.2	3.2	12	7	5	16	8	4
	最大起重半径时/t	2.6	1.5	1.0	0.8	4	3	2	4.0	1.0	0.5
起重高度	最小起重半径时/m	7.5	9.2	10.6	12.0	8.4	10.4	12.8	8.4	14.1	19
	最大起重半径时/m	4.6	4.2	4.8	5.2		5.8	8.0	4.0	7.4	14.2

2.1.4　龙门架垂直运输

(1)龙门架构造及要求

龙门架是由两根立杆及横梁(又称天轮梁)组成的门式架,如图 2.7 所示。在龙门架上装有滑轮、导轨和吊盘,砌筑施工中用于材料、机具及小型预制构件的垂直运输。

龙门架具有构造简单、制作容易、拆装方便的特点,适用于多层建筑施工。

(2)龙门架的安装与拆除

门架的竖立方法有旋转法和起扳法。旋转法是将辅助拔杆立在拟竖立拔杆位置附近,辅助拔杆高度约为拔杆高的 1/2,拔杆底脚铰接固定于竖立位置。开动起吊卷扬机,拔杆绕底脚旋转趋向竖直,当拔杆转至与水平线夹角为 60°～70°时,收紧缆风绳,使拔杆竖直。

用起扳法竖立拔杆时,辅助拔杆立在竖立拔杆的底端,与竖立拔杆相互垂直,并将其连接牢固。在两拔杆之间,用滑车组连接。同时把起扳的动滑车绑于辅助拔杆顶端,把定滑车绑在木桩上,并使起重机钢丝绳通过导向滑车引到卷扬机上,开动卷扬机,辅助拔杆绕着支座旋转而向后倾倒,拔杆就被扳起,当扳起到拔杆与水平线夹角为 60°～70°时,收紧缆风绳,使拔杆竖直。除此之外,门架也可用起重机采用整体安装或分节安装的方法。

门架竖立前,必须将其地基进行加固处理;门架立起后,应立即将缆风绳和龙门架的底部同时固定牢固;门架高度在 12 m 以下者,设缆风绳一道;12 m 以上者,每递增 5～6 m 增加一道缆风绳,每道不少于 6 根,与地面成 45°夹角;门架竖立后必须进行校正,导轨垂直度及间距尺寸的偏差不得大于 ±10 mm;门架的安全装置必须齐全,正式运行前要进行试运转。

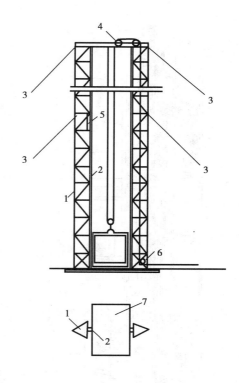

图 2.7　龙门架
1—立杆;2—导轨;3—缆风绳;4—天轮;
5—吊盘停车安全装置;6—地轮;7—吊盘

龙门架的拆除顺序与其安装顺序相反。龙门架拆除后的各种构件应分类堆放、运输和保管,以便下次使用。

2.1.5　施工电梯运输

(1)施工电梯类型

施工电梯又称为外用施工电梯,或称施工升降机。在高层建筑施工中,它是一种重要的机械设备。多数为人货两用,少数仅供货用。国产施工电梯分为两类,一类是齿轮齿条驱动,另一类是绳轮驱动。除个别工程外,多数高层建筑施工均采用国产施工电梯。

(2)施工电梯技术性能

齿轮齿条驱动施工电梯如图 2.8 所示,它由塔架、吊箱、地面停机站、驱动机组、安全装置、电控柜站、门机电连锁盒、电缆、电缆接受筒、平衡重、安装小吊杆等组成。按吊箱数量区分,它可分为单箱式和双箱式。每个吊箱可配用平衡重,也可不配平衡重。配平衡重的吊箱,在电机功率相同的情况下,承载能力可稍有提高。施工电梯的主要特点是:采用方形断面钢管焊接格桁结构塔架,刚度好;电机、减速机等装在吊箱内,检查维修保养方便;采用了高效能的锥鼓式限速装置,可保证吊箱下降速度大时不致发生坠落事故;能自升接高,安装转移迅速;可与建筑物拉结,随建筑物向上施工而逐节接高。

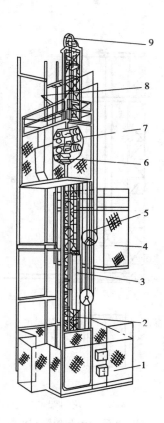
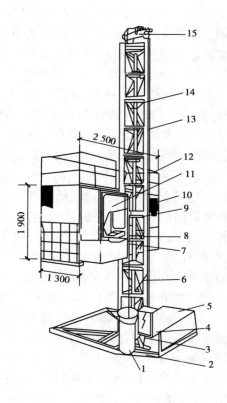

图2.8　齿轮齿条驱动施工电梯

1—外笼;2—导轨架;3—对重;4—吊笼;
5—电缆导向装置;6—锥鼓限速器;7—传动系统;
8—吊杆;9—天轮

图2.9　绳轮驱动施工电梯

1—盛线筒;2—底架;3—减震器;4—电气箱;
5—卷扬机;6—引线器;7—电缆;8—安全机构;
9—限速机构;10—工作笼;11—驾驶室;
12—围栏;13—立柱;14—连接螺栓;15—柱顶

绳轮驱动施工电梯又称升降机,有的只用以运货,载重量可达 100 kN。有的可人货两用,可载货 1 000 kN 或乘员 8～10 人。如图 2.9 所示,绳轮驱动施工电梯采用三角断面钢管焊接格桁结构立柱、单吊箱、无平衡重、设有限速和机电连锁安全装置等构造形式。施工电梯的技术性能见表 2.4。

（3）施工电梯的附着架

如图 2.10 所示,施工电梯通过附着架使电梯的导轨架与建筑物连接在一起。

附着架多由型钢或钢管焊成平面桁架,为了便于装卸和调整导轨架与建筑物之间的距离,附着架制成前附着架和后附着架的形式。前附着架与导轨架之间用螺栓连接,后附着架与建筑物之间用螺栓与连接板相固结。

施工电梯的导轨架是用若干标准节经螺栓连接而成的多支点的空间桁架,用来传递和承受荷载。标准节的截面形状有正方形、矩形和三角形,标准节的长度与齿条的模数有关,一般为 1.5 m 左右。

（4）施工电梯的基础

施工电梯的基础做法一般是在平整夯实的地基上做 300 mm 厚 2∶8 灰土,灰土上现浇 200

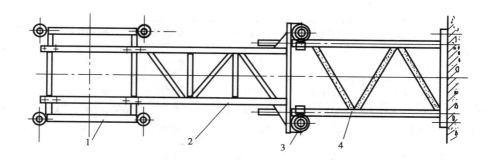

图2.10　附着架

1—导轨架;2—前附着架;3—立柱;4—后附着架

mm厚C15~20砼。砼表面应水平,并高出周围地面100 mm。现浇砼时,应同时预埋固定底笼的地脚螺栓或预留螺栓孔(螺栓经定位测量后,用细石砼灌注固定)。

(5)施工电梯的选择

对于高层建筑,采用施工电梯运送施工人员可极大地压缩工时损耗,提高工作效率。

施工电梯的安装位置应在编制施工组织设计和施工总平面图布置时加以确定,并满足施工流水段的划分、人员和货物的运送需要。从节约施工机械费用出发,对20层以下的建筑工程,宜使用绳轮驱动型;25层以上的高层建筑应选用齿轮齿条驱动型。施工电梯的配置数量,通常按每台施工电梯服务楼层面积600 m²计算确定。为缓解高峰时运输能力不足的矛盾,尽可能选用双吊箱式施工电梯。

表2.4　外用施工电梯技术性能表

型　号	ST100-2	TST1000-12	WT-183	ALIMAK10/30	SFD-1000	上海76-Ⅱ
吊箱载重量/kg	1 000	1 000	1 000	1 000	1 000	1 000
乘员数/人	12	12	12	12	10	12
安装时载重量/kg	约400 一节塔架 3名工人	约400 一节塔架 3名工人	约400 一节塔架 3名工人	约400 一节塔架 3名工人	约500 一节塔架 3名工人	
安装小吊车载重量/kg			150	150	120	
安装小吊车驱动方式	电动	手动	手动		手动	
吊箱尺寸/m	3×1.3×2.6	3.7×2.3×2.7	3×1.3×2.7	3×1.3×2.7	2.7×1.3×1	2.1×2.5×1.3
吊箱自重/t	2.05	1.85	2.0			
吊箱数量/个	2	1	1	1	1	2
最大起升速度/(m·s⁻¹)	0.6	0.58	0.68	0.63	0.6	
最小起升速度/(m·s⁻¹)	0.15				0.3	0.12

续表

型　号	ST100-2	TST1000-12	WT-183	ALIMAK10/30	SFD-1000	上海76-Ⅱ
起升电机功率/kW	2×6	2×5	2×7.5	2×7.5	15	11
平衡重/kg	1 800	2 000	2 050	无	无	2 300
塔架断面尺寸/mm	800×800 矩形断面	650×650 矩形断面	650×650 矩形断面	矩形断面	600×600×600 三角断面	800×800 矩形断面
主弦杆规格 塔架标准节高度/m	$\phi89×4$ 1.508	$\phi76×4$ 1.508	$\phi76×5$ 1.508	$\phi76×4.2$ 1.508	$\phi76×4$ 1.407	$\phi89×4$ 1.508
传动方式	电机—两次包络弧面蜗杆蜗轮，齿轮齿条	电机—蜗杆蜗轮，齿轮齿条	电机—蜗杆蜗轮，齿轮齿条	电机—蜗杆蜗轮，齿轮齿条	YZRD 双速电机,JJK-1型建筑卷扬机绳轮驱动	电机—蜗杆蜗轮减速器—齿轮齿条
制动器	电机内抱制动	电机内抱制动	电机内抱制动	电机内抱制动		电机内抱制动
限速安全装置	摩擦锥鼓式	摩擦锥鼓式	摩擦锥鼓式	摩擦锥鼓式	盒式安全钳	摩擦锥鼓式
不附着高度/m	约10		5.5		9	6

2.2　起重索具

2.2.1　钢丝绳及滑轮组

(1)钢丝绳

钢丝绳是吊装施工中的主要工具,它具有强度高、韧性好、耐磨、易检查的特点。钢丝绳是由多根钢丝捻成股,再由若干股围绕绳芯捻成绳。用于吊装的钢丝绳有6×19+1(6 股 19 丝)、6×37+1(6 股 37 丝)、6×6+1(6 股 6 丝)。6×19+1 用于缆风绳;6×37+1(6 股 37 丝)用于滑车组和吊索;6×6+1 用于重型起重机上。

钢丝绳允许拉力按下式计算:

$$\delta_g = \alpha P_g / K \tag{2.5}$$

式中　δ_g——钢丝绳的允许拉力,N;

　　　P_g——钢丝绳的钢丝破断拉力总和(按表2.5选用),N;

　　　α——换算系数,按表2.6选用;

　　　K——钢丝绳的安全系数,按表2.7选用。

表 2.5 钢丝绳的主要数据

规格	直 径 /mm		钢丝总断面积 /mm	参考重量 /(10 N·m⁻¹)	钢丝抗拉强度/(10 N·mm⁻²)				
					140	155	170	185	200
	钢丝绳	钢丝			钢丝破断拉力总和不小于/10 N				
钢丝绳 6×19 GB 1102—74	7.7	0.5	22.37	21.14	3 130	3 460	3 800	4 130	4 470
	9.3	0.6	32.22	30.45	4 510	4 990	5 470	5 960	6 440
	11.0	0.7	43.85	41.44	6 130	6 790	7 450	8 110	8 770
	12.5	0.8	57.27	54.12	8 010	8 870	9 730	10 550	11 450
	14.0	0.9	72.49	68.50	10 100	11 200	12 300	13 400	14 450
	15.5	1.0	89.49	84.57	12 500	13 850	15 200	16 550	17 850
	17.0	1.1	108.28	102.3	15 150	16 750	18 400	20 000	21 650
	18.5	1.2	128.87	121.8	18 000	19 950	21 900	23 800	25 750
	20.0	1.3	151.24	142.9	21 150	23 400	25 700	27 950	30 200
	21.5	1.4	175.40	165.8	24 550	27 150	29 800	32 400	35 050
	23.0	1.5	201.35	190.3	28 150	31 200	34 200	37 200	40 250
	24.5	1.6	222.09	216.5	32 050	35 500	38 900	42 350	45 800
	26.0	1.7	258.63	244.4	36 200	40 050	43 950	47 800	51 700
	28.0	1.8	289.95	274.0	40 550	44 900	49 250	53 600	57 950
	31.0	2.0	357.96	338.3	50 100	55 450	60 850	66 200	71 550
	34.0	2.2	433.13	409.3	60 600	67 100	73 600	80 100	
	37.0	2.4	515.46	487.1	72 150	79 850	87 600	95 350	
	40.0	2.6	604.95	571.7	81 650	93 750	102 500	111 500	
钢丝绳 6×37 GB 1102—74	11.0	0.5	43.57	40.96	6 090	6 750	7 400	8 060	8 710
	13.0	0.6	62.74	58.98	8 780	9 720	10 650	11 600	12 500
	15.0	0.7	85.39	80.27	11 950	13 200	14 500	15 750	17 050
	17.5	0.8	111.53	104.8	15 600	17 250	18 950	20 600	22 300
	19.5	0.9	141.16	132.7	19 750	21 850	23 950	26 100	28 200
	21.5	1.0	174.27	163.8	24 350	27 000	29 600	32 200	34 850
	24.0	1.1	210.87	198.2	29 500	32 650	35 800	30 000	42 150
	26.0	1.2	250.05	235.9	35 100	38 850	42 650	46 400	50 150
	28.0	1.3	294.52	276.8	41 200	45 650	50 050	54 450	58 900
	30.0	1.4	341.57	321.1	47 800	52 000	58 050	63 150	68 300
	32.5	1.5	392.11	368.6	54 850	60 750	66 650	72 500	78 400
	34.5	1.6	446.13	419.4	62 450	69 150	75 800	82 500	89 200
	36.5	1.7	503.64	473.4	70 500	78 050	85 600	93 150	100 500
	39.0	1.8	564.63	530.8	79 000	87 500	95 956	104 000	112 500
	43.0	2.0	697.08	655.3	97 550	108 000	118 500	128 500	139 000

表 2.6 换算系数

钢丝绳结构	α
6×19	0.85
6×37	0.82
6×61	0.80

表 2.7 钢丝绳安全系数

用 途	K	用 途	K
作缆风绳	3.5	作吊索(无弯曲时)	6~7
用于手动起重设备	4.5	作捆绑吊索	8~10
用于机动起重设备	5~6	用于载人的升降机	14

（2）滑轮组

滑车组是由一定数量的定滑轮和动滑轮及绕过它们的绳索所组成。它能省力也能改变力的方向。如图 2.11 所示，滑车组根据引出绳头（又称跑头）的方向不同，可分为三种。

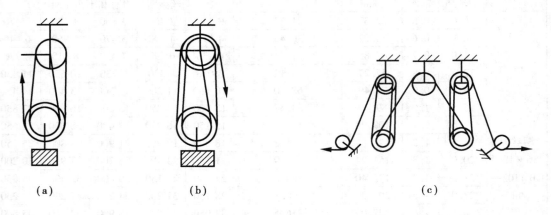

（a）　　　　　　　　　　（b）　　　　　　　　　　（c）

图 2.11　滑车组的种类

（a）跑头自动滑车　（b）跑头自定滑车引出　（c）双联滑车组

滑车组的跑头拉力，用下式计算：

$$S = \alpha Q \tag{2.6}$$

式中　S——跑头拉力，kN；

　　　Q——计算荷载（为吊装荷载与动力系数的乘积），kN；

　　　α——滑轮组省力系数。

当绳头从定滑轮引出时：

$$\alpha = \frac{f^n \cdot (f-1)}{f^n - 1} \tag{2.7}$$

当绳头从动滑轮引出时：

$$\alpha = \frac{f^{n-1} \cdot (f-1)}{f^n - 1} \tag{2.8}$$

式中　f——单个滑轮组的阻力系数，滚动轴承 $f = 1.02$；青铜轴套轴承 $f = 1.04$；无衬轴套轴承 $f = 1.06$。

2.2.2　卷扬机

在建筑施工中常用的卷扬机分为快速和慢速两种。快速卷扬机主要用于垂直运输、水平运输和打桩作业；慢速卷扬机主要用于吊装作业、冷拉钢筋以及张拉预应力筋。

为防止卷扬机作业时产生滑动或倾覆，使用时必须用地锚将其锚碇。固定卷扬机的方法有螺栓锚碇、水平锚碇、立桩锚碇和重物锚碇等，如图 2.12 所示。

锚碇主要用于卷扬机、缆风绳、导向滑车等的平衡索等。常用的锚碇有桩式锚碇和水平锚碇两种。

1）桩式锚碇　桩式锚碇是将圆木打入土中承担拉力，常用于固定受力不大的缆风绳。一般采用直径为 18 ~ 30 cm 的圆木作锚碇桩，桩的入土深度为 1.2 ~ 1.5 m。为便于打入土层，入土端应做成一定锥度的尖端。根据受力的大小，可设置一排、二排或三排。桩前一般应埋入

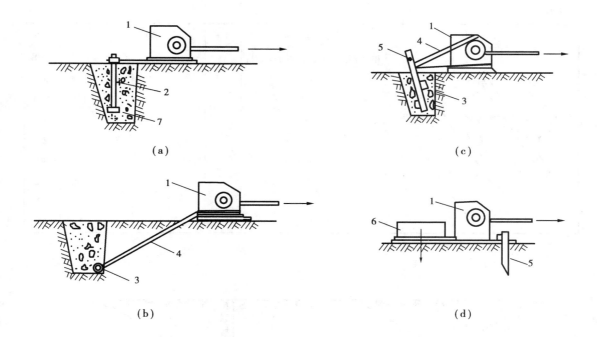

图2.12　卷扬机的锚碇方法

（a）螺栓锚碇法　（b）水平锚碇法　（c）桩式锚碇法　（d）压重物锚碇法

1—卷扬机;2—地脚螺栓;3—横木;4—拉索;5—木桩;6—压重;7—压板

水平圆木,以加强锚固作用。桩式锚碇可承受10～15 kN的拉力。桩式锚碇的尺寸和承载力见表2.8。

2）水平锚碇　水平锚碇是将一根或几根圆木用钢绳捆绑在一起,水平埋入挖好的坑内而成。钢丝绳系在横木的一点或两点,成30°～50°斜度引出地面后,用土石回填夯实。水平锚碇一般埋入地面以下1.5～3.5 m。为防止锚碇被拉出,当拉力超过75 kN时,应在锚碇上加压板;当拉力超过150 kN时,应用立柱及木壁以加强土坑侧壁的耐压力。水平锚碇的构造如图2.13所示。

表2.8　桩式锚碇的尺寸和承载力

类　型	承载力/kN	10	15	20	30	40	50
	桩尖处施于土的压力/MPa	0.15	0.2	0.23	0.31		
	a/cm	30	30	30	30		
	b/cm	150	120	120	120		
	c/cm	40	40	40	40		
	d/cm	18	20	22	26		

续表

类 型	承载力/kN	10	15	20	30	40	50
	桩尖处施于土的压力/MPa				0.15	0.2	0.28
	a_1/cm				30	30	30
	b_1/cm				120	120	120
	c_1/cm				90	90	90
	d_1/cm				22	25	26
	a_2/cm				30	30	30
	b_2/cm				120	120	120
	c_2/cm				40	40	40
	d_2/cm				20	22	24

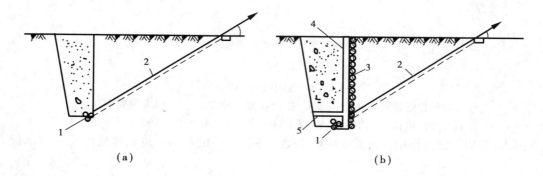

图 2.13　水平锚碇构造示意图
（a）普通水平锚碇　（b）加压板及木壁的水平锚碇
1—横木；2—拉索；3—木壁；4—立柱；5—压板

2.2.3　吊具

（1）吊钩

吊钩采用钢材锻造制成。吊钩一般附设于起重机上，分为单钩、双钩和吊环三种。特殊情况下需改变起重机吊钩时，可参考施工手册中吊钩尺寸及安全荷载表选用。一般吊钩用于起吊 15 t 以下构件，双钩用于起吊 50 t 以上构件，吊环用于起吊 100 t 以上构件。

（2）卡环

卡环又称卸甲。如图 2.14 所示，卡环用来固定和扣紧吊索。

（3）吊索

吊索又称千斤索，主要用于绑扎构件，以便起吊，如图 2.15 所示。一般用 6×61 和 6×37 的钢丝制成，其形式有环状吊索和轻便吊索两种。

（4）横吊梁

横吊梁又称铁扁担，常用于柱和屋架等吊装。采用直吊法吊装柱时，用横吊梁能使柱保持垂直，便于安装；吊装屋架时，使用横吊梁可减小索具的高度，减小吊索水平分力对屋架的挤压力。如图 2.16 和图 2.17 所示,横吊梁的形式有钢板横吊梁和铁扁担两种。

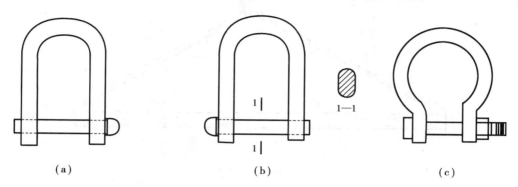

图 2.14　卡环
（a)螺栓式卡环　（b)活络式卡环　（c)马蹄形卡环

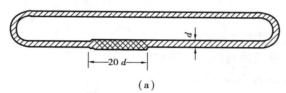

图 2.15　吊索
（a)环状吊索　（b)8 股头吊索

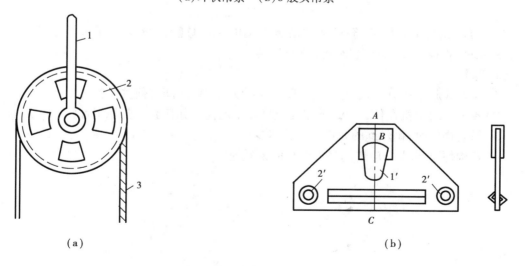

图 2.16　钢板横吊梁
（a)滑轮横吊梁　（b)钢板横吊梁
1—吊环;2—滑轮;3—吊索;1′—挂钩孔;2′—挂卡环孔

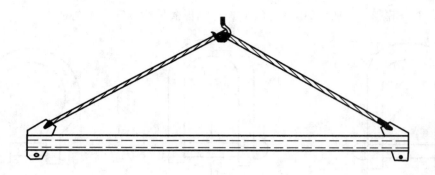

图 2.17　铁扁担

复习思考题 2

1. 塔式起重机有哪几种类型？
2. 简述爬升式塔式起重机的构造及自升原理。
3. 履带式起重机主要由哪几部分组成？
4. 什么是滑轮组的工作线数和省力系数？如何计算滑轮组绳索的跑头拉力？
5. 结构吊装中常用的钢丝绳有几种？如何计算钢丝绳的允许拉力？
6. 简述横吊梁的作用及种类。

模拟项目工程

某钢筋砼结构工业厂房,经批准的吊装方案中,拟用规格为 $6 \times 19 + 1$,极限抗拉强度为 1.7 kN/mm^2,直径为 20 mm 的钢丝绳进行吊装。

【问题】:

(1)履带式起重机有哪几个主要技术性能参数？它们之间有何关系？

(2)履带式起重机在什么情况下需要验算其稳定性？如何验算其稳定性？

(3)吊装构件时,钢丝绳的允许拉力为多少？

(4)若构件重 60 kN,应选用多大直径的钢丝绳？

第 **3** 章
脚手架搭设技术

学习目标:

1. 了解脚手架的作用、类型及各类脚手架的适用条件。
2. 掌握多立杆扣件式钢管脚手架的组成构造和搭设技术要求。
3. 熟悉工具式脚手架的组成构造、搭设程序和搭设要点。

职业能力:

1. 具有根据不同的建筑施工对象,选择与之相配套脚手架的能力。
2. 具有指导搭设脚手架的初步能力。
3. 能根据脚手架搭设安全技术要求,检查及验收脚手架的搭设质量。

3.1 概　述

3.1.1　脚手架及其作用

脚手架是为建筑施工而搭设的上料、堆料、施工作业、安全防护、垂直和水平运输用的临时结构架。在主体结构施工、构件(设备)安装施工、建筑装饰装修以及高层建筑施工中,均需根据其各自的施工特点搭设与之相适应的脚手架,以便于施工人员进行施工操作、堆放必要的材料及少量的水平运输。它随建筑物的不断变高而逐层搭设,工程完工后又逐层拆除。

3.1.2　脚手架的分类

脚手架形式多样,通常有以下几种分类方法:按其作用不同分有施工用脚手架、装修用脚手架和支撑用脚手架。按其搭设位置不同有外脚手架和里脚手架。按其材料不同有金属脚手架、木脚手架和竹脚手架。按其构造形式不同有多立杆式、悬挑式、挂式、吊式、桥式、升降式及工具式脚手架等。

目前工地上广泛使用的外脚手架主要有多立杆扣件式钢管脚手架和组框式脚手架。在大、中型厂房及高层建筑装修施工中,多用悬挂式脚手架。

3.1.3 对脚手架的要求

建筑施工脚手架应满足施工的安全要求、使用要求和装拆要求。具体要求如下:

①有足够的坚固性和稳定性 以保证施工期间在规定荷载作用及气候条件作用下,不变形、不失稳。

②有足够的宽度和步架高度 脚手架的搭设宽度一般为 1.5 ~ 2 m,步架高度为 1.2 ~ 1.4 m,以保证施工操作、堆放材料和运输要求。

③构造规范和传力明确 要注意支撑布置与连接,以确保脚手架的稳定性,做到构造规范、工作可靠和传力明确。必要时应验算架面荷载。

④搭设在稳固地基(或支撑物)上 有稳固的地基,可避免脚手架在荷载的作用下产生不均匀或过大的沉降所引起的倾覆。

⑤有足够多的连墙件 脚手架须与建筑物主体牢固连接,可利用建筑物主体整体刚度来保持脚手架的稳定性。

⑥搭设和拆除简便 脚手架应构造简单、便于搭设、拆除和搬运,能多次周转使用。

3.2 钢管脚手架的搭设技术

3.2.1 扣件式钢管脚手架的部件及构造要求

扣件式钢管脚手架是目前在建筑工地使用最为广泛的一种脚手架。其主要优点为搭设拆除方便、搭设灵活、适应性强;坚固耐用、周转次数多;可用作模板支架、上料平台或栈桥等。

扣件式脚手架由钢管杆件、扣件、底座和脚手板等组成,如图 3.1 所示。

1)底座 设于立杆下部底部的垫座,用以增大立杆底部面积和传递脚手架荷载,如图 3.2 所示。不能调节支垫高度的底座称为固定底座。能够调节支垫高度的底座称为可调底座。

2)扣件 采用螺栓紧固的扣接连接件称为扣件。扣件式钢管脚手架应采用可锻铸铁制作的扣件,其材质应符合现行国家标准《钢管脚手架扣件》(GB 15831)的规定。用于杆件与杆件间的连接,其基本形式有三种,如图 3.3 所示。直角扣件[见图 3.3(a)]用于垂直交叉杆件间的连接。旋转扣件[见图 3.3(b)]用于平行或斜交杆件间的连接。对接扣件[见图3.3(c)]用于杆件的对接连接。脚手架采用的扣件,在螺栓拧紧扭矩达 65 N·m 时,不得发生破坏。

3)立杆 脚手架中垂直于水平面的竖向杆件称为立杆。双排脚手架中离开墙体一侧的立杆(或单排立杆)称为外立杆;靠近墙体一侧的立杆称为内立杆。立杆一般为 $\phi48$ mm × 3.5 mm 的焊接钢管,长度为 4 ~ 6.5 m。每根立杆底部应设置底座或垫板。脚手架必须设置纵、横向扫地杆。纵向扫地杆应采用直角扣件固定在距底座上皮不大于 200 mm 处的立杆上。横向扫地杆亦应采用直角扣件固定在紧靠纵向扫地杆下方的立杆上。当立杆基础不在同一高度时,必须将高处的纵向扫地杆向低处延长 2 跨与立杆固定,高低差不应大于 1 m。靠边坡上方的立杆轴线到边坡的距离不应小于 500 mm。立杆接长除顶层顶步外,其余各层必须采用对接扣件连接,以防止偏心矩。相邻两根立杆的对接扣件应错开一步,其错开的垂直距离不应小

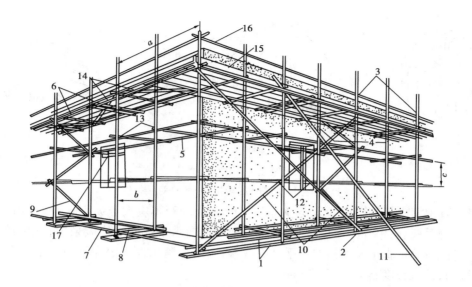

图 3.1　钢管扣件式脚手架组成

1—垫板;2—底座;3—外立杆;4—内立杆;5—大横杆;6—小横杆;7—纵向扫地杆;
8—横向扫地杆;9—横向斜撑;10—剪刀撑;11—抛撑;12—旋转扣件;13—直角扣件;
14—水平斜撑;15—挡脚板;16—防护栏杆;17—连墙件;a—柱距;b—排距;c—步距

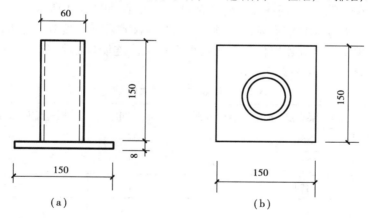

图 3.2　脚手架底座
(a)正面图　(b)俯视图

于 500 mm。对接接头应尽量靠近立杆、纵向水平杆和横向水平杆的交点,偏离该节点的距离宜小于步距的 1/3,并靠近连墙件。

4)纵向水平杆　沿脚手架纵向设置的水平杆称为纵向水平杆。纵向水平杆宜设置在立杆的内侧,其长度应不小于 3 跨;纵向水平杆接长宜采用对接扣件,两根相邻纵向水平杆的接头不宜设在同步或同跨内;不同步或不同跨两个相邻接头在水平方向错开的距离不应小于500 mm;各接头中心至最近主接点的距离不宜大于纵距的 1/3。

5)横向水平杆　沿脚手架横向设置的水平杆称为横向水平杆,其长度为 2.1~2.3 m。在主节点处必须设置一根横向水平杆,用直角扣件扣接且严禁拆除。作业层上非主节点处的横

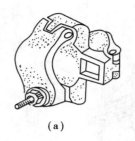 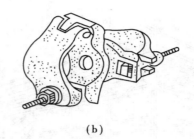 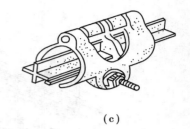

（a） （b） （c）

图3.3 扣件形式

（a）直角扣件 （b）旋转扣件 （c）对接扣件

向水平杆,宜根据支承脚手板的需要等间距设置,最大间距不应大于纵距的1/2。当采用冲压脚手板、木脚手板、竹串片脚手板时,双排脚手架的横向水平杆两端均应采用直角扣件固定在纵向水平杆上;单排脚手架的横向水平杆的一端,应用直角扣件固定在纵向水平杆上,另一端应插入墙内,插入长度不应小于180 mm。

6）连墙件 为防止脚手架内倾外仰,必须按规范要求设置连墙件。连墙件的材质应符合现行国家标准《碳素结构钢》（GB/T 700）中 Q235—A 级钢的规定。连墙件的强度、稳定性和连接强度应符合国家标准《冷弯薄壁型钢结构技术规范》（GB J18）、《钢结构设计规范》（GB J17）、《砼结构设计规范》（GB J10）等的规定。

24 m 以下的单排及双排脚手架,一般采用刚性连墙件,如图3.4所示。亦可采用如图3.5所示的柔性连墙件（ϕ6 mm）,但必须配以顶撑,以防止脚手架向内倾斜。对于高度 24 m 以上的双排脚手架,必须采用刚性连墙件与建筑物可靠连接。连墙件必须采用可承受拉力和压力的构造。连墙件的布置间距参见表3.1。

表3.1 连墙件布置最大间距

脚手架类型		脚手架高度/m	竖向间距	水平间距	每根连墙件覆盖面积/m²
双	排	≤50	3h	3l_a	≤40
		>50	2h	3l_a	≤27
单	排	≤24	3h	3l_a	≤40

注：h—步距；l_a—纵距。

7）剪刀撑 为保证脚手架的整体刚度和稳度,双排脚手架应设剪刀撑与横向斜撑,单排脚手架应设剪刀撑。高度在 24 m 以下时的单、双排脚手架,均必须在外侧立面的两端各设置一道剪刀撑,并应由底至顶连续设置。高度在 24 m 以上的双排脚手架应在外侧立面整个长度和高度上连续设置剪刀撑。每道剪刀撑宽度不应小于 4 跨,且不应小于 6 m,斜杆与地面的倾角宜在45°~60°。架体中部应每隔 12~15 m 搭设一副剪刀撑。剪刀撑斜杆的接长宜采用搭接。剪刀撑应用旋转扣件固定在与之相交的横向水平杆的伸出端或立杆上,旋转扣件中心至主节点的距离不宜大于150 mm。

8）脚手板 能搭设成施工作业层。作业层脚手板应铺满、铺稳,离开墙面 120~150 mm。脚手板应设置在三根横向水平杆上。当脚手板的长度小于 2 m 时,可采用两根横向水平杆支

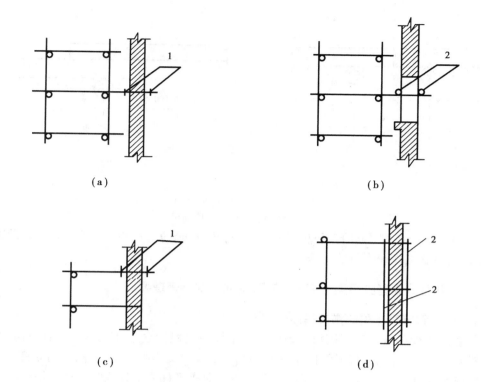

图 3.4　脚手架刚性连墙件
（a）、（b）双排脚手架剖面　（c）、（d）单排脚手架平面
1—固定扣件；2—短钢管

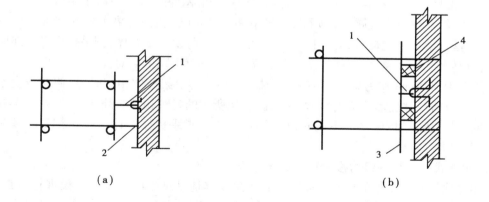

图 3.5　脚手架柔性连墙件
（a）双排脚手架连墙件剖面　（b）单排脚手架连墙件平面
1—与墙内埋设的钢筋环相连的 8 号铅丝；2—顶墙横杆；3—短钢管；4—木楔顶木

撑，但应将脚手板两端与其可靠固定，严防倾翻。脚手板平铺对接时，接头处必须设两根横向水平杆，脚手板外伸长度应取 130 ~ 150 mm，两块脚手板外伸长度的和不应大于 300 mm；脚手板搭接铺设时，接头必须支在横向水平杆上，搭接长度应大于 200 mm，其伸出横向水平杆的长

度应不小于 100 mm,如图 3.6 所示。

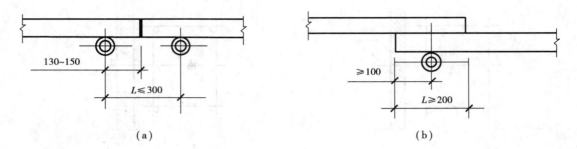

图 3.6　脚手板搭设示意图
（a）平铺对接　（b）搭接铺设

9）防护栏杆　在脚手架上部应搭设高度不小于 1 m 的防护栏杆,其下部还应设置挡脚板,以保证高空施工作业人员的安全。

3.2.2　扣件式钢管脚手架的搭设、使用、拆除及安全管理要点

（1）扣件式钢管脚手架的搭设程序及要点

1）钢管脚手架搭设程序　摆放扫地纵向水平杆→逐根树立立杆,随即与扫地杆扣紧→搭设扫地横向水平杆,并与立杆或纵向水平杆扣紧→搭设第 1 步纵向水平杆,并与立杆扣紧→搭第 1 步横向水平杆→第 2 步纵向水平杆→第 2 步横向水平杆→搭设临时抛撑→搭第 3 步、第 4 步的纵向水平杆和横向水平杆→固定连墙件→接长立杆→搭设剪刀撑→铺脚手板→搭设防护栏杆。

2）扣件式钢管脚手架搭设要点　搭设脚手架的地基须平整坚实,并有可靠的排水措施,防止积水浸泡地基引起不均匀沉陷,对高层建筑应进行基础强度验算;脚手架应按其施工组织设计进行搭设,并注意搭设顺序;脚手架立杆下端应设底座或垫板（垫木）,并应准确地放在定位线上;在搭设第 1 节立杆时,为保持其稳定性,应每 6 跨设一根抛撑;脚手架搭设至连墙件构造层时,应马上装设连墙件,以保证所搭脚手架的安全;双排脚手架的横向水平杆内侧一端,应离开砌体至少 100 mm 作为砌体装饰抹灰的操作空间;脚手架杆件相交时,外伸的长度不得小于 100 mm,以防杆件变形造成的滑脱;搭设脚手架所用的各种扣件必须扣牢拧紧,不得有松动现象发生,一般扭矩为 40 ~ 60 kN·m;从顶层作业层的脚手板往下计,宜每隔 12 m 满铺一层脚手板,以增大其整体稳定性。

（2）扣件式钢管脚手架的检查验收及安全管理要点

1）扣件式钢管脚手架的检查与验收　脚手架及其地基基础应在下列阶段进行检查验收:基础完工后及脚手架搭设前;作业层上施加荷载前;每搭设完 10 ~ 13 m 高度后;达到设计高度后;遇有 6 级以上大风与大雨后;寒冷地区开冻后;停用超过 1 个月。

进行脚手架检查、验收时应根据下列技术文件:施工组织设计及变更文件;技术交底文件。

脚手架使用中,应定期检查下列项目:杆件的设置和连接,连墙件支撑、门洞桁架等的构造是否符合要求;地基是否积水,底座是否松动,立杆是否悬空;扣件螺栓是否松动;高度在 24 m 以上的脚手架,其立杆的沉降与垂直度的偏差是否超过规范规定;安全防护措施是否符合要求;是否超载。安装后的扣件螺栓拧紧应采用扭力扳手检查,抽样方法应按随机分布原则进

行;抽样检查数目与质量判定标准应按规范的规定确定;不合格的必须重新拧紧,直至合格为止。

2)扣件式钢管脚手架安全管理要点　在使用扣件式钢管脚手架时,为保证使用安全,须注意以下要点:在脚手架使用期间,严禁拆除主节点处的纵、横水平杆,纵、横向扫地杆;不得在脚手架基础及其邻近处进行挖掘作业,否则应采取安全措施,并报主管部门批准;临街搭设脚手架时,外侧应有防坠物伤人的防护措施;在脚手架上进行电、气焊作业时,必须有防火措施和专人看守;工地临时用电线路的架设及脚手架接地、避雷措施等,应按现行行业标准《施工现场临时用电安全技术规范》(GJG 46)的有关规定执行;搭拆脚手架时,地面应设围栏和警戒标志,并派专人看守,严禁非操作人员入内;扣件式钢管脚手架上的荷载不应超过 2.7 N/m² (堆砖时,只允许单行侧摆 3 层);脚手架搭设人员必须是经过按国家标准《特种作业人员安全技术考核管理规则》(GB 5036)考核合格的专业架子工;搭设脚手架人员必须戴安全帽、系安全带、穿防滑鞋;作业层上的施工荷载应符合设计要求,不得超载;不得将模板支架、缆风绳、泵砼和砂浆输送管等固定在脚手架上;严禁悬挂起重设备;当有 6 级及 6 级以上大风和雾、雨、雪天气时应停止脚手架的搭设与拆除;雨、雪后上架作业应有防滑措施,并应扫除积雪;应经常检查钢管脚手架的使用情况,发现问题应及时处理。

(3)扣件式钢管脚手架的拆除要点

在拆除扣件式钢管脚手架时,应掌握以下要点:脚手架的拆除顺序是自上而下,后搭设者先拆,先搭设者后拆;拆除作业必须由上而下逐层进行,严禁上下同时作业;连墙件必须随脚手架逐层拆除,严禁先将连墙件整层或数层拆除后再拆脚手架;分段拆除高差不应大于两步,若高差大于两步,应增设连墙件加固;当脚手架拆至下部最后一根长立杆的高度(约 6.5 m)时,应先在适当位置搭设临时抛撑加固后,再拆除连墙件;高空拆卸脚手架时,各构件应用绳系下放,严禁高空抛扔;拆除的脚手架部件应分类分规格进行堆码,严禁乱堆乱放。

3.3　工具式脚手架的搭设技术

3.3.1　碗扣式脚手架

(1)碗扣式脚手架的组成

碗扣式脚手架是一种新型脚手架,其关键部件是碗扣接头。它由上碗扣、下碗扣、横杆接头和上碗扣限位销等组成(见图3.7)。其中下碗扣及限位销以 600 mm 间距焊于立杆上,而上碗扣则为活动部件,可沿立杆上下滑动。

该脚手架具有接头构造合理、工作安全可靠、装拆方便、零部件损耗低等优点。用其主要部件和辅助部件可搭设成砌筑脚手架、装饰脚手架及模板支撑架等。

碗扣式脚手架搭设时稍许旋转上碗扣,使其缺口对准限位销,并将上碗扣向上抬起,然后把横杆接头插入下碗扣圆弧槽内,随后将上碗扣沿限位销滑下,用手将其沿顺时针方向旋转,并用铁锤顺势敲打上碗扣即可扣紧横杆接头。碗扣式接头可同时连接四根横杆,横杆可相互垂直,亦可偏转一定角度。如要拆除碗扣式脚手架,应用铁锤沿反时针敲打上碗扣,并将上碗扣沿限位销向上抬起,即可拆下各部件。

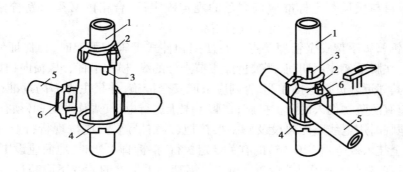

图 3.7　碗扣接头

1—立杆;2—上碗扣;3—限位销;4—下碗扣;5—横杆;6—横杆接头

（2）碗扣式脚手架的主要构件

碗扣式脚手架的主要构配件如图 3.8 所示。

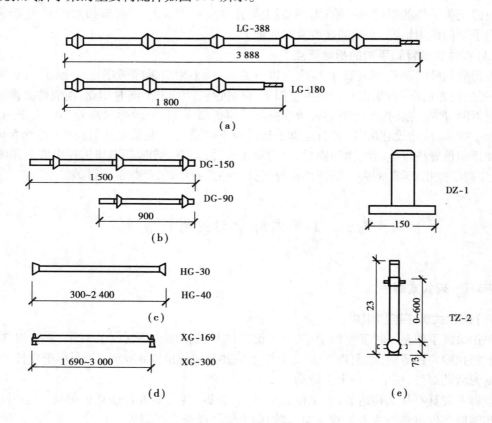

图 3.8　碗扣式钢管脚手架主要构配件

（a）立杆　（b）顶杆　（c）横杆　（d）斜杆　（e）底座

1）底座　用作立杆垫座或支撑架的顶撑。底座有固定底座和可调底座两种形式。

2）立杆　用作碗扣架体的竖向承力结构。立杆接长时其接头应相互错开,达预定高度后再用不同长度的顶杆进行找平。立杆有两种规格可供选用。

3）顶杆　位于架体的顶部,其上装设托座或承座,用作支撑架体的上部荷载。顶杆亦有两种规格可供选用。顶杆上亦每 600 mm 设有碗扣,用于顶部横杆的固定。顶杆与立杆配合,可搭设成任意高度的架体。

4）横杆　用作碗扣架体的水平承力结构。横杆有五种规格可供选用。

5）斜杆　用作碗扣架体的拉压结构,可增大架体的稳定性。斜杆有四种规格,分别用在 1.2 m×1.2 m、1.2 m×1.8 m、1.8 m×1.8 m、1.8 m×2.4 m 的网格中。

（3）碗扣式脚手架搭设要技术

1）碗扣式脚手架搭设技术要点　立杆横距为 1.2 m,纵距为 1.2 m、1.5 m、1.8 m、2.4 m,步距为 1.8 m、2.4 m,双排碗扣式脚手架的构造如图 3.9 所示;曲线形搭设时,曲率半径不得小于 2.4 m,曲线形双排碗扣式脚手架搭设方式如图 3.10 所示;直角交叉处双排碗扣式脚手架宜采用直接拼接法或直角撑法,其构造方式如图 3.11 所示。

2）斜撑搭设技术要点　碗扣式脚手架在搭设时,斜撑应与架子网格的尺寸相适应,并尽量与脚手架的节点相连;当脚手架高度低于 30 m 时,斜杆的架设密度应为整架面积的 1/2 ～ 1/4,架高超过 30 m 时,斜杆的架设密度为整架面积的 1/2 ～ 1/3;斜撑杆必须对称布置,且应分布均匀,以确保脚手架的稳定性。

3）连墙件布设要点　单排架体按每 3 根立柱和 3 个步距设一个连接点;双排架体每 30 ～ 40 m² 设一个连接点;架体高度大于 30 m 时,其底部的连接点应适当加密。

4）安全网搭设要点　水平外伸安全网沿架体高每 10 ～ 12 m 布置一道;支设安全网的支架安装在外立杆上,支架上、下连接部位应各设一根连墙件;安全网的斜杆用碗扣接头固定,拉杆采用螺栓扣件。

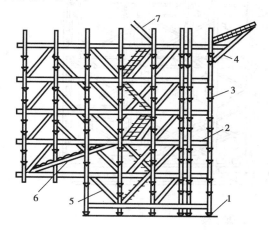

图 3.9　双排碗扣式脚手架的构造
1—底座;2—横杆;3—立杆;4—安全网支架;
5—斜杆;6—斜脚手板;7—梯子

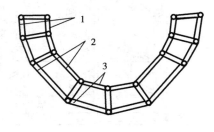

图 3.10　曲线形双排碗扣式脚手架的布置
1—HG-90 与 HG-120 组合;
2—HG-180 与 HG-240 组合;
3—HG-120G 与 HG-180 组合

3.3.2　框组式脚手架

框组式脚手架亦称多功能门型脚手架。它是一种在工厂生产、在现场组装搭设的脚手架,不仅用作外脚手架,而且可用作内脚手架或满堂脚手架。

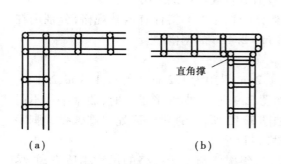

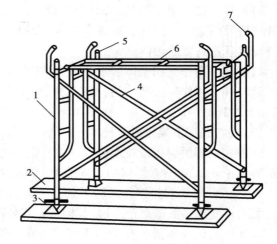

图 3.11　碗扣式脚手架直角处交叉构造方式
(a)直接拼接法　(b)直角撑搭接法

图 3.12　框组式脚手架基本单元
1—框架;2—垫板;3—可调底座;4—剪刀撑;
5—连接棒;6—水平梁架;7—锁臂

(1)基本结构元素和主要部件

框组式脚手架由门式框架、剪刀撑、水平梁架(或脚手板)构成基本单元,如图3.12所示。将若干个基本单元互相连接起来,并增加梯子、栏杆即构成整片式脚手架,见图3.13。

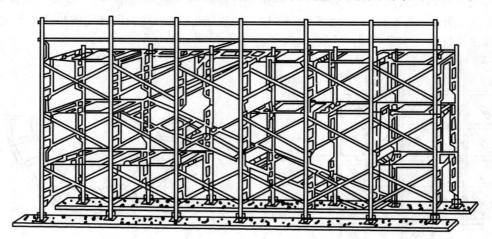

图 3.13　整片框组式脚手架

框组式脚手架由基本单元部件(标准门架、剪刀撑、水平梁架等)、底座、托座及其他部件(锁臂、栏杆柱、扣墙管等)组成,如图3.14所示。框组式脚手架部件之间的连接常采用以下方法:

①制动片式挂扣连接　在挂扣的固定片上,铆有主制动片和被制动片。安装前应使二者处于脱开位置,开口尺寸大于门框架横梁直径。就位后,将被制动片逆时针方向转动而卡住门式框架横梁,此时主制动片即自行落下,将被制动片卡住,使脚手板(或水平梁架)自锚于门框架横梁上,如图3.15(a)所示。

②偏重片式锚扣连接　在门框架竖管上焊一段端头开槽的 $\phi 12$ mm圆钢,槽呈坡形(上口

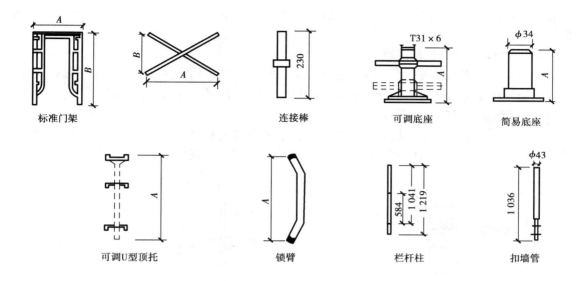

图 3.14 框组式脚手架主要部件

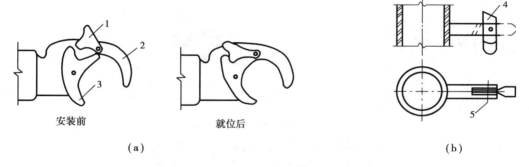

（a） （b）

图 3.15 框组式脚手架的连接形式
（a）制动片式挂扣 （b）偏重片式锚扣
1—主动制片；2—主动片；3—被制动片；4—ϕ10 mm 圆钢偏重片；5—铆钉

长 23 mm，下口长 20 mm），槽内设一个 2 mm 厚的偏重片（用 ϕ10 mm 圆钢制作，一端保持原直径），在其近端处开有一椭圆长孔。安装时将偏重片置于虚线位置，装入剪刀撑后，将偏重片稍向外拉，偏重片自然旋转到实线位置而形成自锚，如图 3.15（b）所示。

（2）框组式脚手架的搭设程序及搭设技术要点

1）搭设程序 铺放垫木（板）→拉线、放底座→从一端起立门架并随装剪刀撑→装设水平梁（脚手板）→装设梯子→装设连墙杆→逐层向上安装→装设加强整体刚度的长剪刀撑→装设顶部栏杆。

2）搭设技术要点 夯实并抄平、铺设可调底座；高层门架垂直度偏差不得超过 2 mm，水平度偏差不得超过 5 mm；门架顶部和底部用纵向杆和扫地杆固定；门架之间须设置剪刀撑和水平梁架（脚手板）；整片脚手架前 3 层每层设置一道水平加固杆，3 层以上则每 3 层设置一道加固杆；架子外侧应设置长剪刀撑（ϕ48 mm 脚手钢管，长 6～8 m），其高度和宽度为 3 个或 4 个步距和架距，与地面成 45°～60°，相邻长剪刀撑相隔 3～5 个架距，并沿架体全高设置;用连墙管(器)将脚手架与建筑物连接稳固,连墙点间距为高 6 m、长 8 m,连墙形式见图 3.16。

(3)框组式脚手架使用要点

框组式脚手架的搭设高度一般不超过 45 m,采取一定加固措施后可达 80 m 左右;作用在架体上施工均布荷载一般为 1.86 kN/m²,而作用在脚手板上集中荷载不超过 2.0 kN。

(4)框组式脚手架拆除要点

框组式脚手架的拆除应从上至下进行;应将拆散的部件捆绑后,用垂直吊运设备吊运至地面,严禁高空抛扔;拆下的框组式脚手部件应分类集中堆码,以便复用。

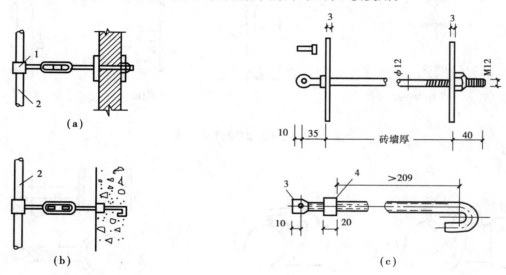

图 3.16　连墙点的做法

(a)夹固式做法　(b)锚固式做法　(c)连墙件

1—扣件;2—门架立柱;3—接头螺栓;4—连接螺母

3.4　其他脚手架的搭设技术

3.4.1　吊脚手架的搭设

吊脚手架是通过特设的支承点,利用绳索悬吊吊架(篮)进行施工操作的一种外脚手架。它具有构造简单、搭设方便、安全可靠等特点,尤其适用于高层建筑的外装饰作业和维修保养墙面作业。

(1)吊架和吊篮

吊架和吊篮为施工操作的活动平台,可随施工高度的不同而上下移动。

1)框式钢管吊架　其基本构件是用 $\phi48$ mm $\times4.5$ mm 钢管焊接而成的矩形框架。吊架组装时,一般用三榀或四榀框架组合成吊架,榀与榀之间的间距以 2～3 m 为宜,在纵向和横向上用钢管及扣件将其连成整体,并在框架上铺设脚手板、装设栏杆、安全网和护墙轮,操作人员即可在其内工作。

2)开口式吊篮　为侧面开口或顶、侧面均开口的箱形构架,其尺度为长 3 ~ 4 m,宽 0.8 ~ 1.0 m,高 2 m。用∟ 40 mm × 3 mm 的角钢焊成两个矩形吊架,并用螺栓或承插方式将矩形吊架、底盘、护柱及顶盖进行组装,如图 3.17 所示。

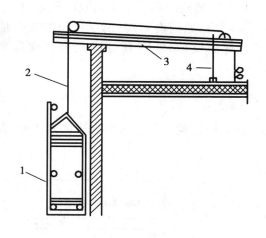

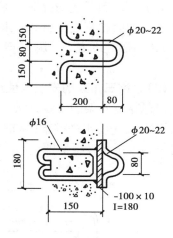

图 3.17　吊脚手架示意图

1—吊架;2—吊索;3—支撑设施(挑梁);4—拉杆

图 3.18　柱内预埋挂环图

(2)支承设施

吊脚手架的悬吊结构应根据建筑结构特点及吊架的用途而定。目前一般在屋顶上设置排梁式挑架来支承吊架,为保证其搞倾覆力矩的 3 ~ 4 倍。

(3)升降方法

常用的升降方法可用 0.8 ~ 3.0 t 手动葫芦连接升降、液压千斤顶提升、倒链及手摇提升器等。吊架升降时应加保险溜绳。

3.4.2　外挂脚手架的搭设

(1)预埋挂环

为便于脚手架的挂设,应先在结构构件内埋设挂环,将脚手架的挂钩挂在挂环上,在挂架上铺脚手板即可进行施工作业,亦可在钢筋砼墙体上留设孔洞用螺栓固定。其架高一般为三层(3 m)作业高度,多用于高层建筑外装饰。

(2)挂架构造要求

挂点应埋设在柱子或墙体上,如图 3.18 所示。挂环采用 $\phi20 ~ 22$ mm 钢筋环,埋设间距首层为 1.5 ~ 1.6 m,其余为 1.2 ~ 1.4 m。挂架多为单层三角形挂架,如图 3.19 所示。

3.4.3　悬挑脚手架的搭设

(1)悬挑脚手架的构造

该脚手架是将外脚手架沿建筑物高度分段(每段 10 ~ 30 m)悬挑搭设,由支撑架(挑梁式挑架)和支撑梁上所支设的扣件式钢管脚手架或门型脚手架组成,支承架一般采用三角架形式,如图 3.20 所示。

该脚手架实际上是将落地的多立杆式脚手架转移到建筑物的某高度处,尤其适用于高层建筑的施工。对于有裙房的高层建筑,使用悬挑脚手架能使裙房与主楼同时进行施工,可不受外脚手架的影响。

施工中遇到下述情况时可采用挑脚手架:±0.0 以下结构的回填土未能及时回填,而上部主体结构因工程需要必须立即进行;高层建筑主体结构四周有裙房,脚手架不能支在地面上;超高层建筑施工,脚手架搭设高度超过其容许高度,需要将其分成几个高度段来搭设。

(2)悬挑三角架的安装及使用方法

1)悬挑三角架的安装方法

方法 1:先将水平挑梁(型钢)和斜杆组成整体,浇筑结构构件时将水平挑梁埋入砼中,安装时只需焊接斜杆根部即可。

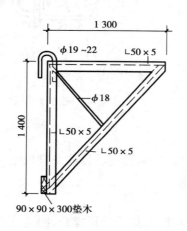

图 3.19　砌筑用挂架

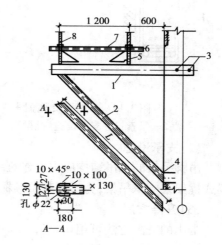

图 3.20　悬挑三角架

1—Ⅰ型钢挑梁;2—圆钢管斜杆;

3—埋入结构内的钢挑梁端部穿以钢筋增加锚固;

4—预埋铁件;5—钢挑梁;6—压板;

7—槽钢横梁;8—脚手架立柱

方法 2:采用上下均埋设预埋件方法,安装时在建筑物结构上测量并标出安装位置,在斜杆根部先焊上一只小钢牛腿,作为三角架斜杆的临时搁置,斜杆与钢挑梁连接处用螺栓临时固定,而后将斜杆上、下端和挑梁端部焊接。

2)悬挑脚手架的使用方法

为便于架设横梁和搭脚手架,悬挑脚手架上应设置钢挑梁,排梁可整体吊装,用螺栓连接,亦可分件吊装。

钢排架安装后,在其上安装小横梁匚8 槽钢作为脚手架立柱的支座,架设在钢挑架上,其连接宜采用可移动或可校正的压板方式固定,不宜采用螺栓连接,其连接方式见图 3.21。

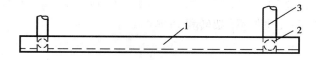

图 3.21 槽钢小横梁的构造示意图

1—8 号槽钢小横梁;2—φ38 mm 短钢管;3—脚手架立柱

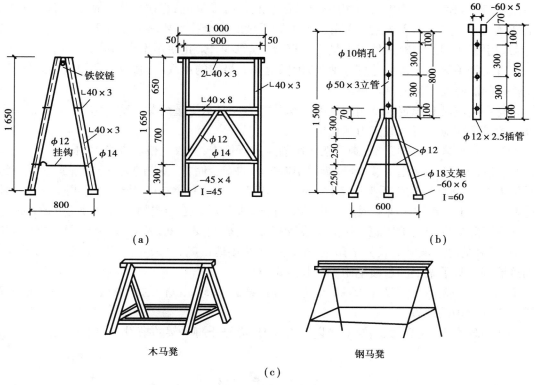

（a）

（b）

木马凳

钢马凳

（c）

图 3.22 里脚手架

（a）折叠式里脚手架 （b）支柱式里脚手架 （c）马凳式里脚手架

3.4.4 里脚手架的搭设

（1）里脚手架的作用

里脚手架主要用于楼层上砌墙、内装饰和砌筑围墙等。

（2）里脚手架的构造要求

1）折叠式里脚手架 用角钢焊接、用铰连接而成,如图 3.22（a）所示。其架设间距为:砌墙时不超过 2 m;粉刷墙面时不超过 2.5 m。折叠式里脚手架使用时可搭设两步脚手,第 1 步约 1 m 高,第 2 步约 1.65 m 高。

2）支柱式里脚手架 将插管插入立管中,用销子孔间距来调节脚手架的高度。使用时要架设若干支柱,并在插管顶端的支托内搁置方木横杆,在横杆上再铺设脚手板即可进行施工操作,如图 3.22（b）所示。其搭设间距为:砌墙时宜为 2 m;粉刷时不超过 2.5 m。

3)马凳式里脚手架　马凳式里脚手架如图3.22(c)所示。使用时在马凳与马凳之间铺上脚手板即可进行施工操作。马凳搭设间距不得超过1.5 m。

3.5　脚手架的使用安全技术

在施工中如何确保脚手架的使用安全,已引起各施工单位的高度重视,搞好脚手架的使用安全是保证施工安全的重要组成部分。现将脚手架的安全技术要求简述如下:

①脚手架所用的材料和加工质量必须符合规定要求,禁止使用不合格品。

②搭设脚手架前应认真处理好地基,确保地基有足够的承载能力,以避免由脚手架发生局部或整体的沉降而引起的倾覆事故。

③脚手架应具有稳定的结构和足够的承载能力。对承受重荷载、承受不均匀重荷载或30 m 以上的脚手架应进行承载能力和稳定性验算。

④严格按要求搭设脚手架,脚手架使用前应进行检查,验收合格后方可使用。

⑤控制脚手架的使用荷载,确保脚手架有较大的安全储备。对于多立杆式外脚手架,维修脚手架为1 kN/m²,装饰脚手架为2 kN/m²,结构脚手架为3 kN/m²;对于框组式脚手架,不得超过1.8 kN/m²或作用于脚手板的跨中集中荷载2 kN;对于悬挂式脚手架不得超过设计值。

⑥有可靠的安全防护措施。按规定设置挡板、围栅及安全网;做好脚手架楼梯、斜道等防滑措施;过高的脚手架须有良好的防电、避雷装置及接地设施,一般每隔50 m 设置一处,最远点到接地装置脚手架上的过渡电阻不应超过10 Ω。

⑦钢质脚手架不得搭设在35 kV 以上的高压线路4.5 m 以内的地方或距离1～10 kV 高压线路2 m 以内的地方。

⑧在出现大雨、大雾、大雪及6级以上大风时,应停止脚手架的搭设或架上作业。

复习思考题3

1.何谓脚手架?对脚手架有哪些基本要求?建筑施工时哪些地方需用脚手架?

2.扣件式钢管脚手架的扣件有哪些?

3.试简述钢管脚手架的构造及搭设工艺过程。

4.单排和双排钢管脚手架在构造上有何区别?

5.何谓柱距、排距及步距?

6.扣件式钢管脚手架有何优点?其组成部件有哪些?

7.如何检查与验收扣件式钢管脚手架的搭设质量?

8.试简述扣件式钢管脚手架搭设、拆除及安全管理要点。

9.试简述碗扣式脚手架、框组式脚手架的组成、构造及搭设要点。

10.悬挂式脚手架在使用时应注意哪些事项?

11.折叠式和支柱式里脚手架在构造上有何特点?

12.搭设脚手架时应注意哪些安全措施?

模拟项目工程

　　某建筑工地按施工组织设计要求,搭有 50 多米长、7 层楼高的双排钢管扣件式脚手架,其上堆有砖头,脚手架上有近 10 名操作员正在进行砌墙,忽然脚手架倒塌,造成了较大的伤亡事故。

　　【问题】:

　　(1)何谓单排脚手架和双排脚手架? 其搭设宽度为多少米?

　　(2)钢管扣件式脚手架由哪些构件所组成?

　　(3)为什么要搭设扫地杆、抛撑和连墙件?

　　(4)试分析该脚手架倒塌原因有哪些。

第 **4** 章
地基加固与桩基施工技术

学习目标：

1. 了解地基局部处理的施工方法及技术；熟悉整体地基加固的施工方法及施工工艺。

2. 了解灌注桩的种类、特点和适应范围；熟悉钻孔灌注桩、沉管灌注桩等的施工方法、保证质量的措施及施工中应注意的问题。

3. 了解钢筋砼预制桩的制作、起吊、运输、堆放等施工方法、打桩机械、打桩顺序及方法、打桩质量控制以及打桩给邻近建筑物和地下管线带来的影响。

4. 熟悉深层搅拌法、振冲挤密法的加固原理及施工工艺，了解其质量要求；钢筋砼预制桩的施工技术要求。

职业能力：

1. 具有正确选择局部地基、整体地基处理施工方法的能力。

2. 具有初步指导砼灌注桩、钢筋砼预制桩施工的能力。

3. 具有检查地基加固及桩基施工质量的能力。

在土建施工中，当天然地基的强度和变形不能满足工程要求时，就须对地基进行加固与处理，否则就难以保证建筑物的安全。

对地基加固与处理须进行方案比较，做到技术可靠，经济合理，且满足施工进度要求等。常用的地基处理方法有垫层施工法、重锤夯实法、强夯法、深层搅拌法、振冲法、加筋法、托换法等。

当天然地基上的浅基础沉降量过大或地基的承载力不能满足设计要求时，为保证建筑物的安全，常采用桩基础。

4.1　地基加固技术

4.1.1　地基局部处理技术

为使建筑物各部位沉降尽量趋于一致，在施工过程中如发现地基土质过硬或过软不符合设计要求,或发现有空洞、墓穴、枯井、暗沟等时,就要对地基进行局部处理,以减小地基不均匀沉降。

(1)松土坑(填土、墓穴、淤泥等)的处理方法

当松土坑在基槽中,且范围较小时,可将坑中软弱虚土挖除,直至坑底见天然土为止,然后采用与坑底的天然土压缩性相近的土料回填。当天然土为砂土时,用砂或级配砂石回填;天然土为较密实的粘性土,则用3∶7灰土分层夯实回填;天然土为中密可塑的粘性土或新近沉积粘性土,可用1∶9或2∶8灰土分层夯实回填,见图4.1(a)。

当松土坑较大或因各种条件限制,坑(槽)壁挖不到天然土层时(即松土坑超过基槽边沿),可将该范围内的基槽适当加宽,用砂土或砂石回填时,基槽每边均应按 l_1∶h_1=1∶1坡度放宽;用1∶9或2∶8灰土回填时,基槽每边均应按 l_1∶h_1=0.5∶1坡度放宽;用3∶7灰土回填时,如坑的长度小于等于2 m,基槽可不放宽,但灰土与槽壁接触处应夯实,见图4.1(b)。

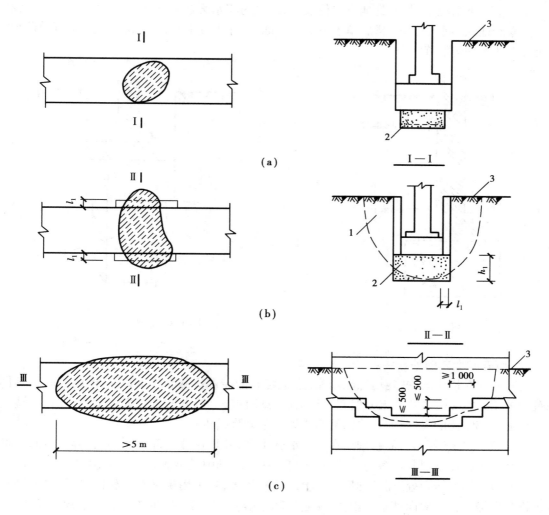

图4.1　松土坑的处理
1—软弱土;2—灰土(2∶8);3—天然地面

当松土坑在槽内所占范围较大且长度超过 5 m 时,可将坑中软弱土挖去。如坑底土质与一般槽底土质相同,可将基础落深,做 1∶2 踏步与两端相接,每步不高于 50 cm,长度不小于 100 cm,如深度较大,用灰土分层回填夯实至坑(槽)底平,见图 4.1(c)。

当松土坑较深,且大于槽宽或 1.5 m 时,在槽底处理完后,还应适当考虑是否需要加强,以抵抗由于可能发生的不均匀沉降而引起的内力。常用的加强办法是,在灰土基础上 1 匹或 2 匹砖处(或砼基础内),防潮层下 1 匹或 2 匹砖处及首层顶板处各配置 3 根或 4 根 φ8～12 mm 钢筋,跨过该松土坑两端各 1 m,见图 4.2。

当松土坑地下水位较高时,可将坑(槽)中的软弱的松土挖去后,再用砂土或砼回填。在单独基础下,如松土坑的深度较浅时,可将松土内松土全部挖除,将柱基落深;如松土坑较深时,可将一定深度范围内的松土挖除,然后用与坑边的天然土压缩性相近的材料回填。换土的具体深度,应视柱基荷载和松土的密实度而定。

在以上几种情况中,如遇到地下水位较高,或坑内积水无法夯实时,亦可用砂石或砼代替灰土。寒冷地区冬季施工时,槽底填土不能使用冻土,冻土夯不实,且解冻后强度会显著降低,造成较大的不均匀沉降。

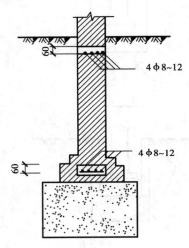

图 4.2　基础配筋构造图

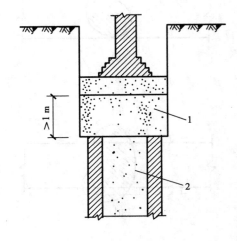

图 4.3　基槽下砖井处理方法
1—灰土(2∶8);2—砖井

(2)砖井或土井的处理要点

当砖井在基槽中间,井内填土较密实时,应将井的砖圈拆除至槽底以下至少 1 m,在其拆除范围内用 2∶8 或 3∶7 灰土分层夯实至槽底,见图 4.3。当井的直径大于 1.5 m 时,应适当考虑加强上部结构的强度,如在墙内配筋或做地基梁跨越砖井。

当井位于房屋转角处,而基础压在井上部分不多,并且在井上部分所损失的承压面积,可由其余基槽承担而不引起过多的沉降时,则可采用从基础中挑梁的办法解决,见图 4.4(a)。

当井位于墙的转角处,而基础压在井上的面积较大,且采用挑梁办法较困难或不经济时,则可将基础沿墙长方向向外延长出去,使延长部分落在老土上,落在老土上的基础总面积,应等于井圈梁范围内原有基础的面积,即 $A_1 + A_2 = A$,然后在基础墙内再采用配筋或钢筋砼梁来加强,见图 4.4(b)。

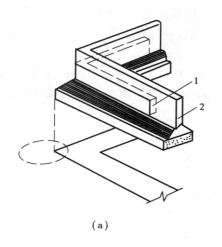
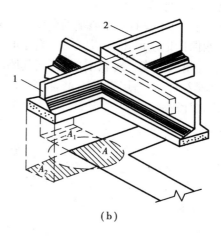

$$(a) \qquad\qquad (b)$$

图4.4 墙角下砖井处理方法
（a）基础压井不多　（b）基础压井较多
1—挑梁；2—墙基础

当井已回填，但不密实，甚至还是软土时，可用大块石将下面软土挤紧，再选用上述办法回填处理。若井内不能夯实时，则可在井的砖圈上加钢筋砼盖封口，上部再回填处理。

（3）局部范围内硬土（硬物）的处理要点

当柱基或部分基槽下有较其他部分过于坚硬的土质时，如基础下部遇基岩、旧墙基、老灰土、化粪池、大树根、砖窑底、压实的路面等，均应挖除，以防建筑物由于局部落于较硬物上造成不均匀沉降，而使上部建筑物开裂；或将坚硬物凿去30~50 cm深，再回填土砂混合物。

（4）古河、古湖泊的处理要点

对年代久远的古河、古湖泊，土的承载力不低于相接天然土的，可不处理；对年代近的古河、古湖泊则应将松散的含水量大的土挖除，视情况用素土或灰土分层夯实，或采用加固地基的措施；对长期填积而成的填土，如承载力不低于同一地区天然土，可不处理；对形成时间短、沉降未稳定、结构松散不均匀，含水量大于20%的填土，应将填土挖除用素土或灰土分层夯实回填。

4.1.2 整体地基加固

（1）垫层施工法

在地基基础设计中，浅层软弱土的处理，常采用换土垫层法，就是将基础底面下处理范围内的软弱土层挖去，换填素土、灰土、砂石、矿渣等性能稳定无侵蚀性的材料，并夯（压、振）至要求的密实度为止，以达到提高地基承载力，减少地基沉降量的目的。

1）素土垫层　素土垫层是先挖去基础下的部分土层或全部软弱土层，然后回填素土，分层夯实而成。素土垫层适用于处理软土、湿陷性黄土和杂填土地基。

①素土垫层厚度　对软土地基上的垫层厚度一般根据垫层底部软弱土层的承载力确定，应使垫层传给软弱土层的压力不超过软弱土层顶部的承载力，一般厚度不宜大于3 m。

对湿陷性黄土地基的垫层厚度应根据地质勘察报告试验结果确定。对于非自重湿陷性黄土地基，当矩形基础的垫层厚度为0.8~1.0倍基底宽度时，条形基础为1.0~1.5倍基底宽度时,能消除部分地基的湿陷性。如处理厚度为 1.0～1.5 倍基底宽度(柱基)和 1.5～2.0 倍基底宽度(条基),可基本消除地基的湿陷性。对于自重湿陷性黄土地基则需处理全部湿陷性黄土层,才能保证地基浸水时不出现湿陷变形。

②素土垫层宽度 对软土地基,当其侧面土质较好时,垫层宽度略大于基底宽度即可。当侧面土质较差时,如垫层宽度不足,将会引起侧面软土的变形,需根据侧面土的承载力设计值按下列各式计算:

$f_d \geq 200$ 时

$$b' = b + (0～0.36)h \tag{4.1}$$

$200 > f_d \geq 120$ 时

$$b' = b + (0.6～1.2)h \tag{4.2}$$

$f_d < 120$ 时

$$b' = b + (1.6～2.0)h \tag{4.3}$$

式中 f_d——土的承载力设计值,kN/m^2;

b'——垫层底部宽度,m;

h——垫层厚度,m;

b——基底宽度,m。

对湿陷性黄土地基,土垫层厚度小于 2 m 时,每边加宽不小于土垫层厚度的 1/3,且不小于 30 cm;土垫层厚度大于 2 m 时,应考虑基础宽度的影响,适当加宽。

③施工技术要点 不得使用淤泥、耕土、冻土、垃圾、膨胀土以及有机物含量大于8%的土作填料;土料含水量应控制在最佳含水量范围内,误差不得大于±2%,如含水量过大或过小,应把土晾干或加湿,使之达到要求的含水量;回填前应将基底的草皮、树根、淤泥、耕植土铲除,并清除要求深度范围内的软弱土层;填土地基如有地面积水或地下水,应设置排水设施,以保证正常施工和防止边坡遭受冲刷;填土应分层铺设,分层(碾压)夯实,上下两层施工缝应错开不小于 500 mm,施工缝两侧 500 mm 范围内应增加夯实(碾压)遍数;如遇下雨,填土层表面有泥浆、积水,应清除后才能继续回填;土垫层施工完毕后,应立即进行下道工序的施工,以防雨水或施工用水浸入填土地基,使基土扰动。

④质量检查 土垫层应分层检验,在每层表面下 2/3 厚度处用环刀取样,测定土的干密度,以不小于规定的控制干密度 ρ_d 为合格。如未达到要求,应增加压实遍数或挖开把土块打碎,并重新夯实(碾压),再检验。检查数量按《建筑安装工程质量检验评定标准》中的有关规定执行。

2)灰土垫层地基 灰土垫层是用石灰和粘性土拌和均匀,然后分层夯实而成。采用体积配合比一般用 2∶8 或 3∶7(石灰∶土),其 28 d 强度可达 100 Pa 左右。适用一般粘性土地基加固,施工简单,取材方便,费用较低,应用较广泛。

①材料要求 灰土的土料,可采用地基槽挖出的土。凡有机质含量不大的粘性土都可用作灰土的土料。表面耕植土不宜采用。土料应过筛,粒径不宜大于 15 mm。用作灰土的熟石灰应过筛,粒径不宜大于 5 mm,并不得夹有未熟化的生石灰块和含有过多的水分。

②施工技术要点 施工前应验槽,将积水、淤泥清除干净,等干燥后再铺灰土;灰土施工时,应适当控制其含水量,如土料水分过多或不足时,可晒干或洒水湿润;灰土应拌和均匀,颜色一致,拌好后应及时铺好夯实;铺土应分层进行,每层铺土厚度可预先在槽(坑)壁用标钎控

制;每层灰土一般夯打(或碾压)不得少于4遍;灰土分段施工时,不得在墙角、柱墩及承重窗间墙下接缝,上下相邻两层灰土的接缝间距不得小于500 mm,接缝处的灰土应充分夯实;在地下水位以下的基槽(坑)内施工时,应采取排水措施,使其在无水状态下施工;入槽的灰土不得隔日夯打,夯实后的灰土3 d内不得受水浸泡;灰土打完后,应及时进行基础施工,并及时回填土,否则要做临时遮盖,以防雨淋;对刚夯打完毕或尚未夯实的灰土,如遭受雨淋浸泡,则应将积水及松软灰土除去并补填夯实;冬季施工时,不得采用冻土或夹有冻土块的土料作灰土,并应采取有效的防冻措施。

③质量检查　可用环刀取样,测定其干密度。质量标准可按压实系数 λ_0(即施工时实际达到的干密度 ρ_d 与其最大干密度 ρ_{dmax} 之比)鉴定,一般为0.93~0.95;也可按表4.1规定执行。检查数量按现行的《建筑安装工程质量检验评定标准》中的有关规定执行。在用贯入仪检查时,先进行现场试验,以确定贯入度的具体要求。

表4.1　灰土质量标准

项　次	土料种类	灰土最小干密度/$(g \cdot cm^{-3})$
1	粉土	1.55
2	粉质黏土	1.50
3	黏土	1.45

3)砂、石垫层地基　砂垫层和砂石垫层是用夯(压)实的砂或砂石垫层替换基础下部一定厚度的软土层,以起到提高基础下地基强度、承载力,减少沉降量,加速软土层的排水固结作用。一般适用于处理软土透水性强的粘性土地基,但不宜用于湿陷性黄土地基和不透水的粘性土地基,以免积水而引起地基下沉和降低承载力。

①材料要求　砂垫层和砂石垫层所用材料,宜采用颗粒级配良好、质地坚硬的中砂、粗砂、砾砂、碎(卵)石、石屑或其他工业废粒料。在缺少中、粗砂和砾砂地区,也可采用细砂,但宜同时掺入一定数量的碎石或卵石,其掺量按设计规定(含石量不应大于50%)。所用砂石材料,不得含有草根、垃圾等杂物。用作排水固结地基的材料,含泥量不宜超过3%。碎石或卵石最大粒径不宜大于50 mm。

②施工技术要点　施工前应验槽,先将浮土清除,基槽(坑)的边坡必须稳定,槽底和两侧如有孔洞、沟、井等应加以填实;当地下水位高于基槽(坑)底面施工时,应采取排水或降低地下水的措施,使基槽(坑)保持无积水状态;人工级配的砂、石材料,应按级配拌和均匀,再行铺填捣实;砂垫层和砂石垫层的底面宜铺设在同一标高上,如深度不同时,施工应按先深后浅的程序进行;土面应挖成台阶或斜坡搭接,搭接处应注意捣实;分段施工时,接头处应做成斜坡,每层错开0.5~1.0 m,并应充分捣实;采用碎石垫层时,为防止基坑地面的表层软土发生局部破坏,应在基坑底部及四侧先铺一层砂,然后再铺碎石垫层;垫层应分层铺垫,分层夯(压)实,每层的铺设厚度不宜超过表4.2规定数值,分层厚度可用样桩控制;垫层的捣实方法可视施工条件按表4.2选用,捣实砂垫层应注意不要扰动基坑底部和四侧的土,以免影响和降低地基强度;每铺好一层垫层,经密实度检验合格后方可进行上一层施工;冬季施工时,不得采用夹有冰块的砂石做垫层,并应采取措施防止砂石内水分冻结。

表4.2 砂垫层和砂石垫层每层铺设厚度及最优含水量

捣实方法	每层铺设厚度/mm	施工时最优含水量/%	施工说明	备 注
平振法	200～250	15～20	用平板式振捣器往复振捣,往复次数以简易测定密实度合格为准 振捣器移动时,每行应搭接1/3,以防振动面积不搭接	不宜使用于细砂或含泥量较大的砂铺筑砂填层
插捣法	振捣器插入深度	饱和	用插入式振捣器 插入间距可根据机械振幅大小决定 不应插至下卧粘性土层 插入振捣完毕所留的空洞,用砂填实 应有控制地注水和排水	不宜使用于细砂或含泥量较大的砂铺筑砂填层
水撼法	250	饱和	注水高度略超过铺设面层 用钢叉摇撼捣实,插入点间距100 mm左右 有控制地注水和排水 钢叉分4齿,齿的间距30 mm,长300 mm,木柄长900 mm,重4 kg	湿陷性黄土、膨胀土、细砂地基上不得使用
夯实法	150～200	8～12	用木夯或机械夯 木夯重40 kg,落距400～500 mm 一夯压半夯,全面夯实	使用于砂石垫层
碾压法	150～350	8～12	6～10 t压路机往复碾压,碾压次数以达到要求密实度为标准	适用于大面积的砂石垫层,不宜用于地下水位以下的砂垫层

③质量检查

A. 环刀取样法 在捣实后的砂垫层中,用容积不小于 200 cm³ 的环刀取样,测定其干密度,以不小于通过试验所确定的该砂料在中密状态时的干密度数值为合格。如系砂石垫层,可在垫层中设置纯砂检查点,在同样施工条件下取样检查。

中砂在中密状态的干密度,一般为 1.55～1.60 g/cm³。

B. 贯入测定法 用贯入仪、钢筋或钢叉等以贯入度大小来检查砂垫层的密实度。检查时,应先将表面的砂刮去 3 cm 左右,以不大于通过实验所确定的贯入度数值为合格。

a. 钢筋贯入测定法 用直径为 20 mm、长为 1 250 mm 的平头钢筋,距离砂层面 700 mm 自由下落,插入深度不大于根据该砂的控制干密度测定的深度为合格。

b. 钢叉贯入测定法 用水撼法使用的钢叉,距离砂层面 500 mm 自由下落,插入深度不大于根据该砂的控制干密度测定的深度为合格。

质量检查数量按《建筑与安装工程质量检验评定标准》的有关规定执行。

(2)重锤夯实法

此法是用起重机械将特制的重锤提升到一定高度后,自由下落,重复夯击基土表面,使地基受到压密加固。适用于地下水位 0.8 m 以上稍湿的粘性土、砂土、湿陷性黄土、杂填土和分层填土地基。但当夯击对临近建筑物有影响时,或地下水位高于有效夯实深度时,不宜采用。重锤表面夯实的加固深度一般为 1.2～2.0 m,湿陷性黄土地基经重锤表面夯实后,透水性有显著降低,其计算强度可提高30%。

夯锤形状为截头圆锥体(见图4.5),可用C20钢筋砼制作,其底部可采用20 mm厚钢板。夯锤重量一般为1.5~3 t,锤底直径一般为1.0~1.5 m。锤重与底面积的关系应符合锤重在底面上的单位静压力1.5~2.0 N/cm²的要求。

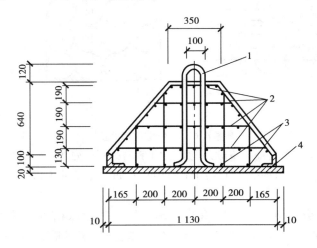

图4.5　1.5 t钢筋砼夯锤

1—吊环 ϕ30 mm;2—钢筋网格 100 mm × 100 mm;
3—锚钉 ϕ10 mm;4—角钢 100 mm × 100 mm × 10 mm

起重机械可采用履带式起重机、打桩机等,也可采用自制的桅杆式起重机或龙门式起重机。

1)施工要点

①地基重锤夯实前,应在现场进行试夯,选定夯锤重量、底面直径和落距,以便确定最后下沉量及相应的最少夯击边数和总下沉量(最后下沉量是指重锤最后两击平均每击土面的沉落值,对粘性土和湿陷性黄土取 10~20 mm,对砂土取 5~10 mm)。当含水量相同,较重的夯锤且底面直径较大时,夯打的下沉量及有效深度较大,而增加落距或增加夯击遍数对有效深度的影响较小。因此,在起重能力允许的条件下,以采用较重的夯锤为宜。落距一般可采用2.5~4.5 m,夯击遍数应按试夯确定的最少遍数增加1遍或2遍,一般为8~12遍。

②基槽(坑)的夯实范围应大于基础底面,每边应比设计宽度加宽0.3 m以上,以便于底面边角夯打密实。

③槽、坑边坡应适当放缓。夯实前,槽(坑)底面应高出设计标高,预留土层的厚度可为试夯时的总下沉量再加 50~100 mm。

④试夯及地基夯实时,必须使土保持最优含水量范围。土的最优含水量一般由室内击实试验确定。工地简易鉴定的方法是,用手捏紧后,松手土不散,抛在地上碎裂。当土的表层含水量过大,夯打成软塑状时,可采取铺撒吸水材料(如干土、生石灰等)、换土或其他有效措施处理。当土的含水量低于最优含水量2%时,夯前基坑应加水至最优含水量。加水时,水应均匀注入,待水全部渗入地基一昼夜后,检验土的湿度不超过最优含水量时,方可进行夯打。

⑤在大面积基坑或条形基槽内夯打时,应一夯挨一夯顺序进行[见图4.6(a)]。在一次循环中同一夯位应连夯两下,下一循环的夯位,应与前一循环错开1/2锤底直径,落锤应平稳,夯位应准确。

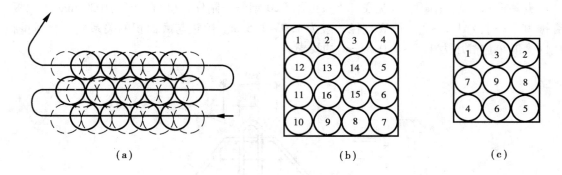

图4.6 夯位搭接示意图

（a）夯位搭接 （b）先周边后中间夯打法 （c）先外后里跳打法

在独立柱基基坑内夯打时，一般采用先周边后中间［见图4.6（b）］或先外后里的跳打法［见图4.6（c）］进行。

⑥采用重锤夯实分层填土地基时，每层的虚铺厚度一般以相当于锤底直径为宜。夯击遍数应由试验确定，试夯的层数不宜少于2层。分层填土时，应尽量取用含水量相当于或略高于最优含水量的土料。

夯实完后，应将基槽（坑）表面修整至设计标高。

2）质量检查 应检查施工记录，除应符合试夯最后下沉量的规定外，并应检查基槽（坑）表面的总下沉量，以不小于试夯总下沉量的90%为合格。也可采用在地基上选点夯击检查最后下沉量。夯击检查点数，每一单独基础至少应有1点；基槽每30 m² 应有1点；整片地基每100 m² 不得少于2点。检查后，如质量不合格，应进行补夯，直至合格为止。

（3）强夯法

强夯法是用起重机械将大吨位夯锤（一般不小于8 t）起吊到高处（一般不小于6 m），自由下落，对土体进行强力夯实，以提高地基强度，降低地基的压缩性。强夯法属高能量夯击，是用巨大的冲击能（一般为500~8 000 kJ），使土中出现很大的冲击波和应力，迫使土颗粒重新排列，排除孔隙中的气和水，从而提高地基强度，降低压缩性。此法适用于粘性土、湿陷性黄土及人工填土地基的深层加固。

地基经强夯加固后，其承载力可提高2~5倍；压缩性可降低200%~1 000%；其影响深度在10 m以上。它是一种效果好，速度快，节省材料，施工简便的地基加固方法。但强夯所产生的振动，对现场周围的建筑物及其他设施有影响时，不得采用。必要时，应采取防震措施。

1）机具设备 主要设备包括夯锤、起重机、脱钩装置等。夯锤重8~40 t，用铸钢或铸铁制作，如条件所限，则可用钢板外壳内浇筑钢筋砼制成（见图4.7）。夯锤底面多采用圆形，圆形锤有利于夯打亦易于锤印重合。锤的底面积大小取决于表面土质，对砂土一般为3~4 m²，粘性土不宜小于6 m²，锤重一般为8 t、10 t、12 t、16 t、25 t、30 t等。夯锤中宜设置若干个上下贯通的气孔，以减少夯击时的空气阻力。

起重机一般采用自行式起重机，起重能力取大于1.5倍锤重。并需设安全装置，防止夯击时臂杆后仰。吊钩宜采用自动脱钩装置，见图4.8。

2）强夯施工的技术参数

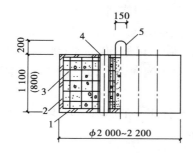
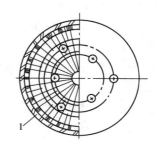

图 4.7 12 t 钢筋砼夯锤

1—30 mm 厚钢板;2—18 mm 厚钢外壳;3—焊接钢筋骨架;

4—6φ159×5 钢管排气孔;5—φ50 mm 吊环

①锤重及落距 锤重(G)和落距(h)是影响加固效果的重要因素,它直接决定每一击的夯击能($G \cdot h$),每一击的夯击能一般为 500~3 000 kJ。锤重一般不宜小于 8 t,落距不宜小于 6 m,常用的为 8 m、11 m、13 m、15 m、17 m、18 m、25 m。

②夯击点布置及间距 根据基础的形式和加固要求而定。对于大面积地基可采用梅花形或正方形网格排列;对条形基础夯点可成行布置;对于独立基础夯点宜单点布置或成组布置;在基础下面必须布置夯点。

夯点间距一般根据基础布置、加固土层的厚度和土质情况而定。加固土层厚、土质差、透水性弱、含水量高时,夯点间距宜大,可为 7~15 m;加

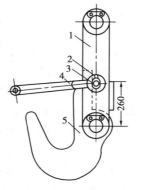
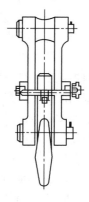

图 4.8 脱钩装置

1—架板;2—开口销;3—螺栓;

4—锁卡;5—吊钩

固土层薄、透水性强、含水量低、砂质土,间距可为 5~10 m。一般第一遍夯点的间距应取大些,以便于夯击能向深部传递。

按上所选的形式和间距布置的夯击点,依次夯击完成为第一遍;再选用已夯击间隙,依次补点夯击为第二遍;以下各遍均在中间补点;最后一遍为低能满夯,夯印应彼此搭接,所用能量一般为前几遍的 1/4~1/5,以加固前几遍夯点之间的松土和被振松的表土层。

③夯击击数和夯击遍数 当夯击到每夯一击所产生的瞬时沉降量很小时,即认为土体已被压密,不能再继续夯实,此时的夯击数,即为最佳夯击数。一般软土的控制瞬时沉降量为 5~8 cm,废渣填石地基控制的最后两击下沉量之差为 2~4 cm。每夯击点的夯击数一般为 3~10击。

夯击遍数一般为 2~5 遍,对于细颗粒多,透水性弱的土层、加固要求高的工程,夯击遍数可适当增加。

对于颗粒细、透水性弱、含水量高的土层,采用减少每遍的夯击次数,增加夯击遍数;而对于颗粒粗、透水性强、含水量低的土层,宜采用增加每遍的夯击次数,减少夯击遍数。

④夯击遍间间歇时间 对土质颗粒细、含水量高、黏土层厚的,间歇时间宜加长,间歇时间一般为 2~4 周;对于黏土或冲积土为 3 周左右;对于地下水位较低、含水量较少的碎石类填土

和透水性强的砂性土,则不需要间歇,前一遍夯打完后,将土推平,即可接着进行下一遍夯打。

⑤平均夯击能　夯击能的总和(由锤重、落距、夯击坑数和每一夯击点的夯击次数算得)除以施工面积称之为平均夯击能。在一般情况下,砂土可取 $500 \sim 1\ 000\ kJ/m^2$;粘性土可取 $1\ 500 \sim 3\ 000\ kJ/m^2$。夯击能过小,加固效果不好;对于饱和黏土,夯击能过大,会破坏土体,造成橡皮土,降低强度。

⑥强夯加固范围　一般取地基长度 L 和宽度 B 各加一个加固厚 H,即 $(L+H) \times (B+H)$。

⑦加固影响深度　一般可按法梅那氏公式估算:

$$H = k \cdot (G \times h)^{1/2} \tag{4.4}$$

式中　H——加固影响深度,m;

　　　G——夯锤重,t;

　　　H——落距,m;

　　　k——系数,一般为 $0.4 \sim 0.7$。

3)施工要点

①强夯前应进行地基勘察,对不均匀土层,适当增加钻孔和原位测试工作,掌握土质情况,以便制订强夯方案和对比夯前、夯后的加固效果。对大面积、复杂地质及重要工程,还应进行现场试验性强夯,试验区平面尺寸不小于 $20\ m \times 20\ m$,选择合适的一组或多组强夯试验参数进行试验,同时进行原位测试(包括野外标准贯入试验、静力触探试验、旁压试验以及现场荷载试验),取原状土样进行室内土分析试验,测定有关数据,通过试验分析对比,确定强夯施工的各项参数,以指导施工。

②施工前场地应平整,对于地下水位高的饱和性土与易液化流动的饱和砂质土,宜铺填一层 $0.5 \sim 2.0\ m$ 厚的中(粗)砂、砂砾或片石等材料,以免设备下陷和便于消散强夯产生的孔隙水压力。

③强夯开始应检验夯锤是否处于中心,若有偏心时,应采取在锤边焊钢板或增减砼等办法使其平衡,防止夯坑倾斜。

④夯击时,落锤应保持平稳,夯位正确。如错位或坑底倾斜过大,应及时用砂土将坑底整平,才能进行下一次夯击。

⑤强夯施工必须严格按试验确定的技术参数进行控制,一般以各个夯击点的夯击数作为施工控制数值,也可采用试夯后确定的最后两击的沉降量或最后两击沉降量之差小于一个数值控制。夯击深度,应用水准仪测量控制。

⑥强夯施工最好在干旱季节进行,在雨季应采取措施防止强夯场地积水,否则土质含水量增加,土质变软,会产生挤出现象,降低强夯效果。冬期施工,应将冻土击碎,要清除大的冻土块,夯击次数宜适当增加。

⑦每遍强夯后应按规定间歇一定时间,才能进行第 2 遍夯击。为缩短工期,应尽可能减少夯击遍数,一般应根据地基土的性质适当加大每遍的夯击能,即增加每击点的夯击次数或适当缩小夯点间距,以便在减少夯击遍数的情况下,能获得相同的夯击效果。

⑧强夯后的土体强度随夯击后间歇时间的增加而增加,一般检验强夯效果宜在强夯之后 $1 \sim 4$ 周进行,不宜在强夯结束后立即进行测试,否则,测得的强度偏低,不能反映实际效果。

⑨强夯会对地基及周围产生一定的振动,一般夯击地基的振动频率为 $2 \sim 12\ Hz$。夯击点宜距建筑物 15 m 以上(允许振动速度为 50 mm/s),或距桥台 $5 \sim 6\ m$、油罐 10 m、钢筋砼结构

物 15 m。当受场地限制不得避开时,可在夯点与建筑物之间开挖隔振沟隔振,其深度应超过建筑物基础深,其位置宜设在靠强夯场地的一侧。

4)质量检查　应检查施工记录及各项技术参数,并应在夯击过的场地选点做检验。一般可采用标准贯入、静力触探或轻便触探等方法测定强度,符合试验确定的强度要求即为合格。检查点数,每个建筑物的地基不少于 3 处,检测深度和位置按设计要求确定。

(4)深层搅拌法

1)加固的基本原理　深层搅拌法是用于加固饱和软黏土地基的一种新方法,它是利用水泥、石灰等材料作为固化剂,采用特制的深层搅拌机械(见图 4.9),在地基深处就地将软土和固化剂(浆液)强制搅拌,软土和水泥拌和后,使软土硬结成具有整体性、水稳定性和一定强度的地基。深层搅拌法还可用作支护结构用来挡土、挡水。加固的形式,根据上部结构的要求,有柱状、壁状和块状三种。

深层搅拌法具有加固工艺合理,技术可靠,施工中无振动、无噪音,对环境无污染的特点。加之它是就地搅拌加固地基,使软土不向侧向挤压,因此对邻近已有建筑物影响很小,加固效果良好,成本低。此法适合于加固较厚的软黏土地基,对超软土其效果尤为显著。

2)施工工艺　深层搅拌法的施工工艺流程,见图 4.10。

①定位　用起重机将深层搅拌机吊到设计指定桩位,并对中。

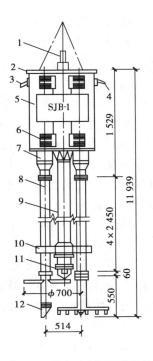

图 4.9　SJB-1 型深层搅拌机

1—输浆管;2—外壳;3—出水口;

　4—进水口;5—电动机;

　6—导向滑块;7—减速器;

　8—搅拌轴;9—中心管;

　10—横向系板;11—球形阀;

　12—搅拌头

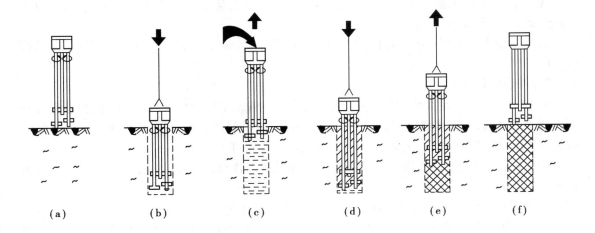

图 4.10　深层搅拌法施工工艺流程

(a)定位　(b)预拌下沉　(c)喷浆搅拌机上升　(d)重复搅拌下沉　(e)重复搅拌上升　(f)完毕

②预搅下沉 待深层搅拌机的冷却水循环正常后,启动搅拌机电机,放松起重机钢丝绳,使搅拌机沿导向架搅拌切土下沉,下沉速度可由电机的电流监测表控制。工作电流不应大于70 A。如果下沉速度太慢,可从输浆系统补给清水以利钻进。

③制备水泥浆 待深层搅拌机下沉到一定深度时,即开始按设计确定的配合比拌制水泥浆,在压浆前将水泥浆倒入集料斗中。

④喷浆、搅拌和提升 深层搅拌机下沉到达设计深度后,开启灰浆泵将水泥浆压入地基中,并且边喷浆、边旋转,并按照设计确定的提升速度提升深层搅拌机。

⑤重复上、下搅拌 深层搅拌机提升至设计加固深度的顶面标高时,集料斗中的水泥浆应正好排空。为使软土和水泥浆搅拌均匀,可再次将搅拌机边旋转边沉入土中,至设计加固深度后再将搅拌机提升出地面。

⑥清洗 向集料斗中注入适量清水,开启灰浆泵,清洗全部管路中残存的水泥浆,直至基本干净。并将粘附在搅拌头的软土清洗干净。

⑦移位 重复上述步骤,进行下一根柱的施工。

由于搅拌桩顶部与上部结构的基础或承台接触部分受力较大,通常应对桩顶 1.0～1.5 m 范围内的桩体增加一次输浆,以提高其强度。

3)施工要点

①施工中应控制深层搅拌机的提升速度、注浆量,以保证加固效果。

②水泥掺量取决于要求的加固体强度,一般为加固土重的 7%～15%。当水泥掺量为 8% 时,加固体强度为 0.24 MPa;当水泥掺量为 10% 时,加固体强度为 0.6～0.7 MPa(天然土强度仅为 0.06 MPa)。

如用水泥砂浆作固化剂时,则水泥砂浆的配合比应为 1:1～1:2(水泥:黄砂,重量比)。为增加水泥砂浆的和易性,利于泵送,宜加入木质素磺酸钙减水剂,掺入量为水泥重量的 0.2%～0.25%。由于木质素磺酸钙有缓凝性,为此,为促进凝结,宜加入硫酸钠(掺量为水泥重的 1%)和石膏(为水泥重量的 2%)。水泥浆稠度为 1～14 cm。

③每个台班加固完毕,必须立即用水清洗储料罐、砂浆泵、深层搅拌机及相应的管道,以免水泥浆凝固而影响继续使用。

4)质量检查 深层搅拌法加固软土地基的效果,通常是用施工质量控制和现场试验进行检验的。

①施工期质量控制

A. 桩位、桩顶、桩底高程、桩身垂直度 通常定位偏差不应超出 50 mm;桩底、桩顶高程均不应低于设计值,一般桩底应超深 100～200 mm,桩顶应超高 0.5 m;施工时应严格检查搅拌轴的垂直度,控制好桩身垂直度,一般垂直度误差不应超过 1%。

B. 水泥标号 桩身所用的水泥品种、水泥掺量按设计要求确定,并按设计要求检查每根桩的水泥用量。

C. 确保加固强度和均匀性 压浆阶段不允许发生断浆现象,输浆管道不能发生堵塞;严格控制搅拌头上提喷浆的速度,一般以不超过 0.5 m/min 为宜。同时要控制重复搅拌时的下沉和提升速度,以保证加固范围内每一深度均得到充分搅拌。

②工程竣工后的质量检验

A. 根据工程设计要求,选取一定数量的桩体进行开挖,检查加固桩体的外观质量、搭接质量、整体性等。

B.用标准贯入试验或轻便触探等动力触探方法检查桩体的均匀性和现场强度。

C.在外露桩体上凿取试块或采用岩芯钻孔取样制成试块进行强度试验,其结果应满足设计要求。

D.对承受垂直荷载的水泥土搅拌桩,应采用静载荷试验的方法检验其质量。载荷试验应在 28 d 龄期后进行。

③建筑物竣工后,尚应定期进行沉降、侧向位移等观测。

(5)振冲挤密法

此法是利用振冲器水冲成孔,填以砂、石骨料,借振冲器的水平及垂直振动,振密填料,形成碎石柱体与原地基构成复合地基,提高地基承载力,改善土体的降压通道,并对可能发生液化的砂、石产生预振效应,防止液化。此法适用于加固松散砂土地基、粗砂土地基。

1)机具设备 主要有振冲器、起重机械、水泵及供水管道、加料设备和控制设备等。振冲器为立式潜水电机带动一组偏心块,产生一定频率和振幅的水平向振力的专用机械,见图 4.11。压力水通过振冲器空心竖轴从下端喷口喷出。加料可采用起重机吊自制吊斗或用翻斗车,其能力应符合施工要求。

2)施工要点

①施工前应先在现场进行振冲试验,以确定振冲孔间距、土体密实电流值、成孔速度、留振时间、填料量等。

②振冲前,应按设计图定出冲孔中心位置并编号(即定孔位)。

③用履带式起重机将振冲器吊至桩位处,打开下喷水口,启动振动器[见图 4.12(a)],振动速度以 1~2 m/min 为宜。振冲器每沉入 0.5~1.0 m,宜留振 5~10 s 进行扩孔,待孔内泥浆溢出时再继续沉入,形成直径 0.8~1.2 m 的孔洞。

④当下沉达到设计深度时,振冲器应在孔底适当留振并关闭下喷水口,打开上喷水口减小射水压力,以便排除泥浆进行清孔[见图4.12(b)]。

⑤将振冲器提出孔口,向孔内倒入一批填料,约 1 m 堆高[见图4.12(c)],随即将振冲器下降至填料中进行振密[见图 4.12(d)],待密实电流达到规定的数值时,将振动器提出孔口。如此自下而上成桩直至孔口[见图 4.12(e)]。

⑥桩的施工顺序宜采用"由里向外"或"一边推向另一边"的方式,以利于挤走部分软土。对抗剪强度很低的软黏土地基,为减少制桩时对原土的扰动,宜采用间隔跳打的方式进行施工。

⑦在振密过程中宜小喷水补给水量,以降低孔内泥浆密度,有利于填料下沉,使填料在饱水状态下振捣密实。

⑧填料一般采用砾石、碎石、卵石、粗砂、矿渣及破碎的废砼块等坚硬粒料。填料粒径以 5~50 mm 为宜。填料含泥量不宜大于 10%,且不得含有土块粒。

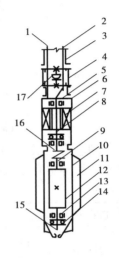

图 4.11 ZQC 系列振冲器
构造示意图

1—电缆;2—水管;3—吊管;
4—减振器;5—电机垫板;
6—潜水电机;7—转子;
8—电机轴;9—中空轴;
10—壳体;11—翼板;
12—偏心体;13—向心轴承;
14—推力轴承;15—射水管;
16—联轴节;17—万向节

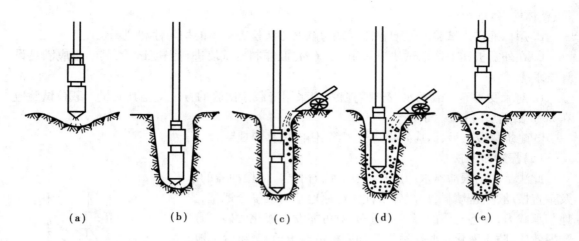

图 4.12 碎石桩制桩步骤

(a)定位 (b)振冲下沉 (c)加填料 (d)振密 (e)成桩

⑨地表有硬层(如旧基础、旧路基或冻结层等)时,应先挖孔再振冲,以减少振冲器的碰撞和磨损。振冲造孔方法可按表 4.3 选用。

表 4.3 振冲造孔方法的选择

造孔方法	施工步骤	优、缺点
排孔法	由一端开始,依次逐步造孔到另一端结束	易于施工,且不易漏掉孔位。但当孔位较密时,后打的桩容易发生倾斜和位移
跳打法	同一排孔采取隔一孔造一孔	先后造孔影响小,易保证桩的垂直度。但应防止漏掉孔位,并应注意桩位准确
围幕法	先造外围2圈、3圈(排)孔,然后造内圈(排)。采用隔圈(排)造一圈(排)或依次向中心区造孔	能减少振冲能量的扩散,振密效果好,可节约桩数 10% ~ 15%。但大面积采用此法施工时,易漏掉孔位,其位置准确性较差

3)质量检查要点 桩位偏差不得大于 $0.2d$(d 为桩孔直径);对 $\phi0.8$ m 以上桩每米所需的碎石量为 $0.6 \sim 0.7$ m³,土质差时其填料则应加大;待桩完成 15 d(砂土)或 30 d(粘性土)后方可进行荷载试验,用标准贯入、静力触探及土工试验等方法来检验桩的承载能力,以不小于设计要求的数值为合格。对地震区抗液化加固的地基,尚应进行现场孔隙水压力试验。

4.2 钢筋砼预制桩施工技术

由于钢筋砼桩坚固耐久,不受地下水和潮湿变化的影响,可按要求制作成各种需要的断面和长度,而且能承受较大的荷载,所以在建筑工程中应用较广。现以钢筋砼预制桩的施工为例,介绍预制桩的施工过程,钢筋砼预制桩有实心桩和空心管桩两种。实心桩为便于制作多做成方形截面,边长一般为 200 ~ 450 mm。管桩是在工厂以离心法成型的空心圆桩,其断面直径

一般为 φ400、φ500 等。单节桩的最大长度取决于打桩架的高度,一般不超过 30 m。如桩长超过 30 m,可将桩分节(段)制作,在打桩时采用接桩的方法接长。

预制钢筋砼桩所用砼强度等级一般不宜低于 C30,主筋配置根据桩断面大小及吊装验算来确定:直径 12 ~ 25 mm,一般配 4 ~ 8 根;箍筋直径 6 ~ 8 mm,间距不大于 200 mm,在桩顶和桩尖处应加强配筋。钢筋砼预制桩见图 4.13。

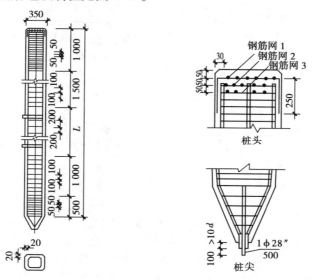

图 4.13　钢筋砼预制桩

钢筋砼预制桩施工,包括预制、起吊、运输、堆放、沉桩、接桩等过程。

4.2.1　桩的预制、起吊、运输、堆放

(1)桩的预制

桩的预制,视具体情况而定。较长的桩,一般情况下在打桩现场附近设置露天预制厂进行预制。如果条件许可,也可以在打桩现场就地预制。较短的桩(10 m 以下),多在预制厂预制,也可在现场预制。预制场地必须平整夯实,不应产生浸水湿陷和不均匀沉陷。桩的预制方法有叠浇法、并列法、间隔法等。叠浇预制桩的层数一般不宜超过 4 层,上下层之间、邻桩之间、桩与底模和模板之间应做好隔离层。

钢筋砼预制桩的钢筋骨架的主筋连接宜采用对焊,接头位置应按规范要求相互错开。桩钢筋应严格保证位置正确,桩尖应对准纵轴线,纵向钢筋顶部保护层不应过厚。

预制桩的砼浇筑应由桩顶向桩尖连续浇筑,严禁中断。上层桩或邻桩的浇筑,应在下层桩或邻桩砼达到设计强度等级的 30% 以后方可进行。接桩的接头处要平整,使上下桩能相互贴合对准,浇筑完毕应覆盖洒水养护不少于 7 d;如果用蒸汽养护,在蒸养后,尚应适当自然养护 30 d 后方可使用。

(2)桩的起吊、运输和堆放

钢筋砼预制桩应在桩身砼达到设计强度等级的 70% 后方可起吊,达到设计强度等级的 100% 后方能运输和打桩。如提前起吊,必须作强度和抗裂度验算,并采取必要措施。起吊时,吊点位置应符合设计规定。无吊环且设计又未作规定时,绑扎点的数量和位置根据桩长确定,

并应符合起吊弯矩最小的原则。常见的几种吊点的合理位置见图4.14。起吊前在吊索与桩之间应加衬垫,起吊应平稳提升,防止撞击和受振动。

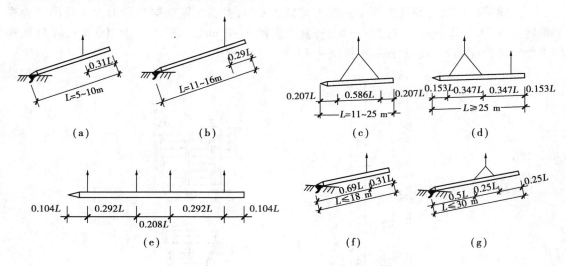

图 4.14　吊点的合理位置
(a)、(b)1 点吊法　(c)2 点吊法　(d)3 点吊法　(e)4 点吊法
(f)预应力管桩 1 点吊法　(g)预应力管桩 2 点吊法

桩的运输根据施工需要常依据打桩进度和打桩顺序确定。通常采用随打随运的方法以减少二次搬运。运桩前应检查桩的质量,桩运到现场后还应进行观测复查,运桩时的支点位置应与吊点位置相同。

桩堆放时,要求地面平整坚实,排水良好,不得产生不均匀沉陷;垫木的位置应与吊点的位置错开;各层垫木应垫在同一垂直线上,堆放的层数不宜超过 4 层;不同规格的桩应分别堆放以方便施工需要。

4.2.2　打桩前的准备工作

(1)清除障碍物、平整场地

打桩前应清除高空、地上和地下的障碍物(如地下管线、旧房屋的基础、树木等)。在打桩机进场及移动范围内,场地应平整坚实,地面承载力满足施工要求。施工场地及周围应保持排水通畅。

此外,为避免打桩振动对周围建筑物的影响,打桩前还应对现场周围一定范围内的建筑物作全面检查,如有危房或危险的构筑物,必须予以加固,以防产生裂缝甚至倒塌。

(2)准备材料机具,接通水、电源等

施工前应布置好水、电线路,准备好足够的填料及运输设备。

(3)进行打桩试验

打桩试验的目的是检验打桩设备及工艺是否符合要求,了解桩的贯入度、持力层强度及桩的承载力,以确定打桩方案。

(4)确定打桩顺序

打桩顺序直接影响打桩工程质量和施工进度。确定打桩顺序时应综合考虑桩的规格、桩的密集程度、桩的入土深度和桩架在场地内的移动方便。

当桩较密集(桩距小于 4 倍桩的直径)时,打桩应采用自中央向两侧打或自中央向四周打的打桩顺序[见图 4.15(a)、(b)],避免自外向里,或从周边向中间打,以免中间土体被挤密、桩难打入,或虽勉强打入而使邻桩侧移或上冒。由一侧向单一方向进行的逐排打法[见图 4.15(c)],桩架单向移动,打桩效率高,但这种打法易使土壤向一个方向挤压,地基土挤压不均匀,会导致后打的桩打入深度逐渐减小,最终将引起建筑物不均匀沉降。因此,这种打桩顺序适用于桩距大于 4 倍桩径时的打桩施工。

打桩顺序确定后,还需要考虑打桩机是往后"退打"还是往前"顶打"。当打桩桩顶标高超出地面时,打桩机只能采取往后退打的方法,此时,桩不能事先都布置在地面上,只能随打随运。当打桩后,桩顶标高在地面以下时(有时采用送桩器将桩送入地面以下),打桩机则可以采取往前顶打的方法进行施工。这时,只要现场许可,所有的桩都可以事先布置好,避免二次搬运。当桩基础设计的打入深度不同时,打桩顺序宜先深后浅;当桩的规格尺寸不同时,打桩顺序宜先大后小、先长后短。

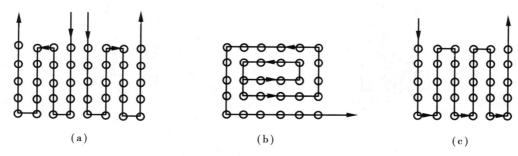

图 4.15　打桩顺序
(a)自中央向两侧打桩　(b)自中央向四周打桩　(c)逐排打桩

(5)抄平放线、定桩位

为了控制桩顶标高,在打桩现场或附近需设置水准点(其位置应不受打桩影响),数量不少于两个。

根据建筑物的轴线控制桩,确定桩基轴线位置(偏差不得大于 20 mm)及每个桩的桩位,将桩的准确位置测设到地面上,当桩不密时可用小木桩定位;桩较密时可用龙门板(标志板)定位。

4.2.3　打桩施工

打桩也称锤击沉桩,是钢筋砼预制桩最常用的沉桩方法。它是靠打桩机的桩锤下落到桩顶产生的冲击能而将桩沉入土中的一种沉桩方法。这种方法施工速度快,机械化程度高,适用范围广,但在施工时极易产生挤土、噪音和振动现象。

(1)打桩机具

打桩用的机具主要包括桩锤、桩架及动力装置三部分。

1)桩锤　桩锤是将桩打入土中的主要机具,有落锤、单动汽锤、双动汽锤和柴油锤。

落锤一般由生铁铸成,重 5～15 kN。其构造简单,使用方便,落锤高度可随意调整,但打桩速度慢(6～20 次/min),效率低,对桩的损伤较大,适于在黏土和含砾石较多的土中打桩。

117

汽锤是利用蒸汽或压缩空气为动力的一种打桩机具。包括单动汽锤(见图 4.16)和双动汽锤(见图 4.17)。单动汽锤的工作原理是用高压蒸汽或压缩空气推动升起汽缸达到顶部,然后排出汽体,锤体自由下落,夯击桩顶,将桩沉入土中。单动汽锤重 15~150 kN,落距较小,不易损坏桩头,打桩速度和冲击力均较落锤大(20~80 次/min),效率较高,适于打各种类型的桩;双动汽锤重 6~60 kN,冲击频率高(100~200 次/min),打桩速度快,冲击能量大,工作效率高,不仅适用于一般打桩工程,还可用于打斜桩、水下打桩和拔桩。

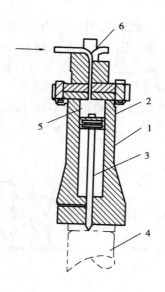

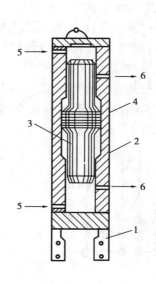

图 4.16　单动汽锤
1—汽缸;2—活塞;3—活塞杆;4—桩;
5—活塞上部空间;6—换向阀门

图 4.17　双动汽锤
1—桩帽;2—汽缸;3—活塞杆;4—活塞;
5—进汽阀门;6—排气阀门

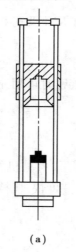

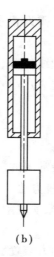

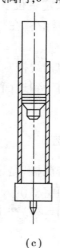

（a）　　　　　　　（b）　　　　　　　（c）

图 4.18　柴油锤构造原理图
（a）导杆式　（b）活塞式　（c）管式

柴油锤(见图 4.18)分为导杆式、活塞式和管式三种。柴油锤是一种单缸内燃机,它利用燃油爆炸产生的力,推动活塞上下往复运动进行沉桩。柴油锤冲击部分重量为 1~60 kN 等,每分钟锤击 40~70 次。柴油锤多用于打设木桩、钢板桩和钢筋砼桩,不适于在软土中打桩。

桩锤的类型,根据施工现场情况、机具设备的条件及工作方式和工作效率等因素进行选择;桩锤的重量,根据现场工程地质条件、桩的类型、桩的密集程度及施工条件来选择(见表 4.4)。

表 4.4　重锤选择参考表

锤　　型			柴油锤/kN					蒸汽锤(单动)/kN		
			18	25	32	40	70	30~40	70	100
锤型资料		冲击部分重	18	25	32	46	72	30~40	55	90
		锤总重	24	65	72	96	180	35~45	67	110
锤冲击力			~2 000	1 800~2 000	3 000~4 000	4 000~5 000	6 000~10 000	~2 300	~3 000	3 500~4 000
常用冲程/cm			1.8~2.3					0.6~0.8	0.5~0.7	0.4~0.6
适用的桩规格	预制方桩、管桩边长或直径/cm		30~40	35~45	40~50	45~55	55~60	35~45	40~45	40~50
	钢管桩直径/cm		ϕ40			ϕ60	ϕ90			
粘性土	一般进入深度/m		1~2	1.5~2.5	2~3	2.5~3.5	3~5	1~2	1.5~2.5	2~3
	桩尖可达到静力触探 p_2 平均值/MPa		3	4	5	>5	>5	3	4	5
砂　土	一般进入深度/m		0.5~1	0.5~1	1~2	1.5~2.5	2~3	0.5~1	1~1.5	1.5~2
	桩尖可达到标准贯入击数 N 值		15~25	20~30	30~40	40~45	50	15~25	20~30	30~40
岩石(软质)	桩尖可进入深度/m	强风化		0.5	0.5~1.0	1~2	2~3		0.5	0.5~1
		中等风化			表层	0.51	1~2			表层
每 10 击锤的常用控制贯入度/cm			2~3			3~5	4~8	3~5		
设计单位极限承载力/kN			400~1 200	800~1 600	1 600~2 000	3 000~5 000	5 000~10 000	600~1 400	1 500~3 000	2 500~4 000

注:①适用于预制桩长度 20~40 m,钢管桩长度 40~60 m,且桩尖进入硬土层一定深度。不适用于桩尖处于软土层的情况。

②标准贯入击数 N 值为未修正的数值。

③本表仅供选锤参考,不能作为设计确定贯入度和承载力的依据。

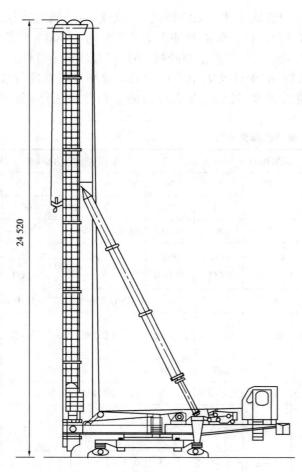

图 4.19　多能桩架

2）桩架　桩架的作用是吊桩就位,悬吊桩锤、打桩时引导桩身方向并保证桩锤能沿着所要求方向冲击。选择桩架时,应考虑桩锤的类型、桩的长度和施工条件等因素。常用桩架基本形式有两种:一种是沿轨道或滚杠行走移动的多能桩架(见图4.19),另一种是装在履带式底盘上可自由行走的桩架(见图4.20)。

多能桩架由立柱、斜撑、回转工作台、底盘及传动机构等组成。它的机动性和适应性较大,在水平方向可作 360°回转,导架可伸缩和前后倾斜。底盘下装有铁轮,可在轨道上行走。这种桩架适用于各种预制桩和灌注桩施工。

履带式桩架以履带式起重机为底盘,增加了立柱、斜撑、导杆等。其行走、回转、起升的机动性好,使用方便,适用范围广,适用于各种预制桩和灌注桩施工。

3）动力设备　落锤以电源为动力,再配置电动卷扬机、变压器、电缆等;蒸汽锤以高压饱和蒸汽为驱动力,配置蒸汽锅炉、蒸汽绞盘等;气锤以压缩空气为动力源,需配置空气压缩机、内燃机等;柴油锤的桩锤本身有燃烧室,不需外部动力设备。

(2)打桩施工

打桩机就位后,将桩锤和桩帽吊起固定在桩架上,使锤底高度高于桩顶,用桩架上的钢丝绳和卷扬机将桩提升就位。当桩提升到垂直状态后,送入桩架导杆内,稳住桩顶后,先使桩尖对准桩位,扶正桩身,然后将桩下放插入土中。这时桩的垂直度偏差不得超过 0.5%。

桩就位后在桩顶放上弹性衬垫,扣上桩帽,待桩稳定后,即可脱去吊钩,再将桩锤缓慢落放在桩帽上。要求桩锤底面、桩帽上下面及桩顶应保持水平;桩锤、桩帽(送桩)和桩身中心线应在同一轴线上。在锤重作用下,桩将沉入土中一定深度,待下沉稳定后,再次校正桩位和垂直度后,即可开始打桩。

打桩宜重锤低击。开始打入时,采用小落距,使桩能正常沉入土中,当桩入土一定深度,桩尖不易发生偏移时,再适当增大落距,正常施打。重锤低击桩锤对桩头的冲击小,回弹也小,因而桩身反弹小,桩头不易损坏。其大部分能量用以克服桩身摩擦力和桩尖阻力,因此桩能较快地打入土中。由于重锤低击的落距小,因而可提高锤击频率,打桩速度快,效率高,对于较密实的土层,如砂或黏土,较容易穿过。当采用落锤或单动汽锤时,落距不宜大于 1 m,采用柴油锤时,应使桩锤跳动正常,落距不超过 1.5 m。

打桩时速度应均匀,锤击间歇时间不应过长,并应随时观察桩锤的回弹情况。如桩锤经常回弹较大,桩的入土速度慢,说明桩锤太轻,应更换桩锤;如桩锤发生突发的较大回弹,说明桩尖遇到障碍,应停止锤击,找出原因并处理后继续施打;如贯入度突增,说明桩尖或桩身遭到破坏。打桩时还要随时注意贯入度的变化。打桩是隐蔽工程,施工时应对每根桩的施打做好原始记录,作为分析处理打桩过程中出现的质量事故和工程验收时鉴定桩的质量的重要依据。

打桩完毕后,应将桩头或无法打入的桩身截去,以使桩顶符合设计标高。

(3)打桩的质量控制

打桩质量包括两个方面的要求:一是能否满足贯入度或标高的设计要求,二是桩的位置偏差是否在允许范围之内。钢筋砼预制桩允许偏差见表4.5。

打桩控制原则:当桩尖位于坚硬、硬塑的黏土、碎石土、中密以上的砂土或风化岩等土层时,以贯入度控制为主,桩尖进入持力层深度或桩尖标高可作参考;桩尖位于其他软土层时,以桩尖设计标高控制为主,贯入度可作参考;打桩时,如控制指标已符合要求,而其他的指标与要求相差较大时,应会同有关单位研究处理;贯入度应通过试桩确定或做打桩试验并与有关单位研究确定。

贯入度是指每锤击一次桩的入土深度,在打桩过程中常指最后贯入度,即最后一击桩的入土深度。施工中一般采用最后 3 阵每阵 10 击桩的平均入土深度作为最后贯入度。测量最后贯入度应在下列条件下进行:桩锤的落距符合规定;桩帽和弹性衬垫等正常;锤击没有偏心;桩顶没有破坏或破坏处已凿平。

(4)打桩中常见问题及处理

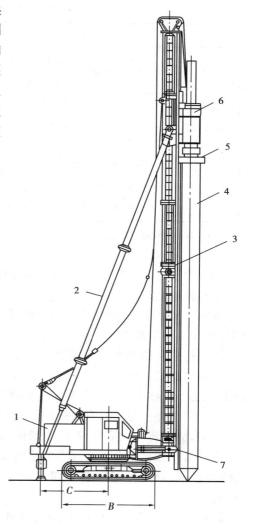

图 4.20　履带式桩架
1—立柱支撑;2—发动机;3—斜撑;
4—立柱;5—桩;6—桩帽;7—桩锤

打桩施工中常会发生打坏、打歪、打不下去等问题。发生这些问题的原因是多方面的,有工艺操作上的原因,有桩的制作质量上的原因,也有土层变化复杂等原因,必须具体分析处理。

1)桩顶、桩身被打坏　一般是桩顶四边和四角打坏,或者顶面被打碎,甚至桩顶钢筋全部外露,桩身断折。出现的原因及处理方法如下:

①打桩时,桩顶直接受到冲击而产生很高的局部应力,如桩顶砼不密实,主筋过长,桩顶钢筋网片配置不当,则遭锤击后桩顶被打碎引起砼剥落。因此在制作时桩顶砼应认真捣实,主筋不能过长并应严格按设计要求设置钢筋网片,一旦桩角打坏,则应凿平再打。

表 4.5 钢筋砼预制桩允许偏差

项 目			允许偏差/mm	检验方法
桩中心位置偏移	有基础梁桩	垂直基础梁的中心线方向	100	用经纬仪或拉线和量尺检查
		沿基础梁的中心线方向	150	
	桩数为 1,2 根的单排桩		100	
	桩数 3～20 根		$d/2$	
	桩数多于 20 根	边缘桩	$d/2$	
		中间桩	d	
按标高控制的打入桩桩顶高度			-50～100	用水准仪和尺检查

注:d 为桩的直径或截面边长。

②由于制桩时主筋设置不准确,桩身砼保护层太厚,锤击时直接受冲击的是素砼,因此保护层容易剥落。

③由于桩顶不平、桩帽不正,打桩时处于偏心受冲击状态,局部应力增大,使桩损坏。在制作时,桩顶面与桩轴线应严格保持垂直,施打前,桩帽要安放平整,衬垫材料要选择适当;打桩时要避免打歪后仍继续打,一经发现歪斜应及时纠正。

④因过打使桩体破坏。在打桩过程中如出现下沉速度慢而施打时间长,锤击次数多或冲击能量过大时,称为过打。过打发生的原因是:桩尖穿过硬层,最后贯入度定得过小,锤的落距过大。砼的抗冲击强度只有其抗压强度的 50%,如果桩身砼反复受到过度的冲击,就容易破坏。此时,应分析地质资料,判断土层情况,改善操作方法,采取有效措施解决。

⑤桩身砼强度等级不高。主要原因有:砂、石含泥量较大;养护龄期不够等使砼未达到要求的强度等级就进行施打,致使桩顶、桩身打坏。对桩身打坏的处理,可加钢夹箍用螺栓拉紧焊接补强。

2)打歪 由于桩顶不平、桩身砼凸肚、桩尖偏心、接桩不正或土中有障碍物、或者打桩时操作不当(如初入土时桩身就歪斜而未纠正即施打)等均可将桩打歪。为防止把桩打歪,可采取以下措施:

①桩机导架必须校正两个方向的垂直度。

②桩身垂直,桩尖必须对准桩位,同时,桩顶要正确地套入桩锤下的桩帽内,并保证在同一垂直线上,使桩能够承受轴心锤击而沉入土中。

③打桩开始时采用小落距,待入土一定深度后,再按要求的落距将桩连续锤击入土中。

④注意桩的制作质量和桩的验收检查工作。

⑤设法排除地下障碍物。

3)打不下 如出现初入土 1～2 m 就打不下,贯入度突然变小,桩锤严重回弹现象,可能遇到旧的灰土或砼基础等障碍物,必要时应彻底清除或钻透后再打,或者将桩拔出,适当移位再打;如桩已入土很深,突然打不下去,有以下原因:

①桩顶、桩身已被打坏。

②土层中夹有较厚的砂层、其他的硬土层或孤石等障碍。

③打桩过程中,因特殊原因中断打桩,停歇时间过长,由于土的固结作用,使桩难以打入土中。

4)一桩打下,邻桩上升(也称浮桩)　这种现象多发生在软土中。当桩沉入土中时,若桩的布置较密,打桩顺序又欠合理,由于桩身周围的土体受到急剧的挤压和扰动,靠近地面的部分将在地表面隆起和水平位移。土体隆起产生的摩擦力将使已打入的桩上浮,或将邻桩拉断,或引起周围土坡开裂、建筑物裂缝。因此,当桩距小于4倍桩径(或边长)时,应合理确定打桩顺序。

4.2.4　送桩、接桩

(1)送桩

桩基础一般采用低承台桩基,承台底标高位于地面以下。为了减短预制桩的长度可用送桩的办法将桩打入地面以下一定的深度。使用钢制送桩(见图4.21)放于桩头上,锤击送桩将桩送入土中。送桩的中心线应与桩身中心线吻合一致方能进行送桩,送桩深度一般不宜超过2 m。

(2)接桩

预制钢筋砼长桩受施工条件、运输条件等因素影响,单根预制桩的制作长度受到限制,一般分成数节制作,分节打入,现场接桩。为避免继续打桩时使桩偏心受压,接桩时,上下节桩的中心偏差不得大于10 mm。常用的接桩方法有焊接、硫磺胶泥锚接等。

1)焊接法接桩　焊接法接桩(见图4.22)一般在距地面1 m左右时进行。制桩时在桩的端部预埋角钢和钢板。接桩时,将上节桩用桩架吊起,对准下节桩头,用点焊将四角连接角钢与预埋钢板临时焊接,再次检查平面位置及垂直度后即进行焊接。焊缝要连续饱满。施焊时,应两人同时对称地进行,以防止节点温度变形不匀而引起桩身的歪斜。预埋钢板表面应清洁,接头间隙不平处用铁片塞密焊牢。接桩处的焊缝应自然冷却10~15 min后才能打入土中。外露铁件应刷防腐漆。

焊接法接桩适用于各类土层,但消耗钢材较多,操作较烦琐,工效较低。

2)硫磺胶泥锚接法　硫磺胶泥锚接法(见图4.23)又称浆锚法。制桩时,在上节桩的下端面预埋四根用螺纹钢筋

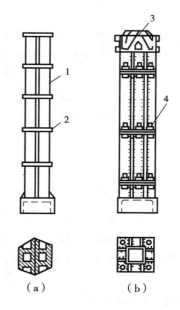

图4.21　钢送桩构造

(a)钢轨送桩　(b)板送桩

1—钢轨;2—12 mm厚钢板箍;

3—硬木垫;4—连接螺栓

制成的锚筋,下节桩上端面预留四个锚筋孔。接桩时,首先将上节桩的锚筋插入下节桩的锚孔(直径为锚筋直径的2.5倍),上下节桩间隙200 mm左右,安设好施工夹箍(由四块木板内侧用人造革包裹40 mm厚的树脂海绵块而成),将熔化的硫磺胶泥注满锚筋孔内并使之溢满桩面约10~20 mm厚,然后缓慢放下上节桩,使上下桩胶结。当硫磺胶泥冷却并拆除施工夹箍后,即可继续压桩或打桩。

123

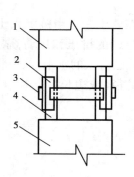

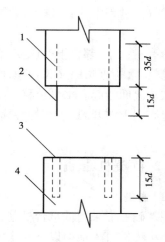

图 4.22　焊接法接桩节点构造

1—4 ∟ 50 × 5 长 200(拼接角钢);

2—4 – 100 × 300 × 8(连接钢板);

3—4 ∟ 63 × 8 长 150(与主筋焊接);

4—φ14 主筋(与 ∟ 63 × 8);5—下节桩

图 4.23　浆锚法接桩节点构造

1—上节桩;2—锚筋;3—锚筋孔;

4—下节桩

硫磺胶泥是一种热塑冷硬性胶结材料,它由胶结材料、细骨料、填充料和增韧剂熔融搅拌混合而成。其重量配合比(百分比)如下:

硫磺:水泥:粉砂:聚硫780胶 = 44:11:44:1

或　　　　　　硫磺:石英砂:石墨粉:聚硫甲胶 = 60:34.3:5:0.7

硫磺胶泥锚接法接桩节约钢材,操作简单,施工速度快,适用于软弱土层中打桩。

4.3　灌注桩施工技术

灌注桩就是直接在桩位上成孔,然后向孔内灌注桩材料而成的桩。与预制桩相比,可节约钢材、木材和水泥,且施工工艺简单,成本降低,能适应地层的变化制成不同长度的桩,不需进行接桩。其缺点是施工操作要求较严,易发生缩颈、断裂等质量事故,且施工后需要一定的技术间歇,不能立即承受荷载。灌注桩按成孔方法分人工挖孔灌注桩、钻孔灌注桩、沉管成孔灌注桩、爆扩成孔灌注桩和冲孔灌注桩等。

4.3.1　人工挖孔灌注桩施工技术

人工挖孔灌注桩是指桩孔采用人工挖掘方法成孔,然后安放钢筋笼,灌注砼而成的桩基。人工挖孔灌注桩的优点是:成孔机具简单,作业时无振动、无噪声,对施工现场周围的建筑物影响小;施工速度快,可按施工进度要求确定同时开挖桩孔的数量,必要时各桩孔可同时施工;当土质复杂时,可直接观察或检验分析土质情况;桩底沉渣能清除干净,施工质量可靠。而且桩径和桩深可随承载力的情况而变化,桩底也可人工扩大成为扩底桩。

人工挖孔灌注桩适宜在地下水位以上施工,可在人工填土层、黏土层、粉土层、砂土层、碎石土层和风化岩层施工,也可在黄土、膨胀土和冻土中使用,适应性较强。在覆盖层较深且具有起伏较大基岩面的山区和丘陵地区,采用不同深度的挖孔灌注桩,技术可靠,受力合理。

人工挖孔灌注桩的桩身直径由于施工操作的要求,不宜小于 800 mm,一般为 800 ~ 2 000 mm。桩底可采用扩底或不扩底两种方法。扩底直径一般为桩身直径的 1.3 ~ 2.5 倍。采用现浇砼护壁时,人工挖孔桩的构造如图 4.24 所示。护壁厚度一般为 $D/10 + 5$ cm(其中 D 为桩径),护壁内等距放置 8 根直径 6 ~ 8 mm、长 1 m 的直钢筋,插入下层护壁内,使上下层护壁有钢筋拉结,以避免护壁出现流砂、淤泥,造成护壁因自重而沉裂的现象。

(1)施工机具

人工挖孔灌注桩施工用的机具主要有:电动葫芦(或手摇辘轳)和提土桶,用于材料和弃土的垂直运输以及供施工人员上下工作使用;护壁钢模板或波纹模板;潜水泵,用于抽出桩孔内的积水;鼓风机和送风管,用于向桩孔中强制送入新鲜空气;镐、锹、土筐等挖运土工具,若遇到硬土或岩石,尚需准备风镐;插捣工具,用于插捣护壁砼、应急软爬梯、照明灯、对讲机、电铃等。

(2)施工工艺

为确保人工挖孔桩施工过程的安全,必须采取防止土体坍滑的支护措施。常用的有现浇砼护壁、喷射砼护壁、波纹钢模板工具式护壁等。

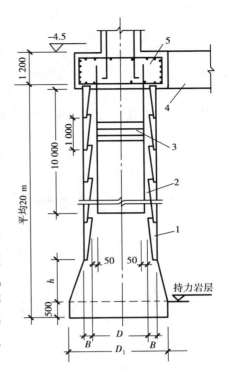

图 4.24　人工挖孔桩构造图
1—护壁;2—主筋;3—箍筋;
4—地梁;5—桩帽

采用现浇砼分段护壁的人工挖孔桩的施工流程为:

1)放线定位　按设计图纸放线,定桩位。

2)开挖土方　采取分段开挖,每段高度由土壁保持直立状态的能力决定,一般 0.8 ~ 1.0 m 为一个施工段。开挖面积的范围为设计桩径加护壁的厚度。挖土从上到下逐段进行,同一段内先中间后周边;扩底部分采取先挖桩身圆柱体,再按扩底尺寸从上到下扩底。在地下水位以下施工时应及时采取排水措施。

3)测量控制　桩位轴线可用地面十字控制网、基准点进行测设。安装提升设备时,应使吊桶的钢丝绳点与桩孔中心一致,并作为挖土时控制中心点。

4)支设护壁模板　模板高度由开挖土方施工段的高度决定,一般为 1 m,由 4 块或 8 块活动钢模板组合而成。护壁支模中心线控制的方法,是将桩控制轴线、高程引到第 1 节砼护壁上,每节以十字线对中,吊大线锤控制中心点位置,用尺杆找圆周,然后由基准点测量孔深。

5)设置操作平台　平台可用角钢和钢板制成半圆形,两个合起来即为操作平台,供临时放置砼拌和料和灌注护壁砼用。

6)浇筑护壁砼　护壁砼要注意捣实,因它起着防止土壁塌陷与防水的双重作用。护壁分为外齿式和内齿式两种(见图 4.25)。外齿式衬体抗塌作用好,便于人工捣实砼,增大桩侧摩擦力。

护壁通常为素砼,砼强度等级为 C25 或 C30,厚度一般为 100 ~ 150 mm。当桩径、桩长较大或土质较差,有渗水时,应在护壁中配筋,上下护壁的主筋应搭接。第1节砼护壁宜高出地面200 mm,便于挡水和定位。

7)拆除模板,继续下段施工 当护壁砼达到一定的强度后(在常温情况下约24 h)便可拆除模板,开挖下一段土方,再支模灌注护壁砼,如此循环,直到挖至设计要求的深度。

8)钢筋笼就位 对质量小于1 000 kg的钢筋笼,可用小型吊运机具或汽车式起重机等吊入孔内就位。对直径、长度、质量大的钢筋笼,可用履带式起重机或大型汽车式起重机进行吊放。

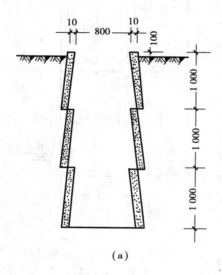

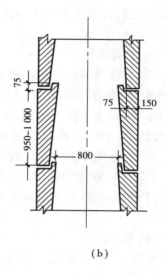

(a)

(b)

图4.25 砼护壁形式

(a)外齿式 (b)内齿式

9)排除孔底积水,灌注桩身砼 灌注桩身砼前,应先吊放钢筋笼,再清理孔底虚土。砼宜采用粒径不大于50 mm的石子,水泥用42.5级普通硅酸盐水泥或矿渣水泥。砼坍落度一般为8~10 cm。灌注砼时应用串筒,以降低砼下落的垂直高度。砼应连续分层浇筑,每层厚度不得大于1.5 m。对直径较小的挖孔桩,距地面6 m以下利用砼的大坍落度和下冲力使之密实;6 m以内的砼应分层振捣密实。对于直径较大的挖孔桩应分层捣实,第1次灌注到扩底部位的顶面,随即振捣密实,再分层灌注桩身,分层捣实,直至桩顶。

(3)施工中应注意的事项

1)施工安全措施 挖孔作业人员须经安全作业培训,经考核合格后方可上岗操作;对可能出现流砂、管涌、涌水以及有害气体等情况应制订安全防护措施;施工时,施工人员必须戴安全帽,穿绝缘胶鞋;孔内有人时,孔上必须有人监督、防护;孔口周围要设置安全防护栏;孔内必须设置安全绳及应急软爬梯;孔下照明须用125 V安全电压;使用潜水泵必须有防漏电装置;孔深超过10 m时,须设置鼓风机向孔内输送清洁空气,其风量不得小于25 L/s。

2)桩孔质量要求 开挖前,应从桩中心位置向桩四周引出4个桩心控制点,施工过程须用桩心点来校正模板位置,设专人校核中心位置及护壁厚度。桩孔中心平面位置偏差不宜超过20 mm,桩的垂直度偏差不超过1%,桩径不得小于设计直径。

护壁砼灌注宜一次连续浇筑完毕,不得留施工缝。浇筑前,应认真清除干净孔底的浮土、石渣。在浇筑过程中,要注意防止地下水的流入,排除流入的积水,保证浇筑层表面不存有积水层。如水的流入量较大,无法抽干时,则应采取导管法浇筑水下砼。护壁砼拌和料中宜掺入早强剂。护壁模板拆除后,若发现护壁有蜂窝、漏水现象应及时加以堵塞或导流,防止孔外水通过护壁流入桩孔内。

3)防止坍落及流砂　在开挖过程中,遇到特别松软的土层、流动性淤泥或流砂时,为防止土壁坍落及流砂,可减少每节护壁的高度(可取 0.3～0.5 m)或采用钢护筒、预制砼沉井等作为护壁,待穿过松软土层或流砂层后,再按一般方法边挖掘边灌注砼护壁,继续开挖桩孔。对于流砂现象严重的桩孔可采用井点降水法降低地下水位后,再按常规方法进行施工。

4.3.2　钻孔灌注桩施工技术

钻孔灌注桩有干作业钻孔灌注桩和泥浆护壁钻孔灌注桩两种施工方法。

(1)干作业钻孔灌注桩

干作业钻孔灌注桩是先用钻机在桩位处钻孔,然后在孔内放入钢筋骨架,再灌注砼而成的桩。干作业钻孔灌注桩适用于地下水位以上的填土层、粘性土层、粉土层、砂土层和粒径不大的砾砂层的桩基础施工。钻孔机械可选用螺旋钻机、钻扩机、机动洛阳铲和机动锅锥钻等。目前多使用螺旋钻机成孔,螺旋钻机分长螺旋钻机和短螺旋钻机两种。

长螺旋钻机成孔是用长螺旋钻机的螺旋钻头,在桩位处就地切削土层,被切土块钻屑随钻头旋转,沿着带有长螺旋叶片的钻杆上升,输送到出土器后自动排出孔外运走。

长螺旋钻成孔速度的快慢主要取决于输土是否通畅,而钻具转速的高低对土块钻屑输送的快慢和输土消耗功率的大小都有较大影响,因此合理选择钻进速度是成孔工艺的关键。长螺旋钻机见图 4.26。

在钻孔时,采用中、高转速、低扭矩、少进刀的工艺,可使螺旋叶片之间保持较大的空间,能自动输土、钻进阻力小、钻孔效率高。

短螺旋钻机成孔是用短螺旋钻机的螺旋钻头,在桩位处就地切削土层,被切土块钻屑随钻头旋转,沿着带有数量不多的螺旋叶片的钻杆上升,积聚在短螺旋叶片上,形成"土柱",此后靠提钻、反转、甩土,将钻屑散落在孔周。一般每钻进 0.5～1.0 m 就要提钻甩土 1 次。一般为正转钻进,反转甩土,反转转速为正转转速的若干倍。短螺旋钻成孔的钻进效率不如长螺旋钻机高,但短螺旋钻成孔省去了长孔段输送土块钻屑的功率消耗,其回转阻力矩小。在大直径或深桩孔的情况下,采用短螺旋钻施工较为合适。

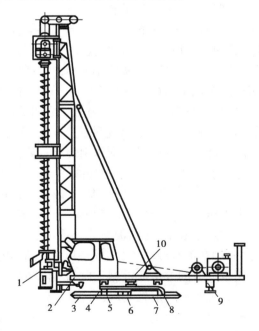

图 4.26　步履式长螺旋钻机
1—出土筒;2—上盘;3—下盘;4—回转滚轮;
5—行走滚轮;6—钢丝滑轮;7—行走油缸;
8—中盘;9—支腿;10—回转中心

当钻孔到预定钻深后,必须在原深处进行空转清土,然后停止转动,提起钻杆。在空转清土时不得加深钻进;提钻时不得回转钻杆。

成孔后浇筑砼前吊放钢筋笼。吊放时要缓慢并保持竖直,防止放偏和刮土下落。放到预定深度时将上端妥善固定。

灌注砼宜用机动小车或砼泵车,应防止压坏桩孔。砼坍落度一般为 8～10 cm,强度等级不小于 C13,应注意调整砂率,掺减水剂和粉煤灰等掺和料,以保证砼的和易性及坍落度。砼灌至接近桩顶时,应测量桩身砼顶面标高,避免超长灌注,并保证在凿除浮浆层后,桩顶标高和质量能符合设计要求。

(2)泥浆护壁钻孔灌注桩

泥浆护壁成孔灌注桩是指先用钻孔机械进行钻孔,在钻孔过程中为了防止孔壁坍塌,向孔中注入循环泥浆(或注入清水造成泥浆)保护孔壁,钻孔达到要求深度后,进行清孔,然后安放钢筋骨架,进行水下灌注砼而成的桩。其工艺流程见图 4.27。

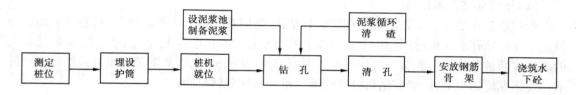

图 4.27　泥浆护壁钻孔灌注桩工艺流程图

1)埋设护筒　护筒的作用是固定桩孔位置,保护孔口,提高桩孔内的泥浆水头,防止塌孔。一般用 3～5 mm 的钢板或预制砼圈制成,其内径应比钻头直径大 100～200 mm。安设护筒时,其中心线应与桩中心线重合,偏差不大于 50 mm。护筒应设置牢固,其顶面宜高出地面 0.4～0.6 m,它的入土深度,在砂土中不宜小于 1.5 m,在黏土中不小于 1 m,并应保持孔内泥浆液面高出地下水位 1 m 以上。在护筒顶部还应开设 1～2 个溢浆口,便于泥浆溢出而流回泥浆池,进行回收和循环。护筒与坑壁之间的空隙应用黏土填实,以防漏水。

2)泥浆制备　泥浆是此种施工方法不可缺少的材料,在成孔过程中的作用是:护壁、携碴、冷却和润滑,其中以护壁作用最为主要。由于泥浆的密度比水大,泥浆在孔内对孔壁就产生一定的静水压力,相当于一种液体支撑,可以稳定土壁,防止塌孔。同时,泥浆中胶质颗粒在泥浆压力下,渗入孔壁表面孔隙中,形成一层透水性很低的泥皮,避免孔内壁漏水并保持孔内有一定水压,有助于维护孔壁的稳定。泥浆还具有较高的粘性,通过循环泥浆可将切削破碎的土石碴屑悬浮起来,随同泥浆排出孔外,起到携碴、排土的作用。此外,由于泥浆循环作冲洗液,因而对钻头有冷却和润滑作用,减轻钻头的磨损。

制备泥浆的方法应根据土质的实际情况而定。在成孔过程中,要保持孔内泥浆的一定密度。在黏土和粉土层钻孔时,可注入清水以原土造浆护壁,泥浆密度可取 1.1～1.3 t/m³;在砂和砂砾等容易坍孔的土层中钻孔时,则应采用制备的泥浆护壁。泥浆制备应选用高塑性黏土或膨润土,泥浆密度保持在 1.3～1.5 t/m³。造浆黏土应符合下列技术要求:胶体率不低于 90%;含砂率不大于 8%。成孔时,由于地下水稀释等使泥浆密度减小时,可添加膨润土来增大密度。

3)成孔方法　泥浆护壁成孔灌注桩成孔方法有冲击钻成孔法、冲抓锥成孔法和潜水电钻成孔法三种。

冲击钻成孔是利用卷扬机悬吊冲击锤连续上下冲的冲击力,将硬质土层或岩层破碎成孔,部分碎碴泥浆挤入孔壁,大部分用掏渣筒提出。冲击钻孔机有钢丝式和钻杆式两种,钢丝式钻头为锻钢或铸钢,式样有"十"字型和"3"翼型,锤重 0.5~3.0 t,用钢桩架悬吊,卷扬机做动力,钻的孔径有 800 m、1 000 m、1 200 m 等几种。

冲孔时,在孔口设护筒,然后冲孔机就位,冲锤对准护筒中心,开始低锤密击(锤高为 0.4~0.6 m),并及时加块石与黏土泥浆护壁,使孔壁挤压密实,直至孔深达护筒下 3~4 m 后,才可加快速度,将锤高提至 1.5~2.0 m 以上进行正常冲击,并随时测定和控制泥浆比重。每冲击 3~4 m,掏渣一次。

冲击钻成孔设备简单、操作方便,适用于孤石的砂卵石层、坚实土层、岩层等成孔,对流砂层亦能克服。所成孔壁较坚实、稳定、坍孔少,但掏泥渣较费工时,不能连续作业,成孔速度较慢。冲击钻钻头见图 4.28。

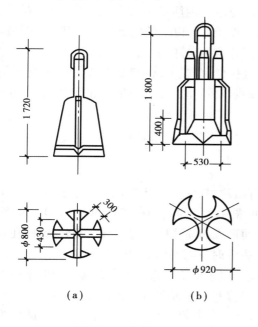

图 4.28　冲击钻钻头

(a)ϕ800 mm 钻头　(b)ϕ920 mm 钻头

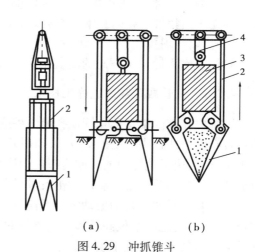

图 4.29　冲抓锥斗

(a)抓土　(b)提土

1—抓片;2—连杆;3—压重;4—滑轮组

冲抓锥成孔是用卷扬机悬吊冲抓锥斗,其内有压重铁块及活动抓片,当下落时抓片张开,钻头冲入土中,然后提升钻头,抓头闭合抓土,提升至地面卸土,循环作业直至形成所需桩孔。冲抓锥斗见图 4.29。其成孔直径为 450~600 mm,成孔深度为 5~10 m。该设备简单、操作方便,适于一般较松散黏土、粉质黏土、砂卵石层及其他软质土层成孔,所成孔壁完整,能连续作业,生产效率高。

潜水电钻成孔法是用潜水电钻机构中封密的电动机、变速机构,直接带动钻头在泥浆中旋转削土,同时用泥浆泵压送高压泥浆(或用水泵压送清水),使从钻头底端射出与切碎的土颗粒混合,然后不断由孔底向孔口溢出,或用砂石泵或空气吸泥机采用反循环方式排泥渣,如此连续钻进、排泥渣,直至形成所需深度的桩孔。

潜水钻机成孔直径 500~1 500 mm,深 20~30 m,最深可达 50 m,适于地下水位较高的软土层、淤泥、黏土、粉质黏土、砂土、砂夹卵石及风化页岩层中使用。

潜水电钻成孔前，孔口应埋设直径比孔径大 200 mm 的钢板护筒，一般高出地面 30 cm 左右，埋深 1～1.5 m，护筒与孔壁间缝隙用黏土填实，以防漏水塌口。钻进速度在粘性土中不大于 1 m/min，较硬土层则以钻机的跳动、电机不超荷为准，钻孔达到设计深度后应进行清孔、设置钢筋笼。清孔可用循环换浆法，即让钻头继续在原位旋转，继续注水，用清水换浆，使泥浆密度控制在 1.1 t/m³ 左右。当孔壁土质较差时，用泥浆循环清孔，使泥浆密度控制在 1.15～1.25 t/m³ 之间，清孔过程中应及时补给稀泥浆，并保持浆面稳定。该法具有设备定型、体积小、移动灵活、维修方便、无噪音、无振动、钻孔深、成孔精度和效率高、劳动强度低等特点，但需设备较复杂，施工费用较高。

4）安放钢筋笼　当钻孔到设计深度后，即可安放钢筋笼。钢筋骨架应预先在施工现场制作，主筋不宜少于 6φ10 mm，长度不小于桩孔长的 1/3，箍筋直径宜为 φ6～10 mm、间距 20～30 cm，保护层厚 4～5 cm，在骨架外侧绑扎水泥垫块控制。钢筋骨架可分段制作，分段吊放，接头处焊接连接。骨架必须在地面平卧且一次绑好，直径 1 m 以上的钢筋骨架，箍筋与主筋间应间隔点焊，以防变形。钢筋骨架制作偏差应在规范规定的允许偏差范围之内。

吊放钢筋笼时，要防止扭转、弯曲和碰撞，要吊直扶稳、缓缓下落，避免碰撞孔壁，并防止坍孔或将泥土杂物带入孔内。钢筋笼放入后应校正轴线位置、垂直度。钢筋笼定位后，应在 4 h 内浇筑砼，以防坍孔。

5）浇筑水下砼　水下砼的浇筑见 5.5.4。

4.3.3　沉管成孔灌注桩施工技术

沉管成孔灌注桩又称套管成孔灌注桩或打拔管灌注桩，它是采用振动打桩法或锤击打桩法将带有活瓣式桩尖（见图 4.30）或预制砼桩尖（见图 4.31）的钢制桩管（φ360～480 mm）沉入土中，然后边浇筑砼边振动或边锤击边拔出钢管而形成的灌注桩。若配有钢筋时，则应在规定标高处吊放钢筋骨架。利用锤击沉桩设备沉管、拔管时，称为锤击沉管灌注桩，利用振动沉桩设备沉管、拔管时，称为振动沉管灌注桩。沉管成孔灌注桩整个施工过程在套管护壁条件下进行，因而不受地下水位高低和土质条件的限制。可穿越一般粘性土、粉土、淤泥质土、淤泥、松散至中密的砂土及人工填土等土层，不宜用于标准贯入击数 $N > 12$ 的砂土、$N > 15$ 的粘性土及碎石土。沉管成孔灌注桩的施工过程见图 4.32。

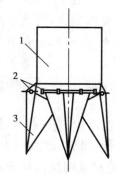

图 4.30　活瓣桩尖示意图
1—桩管；2—锁轴；3—活瓣

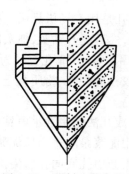

图 4.31　预制砼桩尖示意图

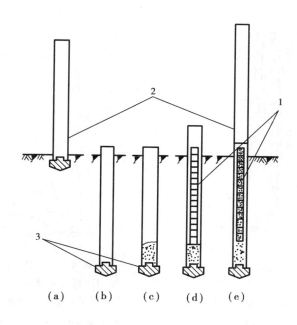

图 4.32　沉管灌注桩施工过程

（a）就位　（b）沉钢管　（c）开始灌注砼　（d）下钢筋骨架继续灌注砼　（e）拔管成形

1—钢筋；2—钢管；3—桩靴

（1）锤击沉管灌注桩

锤击沉管灌注桩的机械设备如图 4.33 所示。施工时，用桩架吊起桩管，对准预先埋设在桩位处的预制钢筋砼桩尖，然后缓缓放下桩管套入桩尖压入土中。桩管上部扣上桩帽，并检查桩管、桩尖与桩锤是否在同一垂直线上，若桩管垂直度偏差小于 0.5% 桩管高度，即可用锤打击桩管。

初打时应低锤轻击并观察桩管无偏移时方可正常施打。当桩管打入至要求的贯入度或标高后，应检查管内有无泥浆或渗水，测孔深后，在管内放入钢筋笼，便可以将砼通过灌注漏斗灌入桩管内，待砼灌满桩管后，开始拔管。拔管过程应对桩管进行连续低锤密击，使钢管得到冲击振动，以振密砼。拔管速度不宜过快，第 1 次拔管高度应控制在能容纳第 2 次所灌入的砼量为限，不宜拔得过高，应保证管内不少于 2 m 高度的砼。在拔管过程中应检查管内砼面的下降情况，拔管速度对一般土层以 1.0 m/min 为宜。拔管过程应向桩管内继续加灌砼，以满足灌注量的要求。灌入的砼从搅拌到最后拔管结束，不得超过砼的初凝时间。

为了提高桩的质量或使桩径增大，提高桩的承载能力，可采用一次复打扩大灌注桩。复打桩施工是在单打施工完毕、拔出桩管后，及时清除粘附在管壁和散落在地面上的泥土，在原桩位上第 2 次安放桩尖，以后的施工过程则与单打灌注桩相同。复打扩大灌注桩施工时应注意，复打施工必须在第 1 次灌注的砼初凝以前全部完成，桩管在第 2 次打入时应与第 1 次轴线相重合，且第 1 次灌注的砼应达到自然地面，不得少灌。

（2）振动沉管灌注桩

振动沉管桩架如图 4.34 所示。与锤击沉管灌注桩相比，振动沉管灌注桩更适合于稍密及中密的碎石土地基施工。

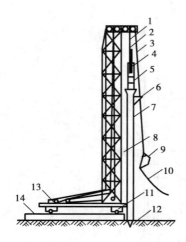 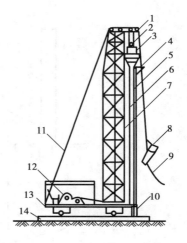

图 4.33 滚管式锤击沉管桩架

1—桩锤钢丝绳;2—桩管滑轮组;3—吊斗钢丝绳;
4—桩锤;5—桩帽;6—砼漏斗;7—桩管;
8—桩架;9—砼吊斗;10—回绳;11—行驶用钢管;
12—预制桩尖;13—卷扬机;14—枕木

图 4.34 滚管式振动沉管桩架

1—导向滑轮;2—滑轮组;3—激振器;4—砼漏斗;
5—桩管;6—加压钢丝绳;7—桩架;8—砼吊斗;
9—回绳;10—桩尖;11—缆风绳;12—卷扬机;
13—钢管;14—枕木

施工时,振动冲击锤与桩管刚性连接,桩管下设有活瓣式桩尖。活瓣式桩尖应有足够的强度和刚度,活瓣间缝隙应紧密。先将桩管下端活瓣闭合,对准桩位,徐徐放下桩管压入土中,然后校正垂直度,即可开动振动器沉管。由于桩管和振动器是刚性连接的,沉管时由振动冲击锤形成竖直方向的往复振动,使桩管在激振力作用下以一定的频率和振幅产生振动,减少了桩管与周围土体间的摩擦阻力。当强迫振动频率与土体的自振频率相同时,土体结构因共振而破坏,桩管受加压作用而沉入土中。

振动沉管灌注桩可采用单振法、复振法和反插法施工。

单振法施工时,在桩管灌满砼后,开动振动器,先振动 5~10 s,再开始拔管。应边振边拔,每拔 0.5~1 m,停拔 5~10 s,但保持振动,如此反复,直至桩管全部拔出。

复打法施工适用于饱和黏土层。其施工与锤击沉管灌注桩相同,相当于进行了两次单振施工。

反插法施工是在桩管灌满砼后,先振动再开始拔管,每次拔管高度 0.5~1.0 m,反插深度 0.3~0.5 m,在拔管过程中分段添加砼,保持管内砼面始终不低于地表面或高于地下水位 1.0~1.5 m 以上,拔管速度应小于 0.5 m/min。如此反复进行,直至桩管拔出地面。反插法能使砼的密实度增加,宜在较差的软土地基施工中采用。

(3)沉管成孔灌注桩常遇问题和处理方法

沉管成孔灌注桩施工时常发生断桩、缩颈桩、吊脚桩、夹泥桩、桩尖进水进泥等问题,产生原因及处理措施如下:

1)断桩 指桩身裂缝呈水平方向或略有倾斜且贯通全截面,常见于地面以下 1~3 m 不同软硬土层交接处。产生的原因主要是桩距过小,桩身砼终凝不久,强度低,邻桩沉管时使土体隆起和挤压,产生横向水平力和竖向拉力使砼桩身断裂。避免断桩的措施有:布桩不宜过密,桩间距以不小于 3.5 m 为宜;当桩身砼强度较低时,可采用跳打法施工;合理制订打桩顺序和桩架行走路线以减少振动的影响。

2）缩颈桩　亦称瓶颈,指桩身局部直径小于设计直径。常出现在饱和淤泥质土中。产生的主要原因是:在含水量高的粘性土中沉管时,土体受到强烈扰动挤压,产生很高的孔隙水压力,桩管拔出后,水压力作用在所浇筑的砼桩身上,使桩身局部直径缩小;桩间距过小,邻近桩沉管施工时挤压土体使所浇砼桩身缩颈;施工过程中拔管速度过快,管内形成真空吸力,且管内砼量少和宜性差,使砼扩散性差,导致缩颈。避免缩颈的主要措施有:经常观测管内砼的下落情况,严格控制拔管速度;采取"慢拔密振"或"慢拔密击"的方法;在可能产生缩颈的土层施工时,采用反插法可避免缩颈。当出现缩颈时可用复打法进行处理。

3）吊脚桩　指桩底部的砼隔空或混入泥砂在桩底部形成松软层的桩。产生的原因主要是:预制桩尖强度不足,在沉管时被打坏而挤入桩管内,拔管时振动冲击未能将桩尖压出,拔管至一定高度时,桩尖才落下,但又被硬土层卡住,未落到孔底而形成吊脚桩;振动沉管时,桩管入土较深并进入低压缩性土层,灌完砼开始拔管时,活瓣式桩尖被周围土包围而不张开,拔至一定高度时才张开,而此时孔底部已被孔壁回落土充填而形成吊脚桩。避免出现吊脚桩的措施是:严格检查预制桩尖的强度和规格。沉管时可用吊砣检查桩尖是否进入桩管或活瓣是否张开。对已出现的吊脚现象,应将桩管拔出,桩孔回填后重新沉入桩管。

4）桩尖进水进泥砂　常见于地下水位高、含水量大的淤泥、粉砂土层中。产生的原因是:活瓣式桩尖合拢后有较大的间隙;预制桩尖与桩管接触不严密;桩尖打坏等。预防的措施是:对缝隙较大的活瓣式桩尖应及时修复或更换;预制桩尖的尺寸和配筋应符合设计要求,砼强度等级不得低于 C30,在桩尖与桩管接触处缠绕麻绳或垫衬,使二者接触处封严。当出现桩尖进水或进泥砂时,可将桩管拔出,修复桩尖缝隙,用砂回填桩孔后再重新沉管。如地下水量大,当桩管沉至接近地下水位时,可灌注 0.05 ~ 0.1 m^3 砼封底,将桩管底部的缝隙用砼封住,灌 1 m 高的砼后,再继续沉管。

复习思考题 4

1. 简述松土坑的处理方法(无地下水、有地下水)。

2. 砖井的处理方法有哪些?

3. 灰土垫层的适用情况与施工要点是什么?

4. 简述砂与砂石垫层适用情况、施工要点与质量检查。

5. 简述强夯的加固机理与施工参数。

6. 简述深层搅拌地基的加固原理与施工工艺。

7. 简述振冲地基的加固原理与施工要点。

8. 预制桩的制作、起吊有哪些基本要求?

9. 简述桩锤的种类及特点,打桩的施工过程,质量要求及保证措施,如何确定打桩顺序。

10. 简述灌注桩按成孔方法,各种方法的特点及适用范围。

11. 简述护筒的埋设要求及作用,泥浆在钻孔过程中的作用。

12. 套管成孔灌注桩的成孔方法有哪些? 易发生哪些质量问题? 如何预防与处理?

模拟项目工程

某框架结构基础采用人工挖孔灌注桩,施工过程中一个工人在孔底操作时,被掉落的石块击中受伤,在随后进行的安全和质量检查中发现桩径普遍偏大,垂直度偏差超过2%。

【问题】:

(1)人工挖孔灌注桩的护壁形式有哪些?

(2)简述人工挖孔灌注桩的施工流程及要点。

(3)人工挖孔灌注桩施工时安全措施有哪些?

(4)施工过程中孔底出现流砂现象,应如何处理?

第 **5** 章
钢筋砼施工技术

学习目标：

1. 了解钢筋的种类、性能以及与砼共同工作的原理。

2. 熟悉模板的构造组成及其搭设技术要求。

3. 掌握钢筋砼结构的施工过程及施工工艺。

4. 掌握预制钢筋砼结构的施工过程及施工工艺。

职业能力：

1. 具有熟练进行钢筋冷加工及会计算钢筋配料的能力。

2. 具有指导各类钢筋砼结构模板搭设的能力。

3. 具有检查和评定钢筋砼结构质量的能力。

4. 具有处理钢筋砼结构施工质量事故的能力。

钢筋砼结构在工业与民用建筑中应用广泛。它性能优异，取材容易，施工方便，从诞生之日起就显示出了巨大的生命力。作为柱、墙等，可取代笨重的砖石结构；作为梁、桁架、框架等，可取代钢木结构。高强合金钢的应用，砼标号的不断提高，施工工艺、技术与设备的发展，促使它的应用领域不断扩大，如大跨度结构、薄壳结构、高耸建筑物以至桥梁、隧道、管道等，它已深入到建筑领域的各个方面，在现今工业与民用建筑中占据着主导地位。

钢筋砼结构按施工方法可分为现浇钢筋砼结构和装配式钢筋砼结构。现浇钢筋砼结构是在施工现场、在结构构件的设计位置，架设模板，绑扎钢筋，浇灌砼并振捣成型，养护砼达到拆模强度后，拆除模板，制成结构构件。现浇砼结构整体性好，抗震性能好，节约钢材，而且不需要大型起重机械；缺点是模板消耗量较大，现场运输量大，劳动强度高，施工易受气候条件影响。装配式钢筋砼结构是在构件厂或施工现场预先制作好钢筋砼构件，再用起重机械把预制构件安装到设计位置。构件预制和现场安装机械化程度高，能降低工程成本，减少劳动强度，提高劳动生产率，减少现场湿作业。与现浇砼工程相比，耗钢量较大，而且施工时需要大型起重设备。

钢筋砼结构的其施工程序如图5.1所示。

由于钢筋砼结构施工工序多，因而要加强施工管理，科学组织，以保证钢筋砼结构的质量，满足工期要求，降低造价。

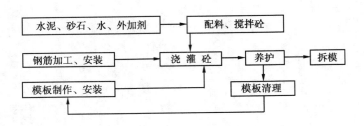

图 5.1 钢筋砼结构施工程序

5.1 钢筋加工制作技术

在钢筋砼结构中,钢筋起着关键性作用。钢筋制作及安装质量,对整个钢筋砼结构的质量产生重要的影响。钢筋在结构中属于隐蔽工程,在砼浇筑完毕后,其质量则难以检查。故对钢筋从进场到一系列的加工以及绑扎安装过程必须进行严格的控制,并建立健全必要的检查及验收制度,稍有疏忽就可能给工程造成不可弥补的损失。

5.1.1 钢筋的分类及现场验收

(1)钢筋的分类

钢筋按化学成分可分为碳素钢钢筋和普通低合金钢钢筋。钢筋按强度分为四级:HPB235级钢筋、HRB335级钢筋、HRB400级钢筋、RRB400级钢筋。钢筋级别越高,其强度及硬度越高,塑性越低。

钢筋按轧制外形可分为光圆钢筋和变形钢筋。光圆钢筋断面为圆形,表面无刻痕,使用时需加弯钩;变形钢筋表面一般轧制成螺旋纹或人字纹,可增大砼与钢筋的粘结力。

钢筋按生产工艺可分为热轧钢筋、冷拉钢筋、冷拔钢筋、热处理钢筋、碳素钢丝、刻痕钢丝和钢绞线等。

按供应方式,通常将 $\phi 6.5 \sim 8$ mm 的 HPB235 级钢筋卷成盘圆形状供应,称盘圆或盘条钢筋;将 $\phi 12$ mm 以上的钢筋轧成 $6 \sim 12$ m 一根,直条供应,称直条钢筋。

(2)钢筋的验收和存放

钢筋进场应有出厂质量证明书或检验报告单,每捆(盘)钢筋均应有标牌,并根据品种、批号及直径分批验收。每批重量热轧钢筋不超过60 t,钢绞线不超过20 t。验收内容包括查对标牌、外观检查,并按有关规定取样进行机械性能试验,合格后方可使用。

钢筋的外观检查:热轧钢筋表面不得有裂缝、结疤和折叠,表面凸块不得超过横肋的最大高度,外形尺寸应符合规定;钢绞线表面不得有折断、横裂和相互交叉的钢丝,表面无润滑剂、油渍和锈坑。

机械性能试验:从每批外观尺寸检查合格的钢筋中任选两根,每根取两个试件分别进行拉力试验(包括屈服点、抗拉强度和伸长率的测定)和冷弯或反弯次数试验。如有一项试验结果不符合规定,则应从同一批钢筋另取双倍数量的试件重做各项试验,如果仍有一个不合格,则该批钢筋为不合格,应不予验收或降级使用。

钢筋进场后,必须加强管理,妥善保管。钢筋进场要认真验收,不但要注意数量的验收,而且要对钢筋的规格、等级、牌号进行验收。钢筋一般应堆放在钢筋库或库棚中,如露天堆放,应存放在地势较高的平坦场地上,钢筋下要用木块垫起,离地面不小于 20 cm,并做好排水工作。钢筋保管及使用时,要防止酸、盐、油脂等对钢筋的污染与腐蚀。不同规格和不同类别的钢筋要分别存放,并挂牌注明,尤其是外观形状相近的钢筋,以免因混淆不清而影响使用。

5.1.2　钢筋的冷加工

钢筋的冷加工,一般是指现场的冷拉与冷拔。其目的主要是为了提高钢筋的强度,节约钢材及满足预应力钢筋的需要。

(1)钢筋冷拉

钢筋的冷拉是指在常温状态下,以超过钢筋屈服强度的拉应力强行拉伸钢筋,使钢筋产生塑性变形,以达到提高强度、节约钢材的目的,同时对钢筋也进行了调直与除锈。冷拉钢筋使用于 HPB235 ~ RRB400 级钢筋。冷拉 HPB235 级钢筋适用于钢筋砼结构中的受拉钢筋;冷拉 HRB335 ~ RRB400 级钢筋适用于预应力砼结构的预应力筋。

冷拉钢筋在应用时应注意:冷拉钢筋一般不作受压钢筋;用作预应力钢筋时,应先焊接、后冷拉,以免在焊接过程中降低冷拉所获得的提高了的强度;吊环或受冲击荷载的设备基础中,不宜用冷拉钢筋。

1)钢筋冷拉参数　钢筋冷拉参数有冷拉率和冷拉应力。钢筋的冷拉率是钢筋冷拉时由于弹性和塑性变形的总伸长值(称为冷拉的伸长值)与钢筋原长之比,以百分数表示。在一定的限度内,冷拉应力或冷拉率越大,钢筋强度提高越多,但塑性降低也越多。钢筋冷拉后仍应有一定的塑性,同时屈服点与抗拉强度之间也应保持一定的比例(称屈强比),使钢筋有一定的强度储备。因此,规范对冷拉应力和冷拉率有一定的限制,见表 5.1。

表 5.1　钢筋冷拉应力及最大冷拉率

钢筋级别	钢筋直径/mm	冷拉控制应力/MPa	最大冷拉率/%
HPB235	≤12	280	10.0
HRB335	≤25	450	5.5
	28 ~ 40	430	
HRB400	8 ~ 40	500	5.0
RRB400	10 ~ 28	700	4.0

2)冷拉控制方法　钢筋冷拉可采用控制冷拉率和控制应力两种方法。

①控制冷拉率法　由冷拉率控制时,只需将钢筋拉长到一定的长度即可。冷拉率须由试验确定,试件数量不少于 4 个。在将要冷拉的一批钢筋中切取试件,进行拉力试验,测定当其应力达到表 5.2 中规定的应力值时的冷拉率,取其各试件冷拉率的平均值作为该批钢筋实际采用的冷拉率,并应符合表 5.1 的规定。冷拉多根连接的钢筋,冷拉率可按总长计,但冷拉后每根钢筋的冷拉率应符合表 5.1 的规定。

冷拉率确定后,便可根据钢筋长度求出冷拉时的伸长值。冷拉伸长值可按下式计算:

$$\Delta L = \delta \cdot L \qquad (5.1)$$

式中　δ——冷拉率(由试验确定);

　　　L——钢筋冷拉前的长度。

如冷拉一批长 24 m 的 HRB335 级钢筋,根据试验确定其冷拉率为 4% ,则这批钢筋的冷拉伸长值为:24 m ×4% =0.96 m。冷拉时可按这一伸长值进行冷拉,当钢筋冷拉到这一伸长值后,须停车 2 ~3 min,待钢筋变形充分发展后方可放松钢筋,结束冷拉。

采用控制冷拉率法冷拉的钢筋只能用于不太重要的部位,对要求较高的结构或构件,特别是预应力结构中的预应力筋,一般不用。

②控制应力法　采用控制应力的方法冷拉钢筋时,冷拉应力按表 5.1 中相应级别钢筋的控制应力选用。冷拉时应检查钢筋的冷拉率,不得超过表 5.1 中的最大冷拉率。钢筋冷拉时,如果钢筋已达到规定的控制应力,而冷拉率未超过表 5.1 中的最大冷拉率,则认为合格;若钢筋已达到规定的最大冷拉率而应力小于控制应力(即钢筋应力达到冷拉控制应力时,钢筋冷拉率已超过规定的最大冷拉率)则认为不合格,应进行机械性能试验,按其实际级别使用。

表 5.2　测定冷拉率时钢筋的冷拉应力

钢筋级别	钢筋直径/mm	冷拉应力/$(N \cdot mm^{-2})$
HPB235	≤12	310
HRB335	≤25	480
	28 ~40	460
HRB400	8 ~40	530
RRB400	10 ~28	730

控制应力法能够保证冷拉钢筋的质量,用作预应力筋的冷拉钢筋应选用控制应力法。

钢筋的冷拉速度不宜过快,一般以 0.5 ~0.6 m/min 为宜,以使钢筋变形充分。当达到规定的冷拉控制应力或冷拉率时,应稍作停留,然后再行放松。

钢筋冷拉前,应按确定的冷拉率进行下料。下料时应考虑冷拉后钢筋的回弹值,其计算公式见第 6 章预应力钢筋下料长度的计算公式。

3)冷拉设备　钢筋冷拉设备主要由拉力装置、承力结构、钢筋夹具及测量装置等组成,如图 5.2 所示。

拉力装置一般由卷扬机、张拉小车及滑轮组等组成。承力结构可采用地锚或钢筋砼压杆。钢筋冷拉的夹具有楔块式夹具、月牙型夹具、偏心块夹具及槽式夹具等(见图 5.3)。冷拉长度测量可用标尺,冷拉力的测量可选用弹簧测力计、电子秤和液压千斤顶。测力计一般装设在张拉端定滑轮组处,若设在固定端时,应设置防护装置,以防钢筋断裂时损坏测力计。对使用的测力计应定期维护和校核。

若设备连接如图 5.4 所示,则卷扬机冷拉设备能力 Q 可按下式计算:

$$Q = T/K' - F \qquad (5.2)$$

式中　T——卷扬机牵引力,kN;

　　　K'——滑轮组省力系数,可查表 5.3;

　　　F——设备阻力,由实测确定,一般可取 5 ~10 kN。

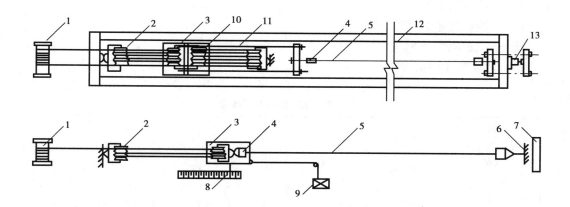

图 5.2　冷拉设备

1—卷扬机;2—滑轮组;3—冷拉小车;4—夹具;5—被冷拉的钢筋;6—地锚;

7—防护壁;8—标尺;9—回程荷重架;10—回程滑轮组;11—传力架;12—槽式台座;13—液压千斤顶

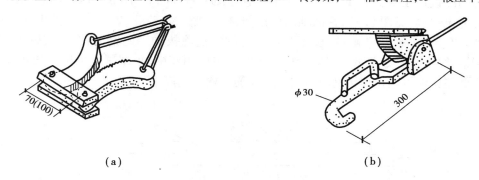

（a）　　　　　　　　　　　　　　　　　（b）

图 5.3　钢筋夹具

（a）月牙形夹具　（b）偏心式夹具

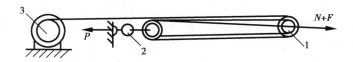

图 5.4　冷拉设备能力计算简图

1—滑轮组;2—电子传感器;3—卷扬机

钢筋冷拉速度 v,可按下式计算：

$$v = \pi D \frac{v_1}{n} \ (\mathrm{m/min})\tag{5.3}$$

式中　D——卷扬机卷筒直径,m;

　　　n——滑轮组工作线数;

　　　v_1——卷扬机卷筒转速,r/min。

测力计负荷 P 的计算,当测力计设置在张拉端时：

$$P = N + F - T = N + F - K'(N + F) = (1 - K')(N + F)\tag{5.4}$$

139

式中　N——冷拉力,kN;

　　　T——卷扬机绳索拉力,kN;

　　　F——设备阻力,kN。

当测力计设置在固定端时:

$$P = N - F \qquad (5.5)$$

表5.3　滑轮组省力系数 K'

滑轮门数	3		4		5		6		7		8	
工作线数 /n	6	7	8	9	10	11	12	13	14	15	16	17
省力系数 /K'	0.184	0.160	0.142	0.129	0.119	0.110	0.103	0.096	0.091	0.087	0.082	0.080

(2)钢筋冷拔

钢筋的冷拔是在常温下,以强力拉拔的方法使 $\phi 6 \sim 8$ mm 的 HPB235 级光圆钢筋通过特制的钨合金拔丝模(见图5.5),钢筋轴向被拉伸,径向被压缩,产生较大的塑性变形,其抗拉强度可提高 50% ~ 90%,塑性降低,硬度提高。这种经过冷拔加工的钢筋称为冷拔低碳钢丝。冷拔低碳钢丝分为甲、乙两级。甲级冷拔低碳钢丝主要用作中、小型预应力构件的预应力筋,乙级冷拔低碳钢丝可用作焊接网、焊接骨架、箍筋和构造钢筋。

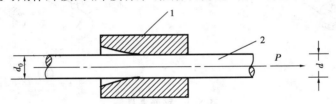

图5.5　钢筋冷拔示意图
1—拔丝模;2—冷拔的钢筋

根据经验,一般 $\phi 5$ mm 的冷拔低碳钢丝宜用 $\phi 8$ mm 的圆盘条拔制;$\phi 4$ mm 和小于 $\phi 4$ mm 者,宜用 $\phi 6.5$ mm 的圆盘条拔制。

如用直径为 8 mm 的钢筋拔制直径为 5 mm 的钢丝,应分成四次冷拔:8 mm→7 mm→6.3 mm→5.7 mm→5 mm。用直径6.5 mm 的钢筋拔制直径 4 mm 的钢丝,则应分成三次冷拔:6.5 mm→5.5 mm→4.6 mm→4 mm。

外观检查:应逐盘进行检查,其钢丝表面不得有裂纹和机械损伤。机械性能检查:甲级钢丝应逐盘进行检查,从钢丝上盘任一端截取长度不少于 500 mm 的两个试样,分别做 180°反复弯曲试验,并按其抗拉强度确定该盘钢丝的组别;乙级钢丝可分批抽样检查,以同一直径的钢丝 5 t 为一批,从中任取三盘,每盘截取两个试样,分别做拉力和反复弯曲试验,如有一个试样不合格,应在未取过试样的钢丝盘中,另取双倍数量的试样,再做各项试验,如仍有一个试样不合格,则应对该批钢丝逐盘检验。冷拔钢丝应经检查合格后方可使用。

(3)冷轧扭钢筋

冷轧扭钢筋是用 Q235、Q215 高速线材在专用设备上开盘、冷拉、冷扭而形成的螺旋状直条钢筋。经冷拉、冷轧、冷扭后的钢筋,强度与砼的握固力成倍提高。1998 年建设部批准了《冷轧扭钢筋》JG 3046—98 和《冷轧扭钢筋砼构件技术规程》JGJ 115—97,并把该技术列为重点技术之一。

冷轧扭钢筋主要品种有 $\phi_t6.5$、ϕ_t8、ϕ_t10、ϕ_t12 等。其强度设计值≥580 MPa,伸长率≥4.5%,冷弯 180°完好。

冷轧扭钢筋适用于 2~9 m 跨的各种砼板,各类中小型预制构件,各类圈梁、构造柱、中小基础板、空心板、V 形板、T 形板和叠合板。

5.1.3　钢筋的连接

钢筋的连接方式常用的有绑扎连接、焊接连接和机械连接。

(1)钢筋绑扎连接

钢筋的绑扎接头应符合下列规定:搭接处应在中心和两端用 20~22 号铁丝扎牢;搭接长度的末端距钢筋弯折处应≥10d(d 为钢筋直径);钢筋的绑扎接头不宜位于构件最大弯矩处,搭接长度及接头位置应符合设计和规范要求;同一构件中相邻纵向受力钢筋的绑扎搭接接头应相互错开,从任一绑扎接头中心至搭接长度 l_t 的 1.3 倍区段范围内(见图 5.6),有绑扎接头的受力钢筋截面面积占受力钢筋总截面面积进分比,受拉区≤25%,受压区≤50%;绑扎接头中钢筋的横向净距不应小于钢筋直径,且不应小于 25 mm。

钢筋网片和骨架的绑扎应符合下列规定:钢筋交叉点应采用铁丝扎牢,板和墙钢筋网片除靠近外围两行钢筋交叉点全部扎牢外,中间部分交叉点可间隔交错扎牢;双向受力钢筋必须全部扎牢;梁和柱的箍筋除设计有特殊要求外,应与受力主筋垂直设置,箍筋弯钩处应沿受力主筋方向错开设置。

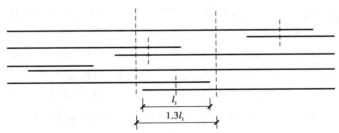

图 5.6　钢筋绑扎搭接接头连接区段及接头面积

(2)钢筋焊接连接

采用焊接代替绑扎,能保证钢筋的强度,减少搭接长度,充分利用短材,同时还可减轻劳动强度,提高机械化、工厂化水平,从而提高工效,降低成本。常用的焊接方法有闪光对焊、电弧焊、电渣压力焊、电阻点焊和气压焊等。

1)闪光对焊　钢筋闪光对焊是利用对焊机使两段钢筋接触,通以低电压的强电流,把电能转化为热能,当钢筋被加热到一定温度时,进行轴向挤压(即顶锻),使两根钢筋焊接在一起,形成对焊接头(见图 5.7)。闪光对焊工艺简单、成本低、质量好、工效高,广泛用于各种钢筋的接长及预应力钢筋与螺丝端杆的焊接。

闪光对焊工艺分为连续闪光焊、预热闪光焊和闪光—预热—闪光焊。

①连续闪光焊　连续闪光焊的工艺过程包括连续闪光和顶锻过程。即先将钢筋夹在对焊

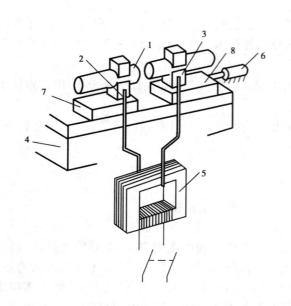

图 5.7　钢筋闪光对焊原理

1—钢筋;2—固定电极;3—可动电极;4—机座;5—变压器;
6—平动顶压机构;7—固定支座;8—滑动支座

机的两极中,闭合电源,使钢筋两端面轻微接触。由于钢筋端面凹凸不平,开始只有一点或数点接触,电流通过时电流密度和电阻很大,接触点很快融化,产生金属蒸气飞溅,形成闪光现象。形成闪光后,徐徐移动钢筋,形成连续闪光,同时接头也被加热。待接头端面烧平、闪去杂质和氧化膜、接头融化时,以一定的轴向压力迅速进行顶锻。先带电顶锻,再无电顶锻到一定长度,使两根钢筋对焊成为一体。

连续闪光焊一般用于焊接直径22 mm 以内的 HPB235 ~ HRB400 级钢筋及直径在 16 mm 以内的 RRB400 级钢筋。

②预热闪光焊　焊接时先闭合电源,使两钢筋端面交替地接触和分开,这样在钢筋端面的间隙中就发出断续的闪光,形成预热过程。当钢筋达到预热温度后,随即进行连续闪光和顶锻,使钢筋焊牢。预热闪光焊适用于焊接 $\phi25$ mm 以上且端部较平整的钢筋。

③闪光—预热—闪光焊　闪光—预热—闪光焊是在预热闪光焊前增加一次闪光过程,以使不平整的钢筋端面烧化平整,使预热均匀;再使接头部位进行预热,接着再进行闪光,最后进行顶锻,完成整个焊接过程。它适用于焊接 $\phi25$ mm 以上且端部不平整的钢筋。

钢筋对焊完毕应对全部接头进行外观检查,并抽样进行机械性能检验。

外观检查要求接头具有适当的镦粗和均匀的金属毛刺;钢筋表面无裂纹和明显的烧伤;接头的弯折不得大于 4°;钢筋轴线偏移不得大于 0.1 倍的钢筋直径且不大于 2 mm。

拉伸试验时抗拉强度不得低于该级钢筋的规定抗拉强度;试样应呈塑性断裂并断于焊缝之外。

冷弯试验时应将受压面的金属毛刺和镦粗变形部分除去,与母材的外表齐平,弯心直径按《钢筋焊接及验收规程》规定选取。弯曲至 90°时,接头外侧不得出现宽度大于 0.15 mm 的横向裂纹。

2)电弧焊　电弧焊是利用弧焊机使焊条和焊件之间产生高温电弧,使焊条和高温电弧范围内的焊件金属熔化,熔化的金属凝固后形成焊缝或焊接接头。电弧焊广泛应用于钢筋的搭接接长、钢筋骨架的焊接、钢筋与钢板的焊接、装配式结构接头的焊接及各种钢结构的焊接。

钢筋电弧焊的接头形式有搭接接头、帮条接头、坡口接头、熔槽帮条接头、钢筋与预埋铁件接头。

①搭接接头　搭接接头适用于 $\phi10 ~ 40$ mm 的 HPB235 ~ HRB400 级钢筋。焊接前,先将钢筋的端部按搭接长度预弯,以保证两钢筋的轴线在一条直线上(见图 5.8)。然后两端点焊定位,焊缝宜采用双面焊,当双面施焊有困难时,也可采用单面焊。

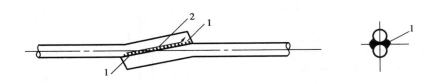

图 5.8　钢筋搭接接头

1—定位焊缝;2—弧坑拉出方位

②帮条接头　帮条接头适用范围同搭接接头。帮条宜采用与主筋同级别、同直径的钢筋制作(见图 5.9)。所用帮条的总截面积应满足:当被焊接钢筋为 HPB235 级钢筋时,应不小于被焊接钢筋截面的 1.2 倍;被焊接钢筋为 HRB335 级、HRB400 级钢筋时,应不小于被焊接钢筋截面积的 1.5 倍。主筋端面间的间隙应为 2～5 mm,帮条和主筋间用四点对称定位焊加以固定。钢筋帮条长度见表5.4。

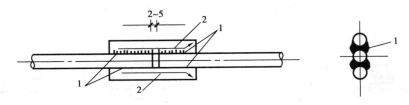

图 5.9　钢筋帮条接头

1—定位焊缝;2—弧坑拉出方位

表 5.4　**钢筋帮条长度**

项次	钢筋级别	焊缝形式	帮条长度
1	HPB235	单面焊	>8d
		双面焊	>4d
2	HRB335	单面焊	>10d
		双面焊	>5d

③坡口接头　坡口接头多用于装配式结构现浇接头中 ϕ16～40 mm 的 HPB235～HRB400 级钢筋的焊接。按焊接位置不同,坡口焊可分为平焊和立焊两种(见图 5.10)。焊接前,应先将钢筋端部剖成剖口。

④熔槽帮条接头　熔槽帮条接头适用于 ϕ25 mm 以上钢筋的现场安装焊接。焊接时,应加角钢作垫模,角钢同时也起帮条作用(见图 5.11)。角钢的边长为 40～60 mm,长度为 80～100 mm。

⑤钢筋预埋铁件接头　钢筋与预埋铁件接头可分为对接接头和搭接接头两种,对接接头又可分为贴角焊和穿孔塞焊(见图 5.12)。当锚固钢筋直径在 18 mm 以下时,可采用贴角焊;当锚固钢筋直径为 18～22 mm 时,宜采用穿孔塞焊。角焊缝焊脚 k 值对于 HPB235 级和 HRB335 级钢筋应分别不小于钢筋直径的 0.5 倍和 0.6 倍。钢筋与钢板搭接接头如图 5.13 所示,HPB235 级钢筋的搭接长度不小于 4d,HRB335 级钢筋的搭接长度不小于 5d,焊缝宽度不小于 0.5d,焊缝厚度不小于 0.35d。

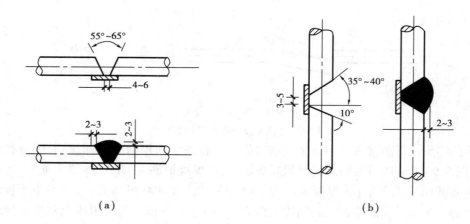

图 5.10　坡口接头
（a）钢筋坡口平焊接头　（b）钢筋坡口立焊接头

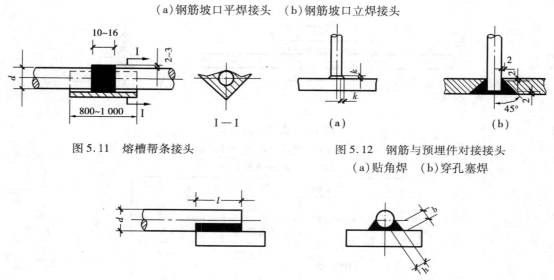

图 5.11　熔槽帮条接头　　　　图 5.12　钢筋与预埋件对接接头
（a）贴角焊　（b）穿孔塞焊

图 5.13　钢筋与预埋件搭接接头

　　电弧焊接头的质量检查:要求焊缝平顺、不得有裂纹;没有明显的咬边、凹陷、焊瘤、夹渣及气孔;用小锤敲击焊缝时,应发出与其本金属同样的清脆声;焊缝尺寸与缺陷的偏差不得大于《钢筋焊接及验收规程》的规定;必要时,还需抽样作拉伸试验,或进行非破损性检验。

　　3)电渣压力焊　电渣压力焊是利用电流通过渣池产生的电阻热将钢筋端部熔化,然后施加压力使钢筋焊接在一起。与电弧焊相比,它工效高、成本低且容易掌握,多用于现浇钢筋砼结构构件中竖向钢筋的焊接接长。电渣压力焊设备包括焊接变压器、焊接夹具和焊剂盒等,见图 5.14。

　　施焊前,先将钢筋端部 120 mm 范围内的铁锈、杂质刷净,把钢筋安装于夹具钳口内夹紧,在两根钢筋接头处放一铁丝小球(钢筋端面较平整且焊机功率又较小时)或导电剂(钢筋直径较大时),在焊盒内装满焊剂。施焊时,接通电源使小球或导电剂、钢筋端部及焊剂相继熔化形成渣池;维持数秒后,用操纵压杆使上部钢筋缓缓下降,熔化量达到规定数值(可用标尺控制)后,切断电路,用力迅速顶锻,挤出金属熔渣和熔化金属,形成焊接接头。冷却一定时间后,打开焊剂盒,卸下夹具,清除焊渣。

钢筋电渣压力焊接头的质量检查包括外观检查和机械性能试验。接头外观检查应逐个进行,要求焊包均匀,突出部分至少高出钢筋表面 4 mm,不得有裂纹和明显的烧伤缺陷;接头处钢筋轴线的偏移不超过钢筋直径的 10%,同时不得大于 2 mm;接头弯折不得超过 4°。凡不符合外观要求的钢筋接头,应将其切除重焊。机械性能试验应按规范要求抽取试样进行并符合规范要求。

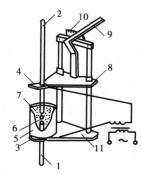

图 5.14 电渣压力焊示意图

1、2—钢筋;3—固定电极;4—活动电极;
5—焊剂盒;6—导电剂;7—焊剂;
8—滑动架;9—操纵杆;10—标尺;11—固定架

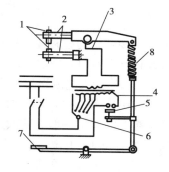

图 5.15 点焊机示意图

1—电极;2—电极臂;3—变压器次级线圈;
4—变压器初级线圈;5—断路器;
6—变压器调节开关;7—踏板;8—压紧机构

4)电阻点焊　电阻点焊主要用于钢筋的交叉连接,如用来焊接钢筋网片、钢筋骨架等。与人工绑扎钢筋网片、钢筋骨架相比,它工效高,节约材料,保证质量,成本低,可使钢筋在砼中能更好地锚固,提高构件的刚度和抗裂性。

电阻点焊的工作原理见图 5.15,就是将已除锈的钢筋交叉点放在点焊机的两电机间,使钢筋通电发热至一定温度后,加压使焊点处钢筋互相压入一定深度,将焊点焊牢。当钢筋交叉点焊时,由于接触只有一点,而在接触处有较大的接触电阻,因此在接触的瞬间,电流产生的全部热量都集中在这一点上,使金属很快地受热达到熔化连接的温度。

电阻点焊的检查包括外观检查和强度检查。外观检查包括:焊点有无脱落、漏焊、气孔、裂缝、空洞及明显的烧伤现象;焊点处应挤出饱满而均匀的熔化金属;点焊制品尺寸误差及焊点压入深度应符合有关规定等。强度检验应抽样做剪力试验,对冷加工钢筋制成的点焊制品还应抽样做拉力试验,试验结果应符合有关规定。

(3)钢筋的机械连接

钢筋的机械连接是通过机械手段将两根钢筋进行对接。机械连接无明火作业,设备简单,技术易掌握,连接质量可靠,节约能源,不受气候条件影响,可全天候施工,适用范围广,尤其适用于现场焊接有困难的场合。机械连接种类较多,大多是利用钢筋表面轧制的或特制的螺纹(或横肋)和连接套筒之间的机械咬合作用来传递钢筋中的拉力或压力。常用的方法有套筒挤压连接和螺纹套筒连接。

1)钢筋套筒挤压连接　钢筋套筒挤压连接是将两根待接钢筋插入连接套筒,采用专用液压压接钳,从侧向挤压连接套筒,使套筒产生塑性变形,从而使套筒的内周壁变形而嵌入钢筋的螺纹,由此产生抗剪力来传递钢筋连接处的轴向力,如图 5.16 所示。这种连接方法适用于连接直径 20～40 mm 的 HRB335 级、HRB400 级变形钢筋。

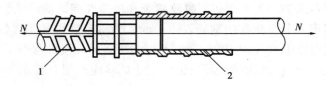

图 5.16　钢筋套筒冷挤压连接
1—变形钢筋;2—套筒

所用的连接套筒的材料和几何尺寸应符合相关的技术要求,并应有出厂合格证。在正式挤压之前,对套筒的规格和尺寸要进行复查,合格后方可使用。

套筒冷挤压连接工艺流程为:钢筋、套筒验收→钢筋断料、划套筒套入长度定长标记→套筒套入钢筋、安装压钳→开动液压泵、逐扣压套筒至接头成型→卸下压接钳→接头外形检查。

冷挤压接头的压接一般分两次进行,第 1 次先将套筒一半套入一根被连接钢筋,压接半个接头,然后在施工现场再压接另半个接头。第 1 次压接时宜在靠套筒空腔部位少压一扣,以免将另半个套筒空腔压扁。在进行第 2 次压接时将少压的一扣补压。未压接的半个套筒空腔部位应用塑料袋护套,以免污染。第 2 次压接前拆除塑料袋护套,将连接钢筋插入未压接的半个套筒,确认钢筋完全插入后方可开机压接。压接应从套筒中央逐扣向端部进行,压接结束后卸下压接钳,接头挤压完成。

钢筋套筒冷挤压连接接头的质量检查包括外观检查和抗拉强度试验。外观检查要求挤压后的钢套筒不得有裂缝;接头处弯折角度不得大于 4°;钢筋端头离套筒中心线不应超过 10 mm;挤压的压痕道数应符合规定;挤压后套筒长度为原套筒长度的 1.10～1.15 倍或压痕处套筒的外径波动范围为原套筒外径的 0.8～0.9 倍。冷挤压接头的抗拉强度试验结果应符合有关规定。

2)钢筋螺纹套筒连接　螺纹套筒连接分直螺纹套筒连接和锥螺纹套筒连接两种。

①直螺纹套筒连接　直螺纹套筒连接是把两根待连接钢筋端部加工成直螺纹,旋入带有直螺纹的套筒中,从而将两根钢筋连接起来(见图 5.17)。与锥螺纹连接相比,接头强度更高,安装更方便。

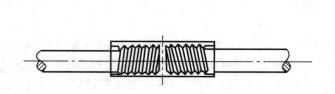

图 5.17　直螺纹套筒连接

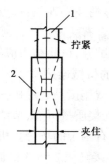

图 5.18　钢筋锥螺纹套筒连接
1—连接钢筋;2—锥螺纹套筒

直螺纹连接制作工艺为:钢筋端镦粗→在镦粗段上切削直螺纹→利用连接套筒对接钢筋。钢筋直螺纹加工须在专用的锻头机床和套螺纹机床上加工。安装时,首先把连接套筒的一端安装在待连接钢筋端头上,用专用扳手拧紧到位,然后用导向夹钳对中,将夹钳夹紧连接套筒,把接长钢筋通过导向夹钳中对中,拧入连接套筒内,拧紧到位即完成连接。卸下工具后进行检验,不合格的立即纠正,合格者在连接套筒上涂上已检验的标记。

②锥螺纹套筒连接　锥螺纹套筒连接是把待接钢筋的连接端预先加工成锥形螺纹,通过锥螺纹连接套筒把两根带螺纹的钢筋,按规定的力矩旋入套筒形成机械式钢筋接头(见图5.18)。这种连接方式可用于连接直径 16 ~ 40 mm 的 HPB235 ~ HRB335 级钢筋,也可用于异径钢筋的连接。但不得用于预应力钢筋或经常承受反复动荷载及承受高应力疲劳荷载的结构。

锥螺纹连接套筒的抗拉强度必须大于钢筋的抗拉强度,锥形螺纹可用锥形螺纹旋切机加工;钢筋用套丝机套丝,可在施工现场或钢筋加工厂进行预制。套丝完成后应进行抽样检查,不合格者应切去重新套丝;对达到质量要求的丝头,拧上塑料保护帽并按规定的力矩值,拧上连接套。在进行钢筋连接时,先取下钢筋连接端的塑料保护套,检查丝扣牙形是否完整无损、清洁,钢筋规格与连接规格是否一致;确认无误后把拧上连接套的一头钢筋拧到被连接钢筋上,并用力矩扳手按规定的力矩值,拧紧钢筋接头,当听到扳手发出"咔嗒"声时,表明钢筋接头已拧紧,做好标记,以防钢筋接头漏拧。

锥螺纹接头的质量检查,包括外观检查、拉伸试验和接头拧进值三项。外观检查应按规定抽样进行,要求钢筋与连接套必须在同一条直线上,不出现偏移和弯折现象;接头丝扣完整无丝扣外露。拉伸试验应按规定抽样进行,试验结果满足有关规定。用质检的力矩扳手检验抽取的试件的接头拧紧值,达到相应拧紧力矩者为连接合格。

5.1.4　钢筋的配料

钢筋配料是根据构件配筋图,先绘出各种形状和规格的单根钢筋简图,并加以编号,再计算构件各规格钢筋的直线长度(下料长度)、总根数和钢筋的总重量,然后编制配料单,作为备料加工的依据。

(1)钢筋下料长度的计算及规定

1)钢筋下料长度和砼保护层厚度　钢筋下料长度计算是配料计算中的关键,它是指钢筋在直线状态下截断的长度。但由于结构受力上的要求,大多数钢筋需在中间弯曲和两端弯成弯钩。钢筋弯曲时,其外壁伸长,内壁缩短,只有中心线保持不变。而设计图中注明的钢筋长度是钢筋的外轮廓尺寸(从钢筋外皮到钢筋外皮量得的尺寸且不包括端头弯钩长度)称为外包尺寸,在钢筋验收时,也按外包尺寸验收。如果下料长度按外包尺寸的总和计算,则加工后钢筋尺寸会大于设计要求的外包尺寸,造成材料浪费,或钢筋的保护层厚度不够,甚至大于模板尺寸。

钢筋的砼保护层厚度是指钢筋外皮至构件表面的距离,其作用是保护钢筋在砼结构中不发生锈蚀。如设计无规定时应满足表 5.5 的要求。

表 5.5　钢筋的砼保护层厚度　　　　　　　　　　　　　　　　　mm

环境与条件	构件名称	砼强度等级		
		≤C25	C25~30	≥C30
室内正常环境	板、墙、壳	15		
	梁和柱	25		
露天或室内高湿度环境	板、墙、壳	35	25	15
	梁和柱	45	35	25
有垫层	基础	35		
无垫层		70		

注:①轻骨料砼的钢筋保护层厚度应符合国家现行标准《轻集料砼结构设计规程》的规定;
②处于室内正常环境由工厂生产的预制构件,当砼强度等级不低于 C20 且施工质量有可靠保证时,其保护层厚度可按表中规定减少 5 mm,但预制构件中的预应力钢筋(包括冷拔低碳钢丝)的保护层厚度不应小于15 mm;处于露天或室内高湿度环境的预制构件,当表面另作水泥砂浆抹面层且有质量保证措施时,保护层厚度可按表中室内正常环境中构件的数值采用;

③钢筋砼受弯构件,钢筋端头的保护层厚度一般为 10 mm,预制肋形板,其主筋的保护层厚度可按梁考虑;
④板、墙、壳中分布筋的保护层厚度不应小于 10 mm,梁柱中箍筋和构造钢筋的保护层厚度不应小于15 mm。

2)钢筋弯曲直径　HPB235 级钢筋为光圆钢筋,为了增加其与砼锚固的能力,一般在其两端做成 180°弯钩。因其韧性较好,圆弧弯曲直径是钢筋直径的2.5 倍,平直部分长度不小于钢筋直径的 3 倍;用于轻骨料砼结构时,其弯曲直径不应小于钢筋直径的 3.5 倍;HRB335、HRB400 级钢筋因是变形钢筋,其与砼粘结性能较好,一般在两端不设 180°弯钩。但由于锚固长度原因,钢筋末端有时需做 90°或 135°弯折,此时 HRB335 级钢筋的弯曲直径不宜小于钢筋直径的 4 倍;HRB400 级钢筋不宜小于钢筋直径的 5 倍;平直部分长度按设计要求确定。弯起钢筋中间部位弯折处的弯曲直径不宜小于钢筋直径的 5 倍。用 HPB235 级钢筋或冷拔低碳钢丝制作箍筋时,其末端也应做弯钩,其弯曲直径不小于箍筋直径的2.5 倍,弯钩的平直部分,一般结构不小于箍筋直径的 3 倍,有抗震要求的结构不应小于箍筋直径的 10 倍。箍筋弯钩的形式,如设计无要求时,可按图 5.19(a)、(b)所示加工,有抗震要求的结构,应按图 5.19(c)所示加工。

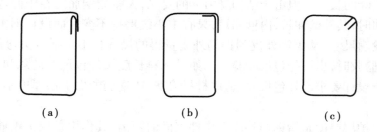

（a）　　　　　　　　（b）　　　　　　　　（c）

图 5.19　箍筋示意图
（a）90°/180°　（b）90°/90°　（c）135°/135°

3)量度差值　钢筋的外包尺寸与钢筋的中心线长度之间的差值,称为量度差值。其大小与钢筋和弯心的直径以及弯曲的角度等因素有关。

4）弯起钢筋的斜长　在钢筋砼梁、板中，因受力需要，经常采用弯起钢筋。其弯起形式有30°、45°、60°三种（见图5.20）。弯起钢筋斜长 s 计算公式如下：

$$s = (H - 2b)/\sin \alpha \tag{5.6}$$

式中　H——构件的高度或厚度；

　　　b——构件的钢筋保护层厚度；

　　　α——弯起钢筋的弯起角度，分别为30°、45°和60°。

因此，弯起30°时：$s = 2(H - 2b)$；弯起45°时：$s = 1.414(H - 2b)$；弯起60°时：$s = 1.155(H - 2b)$。

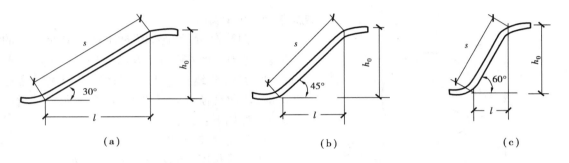

图5.20　弯起钢筋斜长计算示意图

5）钢筋下料长度　根据主要钢筋砼结构或构件的配筋图，可以把加工成的钢筋形状归纳为直钢筋、弯起钢筋和箍筋三类。其下料长度的计算公式如下：

直钢筋下料长度＝构件长度－钢筋端头保护层厚度＋钢筋端头弯钩增加长度

弯起钢筋下料长度＝钢筋直段长度＋钢筋斜段长度＋钢筋端头弯钩增加长度－量度差值

箍筋下料长度＝箍筋外皮周长＋箍筋端头弯钩增加长度－量度差值

6）梁钢筋锚固长度　梁纵向受力钢筋应伸入支座进行锚固，锚固长度与砼等级、钢筋种类及抗震等级有关。

7）梁箍筋加密区的规定

①一级抗震等级框架梁、屋面框架梁箍筋加密区为：$2h_b$（梁截面高度）且≥500 mm。二至四级抗震等级框架梁、屋面框架梁箍筋加密区为：$1.5h_b$ 且≥500 mm。加密区第一个箍筋离支座侧边间距为50 mm。

②主次梁相交处，应在主梁上附加三个箍筋，间距为 $8d$ 且小于等于正常箍筋间距，第一个箍筋离支座侧边间距为50 mm。

③梁纵筋采用绑扎搭接接长时，搭接长度部分箍筋应加密。

（2）钢筋端头弯钩的增加长度和弯折量度差值的计算

1）钢筋端头弯钩增加长度的计算

HPB235级钢筋的端头需做180°弯钩，当用于普通砼时，其弯曲直径 $D = 2.5d$（d 为钢筋直径），平直段长度为 $3d$，如图5.21所示。则每个弯钩的增加长度为：

$$\pi(D + d)/2 + 3d - (D/2 + d) = \pi(2.5d + d)/2 + 3d - (2.5/2d + d) = 6.25d$$

当用于轻骨料砼时，则其弯曲直径 $D = 3.5d$，同理可计算出每个弯钩的增加长度为 $7.25d$。

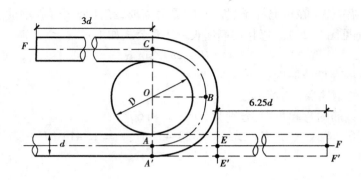

图 5.21　钢筋端头弯钩计算简图

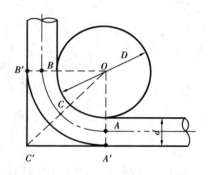

图 5.22　钢筋弯折 90°的量度差值计算简图

2)钢筋弯折量度差值的计算　钢筋弯折的角度一般有 30°、45°、60°、90°和 135°。下面以弯起 90°为例,介绍量度差值的计算。当钢筋弯起 90°时,弯曲直径 $D = 5d$,如图 5.22 所示。其量度差值计算如下:

外包尺寸:$2(D/2 + d) = 7d$

中心线长度:$\pi(D + d)/4 = 4.71d$

量度差值:$7d - 4.71d = 2.29d$(实际工作中为了计算方便常取 $2d$)

同理,当弯起 30°时,量度差值为 $0.306d$,取 $0.3d$;弯起 45°时,量度差值为 $0.543d$,取 $0.5d$;弯起 60°时,量度差值为 $0.9d$,取 $1d$;弯起 135°时,量度差值为 $3d$。

3)箍筋端头弯钩增加长度的计算　箍筋端头弯钩的角度有 90°、135°和 180°三种。其弯曲直径(D)应大于受力钢筋直径且不小于箍筋直径(d)的 2.5 倍,平直段长度为箍筋直径的 5 倍或 10 倍。因此,每个箍筋弯钩增加长度分别为:

弯 90°时:　$\pi(D + d)/4 - (D/2 + d)$ + 平直段长度

弯 135°时:$3\pi(D + d)/8 - (D/2 + d)$ + 平直段长度

弯 180°时:　$\pi(D + d)/2 - (D/2 + d)$ + 平直段长度

为了简化计算,也可按下式计算箍筋下料长度:

箍筋下料长度 = 箍筋周长 + 箍筋调整值

其中箍筋调整值根据箍筋外包尺寸或内包尺寸按表 5.6 取值。

表 5.6　箍筋调整值

箍筋量度方法	箍筋直径/mm			
	4 ~ 5	6	8	10 ~ 12
量外包尺寸	40	50	60	70
量内包尺寸	80	100	120	150 ~ 170

例 5.1　某框架建筑结构,抗震等级为 4 级,共有 10 根框架梁,其配筋如图 5.23 所示,砼

等级为 C30,钢筋锚固长度 L_{aE} 为 $30d$。柱截面尺寸为 $500\ \text{mm} \times 500\ \text{mm}$。试计算该梁钢筋下料长度并编制配料单(参见砼结构平面整体表示方法 03G101—1 构造详图)。

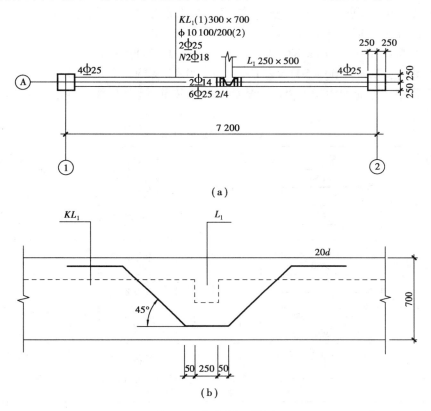

图 5.23　框架梁配筋图

(a)框架梁柱局部平面图(平法表示)　(b)附加吊筋构造示意图

解　1)梁上部通长钢筋下料长度计算

通长钢筋在边支座处按要求应弯锚,弯段长度为 $15d$,则平直段长度为 $500 - 25 = 475\ \text{mm} \geqslant 0.4L_{aE}$,故满足要求。其下料长度为:

$$7\ 200 + 2 \times 250 - 2 \times 25 + 2 \times 15 \times 25 - 2 \times 2.29 \times 25 = 8\ 286\ \text{mm}$$

2)负弯矩钢筋下料长度计算

负弯矩筋要求锚入支座并伸出 $L_n/3$。其下料长度为:

$$(7\ 200 - 2 \times 250)/3 + 500 - 25 + 15 \times 25 - 2.29 \times 25 = 3\ 026\ \text{mm}$$

3)梁下部钢筋下料长度计算

下料长度为:$7\ 200 + 2 \times 250 - 2 \times 25 + 2 \times 15 \times 25 - 2 \times 2.29 \times 25 = 8\ 286\ \text{mm}$

4)抗扭纵向钢筋下料长度计算

下料长度为:$7\ 200 + 2 \times 250 - 2 \times 25 + 2 \times 15 \times 18 - 2 \times 2.29 \times 18 = 8\ 108\ \text{mm}$

5)附加吊筋下料长度计算

附加吊筋构造见图 5.23(b)。

下料长度为:$2 \times 20 \times 14 + 250 + 2 \times 50 + 2 \times (700 - 2 \times 25) \times 1.414 - 4 \times 0.54 \times 14 = 2\ 668\ \text{mm}$

6）箍筋下料长度计算

箍筋外包尺寸为：$[(300 - 2 \times 25 + 2 \times 10) + (700 - 2 \times 25 + 2 \times 10)] \times 2 = 1\,880$ mm

根据抗震要求，箍筋端头弯钩平直段长度为 $10d$，所以每个箍筋弯钩增加长度为 $3\pi(D + d)/8 - (D/2 + d) + 10d = 11.87d$。

下料长度为：$1\,880 + 2 \times 11.87 \times 10 - 3 \times 1.75 \times 10 = 2\,065$ mm

箍筋根数为：$(1.5 \times 700 - 50) \times 2/100 + (7\,200 - 2 \times 250 - 2 \times 1.5 \times 700)/200 + 1 = 44$ 个

另主次梁相交处应在主梁上沿次梁边附加 3 个箍筋，故总个数为：$44 + 2 \times 3 = 50$ 个。

配料单见表 5.7。

表 5.7　钢筋配料单

构件名称	钢筋编号	简　图	直径/mm	钢号	下料长度/mm	单位根数	合计根数	重量/kg
KL_1(1) 共 10 根	1	375 ⌐‾7 650‾⌐ 375	25	Φ	8 286	2	20	639.1
	2	375 ⌐‾2 708‾	25	Φ	3 026	4	40	466.8
	3	375 ‾7 650‾ 375	25	Φ	8 286	6	60	1 917.2
	4	270 ‾7 650‾ 270	18	Φ	8 108	2	20	324.2
	5	280 280 45° 300 650	14	Φ	2 668	2	20	64.5
	6	270 670	10	φ	2 065	50	500	637.0
	Φ25　3 023.1 kg			Φ18　324.2 kg		Φ14　64.5 kg		φ10　537.0 kg

注：钢筋的密度为 $\gamma = 7.9 \times 10$ kg/m³。

5.1.5　钢筋的代换

(1)钢筋的代换方法

在施工中如果遇到钢筋品种或规格与设计要求不符时，征得设计单位同意，可按下列方法进行代换。

1）等强度代换　构件配筋受强度控制时，按代换前后强度相等的原则进行代换，称等强度代换。代换时应满足下式要求：

$$A_2 \cdot f_{y2} \geqslant A_1 \cdot f_{y1} \qquad (5.7)$$

即

$$n_2 \cdot d_2^2 f_{y2} \geqslant n_1 \cdot d_1^2 \cdot f_{y1} \qquad (5.8)$$

式中　A_1、d_1、n_1、f_{y1}——原设计钢筋的截面面积、直径、根数和设计强度；

A_2、d_2、n_2、f_{y2}——拟设计钢筋的截面面积、直径、根数和设计强度。

2）等面积代换　构件按最小配筋率配筋时，按代换前后面积相等的原则进行代换，称等面积代换。代换时应满足下式要求：

$$A_2 \geqslant A_1 \qquad (5.9)$$

即

$$n_2 \cdot d_2^2 \geqslant n_1 \cdot d_1^2 \tag{5.10}$$

（2）钢筋代换的技术要求

1）对某些重要构件，如吊车梁、薄腹梁、桁架下弦等，不宜用 HPB235 级光面钢筋代换变形钢筋，以免裂缝开展过大。

2）钢筋代换后，应满足砼结构设计规范所规定的钢筋最小直径、间距、根数、锚固长度等要求。

3）梁的纵向受力钢筋与弯起钢筋应分别代换，以保证正截面与斜截面强度。

4）偏心受压或偏心受拉构件的钢筋代换时，不取整个截面的配筋量计算，应按受压或受拉钢筋分别代换。

5）当构件受裂缝宽度或挠度控制时，钢筋代换后应进行裂缝宽度或挠度验算。

6）对有抗震要求的框架，不宜用强度等级较高的钢筋代换原设计中的钢筋。当必须代换时，其代换的钢筋所得的实际抗拉强度与实际屈服强度的比值不应小于 1.25；实际屈服强度与钢筋的标准强度的比值，当按 1 级抗震设计时，不应大于 1.25；当按 2 级抗震设计时，不应大于 1.4。

7）预制构件的吊环，必须采用未经冷拉的 HPB235 钢筋制作，严禁用其他钢筋代换。

8）代换后的钢筋用量，不宜大于原设计用量的 5%，不低于 2%，同一截面钢筋直径相差不大于 5 mm，以防构件受力不均而造成的破坏。

5.1.6　钢筋的加工、安装与验收

（1）钢筋的加工

钢筋的加工包括调直、除锈、下料切断、弯曲成型等。

1）钢筋调直　钢筋调直可采用冷拉的方法进行。其冷拉率对 HPB235 级钢筋不宜大于 4%，HRB335 级、HRB400 级钢筋不宜大于 1%；如所使用的钢筋无弯钩或弯折要求时，其冷拉率可适当放宽，HPB235 级钢筋不大于 6%，HRB335 级、HRB400 级钢筋不大于 2%；对不准采用冷拉钢筋的结构，其冷拉率不得大于 1%。对粗钢筋可采用锤直或扳直的方法进行调直；钢筋直径在 4～14 mm 时，可用钢筋调直机进行调直。

2）钢筋除锈　为了保证钢筋与砼之间的粘结力，钢筋使用之前，应将其表面铁锈清除干净。钢筋除锈，可采用冷拉或调直方法进行除锈工作；未经冷拉、调直的钢筋，或冷拉、调直后因保管不善而锈蚀的钢筋，可采用电动除锈机除锈；此外，还可采用手工除锈（用钢丝刷、砂盘）、喷沙和酸洗除锈等。

3）钢筋下料切断　钢筋下料时须按预先计算的下料长度切断。钢筋切断可采用钢筋切断机或手动切断器。钢筋切断机可切断直径小于 40 mm 的钢筋，手动切断器只用于切断直径小于 12 mm 的钢筋，直径大于 40 mm 的钢筋常用氧-乙炔焰或电弧割切。钢筋的下料长度的允许偏差为 ±10 mm。

4）钢筋弯曲成型　钢筋下料后，应按弯曲设备特点及钢筋直径和弯曲角度进行画线，以便弯曲成设计所要求的形状和尺寸。如弯曲钢筋两边对称时，画线工作宜从钢筋中间向两端进行；当弯曲形状比较复杂的钢筋时，可先放出实样，再进行弯曲成型。钢筋弯曲成型一般采用钢筋弯曲机或钢筋弯箍机。亦可采用手摇扳手弯制钢筋，用卡盘与扳头弯制粗钢筋。钢筋弯曲成型后，其允许偏差为：全长 ±10 mm，弯起钢筋弯起点的位置 ±20 mm，弯起钢筋的弯起

高度 ±5 mm,箍筋边长 ±5 mm。

(2)钢筋的安装与验收

单根钢筋经过上述加工后,即可成型为钢筋骨架或钢筋网。为缩短钢筋安装的工期,减少钢筋施工中的高空作业,在运输、起重等条件的允许下,钢筋骨架和钢筋网的安装应尽量预制好后再运往现场安装。

钢筋安装前,应先熟悉图纸,核对钢筋配料单和料牌,研究与有关工种的配合,确定施工方法。

焊接钢筋骨架和钢筋网的安装应符合如下规定:焊接骨架和焊接网沿受力钢筋方向的搭接接头,宜位于构件受力较小的部位,搭接长度符合规范规定;焊接网在非受力方向的搭接长度为 100 mm;受力钢筋直径大于等于 16 mm 时,焊接网沿分布钢筋方向的接头宜辅以附加钢筋网,其每边的搭接长度为分布钢筋直径的 15 倍,但不小于 100 mm。

钢筋在砼中的保护层厚度,可用水泥砂浆垫块或塑料卡,垫在钢筋与模板之间进行控制。水泥砂浆垫块的厚度,应等于保护层厚度。当保护层厚度≤20 mm 时,垫块的平面尺寸为 30 mm×30 mm;当保护层厚度大于 20 mm 时,垫块的平面尺寸为 50 mm×50 mm。垫块应布置成梅花形,其相互间距不大于 1 m。上下双层钢筋之间的尺寸可绑扎短钢筋来控制。在垂直方向使用垫块(垫块中有预先埋入的 20 号铁丝),用铁丝把垫块绑在钢筋上。塑料卡的形状有塑料垫块和塑料环圈两种。塑料垫块用于水平构件(如梁、板),在两个方向均有凹槽,以便适应两种保护层厚度;塑料环圈用于垂直构件(如墙、柱),使用时钢筋从卡嘴进入卡腔,由于塑料环圈有弹性,可使卡腔的大小能适应钢筋直径的变化。

钢筋安装完毕后,应进行检查验收。检查的内容为:钢筋的级别、直径、根数、间距、位置以及预埋件的规格、位置、数量是否与设计图纸相符,特别要注意悬挑构件如阳台、雨篷、挑梁等上部钢筋位置是否正确,施工过程中是否会被裁下;钢筋接头的位置、搭接长度和数量是否符合规定;钢筋的砼保护层厚度是否符合要求;钢筋绑扎是否牢固,有无松动变形现象;钢筋表面是否清洁,有无油污、铁锈和污物;钢筋位置的偏差在规范允许的范围内。

钢筋工程属于隐蔽工程,在浇筑砼前应对钢筋及预埋件进行验收,并作为隐蔽工程记录,以便查证。

5.2　模板支设技术

模板是使钢筋砼成型的模型。模板系统包括模板、支架和紧固件三部分。它可保证砼在浇筑过程中保持正确的形状和尺寸,作为在硬化过程中进行防护和养护的工具。为此模板和支架必须符合下列规定:保证结构及构件各部位形状和位置正确;具有足够的强度、刚度和稳定性,能承受新浇砼的自重和侧压力,以及在施工过程中所产生的荷载;构造简单,拆装方便,便于钢筋的绑扎与安装、砼的浇筑及养护等;模板接缝严密,不漏浆。

模板按其所用的材料不同可分为:木模板、钢模板、胶合板模板等;按其形式不同,可分为整体式模板、定型模板、滑升模板、胎模等。

5.2.1　木模板的支设

木模板及其支架系统一般在加工厂或现场木工棚制成元件,然后再在现场拼装。图 5.24 是基本元件之一,通常称拼板。拼板的长短、宽窄可根据构件的尺寸,设计出几种标准尺寸,以便组合使用。每块重量以两个人能搬动为宜。

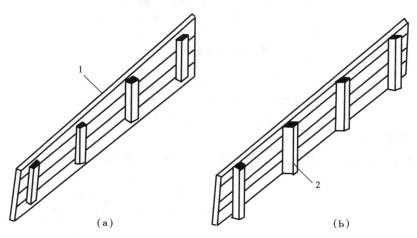

图 5.24　拼板构造
(a)一般拼板　(b)梁侧板的拼板
1—板条;2—拼条

施工现场亦多用如图 5.25 所示的定型模板,其规格一般为 1 000 mm×500 mm。这种模板周转次数多,刚度好、节约木材。

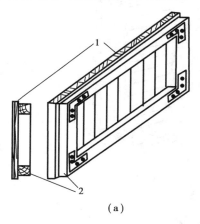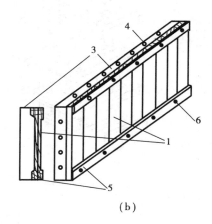

图 5.25　定型模板构造
(a)木制　(b)钢木混合
1—25 厚木板;2—40×50 方木;3—∟ 40×4;4—椭圆孔;5— −25×3;6—沉头螺钉

(1)基础模板支设

基础的特点是高度一般不大而体积较大。基础模板一般利用地基或基槽(或基坑)进行支撑。如土质良好,基础最下一级可以不用模板,而进行原槽浇筑。安装时,要保证上下模板不发生相对位移。图 5.26 所示是一种条形基础模板。

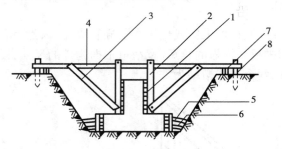

图 5.26　条形基础模板支设

1—上阶侧板;2—上阶吊木;3—上阶斜撑;4—轿杠;

5—下阶斜撑;6—水平撑;7—垫板;8—木桩

(2)柱子模板支设

柱子的断面尺寸不大而比较高。因此,柱子模板的支设须保证其垂直度及抵抗新浇筑砼的侧压力。

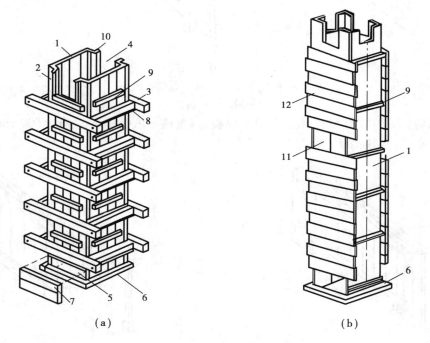

（a）　　　　　　　　　　　　（b）

图 5.27　柱模板支设

（a）拼板柱模板　（b）短横板柱模板

1—内拼板;2—外拼板;3—柱箍;4—梁缺口;5—清理孔;6—木框;

7—盖板;8—拉紧螺栓;9—拼条;10—三角木条;11—浇筑孔;12—短横板

柱模板由两块相对的内拼板、两块相对的外拼板和柱箍组成。柱箍除使四块拼板固定保持柱的形状外,还要承受由模板传来新浇筑砼的侧压力,因此柱箍的间距取决于侧压力的大小及拼板的厚度,由于侧压力是下大上小,因而柱模板下部箍筋较密。柱模板顶部根据需要开有与梁模板连接的缺口,如图 5.27(a)所示。亦可用短横板(门子板)代替外拼板钉在内拼板上,如图5.27(b)所示。有些短横板可先不钉上,作为浇筑砼的浇筑孔,待浇至其下口时再钉上。

柱模板底部开有清理孔,沿高度每隔 2 m 开有浇筑孔。柱底部一般有一钉在底部砼上的木框,用来固定柱模板的位置。

在安装柱模板前,应先绑扎好钢筋,同时在基础面上或楼面上弹出纵横轴线和四周边线,固定小方盘;然后立模板,并用临时斜撑固定;再由顶部用垂球校正,检查其标高位置无误后,即用斜撑卡牢固定。柱高大于等于 4 m 时,一般应四面支撑;当柱高超过 6 m 时,宜几根柱同时支撑连成构架。对通排柱模板,应先装两端柱模板,校正固定,再在柱模上口拉通长线校正中间各柱模板。

(3)梁模板支设

梁的特点是跨度大、宽度小,砼对梁模板既有水平侧压力,又有垂直压力。梁模板及其支架要能承受这些荷载而不致发生超过规范允许的过大变形。

梁模板主要由底模、侧模、夹木及其支架系统组成,如图 5.28 所示。底模板用长条模板加拼条拼成,或用整块板。为承受垂直荷载,在梁底模板下每隔一定间距(800 ~ 1 200 mm)用顶撑(琵琶撑)撑住。顶撑可用圆木、方木或钢管制成。顶撑底要加垫一对木楔块以调整标高。为使顶撑传下来的集中荷载均匀地传给地面,在顶撑底加铺垫板。在多层建筑施工中,应使上、下层的顶撑在同一条竖向位置上。侧模板用长条板加拼条制成,为承受砼侧压力,底部用夹木夹住,并加斜撑和水平拉条固定。

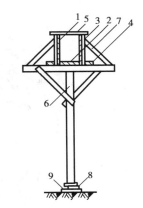

图 5.28　单梁模板支设
1—侧模板;2—底模板;3—侧模拼板;
4—夹木;5—水平拉条;6—顶撑;
7—斜撑;8—木楔;9—木垫板

单梁的侧模板一般拆除较早,因此,侧模板应包在底模板的外面。梁模板与柱模板的连接如图5.29所示。

如梁的跨度大于等于 4 m 时,应使梁底模板中部起拱,以防止由于浇筑砼的重量使跨中下垂。如设计无规定时,起拱高度宜为全跨长度的 1.5/1 000 ~ 3/1 000。

梁模板支设顺序是:沿梁模板下方地面上铺垫板,在柱模缺口处钉衬口木档,把底板搁置在衬口木档上,接着立起靠近柱或墙的顶撑,再将梁长度等分,立中间部分顶撑,顶撑底下打入木楔,接着把侧模板放上,两头钉于衬口档上,在侧板底外侧铺钉夹木,再钉上斜撑、水平拉条。有主次梁模板时,要待主梁模板安装并校正以后才能进行次梁模板支设。梁模板支设后再拉中线检查、复核各梁模板中线位置是否正确。底模板安装后,应检查并调整标高。

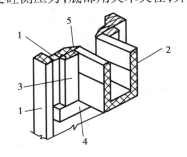

图 5.29　梁模板与柱模板的连接
1—柱或大梁侧板;2—梁侧板;
3、4—衬口板;5—斜口小木

(4)楼板模板支设

楼板的面积大而厚度比较薄,侧向压力小。楼板模板及其支架系统,主要承受砼的自重垂直荷载和其他施工荷载,保证模板不变形。

　　楼板模板的底模用木板或用定型模板拼成,铺设在楞木上,如图 5.30 所示。楼板模板常用 20～30 mm 厚的木板拼合,板下用 60 mm×90 mm 或 100 mm×100 mm 的方楞支撑,间距不宜大于 600 mm。板跨大的可于板中间设立一排立木支柱,间距 1.0 m 左右。木模板也可预先做成定型模板,其规格为 500 mm×1 000 mm。楞木搁置在梁模板外的托木上,若楞木面不平,可加木楔调平。当楞木的跨度较大时,中间应加设立柱。立柱上钉通长的杠木。底模板应垂直于楞木方向铺钉,应适当调整楞木间距来配合定型模板的规格。

　　在主梁、次梁模板支设完毕后,才可支设托木、楞木及楼板底模。

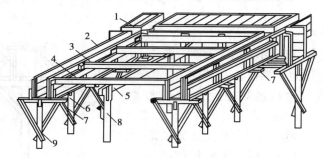

图 5.30　有梁楼板模板支设
1—楼板模板;2—梁侧模板;3—楞木;4—托木;5—杠木;
6—夹木;7—短撑木;8—杠木撑;9—顶撑

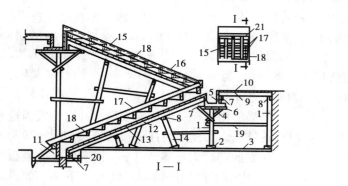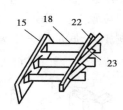

图 5.31　楼梯模板支设
1—支柱;2—木楔;3—垫板;4—平台梁底板;5—侧板;6—夹板;7—托板;8—牵杠;9—木楞;
10—平台底板;11—楼基侧板;12—斜木楞;13—楼梯底板;14—斜向支柱;15—外帮板;16—横挡板;
17—反三角板;18—踏步侧板;19—拉杆;20—木桩;21—平台梁模;22—长木条;23—小木条

(5)楼梯模板支设

　　楼梯模数的构造与楼板相似,不同点是要倾斜支设和做成踏步(见图 5.31)。支设时,在楼梯间的墙上按设计标高画出楼梯段、楼梯踏步及平台板、平台梁的位置。先立平台梁、平台板的模板(同楼板模板安装),然后在楼梯基础侧板上钉托木,楼梯模板的斜楞钉在基础梁平台梁侧板外的托木上。在斜楞木上面铺钉楼梯底模。下面立斜向顶撑,斜向顶撑间距 1～1.2 m,用拉杆拉结。再沿楼梯边立外帮板,用外帮板上的横挡木将外帮板钉固在斜木楞上。再在靠墙的一面把反三角板立起,反三角板的两端可钉于平台梁和梯基的侧板上,然后在反三角板与外帮板之间逐块钉上踏步侧板,踏步侧板一头钉在外帮板的木档上,另一头钉在反三角板上的三角木块(或小木条)侧面上。当梯段较宽时,应在梯段中间再加反三角板,以免在浇筑砼时发生踏步侧板凸肚现象。为了确保梯板符合要求的厚度,在踏步侧板下面可垫若干小木块,在浇筑砼时随时取出。

在楼梯段模板放线时,要注意每层楼梯第一个踏步与最后一个踏步的高度,常因疏忽了楼地面面层厚度的不同,而造成高低不同的现象,影响使用。

现浇结构模板安装和预埋件、预留孔洞的允许偏差应符合规范中的有关规定。

5.2.2　定型组合钢模板的支设

(1)定型组合钢模板的组成

定型组合钢模板是一种工具式定型模板,由钢模板和配件组成,配件包括连接件和支承件。

钢模板通过各种连接件和支承件可组合成多种尺寸和几何形状,以适应各种类型建筑物的梁、柱、板、墙、基础和设备基础等施工的需要。也可用其拼成大模板、滑模、隧道模和台模等。

定型组合钢模板的支设工效高;组装灵活,通用性强;拆装方便,周转次数多,每套钢模可重复使用 50 次以上;加工精度高,浇筑砼的质量好;成型后的砼尺寸准确,棱角齐整,表面光滑,可节省装修用工。

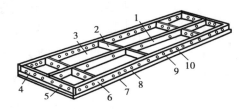

图 5.32　平面模板
1—中纵肋;2—中横肋;3—面板;4—横肋;
5—插销孔;6—纵肋;7—凸棱;8—凸鼓;
9—U 形卡孔;10—钉子孔

1)钢模板　钢模板包括平面模板和转角模板等。转角模板有阴角模板、阳角模板和连接角模板三种,主要用于结构的转角部位。

①平面模板　用于基础、墙体、梁、板、柱等各种结构的平面部位,由面板和肋组成。面板厚 2.3 mm 或 2.5 mm。肋条上设有 U 形卡孔,利用 U 形卡孔和 L 形插销等拼装成大块板,如图 5.32 所示。

②阴角模板　用于砼构件阴角部位,如内墙角或水池壁内角以及梁板交接处阴角,如图 5.33(a)所示。

③阳角模板　用于砼构件阳角,如图 5.33(b)所示。

④连接角模板　用于平模作垂直连接构成阳角,如图 5.33(c)所示。

钢模板采用模数制设计,宽度模数以 50 mm 进级,长度为 150 mm 进级,可横竖拼装成以 50 mm 进级的任何尺寸的模板。钢模板的规格见表 5.8。如拼装时出现不足模数的空缺,则用镶嵌木条补缺,用钉子或螺栓将木条与板块边框上的孔洞连接。

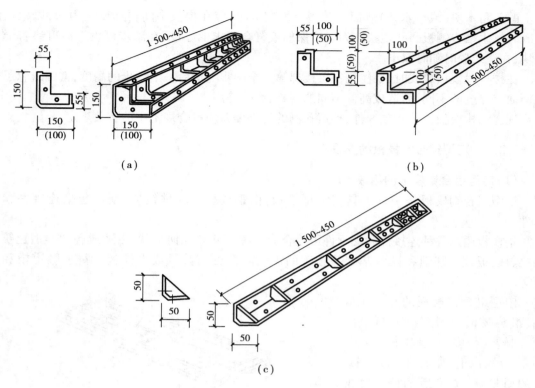

图 5.33　转角模板

（a）阴角模板　（b）阳角模板　（c）连接角模板

表 5.8　钢模板规格编码表

模板名称			模板长度/mm					
			450		600		750	
			代号	尺寸	代号	尺寸	代号	尺寸
平面模板（代号P）	宽度/mm	300	P3004	300×450	P3006	300×600	P3007	300×750
		250	P2504	250×450	P2506	250×600	P2507	250×750
		200	P2004	200×450	P2006	200×600	P2007	200×750
		150	P1504	150×450	P1506	150×600	P1507	150×750
		100	P1004	100×450	P1006	100×600	P1007	100×750
阴角模板（代号E）			E1504	150×150×450	E1506	150×150×600	E1507	150×150×750
			E1004	100×150×450	E1006	100×150×600	E1007	100×150×750
阳角模板（代号Y）			Y1004	100×100×450	Y1006	100×100×600	Y1007	100×100×750
			Y0504	50×50×450	Y0506	50×50×600	Y0507	50×50×750
连接角模（代号J）			J0004	50×50×450	J0006	50×50×600	J0007	50×50×750

续表

模板名称			模板长度/mm					
			900		1 200		1 500	
			代号	尺寸	代号	尺寸	代号	尺寸
平面模板代号（P）	宽度/mm	300	P3009	300×900	P3012	300×1 200	P3015	300×1 500
		250	P2509	250×900	P2512	250×1 200	P2515	250×1 500
		200	P2009	200×900	P2012	200×1 200	P2015	200×1 500
		150	P1509	150×900	P1512	150×1 200	P1515	150×1 500
		100	P1009	100×900	P1012	100×1 200	P1015	100×1 500
阴角模板（代号E）			E1509	150×150×900	E1512	150×150×1 200	E1515	150×150×1 500
			E1009	100×150×900	E1012	100×150×1 200	E1015	100×150×1 500
阳角模板（代号Y）			Y1009	100×100×900	Y1012	100×100×1 200	Y1015	100×100×1 500
			Y0509	50×50×900	Y0512	50×50×1 200	Y0515	50×50×1 500
连接角模（代号J）			J0009	50×50×900	J0012	50×50×1 200	J0015	50×50×1 500

为便于板块之间的连接,钢模板边框上有连接孔,孔距均为 150 mm,端部孔距边肋为 75 mm。

2)连接件　定型组合钢模板的连接件包括:U 形卡、L 形插销、钩头螺栓、对拉螺栓、紧固螺栓扣件等。

①U 形卡　如图 5.34 所示,用于相邻模板的拼接。为抵消因打紧 U 形卡可能产生的位移,每隔一孔卡插一个,安装方向一顺一倒相互交错,安装距离不大于 300 mm。

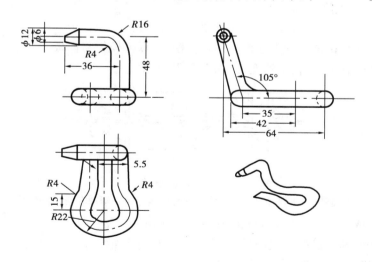

图 5.34　U 形卡

②L 形插销　如图 5.35 所示,用于插入钢模板端部横肋的插销孔内,以加强相邻模板接头处的刚度和保证接头处板面平整。

③钩头螺栓　钩头螺栓是连接模板与支撑系统(主要是纵、横肋)的连接件,如图 5.36 所示。

161

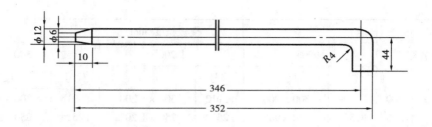

图 5.35　L 形插销

图 5.36　钩头螺栓

④紧固螺栓　紧固螺栓用于钢模板与外钢楞之间的连接固定,如图 5.37 所示。

图 5.37　紧固螺栓

⑤对拉螺栓　对拉螺栓用于连接墙壁两侧模板,保持模板与模板之间的设计厚度,并承受砼侧压力及水平荷载,使模板不致变形,如图 5.38 所示。

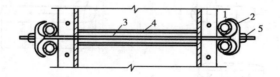

图 5.38　对拉螺栓

1—圆钢管钢楞;2—3 形扣件;3—对拉螺栓;4—塑料套管;5—螺母

对于剪力墙或高度大于 700 mm 的梁,可用对拉钢片来保证其厚度。

⑥扣件　扣件和螺栓配合使用,用于钢楞与钢楞或与钢模板之间的紧固。按钢楞的不同形状,分别采用蝶形扣件和"3"形扣件,如图 5.39 所示。

3)支承件　定型组合钢模板的支承件包括柱箍、钢楞、支架、斜撑、钢桁架等。

①钢桁架　钢桁架作为梁模板的支撑工具,可取代梁模板下的立柱。跨度小、荷载较轻时,桁架可用钢筋焊成;跨度和荷载较大时,可用钢筋或钢管制成。梁的跨度较大时,可连续安装桁架,中间加支柱。图 5.40(a)所示为整榀式,一个桁架的承载能力约为 30 kN;图 5.40(b)

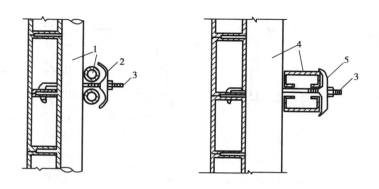

图 5.39　扣件
1—圆形钢管;2—"3"形扣件;3—钩头螺栓;4—内卷边槽钢;5—蝶形扣件

所示为组合式桁架,可调范围为 2.5～3.5 m,一榀桁架的承载能力为 20 kN。桁架两端可支承在墙体、工具式立柱或钢管架上。

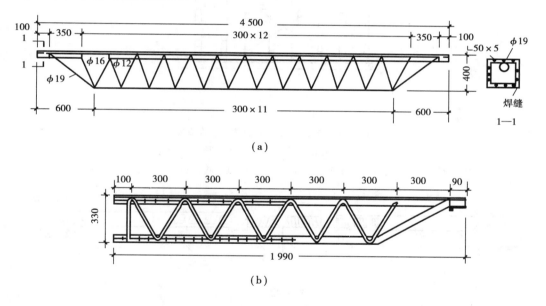

图 5.40　钢桁架示意图
(a)整榀式　(b)组合式

②钢支架(琵琶撑)　常用钢管支架如图 5.41(a)所示,它由内外两节钢管制成,可伸缩以调节支柱高度,高度变化范围为 1.3～3.6 m,每档调节高度为 100 mm。另一种钢管支架本身装有调节螺杆,能调节一个孔距的高度,使用方便,如图 5.41(b)所示。

当荷载较大单根支架承载力不足时,可用组合钢支架或钢管井架,如图 5.41(c)所示。还可用门形脚手架作支架,如图 5.41(d)所示。

③斜撑　由组合钢模板拼成的整片墙模或柱模,在吊装就位后,应用斜撑调整和固定其垂直位置。斜撑构造如图 5.42 所示。

④钢楞　钢楞即模板的横档或竖档,分内钢楞和外钢楞。内钢楞配置方向一般与钢模板垂直,直接承受钢模板传来的荷载,其间距一般为 700～900 mm。外钢楞承受内钢楞传来的荷

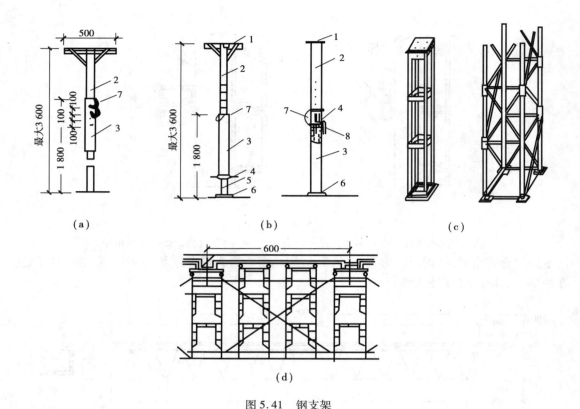

图 5.41　钢支架

(a)钢管支架　(b)调节螺杆钢管支架

(c)组合钢支架和钢管井架　(d)门形脚手架支架

1—顶板;2—插管;3—套管;4—转盘;5—螺杆;6—底板;7—插销;8—转动手柄

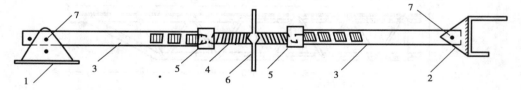

图 5.42　斜撑

1—底座;2—顶托;3—钢管斜撑;4—花篮螺丝;5—螺母;6—旋杆;7—销钉

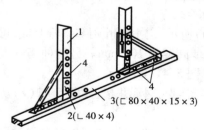

图 5.43　组合梁卡具

1—调节杆;2—三角架;3—底座;4—螺栓

载,或用来加强模板结构的整体刚度和调整平直度。钢楞一般用圆钢管、矩形钢管、槽钢或内卷边槽钢。

⑤梁卡具(梁托架)　用于固定矩形梁、圈梁等模板的侧模板,可节约斜撑等材料。也可用于侧模板上口的卡固定位。其构造如图 5.43 所示。

(2)定型组合钢模板的构造与支设

1)基础模板　阶梯式基础模板的构造

如图 5.44 所示。所选钢模板的宽度最好与阶梯高度相同,基础阶梯高度如不符合钢模板宽度的模数时,可加镶木板。上层阶梯外侧模板较长,需两块钢模板拼接,拼接处除用两根 L 形插销外,上下可加扁钢并用 U 形卡连接。上层阶梯内侧模板长度应与阶梯等长,与外侧模板拼接处,上下应加 T 形扁钢板连接。上层阶梯钢模板的长度最好与下层阶梯等长,四角用连接角模拼接。

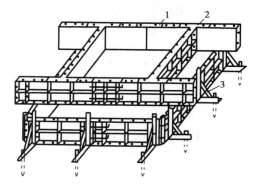

图 5.44　基础模板支设
1—扁钢连接件;2—T 形连接件;3—角钢三角撑

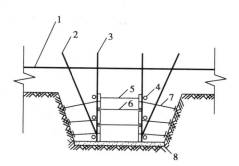

图 4.45　基础地梁支撑示意图
1—轿杠;2—斜撑;3—立撑;
4—大横撑;5—临时木内撑;6—对拉片;
7—水平撑;8—混凝土垫层

　　基础模板一般在现场拼装。拼装时先依照边线安装下层阶梯模板,用角钢三角撑或其他设备撑牢箍紧(如钢管圈檩等)。然后在下层阶梯模板上安装上层阶梯钢模板,并在上层阶梯钢模板下方垫以砼垫块或钢筋支架作为附加支承点。

　　基础地梁钢模板拼装如图 5.45 所示。

　　2)柱模板　柱模板的构造如构图 5.46 所示,由四块拼板围成,四角由连接角模连接。每块拼板由若干块钢模板组成,柱的顶部与梁相接处需留出与梁模板连接的缺口,用钢模板组合往往不能满足要求,该接头部分常用木板镶拼。若柱较高,可根据需要在柱中部设置砼浇筑孔。浇筑孔的盖板,可用钢模板或木板镶拼。柱的下端也可留垃圾清理口。

　　柱模板安装前,应沿边线先用水泥砂浆抄平,并调整好柱模板安装底面的标高,如图 5.47(a)所示。若不用水泥砂浆找平,也可沿边线用木板钉一木框,在木框上安装钢模板。边柱的外侧模板需支承在承垫板条上,板条要用螺栓固定在下层结构上,如图 5.47(b)所示。

　　柱模板现场拼装时,应根据已弹好的柱边线按配板图从下向上逐圈安装,直到柱顶。

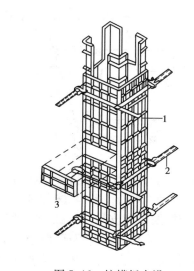

图 5.46　柱模板支设
1—平面钢模板;2—柱箍;3—浇筑孔盖板

　　3)梁模板　梁模板由底模板及两片侧模组成。底模板及两侧模板用连接角模连接(见图

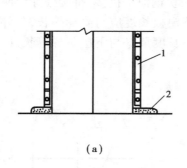
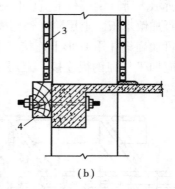

（a） （b）

图 5.47 柱模板的支设

（a）柱模板安装底面处理 （b）边柱外侧模板的固定方法

1—柱模板;2—砂浆找平层;3—边柱外侧模板;4—承垫板条

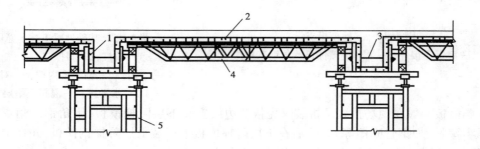

图 5.48 梁、楼板模板支设

1—梁模板;2—楼板模板;3—对拉螺栓;4—伸缩式桁架;5—门形支架

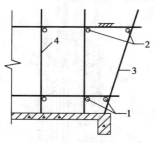

图 5.49 边梁扣件式脚手架支撑示意图

1—扫地大横杆;2—大横杆;3—斜撑;4—立杆

5.48），侧模板顶部则用阴角模板与楼板模板相接。整个梁模板用支架或钢管架支承。支架应支设在垫板上,垫板厚 5 mm,其长度至少要能连接支承三个支架。垫板下的地基必须坚实。梁侧模板承受砼的侧压力,可根据需要设对拉螺栓或卡具。

边梁模板可采用扣件式钢管脚手架进行支设,如图 5.49 所示。

4）楼板模板 楼板模板由平面钢模板拼装而成,用钢楞及支架支承。为减少支架用量,扩大板下施工空间,最好用伸缩式桁架支承。楼板模板周边用阴角模板与梁或墙模板相连接,如图5.48所示。

先安装梁模板支承架、钢楞或桁架后,再安装楼板模板。楼板模板的安装可散拼,即在已安装好的支架上按配板图逐块拼装,也可整体安装。

5）墙模板 墙模板（见图5.50）由两片模板组成,每片模板有若干块平面模板拼成。这些平面模板可横拼也可竖拼,外面用竖横钢楞加固,并用斜撑保持稳定,用对拉螺栓（或称钢拉杆）保持两片模板之间的间距（墙厚）,并承受浇筑砼时模板的侧压力。

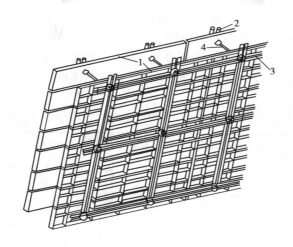

图 5.50　墙模板支设

1—墙模板；2—竖楞；3—横楞；4—对拉螺栓

墙模板的支设，先沿边线抹水泥砂浆作为安装墙模板的基底。钢模板可散拼，即按配板图由一端向另一端，由下向上逐层拼装。

墙的钢筋可在模板安装前绑扎，也可在安装好一侧模板后再绑扎钢筋，最后安装另一侧模板。

（3）钢框胶合板模板

钢框胶合板模板是由钢框和防水胶合板组成的，防水胶合板平铺在钢框上，用沉头螺栓与钢框连牢，如图 5.51 所示。这种模板在钢边框上可钻有连接孔，用连接件纵横连接可组装成各种尺寸的模板。

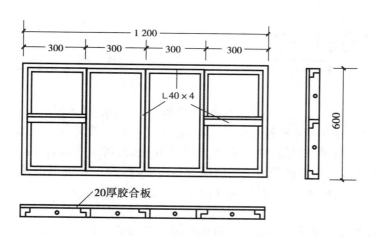

图 5.51　钢框胶合板模板

（4）组合钢模板的施工设计

为保证组合钢模板的支设质量，应在施工前进行配板设计，并画出模板配板图，用以指导模板支设。模板配板设计要求：

1）绘制模板放线图　模板放线图就是每层模板安装完毕后的平面图。图中应根据施工

167

时模板放线的需要,将各有关施工图中对模板施工有用的尺寸综合起来,绘在同一个图中。对比较复杂的结构(如楼梯),尚需画出剖面图。图 5.52 为某框架结构一个角落的模板放线图。图中标高均以下一层楼面的装饰层顶面标高为 ±0.00,实线为结构模板的边线。

2)绘制模板配板图 根据模板放线图,选用适宜的钢模板,并将其布置在模板配板图上。

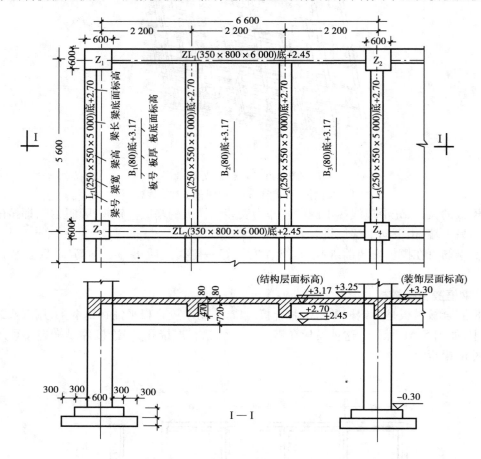

图 5.52 框架结构模板放线图(L₂、L₃ 长度为 5 375)

配板的原则是:在选择钢模板规格及配板时,尽量选用大尺寸的钢模板,以减少安装及拆除模板的工作量;配板时,宜尽量横排或纵排;端头拼接时,可采用错缝拼接,也可齐缝拼接;构造比较复杂的构件接头部位或无适当的钢模板可配置时,宜用木板镶拼,但数量应尽量减少;配板图上应注明预埋件、预留孔、对拉螺栓位置。图 5.53 和图 5.54 分别为图 5.52 中的 ZL₁ 梁及 B₁ 楼板的配板图。

3)根据配板图进行支承件的布置 首先根据结构形式、跨度、支模高度、荷载及施工条件等确定支模方案,然后可根据模板配板图进行支承件的布置,如柱箍的间距、对拉螺栓布置、钢楞间距、支柱或支承桁架的布置等。

4)列出模板和配件的规格和数量清单

5.2.3 模板安装的质量要求

模板及其支承结构的材料、质量应符合规范规定和设计要求;模板安装时,为便于模板的

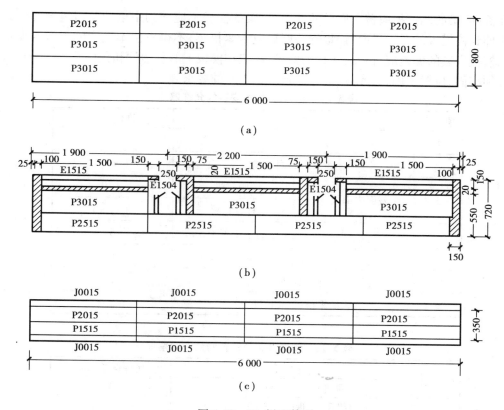

图 5.53　ZL₁梁配筋图

（a）外侧模板　（b）底模板　（c）内侧模板

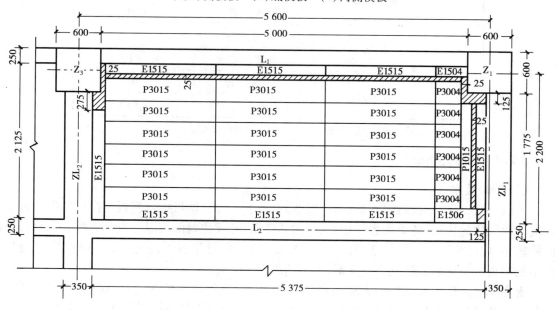

图 5.54　B₁板配筋图

周转和拆卸,梁的侧模板应盖在底模的外面,次梁的模板不应伸到主梁的开口里面,梁的模板亦不应伸到柱模板的开口里面;模板安装好后应卡紧撑牢,不得发生不允许的下沉与变形;现浇结构模板安装的偏差应符合表5.9的要求;固定在模板上的预埋件和预留孔洞均不得遗漏;安装必须牢固、位置正确,其允许偏差应符合表5.10的要求。

表 5.9　现浇结构模板安装的允许偏差

项　次	项　目		允许偏差/mm
1	轴线位置		5
2	底模上表面标高		±5
3	截面内部尺寸	基　础	±10
		柱、墙、梁	+4,－5
4	层高垂直	全高小于等于5 m	6
		全高大于5 m	8
5	相邻两板表面高低差		2
6	表面平整(2 m 长度上)		5

表 5.10　预埋件和预留孔洞允许偏差

项　次	项　目		允许偏差/mm
1	预埋钢板中心线位置		3
2	预留孔、预埋管中心线位置		3
3	预埋螺栓	中心线位置	2
		外露长度	+10.0
4	插筋	中心线位置	2
		外露长度	+10
5	预留洞	中心线位置	10
		截面内部尺寸	+10.0

注:检查中心线位置时,应沿纵横两个方向量,并取其中较大值。

5.2.4　模板的拆除

(1)拆除要求

砼成型后,经过一段时间养护,当强度达到一定要求时,即可拆除模板。模板的拆除日期,取决于砼硬化的快慢、各个模板的用途、结构的性质、砼硬化时的气温。及时拆模,可提高模板的周转率,也可为其他工作创造条件,加快施工进度。但过早拆模,砼会因为未达到一定强度而不能担负本身重量或受外力而变形,甚至断裂。

现浇结构的模板及支架的拆除,如设计无要求时,应符合下列规定:侧模应在砼强度能保证其表面及棱角不因拆模板而受损坏时,方可拆除;底模应在与结构同条件养护的试块达到表5.11的规定强度,方可拆除;快速施工的高层建筑的梁和楼板模板,如3~5d完成一层结构,其底模及支柱的拆除时间,应对所用砼的强度发展情况进行核算,确保下层楼板及梁能安全承载。

表 5.11　现浇结构拆模时所需砼强度

结构类型	结构跨度/m	按设计砼强度标准值的百分率计/%
板	≤2	50
	>2，≤8	75
	>8	100
梁、拱、壳	≤8	75
	>8	100
悬臂构件	≤2	75
	>2	100

注：设计砼强度标准值系指相应的砼立方体抗压强度标准值。

（2）拆模顺序

拆模应按一定的顺序进行，一般应遵循先支后拆、后支先拆、先非承重部位、后承重部位以及自上而下的原则。对复杂模板的拆除，事前应制订拆除方案。

1）柱模　单块组拼的应先拆除钢楞、柱箍和对拉螺栓等连接、支撑件，再由上而下逐步拆除；预组拼的应先拆除两个对角的卡件，并做临时支撑后，再拆除另两个对角的卡件，待吊钩挂好，拆除临时支撑，方能脱模起吊。

2）墙模　单块组拼的在拆除对拉螺栓、大小钢楞和连接件后，从上而下逐步水平拆除；预组拼的应在挂好吊钩，检查所有连接件是否拆除后，方能拆除临时支撑脱模起吊。

对拉螺栓拆除时，可将对拉螺栓齐砼表面切断，亦可在砼内加埋套管，将对拉螺栓从套管中抽出重复使用。

3）梁、楼板模板　应先拆梁侧模，再拆楼板底模，最后拆除梁底模。拆除跨度较大的梁下支柱时，应先从跨中开始向两端拆除。

多层楼板模板支柱的拆除，应按下列要求进行：上层楼板正在浇筑砼时，下一层楼板模板的支柱不得拆除，再下一层楼板模板的支柱，仅可拆除一部分；跨度 4 m 及 4 m 以上的梁下均应保留支柱，其间距不得大于 3 m。

（3）拆模注意事项

拆模时，操作人员应站在安全处，以免发生安全事故；拆模时，应尽量不要用力过猛，严禁用大锤硬砸和撬棍硬撬，以避免砼表面或模板受到损坏；拆下的模板及配件，严禁抛扔，用绳系好下放，按指定地点堆放；做到及时清理、整修和涂刷隔离剂，以备待用；在拆除模板过程中，如发现砼有影响结构安全的质量问题，应暂停拆除，经处理后方可继续拆除；对已拆除模板及其支撑的结构，应在达到砼设计强度等级要求后，才允许承受全部使用荷载。

5.3　钢筋砼预制构件制作技术

5.3.1　制作预制构件的模板

尺寸和重量大的装配式钢筋砼结构构件，如柱、屋架等，运输比较困难，一般在施工现场预制;大量的中小型构件,一般在预制构件厂制作,实行工业化生产。目前大多数中小型构件已定型化,能实现机械化、自动化工厂生产,提高了劳动生产率,降低了构件成本。

现场预制构件多采用装拆式木模板及钢模板,为节约模板和节省场地,现场预制构件可采用分节脱模法、胶囊成孔法、平卧叠浇法及土胎膜等方法。预制构件厂生产预制构件用的模板应以定型钢模板为主,此外还有翻转脱模、固定式胎膜、水平式拉模等。有些模板形式,在现场和预制构件厂均可采用。下面介绍几种常用的预制构件的模板。

(1)分节脱模法

分节脱模法是现场预制梁、柱等构件所采用的一种支模方法,其特点是构件的底模分为固定模板和活动模板两部分,分节进行安装,活动底模可以先拆除,即底模可以分节脱模(见图5.55)。

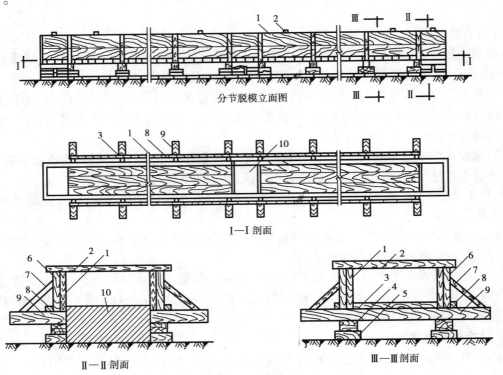

图 5.55　分节脱模示意图
1—侧模;2—搭头木;3—底模(分节铺设);4—木楔;5—垫板;6—拼条;
7—斜撑;8—夹木;9—横楞;10—固定支点

构件的底模由活动底板和固定支座组成。固定支座一般采用砖墩,顶面用水泥砂浆找平,固定支座间距为 3 m 左右。固定支座之间安设活动底板,各节活动底板及固定支座表面应在同一水平面上,误差不超过 ±3 mm。构件砼达到一定强度(一般为设计强度的 50% 左右)后,可拆除活动模板,此时构件支承在固定支座上,构件在自重作用下产生的弯矩,不致使砼受拉区开裂。

分节脱模法施工要点:固定支点应防止不均匀沉陷,支点的高度应保持底模能顺利拆出;垫板必须搁实,各节模板在同一水平面上,相邻模板的高低差不大于 1 mm;木模板在制作时,必须刨光,每次使用前要涂刷隔离剂;分节脱模的底模和边模也可使用组合式钢模板拼成。

(2)平卧叠浇法

现场预制屋架、柱等构件,为节约模板和施工场地,多采用平卧叠浇法。即利用已预制好的构件顶面作为上一层构件的底模,在侧面安装侧模板,制作同类构件(见图5.56)。

采用平卧叠浇法时,待下层构件砼的强度达到 5 N/mm² 后,方可浇筑上层构件砼。底层第一榀构件的底模要控制在同一水平面上,拆模后最好沿构件四周弹出水平线,逐层校正上层模板;叠层高度以 1 m 以下为宜,过高时支模操作困难,砼浇捣不便;构件叠合面的预留孔宜用砂、土或木条堵塞,防止上层构件的水泥浆流入;上下层构件之间应有隔离措施,在下层构件的上表面应抹皂角或黏土石灰膏等隔离剂,以防上下层构件砼粘结;灌注上层构件砼时,应避免振动器触及下层构件,破坏隔离层。

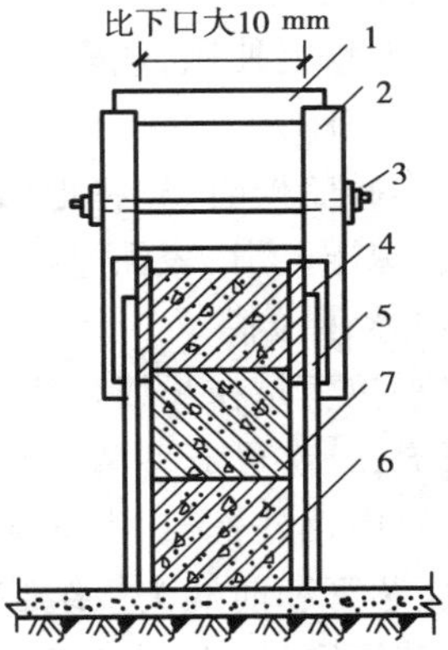

(3)胎模

胎模是指用砖或砼等材料筑成构件外形的底模。胎模由于能大量节约模板材料,就地取材,因而在现场预制构件支模中广泛应用于同一规格尺寸较多的构件。

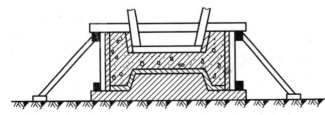

图 5.56 叠浇预制矩形柱
1—临时撑头;2—短夹木;
3—φ12 mm 螺栓;4—侧板;
5—支脚;6—已预制砼;
7—隔离剂或隔离层

1)砖胎模 砖胎模是以砖砌体作为构件的底模,砌体砌成需要的形状、尺寸,表面抹厚 20 mm 的水泥砂浆,然后再涂刷隔离剂。砖模常与木模结合,用砖作底模、木料作边模,在工地现场预制梁、柱、槽形板及大型屋面板等构件(见图5.57)。

图 5.57 工字形柱砖胎膜

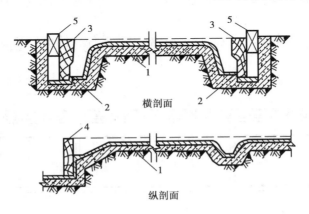

横剖面

纵剖面

图 5.58 大型屋面板砼胎膜
1—胎模;2—∟ 65 × 5;3—侧模板;4—端模板;5—木楔

2）砼胎模　砼胎模通常用于在预制构件厂生产定型构件,特别是形状较复杂的构件。采用砼固定式胎模,能使胎模表面形状与构件下表面形状相同。砼胎模易保证构件的规格尺寸,刚度好,能重复使用,侧模装拆简便,一般用于生产大型屋面板、槽形板等数量较多的定型构件（见图5.58）。

制作砼胎模时,先将地面平整夯实,然后用砖砌成胎模雏形,外面加做砼层,然后用水泥砂浆抹面,抹压光滑,表面涂隔离剂。

（4）水平拉模

水平拉模是在长线台座上生产预应力砼空心板的一种工具式模板。拉模由框架和钢模两部分组成,一次可成型两块空心板（见图5.59）。

拉模由钢外框架、内框架侧模与芯管、前后端头板、振动器、卷扬机抽芯装置等组成。内框架侧模、芯管和前端头板组装为一整体,可整体抽芯和脱模。前后端头板为钢板制成,中开圆孔可供芯管穿过,下开槽口可容预应力钢丝通过,前后端头板之间的距离即空心板长度（见图5.59）。

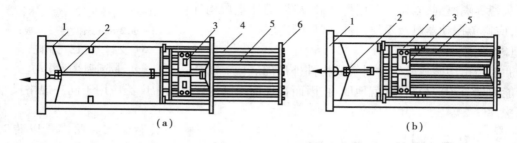

图 5.59　水平式拉模构造示意图
（a）浇筑砼时　（b）抽芯、拉模后
1—钢外框架;2—滑轮组;3—振动器;4—内框架侧模;5—芯管;6—后端头板

（5）定型钢模板

采用机组流水法生产定型构件,普遍采用定型钢模板。钢模板能够节约模板材料,周转率高。钢模板要有足够的刚度,以保证在砼的重量、侧压力作用下,以及预应力构件的张拉力作用下不变形,保证构件的形状和尺寸的准确。

图5.60为一种大型屋面板折页式钢模板,利用铰接件将侧模板和端模板与底架连接,启闭方便,应用较广。

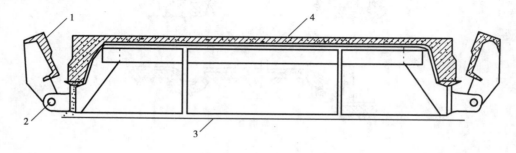

图 5.60　大型屋面板折页式钢模
1—侧模板;2—铰接件;3—底架;4—大型屋面板构件

5.3.2　预制构件的成型

预制构件振捣成型的方法有:振动法、振动加压法、挤压法及离心法等。

(1)振动法

振动法使用的振捣设备有插入式振动器、表面振动器和振动台。台座法制作预制构件多用插入式振动器和表面振动器,而采用机组流水法生产预制构件时,振捣成型多用振动台。此法因设备简单,效果好,得到了广泛应用。

振动台是一个支承在弹性支座上的工作台,其构造见图5.61。振动时应将模板牢固地固定在振动台上(可利用电磁铁固定)。否则模板的振幅和频率将小于振动台的振幅和频率,振幅沿模板分布也不均匀,影响振动效果,振动时噪音也过大。

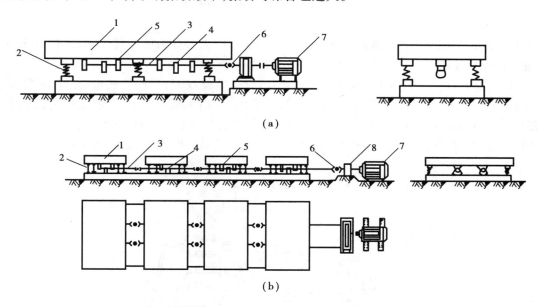

(a)

(b)

图5.61　振动台构造示意图

(a)单轴圆周振动的振动台　(b)分段式台面作垂直定向振动的振动台

1—工作台;2—弹性支座;3—振动转轴;4—偏心块;5—转轴轴承座;

6—万向联轴节;7—电动机;8—齿轮同步器

(2)振动加压法

用振动台将构件砼振动成型的同时,在构件上面要施加压力,它可加速振实过程,提高砼硬化后的强度。加压的方法分为静态加压和动态加压。

静态加压有重力加压法和气压(或液压)加压法。重力加压法,即用一块钢板或钢筋砼压板,靠其自重直接加在振动成型的砼构件表面上[见图5.62(a)]。气压或液压加压法,是在两块夹板之间放一胶囊,充入压缩空气(或压力水),作用在下夹板上的压力传给构件表面,作用在夹板上的压力由链条平衡。

动态加压法,是在压板上装设振动器,组成振动压板,它可减轻压板重量,提高振实效果[见图5.62(b)]。

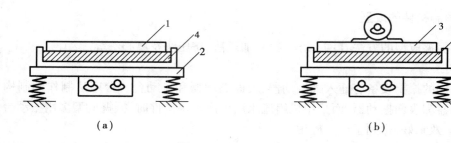

图 5.62　振动加压法
（a）静态加压　（b）动态加压
1—压板；2—振动台；3—振动压板

（3）挤压法

挤压法是利用挤压机在长线台座上生产先张法预应力多孔板的一种工艺，这种方法由于实现了机械化连续生产，生产效率高，经济效果好。

挤压机的构造见图 5.63，主要部件有机架、行模、螺旋铰刀、瓦楞形底板、振动装置、动力传动装置及料斗等。螺旋铰刀数量与空心板的孔洞数相同，螺旋铰刀后边装有板孔成型管（芯管），螺旋铰刀的颈部（进料斗处）底下设有一块瓦楞形底板，起导料作用；瓦楞形底板下部设梯形限位槽，预应力钢丝从槽内穿过，槽内再插入钢丝限位板，以限定钢丝的位置。

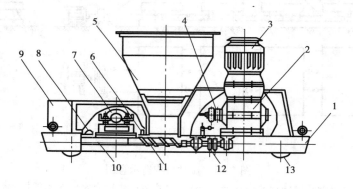

图 5.63　砼圆孔板挤压机构造示意图
1—机架及行模；2—减速箱；3—立式电机；4—上传动链轮；5—受料斗；6—强制板；7—振动器；
8—抹光板；9—配重；10—成型管；11—螺旋铰刀；12—下传动链轮；13—导轮

挤压机的工作原理是靠旋转的螺旋铰刀将砼向后挤送。在挤送过程中砼受振动机的振动和已成型的空心板的阻力的作用而被挤压密实。由于向后挤压的砼受有阻力，挤压机机身受一反作用力，在反作用力的作用下，挤压机被推动向与挤压方向相反的方向前进。随着砼不断被向后挤出，挤压机不断向前推进，形成一条连续的砼板带。

为了减小挤压机行走时偏斜，螺旋铰刀分两组相对反向转动。振动装置安设在挤压机上部对应螺旋铰刀的位置，有的在成型管内也安设振动器，同时进行内部振动。挤压机可沿导轨滑行，也可不设导轨，利用预应力钢丝导向。

用挤压机连续生产空心板，连续板带的切断方法有两种：一种是在砼达到可以放松预应力筋的强度时，用钢筋砼切割机整体切断；另一种是在砼初凝前，用灰铲手工操作或用气割法、水冲法把砼切断,待砼达到可以放松预应力筋的强度时,再切断钢丝。

（4）离心法

用离心法制作构件就是将装有砼的模板放在离心机上,以一定的旋转速度绕着模板自身纵轴旋转,由于离心力的作用,使砼尽量远离纵轴,分布于模板内壁,并将砼中的水分挤出,从而使砼得变密实。因此,用离心法制作的构件内部呈圆形空腔,外形可为圆形、方形或多角形。图5.64为离心机示意图。离心法生产过程为,先将上、下两个半管模清理干净,将下模放在操作台上,铺放隔离层或涂刷隔离剂,放入钢筋骨架,然后浇入定量砼（根据管柱体积计量）,盖上上模,拧紧螺栓,送至离心机上离心成型。

离心机成型过程分两个阶段。第1阶段离心机转速约80～150 r/min,使砼沿模板内壁均匀分布,内部形成空腔;第2阶段转速加快离心力增大,使管壁砼密实。

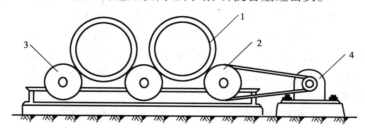

图5.64 离心机示意图
1—管模;2—主动轮;3—从动轮;4—电动机

5.3.3 预制构件的养护

目前预制构件的养护方法有自然养护和加热养护,其中加热养护有蒸汽养护、热拌热模养护及红外线养护等。现场预制构件及一部分在预制构件厂用台座法生产的构件采用自然养护。

（1）自然养护

自然养护是指在常温下（平均气温不低于+5 ℃）用适当的材料覆盖砼,并采取浇水润湿、防风防干、保温防冻等措施所进行的养护。自然养护分覆盖洒水养护和喷洒塑料薄膜溶液养护两种。覆盖洒水养护是根据外界气温（一般应在砼浇筑完毕后12 h内）用草帘、锯末、芦席、麻袋等适当材料将砼覆盖,并经常浇水保持湿润。喷洒塑料薄膜溶液养护是将塑料溶液喷涂在已凝结的砼表面上,溶液挥发后,形成一层薄膜,使砼表面与空气隔绝,砼中的水分不再蒸发,内部保持湿润状态,完成水化作用。

自然养护的主要缺点是砼强度增长速度慢,模板周转慢,因而模板用量多,场地面积大。

（2）加热养护

加热养护是通过对砼加热来加速其强度的增高。预制构件厂生产的预制构件一般多采用常压蒸汽养护,即将构件放在充有饱和蒸汽或蒸汽空气混合物的养护室内,在较高的温度和相对湿度的环境中进行养护,以加速砼的硬化。

1）蒸汽养护制度 蒸汽养护制度是指为保证构件质量而规定的养护条件及各养护阶段的基本要求。其内容包括:养护阶段的划分,静停时间,升、降温速度,恒温养护温度及时间,养护室相对湿度等。常压蒸汽养护过程分为四个阶段:静停阶段、升温阶段、恒温阶段及降温阶段。

静停阶段 构件在灌注成型后先在常温下放一段时间,称为静停。采用硅酸盐水泥、普通硅酸盐水泥配制的砼构件,静停时间一般为 2 ~ 6 h,以防止构件表面产生裂缝和疏松现象。

升温阶段 即构件由常温升到养护温度的过程。升温速度不宜过快,以免由于构件表面和内部产生过大温差而出现裂缝。升温速度为:薄壁构件(如多肋楼板、多孔楼板等)不超过 25 ℃/h,其他构件不得超过 20 ℃/h;用干硬性砼制作的构件,不得超过 40 ℃/h。

恒温阶段 温度保持不变的持续养护时间。恒温养护阶段应保持 90% ~ 100% 的相对湿度,恒温养护温度:普通水泥一般不超过 80 ℃,矿渣水泥、火山灰水泥可提高到 90 ~ 95 ℃。恒温养护时间一般为 5 ~ 8 h。

降温阶段 是恒温养护结束后,构件由养护最高温度降至常温的散热降温过程。降温速度不得超过 10 ℃/h,构件出池后,其表面温度与外界温差,不得大于 20 ℃。

2)蒸汽养护室 蒸汽养护室有间歇式和连续式两种。间歇式养护室的特点是构件分批养护,一批构件养护完毕后出池,再放入另一批构件。每批构件在养护室内都通过升温、恒温、降温三个阶段。这种养护室设备简单,但生产率低,蒸汽浪费较大。图 5.65 为一种间歇式半地下式的坑式养护室。

连续式蒸汽养护室是将养护室分为三个区:升温区、恒温区和降温区,每个区都保持规定的温湿度条件,构件以一定速度,顺序地从一个区移动至另一个区完成蒸汽养护过程。

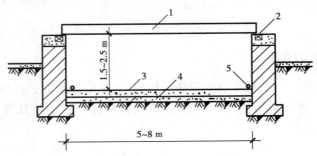

图 5.65 坑式蒸汽养护室
1—坑盖;2—水封;3—砼地面;4—白灰炉渣;5—蒸汽管

5.3.4 预制构件的质量检查和验收

大批生产或重要的预制构件,应按有关规定进行荷载试验。

验收构件时,应符合下列规定:构件外观如有缺陷及损伤时,需进行修整以后,方能进行验收。面积较小且数量不多的蜂窝或露石的砼表面,可用 1∶2 ~ 1∶2.5 的水泥砂浆抹平。在抹砂浆之前,必须用钢丝刷或加压水冲刷基层。较大面积的蜂窝、露石和露筋应按其全部深度凿去薄弱的砼层和个别突出的骨料颗粒,然后用钢丝刷或加压水洗刷表面,再用细骨料砼(比原强度等级提高一级)填塞,并仔细捣实。

构件的允许偏差,如设计无要求时,应符合《钢筋砼工程施工及验收规范(GB 50204—2002)》表 9.2.5 的规定。

5.4　砼施工技术

砼是钢筋砼结构的重要组成部分。砼质量的优劣直接影响钢筋砼结构的承载能力、耐久性和整体性。砼施工包括砼的配料、搅拌、运输、浇捣、养护等。整个过程中各工序紧密联系又相互影响，并最终影响砼工程的质量。要保证砼工程的质量，关键是保证砼工程各施工工艺过程的质量。

5.4.1　砼的配料

砼的配料是指将各种原材料按照一定的配合比配制成建筑工程需要的砼，它包括原材料的选择、砼配合比的确定、材料称量等方面的内容。

工业与民用房屋和一般构筑物所采用的砼有普通砼和轻骨料砼两类：普通砼是用水泥、普通碎(卵)石、砂和水配置的质量密度为 1 950～2 500 kg/m³ 的砼。轻骨料砼是采用水泥、轻粗骨料、轻细骨料(或普通砂)和水配置的质量密度小于 1 000～1 900 kg/m³ 的砼。轻骨料可采用天然轻骨料、人造轻骨料和工业废料轻骨料。采用普通砂作细骨料的轻骨料砼为砂轻砼；采用轻细骨料的轻骨料砼为全轻砼。为了保证砼的质量，对各种原材料的性质、成分、外观等都作出了一定的规定。

(1)砼的原材料

1)水泥　水泥是一种无机粉状水硬性胶凝材料，加水搅拌后成浆体，一段时间后，逐渐硬化并产生强度，和砂、石一起使用时，可使三者牢固胶结在一起，具有一定的强度，水泥是土木工程中一种重要的材料。

配置砼的水泥，应采用硅酸盐水泥、普通硅酸盐水泥、矿渣硅酸盐水泥、火山灰质硅酸盐水泥或粉煤灰硅酸盐水泥，必要时也可以采用其他品种的水泥，如快硬水泥、膨胀水泥等。水泥的性能指标必须符合现行国家标准的要求。

水泥进场必须有出厂合格证或进场试验报告，并对其品种、标号、包装或散装仓号、出厂日期等检查验收。当对水泥质量有怀疑或水泥出厂超过 3 个月(快硬硅酸盐水泥超过 1 个月)时，应复查试验，并按试验结果使用。

2)细骨料　砼配置中所用细骨料一般为砂，根据其平均粒径或细度模数可分为粗砂、中砂、细砂和特细砂四种。砼用砂的颗粒级配、含泥量、坚固性、有害物质含量等性质方面必须满足国家有关标准的规定。

砼用砂一般采用细度模数为 2.5～3.5 的中砂或细砂，孔隙率不宜超过 45%。砂的坚固性用硫酸钠溶液法检验，试样经 5 次循环后，其质量损失应不大于 10%。砂中一些杂质会影响砼的质量，如砂中含有过量云母会影响水泥与砂粒的粘结；黑云母易于风化，会降低砼的抗冻性和耐久性；尘屑、淤泥、黏土等杂质会降低砼的强度、抗渗性和抗冻性，增大收缩变形；硫化物和硫酸盐对水泥有腐蚀作用；有机质易分解，产生的有机酸对砼有腐蚀作用，故当有机质含量较多时，宜先用石灰水冲洗后再用清水冲洗；视比重小于 2.00 的轻物质(如煤屑和褐煤渣等)会降低砼强度；氯离子对钢筋有腐蚀作用，活性氧化硅会与水泥中的碱发生碱-骨架膨胀反应，使砼产生裂缝。为保证砼的质量，砂中有害杂质含量限制见表 5.12。

如果怀疑砂中因含无定形二氧化硅而可能引起碱-骨料反应时,应根据砼结构或构件的使用条件,进行专门试验,以确定其是否可用。

3)粗骨料　砼级配中所用粗骨料指的是碎石或卵石。卵石表面光滑,空隙率与表面积较小,水泥用量稍少,与水泥浆的粘结性也差一些,故卵石砼的强度要低一些。碎石则刚好相反,所需水泥用量稍多,与水泥浆的粘结性也好一些,故碎石砼的强度较高,但其成本也较高。

碎石或卵石的颗粒级配和最大粒径对砼的强度影响较大。级配越好,其孔隙率与总表面积越小。这样,不仅能节约水泥用量,而且砼的和易性和强度也高。碎石或卵石的颗粒级配一般应符合表5.13的规定。在级配合适的条件下,石子的最大粒径越大,其表面积越小,孔隙率也越小,这对节省水泥和提高砼的强度与密实性都有好处。但由于结构断面、钢筋间距及施工条件的限制,一般规定其最大粒径不得大于结构截面最小尺寸的1/4,且不得超过钢筋最小净距的3/4;对于砼实心板,骨料的最大粒径不宜超过板厚的1/2,且不得超过50 mm。

表5.12　砂中有害杂质含量的限制

项　目	砼强度等级	
	高于或等于 C30	低于 C30
云母含量,按质量计,不宜大于/%	2	
轻物质含量,按质量计,不宜大于/%	1	
硫化物及硫酸盐含量,按质量计(折算成 SO_2),不宜大于/%	1	
尘屑、淤泥和黏土总含量按质量计不大于/%	3	5
有机物含量(用比色法试验)	颜色不应深于标准色,如深于标准色,则应配成砂浆,进行强度对比试验,予以复核	

注:①对有抗冻、抗渗要求的砼用砂,其含泥量不应大于3%,砂中云母含量不应大于1%;对C10及以下的砼用砂,其含泥量可酌情放宽。

②砂中如含有颗粒状的硫酸盐或硫化物,则要求经专门检验,确认能满足砼耐久性要求时方能采用。

表5.13　碎石或卵石的允许颗粒级配

级配情况	公称粒径/mm	累计筛余(按质量计/%)										
		筛孔尺寸(圆孔筛/mm)										
		2.5	5	10	15	20	25	30	40	50	60	80
连续粒级	5～10	95～100	80～100	0～15	0							
	5～15	95～100	90～100	30～60	0～10	0						
	5～20	95～100	90～100	40～70		0～10	0					
	5～30	95～100	90～100	70～90		15～45		0～5	0			
	5～40		95～100	75～90		30～65			0～5	0		

续表

级配情况	公称粒径 /mm	累计筛余(按质量计/%)										
		筛孔尺寸(圆孔筛/mm)										
		2.5	5	10	15	20	25	30	40	50	60	80
单粒级	10~20		95~100	85~100		0~15	0					
	15~30		95~100		85~100			0~10	0			
	20~40			95~100		80~100			0~10			
	30~60				95~100			75~100	45~75		0~10	0
	40~80					95~100			70~100		30~60	0~10

注:①公称粒径的上限为该粒级的最大粒径。单粒级一般用于组合成具有要求级配的连续粒径。它也可与连续粒级的碎石或卵石混合使用,以改善它们的级配或配成较大粒度的连续粒径。

②根据砼工程和资源的具体情况,进行综合技术经济分析后,在特殊情况下允许直接采用单粒级,但必须避免砼发生离析。

石子中针、片状颗粒含量及含泥量、有害杂质含量,应满足表 5.14 的要求,且不宜含有块状黏土。石子的强度、坚固性、有害物质含量等方面的技术指标都应满足国家标准规定,以保证砼浇筑成型后的质量。

表 5.14　石子含泥量及针、片状颗粒和有害杂质的含量

项　目	砼强度等级	
	高于或等于 C30	低于 C30
针片状颗粒含量(按质量计)不大于/%	15	25
含泥量(按质量计)不大于/%	1.0	2.0
硫化物和硫酸盐含量(折算为 SO_3)按质量计,不宜大于/%	1	
卵石中有机质含量(用比色法试验)	颜色不应深于标准色,如深于标准色,则应于砼进行强度对比试验,予以复核	

注:①针、片状颗粒含量的定义是:凡颗粒的长度大于该颗粒所属粒级的平均粒径 2.4 倍者称为针状颗粒;厚度小于平均粒径 40% 者称为片状颗粒;平均粒径是指该粒级上下限粒径的平均值。

②对有抗冻、抗渗或其他特殊要求的砼,其所用碎石或卵石的含泥量不应大于 1%。

③如含泥基本上是非黏土质的石粉时,其总含量可由 1.0% 及 2.0% 分别提高到 1.5% 和 3.0%。

④对 C10 或低于 C10 砼用碎石或卵石,其针、片状颗粒含量可放宽到 40%;含泥量酌情放宽。

⑤碎石或卵石中如含有颗粒状硫酸盐或硫化物,则要求经专门检验,确认能满足砼耐久性要求时方能采用。

当怀疑碎石或卵石中含有无定形 SiO_2 而可能引起碱-骨料反应时,应根据砼结构或构件的使用条件进行专门试验,以确定是否可用。

骨料应按品种、规格分别堆放,不得混杂。骨料中严禁混入煅烧过的白云石或石灰块。

4)拌和水　砼拌和用水一般采用饮用水,当采用其他来源水时,水质必须符合国家现行标准《砼拌和用水标准》的规定。海水中含有氯盐,对钢筋有腐蚀作用,不得用在钢筋砼和预应力砼中。

5)外加剂 在砼中掺入少量外加剂,不仅能改善砼的性能,满足砼在施工和使用中的一些特殊要求,还能加速工程进度或节约水泥,获得很好的经济效益。选用外加剂须根据砼性能的要求、施工及气候条件,结合砼的原材料及配合比等因素,经试验后确定外加剂品种及掺量。

外加剂的种类很多,常用的有早强剂、减水剂、缓凝剂、抗冻剂和加气剂等。

①早强剂 早强剂可以提高砼的早期强度,加快工程进度,节约冬期施工费用。常用早强剂有氯化钙、硫酸钠、硫酸钾等。早强剂的常用配方、适用范围及使用效果参见表5.15。

②减水剂 减水剂是一种表面活性材料,加入砼后能对水泥颗粒起扩散作用,把水泥凝胶体中包含的游离水释放出来,从而显著减少拌和用水、改善和易性、节约水泥、提高强度。常用减水剂种类、掺量及技术经济效果见表5.16。

③缓凝剂 缓凝剂是一种能延长砼凝结时间的外加剂。主要用于夏季施工或砼浇筑时间紧张的工程中。常用缓凝剂见表5.17。

④抗冻剂 抗冻剂是能够降低砼中水的冰点的一种外加剂,在砼中起到延迟水的冻结保证砼在负温条件下能继续强度增长的作用。常用的抗冻剂有无机化合物和有机化合物两大类。但大多数抗冻剂都配制成复合剂形式,以有效利用各种外加剂的优点,如氯化钙和氯化钠复合剂、氯化钙和亚硝酸钠复合剂、氯化钙复合剂及尿素等。在这些复合外加剂中,氯化钙能使砼在负温下迅速硬化;而亚硝酸钠可使钢筋砼结构中的钢筋免受氯离子的腐蚀;尿素在某些复合外加剂中可增加水泥中硅酸盐的溶解性而加速砼的硬化。

表5.15 早强剂配方参考表

项次	早强剂名称	使用掺量 (占水泥质量的百分数)	适用范围	使用效果
1	氯化钙($CaCl_2$)	2	低温或常温硬化	7 d 强度与不掺者对比均可提高20% ~40%
2	硫酸钠	1 ~2	低温硬化	7 d 强度可提高28% ~34%
3	硫酸钾	0.5 ~2	低温硬化	7 d 强度可提高20% ~40%
4	三乙醇胺[$N(C_2H_4OH)_3$]	0.05	常温硬化	3 ~5 d 可达到设计强度的70%
5	三异丙醇胺[$N(C_3H_6OH)_3$] 硫酸亚铁($FeSO_4 \cdot 7H_2O$)	0.03 0.5	常温硬化	5 ~7 d 可达到设计强度的70%
6	硫酸钠(Na_2SO_4) 亚硝酸钠($NaSO_2$)	3 4	低温硬化	在 -5 ℃条件下,28 d 可达到设计强度的70%
7	三乙醇胺 硫酸钠 亚硝酸钠	0.03 3 6	蒸汽养护	在 -10 ℃条件下,1 ~2 月可达到设计强度的70%
8	硫酸钠石膏($CaSO_4 \cdot 2H_2O$)	2 1	常温硬化	蒸汽养护 6 h,与不掺者对比,强度可提高30% ~100%

注:①以上配方均可用于砼及钢筋砼中;

②使用氯化钙等作早强剂时,应遵守施工验收规范有关规定。

表5.16　常用减水剂的种类及掺量参考表

项次	种类	主要原料	掺量(占水泥质量的百分数)	减水率/%	提高强度/%	增加坍落度/cm	节约水泥	适用范围
1	木质素磺酸钠	纸浆废液	0.2~0.3	10~15	10~20	10~20	10~15	大体积、普通砼
2	MF 减水剂	聚次甲基萘磺酸钠	0.3~0.7	10~30	10~30	2~3倍	10~25	早强、高强、耐碱砼
3	SM 减水剂	密胶树脂	0.2~0.5	10~27	30~50			高强砼
4	FDN 减水剂	工业萘	0.5~0.75	16~25	20~50		20	早强、高强、大流动性砼
5	NNO 减水剂	亚甲基二萘磺酸钠	0.5~0.8	10~25	20~25	2~3倍	10~20	增强、缓凝、引气

注:技术经济效果指相对而言,在水泥用量、坍落度保持不变时,可减少用水量和提高强度;在水灰比和强度保持不变时,可节约水泥用量。

⑤加气剂　加气剂能在砼中产生大量微小的封闭气泡,以改善砼的和易性,提高抗冻和抗渗性能,掺有加气剂的砼还可用作灌浆砼。常用加气剂有松香酸钠、松香热聚物、铝粉等,其中铝粉加气剂主要用于预应力筋的孔道灌浆。

表5.17　常用缓凝剂的种类及掺量参考表

项次	品种	掺量(占水泥用量的百分数)	水泥初凝时间延长/h
1	木质素磺酸钙和木质素磺酸钠	0.25	3~5
2	亚硫酸盐纸浆废液	0.2	2~3
3	NNO(亚甲基二萘磺酸钠)	1	3
4	糖蜜(己糖二酸钙)	0.2~0.3	2~4
5	甲基硅酸钠	1~3	4~6
6	柠檬酸	0.05~0.1	2~4
7	磷酸	0.1~1	1~1.5
8	磷酸钠	0.5~1	1~1.5

注:纸浆废液用酸法生产的,掺量以有效物质计,磷酸以无水磷酸计,对砼强度比不掺稍有降低,在砼中要增加一定水泥用量。

⑥防锈剂　防锈剂实质上是一种比铁具有更强还原性的离子化合物,掺入砼后以减少金属失去电子的趋势,从而起到防锈的作用。在砼中掺有氯盐等可腐蚀钢筋的外加剂时,往往同时使用防锈剂。常用防锈剂有亚硝酸钠、草酸钠、硫代硫酸钠和苯甲酸等。

6)混合材料　在砼中掺入适量的矿物质混合材料,有助于减少水泥用量,改善砼的和易性。混合材料可分为水硬性和非水硬性两大类。水硬性混合材料在水中具有硬化的性质,如粉煤灰、火山灰、粒状高炉煤渣等;而非水硬性混合材料在常温下和其他物质基本不起化学反应,主要起降低水泥标号和填充的作用,常用的有石英砂粉、石灰岩粉、黏土等。混合材料的用量一般为水泥用量的 5% ~ 20% 。

混合材料只可用于硅酸盐水泥和普通硅酸盐水泥拌制的砼中。其质量应符合国家现行标准的规定,具体用量通过试验来确定。

(2)砼配合比的确定

砼的施工配合比,应根据结构设计的砼强度等级、质量检验及施工对砼和易性的要求确定,并应符合合理使用材料和经济的原则,对于有抗冻、抗渗等要求的砼,尚应符合抗冻性、抗渗性等要求。

1)试配强度 普通砼和轻骨料砼的配合比,应分别按国家现行标准《普通砼配合比设计技术规范》和《轻骨料砼技术规程》进行计算,并通过试配确定。

砼制备之前应确定施工配制强度,以保证砼的实际施工强度不低于结构设计要求的强度等级。

砼的施工配制强度可按下式确定:

$$f_{cu,o} = f_{cu,k} + 1.645\sigma \tag{5.11}$$

式中 $f_{cu,o}$——砼的施工配制强度,N/mm²;

　　　$f_{cu,k}$——砼设计强度标准值,N/mm²;

　　　σ——施工单位的砼强度标准差,N/mm²。

当施工单位具有近期的同一品种砼强度资料时,其砼强度标准差按下式计算:

$$\sigma = \sqrt{\frac{\sum\limits_{i=1}^{N} f_{cu,i}^2 - N\mu^2 f_{cu}}{N-1}} \tag{5.12}$$

式中 $f_{cu,i}$——统计周期内同一品种砼第 i 组试件的强度值,N/mm²;

　　　μf_{cu}——统计周期内同一品种砼第 N 组强度的平均值,N/mm²;

　　　N——统计周期内同一品种砼试件的总组数,$N \geq 25$。

注意:"同一品种砼"系指砼强度等级相同且生产工艺和配合比基本相同的砼;对预拌砼工厂和预制砼构件厂,统计周期可取为 1 个月;对现场拌制砼的施工单位,统计周期可根据实际情况确定,但不宜超过 3 个月;当砼强度等级为 C20 或 C25 时,如计算得到的 $\sigma < 2.5$ N/mm²,取 $\sigma = 2.5$ N/mm²;当砼强度等级高于 C25 时,如计算得到的 $\sigma < 3.0$ N/mm²,取 $\sigma = 3.0$ N/mm²。

当施工单位不具有近期的同一品种砼强度资料时,其砼强度标准差 σ 可按表 5.18 查用。

表 5.18　σ 取值　　　　　　　　　　N/mm²

砼强度等级	低于 C20	C20 ~ 35	高于 C35
σ	4.0	5.0	6.0

注:在采用本表时,施工单位可根据实际情况,对 σ 值作适当调整。

2)和易性 砼的和易性是指砼拌和后既便于浇筑,又能保持其匀质性,不出现分层离析的性能。它包括流动性、保水性和粘聚性三个方面的性能。

砼的流动性用坍落度值来表示。保水性的评定一般以坍落度筒提起后如有较多的稀浆从底部析出，锥体部分的混合料也因失浆而骨料外露，表明此砼的保水性能不好；如坍落度筒提起后无稀浆或只有少量稀浆自底部析出，则表示此砼混合材料保水性良好。粘聚性的评定通常用捣棒在已坍落的混合料锥体一侧轻轻敲打，如锥体渐渐下沉，表示其粘聚性良好；如锥体突然倒塌、部分崩裂或发生离析现象，则表示此砼的粘聚性不好。

影响砼和易性的因素较多，其主要因素有水泥性质、骨料种类、用水量、水泥浆数量、砂率和外加剂。砼的和易性应满足现行国家有关规范的要求。

3）砼施工配合比的换算　砼设计配合比是根据完全干燥的砂、石骨料制订的，但实际使用的砂、石骨料一般含有一些水分，且含水量会随着气候条件发生变化，配料时必须把这部分含水量考虑进去，才能保证砼配合比的准确。故在施工时应及时测量砂、石的含水率，并将砼的实验室配合比换算成考虑了砂石含水率条件下的施工配合比。

若砼的实验室配合比为水泥∶砂∶石 $= 1 \colon x \colon y$，水灰比为 W/C，现场测得砂的含水率为 W_x，石的含水率为 W_y，则换算后的施工配合比为∶水泥∶砂∶石 $= 1 \colon x(1 + W_x) \colon y(1 + W_y)$。

按实验室配合比 1 m³ 砼水泥用量为 $C(\mathrm{kg})$，计算时确保砼水灰比 W/C 不变（W 为用水量），则换算后的材料用量为∶

水泥　$C' = C$；

砂　　$G_砂 = C \cdot x(1 + W_x)$；

石　　$G_石 = C \cdot y(1 + W_y)$；

水　　$W' = W - C \cdot xW_x - C \cdot yW_y$。

例 5.2　已知∶某构件砼的实验室配合比为 $1 \colon x \colon y = 1 \colon 2.55 \colon 5.12$，水灰比为 $W/C = 0.6$，每 1 m³ 砼的水泥用量 $C = 285$ kg，现场测得砂含水率为 3%，石含水率为 1%。

求∶施工配合比及每 m³ 砼各种材料的用量。

解　施工配合比为　　$1 \colon x(1 + W_x) \colon y(1 + W_y) = 1 \colon 2.55(1 + 3\%) \colon 5.12(1 + 1\%) = 1 \colon 2.63 \colon 5.17$。

每 m³ 砼材料用量为∶

水泥　285（kg）；

砂　　$285 \times 2.63 = 749.55$（kg）；

石　　$285 \times 5.17 = 1\,473.45$（kg）；

水　　$285 \times 0.6 - 285 \times 2.55 \times 3\% - 285 \times 5.12 \times 1\% = 134.61$（kg）。

（3）材料称量

施工配料是保证砼质量的重要环节之一，施工配料时影响砼质量的因素主要有两方面∶一是计量误差，二是未按砂、石骨料实际含水量的变化进行施工配合比的换算。

原材料的计量精度得到保证，才能使所拌制的砼的强度、耐久性和工作性能满足设计和施工所提出的要求。试验表明∶当水计量波动 $\pm 1.0\%$ 时，砼强度将相应波动约 $\pm 3\%$；水泥计量波动 $\pm 1.0\%$ 时，砼强度波动约 $\pm 1.7\%$。如计量时，水和水泥误差各为 $+2.0\%$ 和 -2.0% 时，由于水灰比的变化，砼的强度将降低 8.9%；因此，为了保证砼的质量，原材料的计量应以重量计。施工现场或砼预拌厂所使用的称料衡器应定期校验，经常保持准确。各种原材料计量的允许偏差不得超过表 5.19 的规定。

表 5.19　砼原材料称量的允许偏差

材料名称	允许偏差/%
水泥、混合材料	±2
粗、细骨料	±3
水、外加剂	±2

注:①各种衡器应定期校验,保持准确;

②骨料含水率应经常测定,雨天施工应增加测定次数。

5.4.2　砼的拌制

砼的拌制就是水泥、水、粗细骨料和外加剂等原材料混合在一起进行均匀拌和的过程。搅拌后的砼要求匀质,且达到设计要求的和易性和强度。

(1)搅拌机

目前普遍使用的搅拌机根据其搅拌原理可分为自落式搅拌机和强制式搅拌机两大类,见表 5.20。

1)自落式搅拌机　自落式搅拌机由内壁装有叶片的旋转鼓筒组成,随着鼓筒的转动,叶片不断将砼拌和料提高,然后利用拌和料的重量自由下落,达到均匀拌和的目的。自落式砼搅拌机适用于搅拌塑性砼。自落式搅拌机按搅拌筒的形状和出料方式的不同,可分为鼓筒式,双锥式等若干种。双锥式又分为反转出料式和倾翻出料式两种。鼓筒式搅拌机已列为淘汰产品。双锥反转出料式搅拌机是自落式搅拌机中较好的一种,它的搅拌筒由两个截头圆锥组成,搅拌筒每转一周,物料在筒中的循环次数比鼓筒式搅拌机多,效率较高,且叶片布置较合理,物料一方面被提升后靠自落进行拌和,另一方面又迫使物料沿轴向左右窜动,搅拌作用强烈。它正转搅拌,反转出料,构造简单,制造容易。双锥倾翻出料式搅拌机机构简单、出料快,适用于大容量、大骨料、大坍落度的砼搅拌。多用于预拌砼厂、砼构件厂和水电工程。

表 5.20　砼搅拌机类型

自落式			强制式			
鼓筒式	双锥式		立轴式			卧轴式(单轴、双轴)
	反转出料	倾翻出料	涡浆式	行星式		
				定盘式	盘转式	

2)强制式搅拌机　强制式砼搅拌机的搅拌筒固定不转,依靠装在筒体内部转轴上的叶片强制搅拌砼拌和料。强制性搅拌机的搅拌作用比自落式搅拌机强烈,搅拌质量好、速度快、生产效率高,宜于搅拌干硬性砼和轻骨料砼。

强制式搅拌机分为立轴式与卧轴式,卧轴式有单轴、双轴之分,而立轴式又分为涡浆式和行星式两种。卧轴式搅拌机具有适用范围广、搅拌时间短、搅拌质量好等优点。

选择搅拌机时要根据工程量大小、砼的坍落度、骨料尺寸等而定。既要满足技术上的要求,又要考虑经济效果及节约能源。

搅拌机的主要工艺参数为工作容量。工作容量可以用进料容量或出料容量表示。进料容量又称为干料容量,是指该型号搅拌机可装入的各种材料体积之总和。搅拌机每次搅拌出砼的体积,称为出料容量。出料容量与进料容量之比称为出料系数。即:出料系数 = 出料容量/进料容量,出料系数一般取 0.65。

例如 J_1-400A 型砼搅拌机,进料容量为 400 L,出料容量为 260 L,即每次可装入干料体积 400 L,每次可搅拌出砼 260 L。

(2)搅拌制度

为了拌制出均匀优质的砼,除合理地选择搅拌机外,还必须正确地确定搅拌制度,包括一次投料量、搅拌时间和投料顺序等。

1)一次投料量　不同类型的搅拌机都有一定的进料容量。搅拌机不宜超载过多,如自落式搅拌机超载 10%,就会使材料在搅拌筒内无充分的空间进行掺和,影响砼拌和物的均匀性,并且在搅拌过程中砼会从筒中溅出。故一次投料量宜控制在搅拌机的额定容量以下。但亦不可装料过少,否则会降低搅拌机的生产率。施工配料就是根据施工配合比以及施工现场搅拌机的型号,确定现场搅拌时原材料的一次投料量。搅拌时一次投料量要根据搅拌机的出料容量来确定。

例 5.3　按例 5.2 已知条件不变,采用 400 L 砼搅拌机,求搅拌时的一次投料量。

解　400 L 砼搅拌机每次可搅拌砼:

$$400 \times 0.65 = 260 (L) = 0.26 \text{ m}^3$$

则搅拌时一次投料量为:

水泥　$285 \times 0.26 = 74.1(\text{kg})$,取 75 (kg),1.5 袋水泥;

砂　　$75 \times 2.63 = 197.25(\text{kg})$;

石子　$75 \times 5.17 = 387.75(\text{kg})$;

水　　$75 \times 0.6 - 75 \times 2.55 \times 0.03 - 75 \times 5.12 \times 0.01 = 45 - 5.74 - 3.84 = 35.42(\text{kg})$。

搅拌砼时,根据计算出的各组成材料的一次投料量,按重量投料。砼原材料每盘称量的偏差不得超过表 5.19 中允许偏差的规定。

2)搅拌时间　从原材料全部投入搅拌筒时起到开始卸出时止所经历的时间称为搅拌时间。为获得混合均匀、强度和工作性能都能满足要求的砼,所需的最短搅拌时间称最小搅拌时间。一般情况下,砼的匀质性随着搅拌时间的延长而增加,因而砼的强度也随着提高。但搅拌时间超过某一限度后,砼的匀质性便无显著性地改进了,砼的强度也增加很少。甚至由于水分的蒸发和较软弱骨料颗粒经长时间的研磨破碎变细,还会引起砼工作性能的降低,影响砼的质量。为此《砼结构工程施工及验收规范》规定了砼搅拌的最短时间(表 5.21)。该最短时间是按一般常用搅拌机的回转速度确定的,不允许用超过砼搅拌机说明书规定的回转速度进行搅拌以缩短搅拌延续时间。

表 5.21　砼搅拌的最短时间　　　　　　　　　　　　　　s

砼坍落度/mm	搅拌机机型	搅拌机出料量/L		
		< 250	250 ~ 500	> 500
≤30	强制式	60	90	120
	自落式	90	120	150
>30	强制式	60	60	90
	自落式	90	90	120

注:砼搅拌的最短时间系指全部材料装入搅拌筒中起到开始卸料止的时间;当掺有外加剂时搅拌时间应
　　适当延长。

3)投料顺序　确定原材料投入搅拌筒内的顺序应从提高搅拌质量、减少机械的磨损和砼的粘罐现象、减少水泥飞扬、降低电耗以及提高生产率等方面综合考虑。按照原材料加入搅拌筒内的投料顺序的不同,常用的有一次投料法和两次投料法等。

一次投料法是将砂、石、水泥装入料斗,一次投入搅拌机内,同时加水进行搅拌。为了减少水泥的飞扬和粘罐现象,对自落式搅拌机,常采用的投料顺序是:先倒砂子(或石子),再倒水泥,然后倒入石子(或砂子),将水泥夹在砂、石之间,最后加水搅拌。

二次投料法分为预拌水泥砂浆法和预拌水泥净浆法。预拌水泥砂浆法是先将水泥、砂和水加入搅拌筒内进行搅拌,成为均匀的水泥砂浆后,再加入石子搅拌成均匀的砼。预拌水泥净浆法是先将水泥和水充分搅拌成均匀的水泥净浆后,再加入砂和石搅拌成砼。试验表明,二次投料法的砼与一次投料法相比,砼强度可提高约15%。在强度相同的情况下,可节约水泥约15% ~20%。

水泥裹砂法是日本研究的砼搅拌工艺,亦称造壳砼。该法的搅拌程序是:先加一定量的水,将砂表面的含水量调节到某一规定的数值后,再将石子加入与湿砂拌匀,然后将全部水泥投入,与润湿后的砂、石拌和,使水泥在砂、石表面形成一层低水灰比的水泥浆壳(此过程称为"成壳"),最后将剩余的水和外加剂加入,搅拌成砼。试验表明,该法制备的砼与一次投料法相比较,强度可以提高20% ~30%,砼不易产生离析现象,泌水少,工作性好。

裹砂石法砼搅拌工艺是我国研究人员在水泥裹砂法的基础上研究出来的。它分两次加水,两次搅拌。用这种工艺搅拌时,先将全部的石子、砂和70%的拌和水倒入搅拌机,拌和15 s使骨料润湿,再倒入全部水泥进行造壳搅拌30 s左右,然后加入30%的拌和水再进行糊化搅拌60 s左右即完成。与普通搅拌工艺相比,用裹砂石法搅拌工艺可使砼强度提高10% ~20%,或节约水泥5% ~10%。

(3)砼搅拌站

砼搅拌站按生产能力可分为小型搅拌站(产量为15 ~45 m³/h)、中型搅拌站(产量为50 ~80 m³/h)、大型搅拌站(产量为90 ~110 m³/h)。大型搅拌站多为永久性的固定搅拌站,中型搅拌站则是便于拆装转移的半永久性搅拌站,小型搅拌站则是可随施工任务转移的移动式砼搅拌站。

砼搅拌站可分为单阶和双阶两类。单阶式砼搅拌站是指原材料由皮带运输机、螺旋输送机等运输设备一次提升到需要高度后,再借自重作用依次经过储存、称量、集料和搅拌等程序而完成砼制备的全过程。其优点是机械化和自动化程度高,产量大,生产效率高,能适应不同

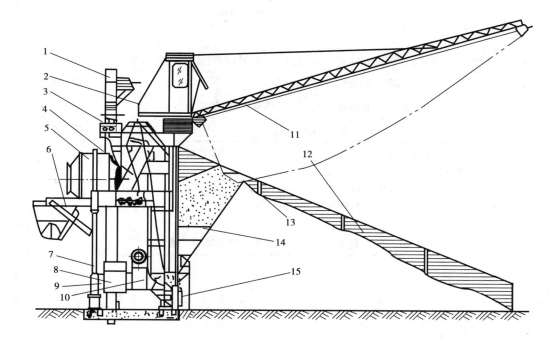

图 5.66　国产 HZ-15 型移动式砼搅拌站示意图

1—水泥输送系统;2—拉铲司机室;3—水泥秤;4—上机架;5—搅拌系统;
6—砼仓;7—立柱;8—电气柜;9—下机架;10—砂石秤;11—拉铲悬臂;
12—料场隔仓板;13—拉铲;14—砂石储料仓和喂料器;15—砂石提升斗

需要,但是投资大,建站时间较长。主要适用于大型搅拌站。双阶式搅拌站是将原材料经过两次提升,即通过第 1 次提升,依靠材料的自重经过储存、称量和集料等程序再经过第 2 次提升进入搅拌机,拌制成砼拌和物。其优点是设备比较简单,建设速度快,投资省,适用于半永久性或机动性移动式的搅拌站(见图 5.66)。

砼搅拌站由原材料储存系统、上料系统、供水系统、称量系统、搅拌系统、操纵控制系统、附加剂添加系统和污水处理系统等组成。

5.4.3　砼的运输

(1)砼的运输要求

砼由拌制地点运往浇筑地点有多种运输方法。其运输方案的选择,应根据建筑结构的特点、砼工程量、运输距离、地形、道路和气候条件以及现有设备等进行综合考虑。不论采用何种运输方式,应满足下列要求:

①在运输过程中应保持砼的均匀性,避免产生分离、泌水、砂浆流失、流动性减少等现象。当砼从高处倾落时,其倾落的自由高度不应超过 2 m。砼运至浇筑地点,应符合浇筑时规定的坍落度(见表 5.22)。

②砼在初凝前应浇筑完毕。砼从搅拌机中卸出到浇筑完毕的延续时间,不宜超过表 5.23 的规定。

表 5.22　砼浇筑时的坍落度

结构种类	坍落度/mm
基础或地面等的垫层、无配筋的大体积结构(挡土墙、基础等)或配筋稀疏的结构	10～30
板、梁和大型及中型截面的柱子等	30～50
配筋密列的结构(薄壁、斗仓、筒仓、细柱等)	50～70
配筋特密的结构	70～90

注:①本表系采用机械振捣砼时的坍落度,当采用人工捣实砼时其值可适当增大;
　　②当需要配制大坍落度砼时,应掺外加剂;
　　③曲面或斜面结构砼的坍落度根据实际需要另行选定;
　　④轻骨料砼的坍落度,宜比表中数值减少 10～20 mm。

表 5.23　砼从搅拌机中卸出到浇筑完毕的延续时间　　　　　　　　　　min

砼强度等级	气温	
	不高于 25 ℃	高于 25 ℃
不高于 C30	120	90
高于 C30	90	60

注:①对掺用外加剂或采用快硬水泥拌制的砼,其延续时间应按试验确定;
　　②对轻骨料砼,其延续时间应适当缩短。

　　③对于采用滑升模板施工的工程和大体积砼工程,须保证砼的运输量,使浇筑工作连续进行。

(2)砼的运输方法

　　砼地面运输分为地面运输、垂直运输和楼地面运输三种情况。砼地面运输如果采用预拌(商品)砼,运输距离较远时,多采用砼搅拌运输车(图5.67)。砼如来自工地搅拌站,则多用载重1 t 的小型机动翻斗车,近距离亦用双轮手推车。砼垂直运输,多采用塔式起重机＋料斗(图5.68)的方法,且可直接进行浇筑。砼楼面运输,一般用双轮手推车的方法进行浇筑。

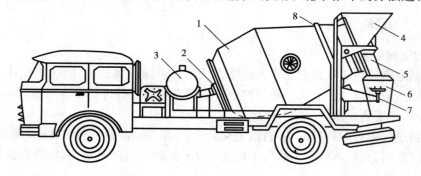

图 5.67　砼搅拌运输车外形示意图
1—搅拌筒;2—轴承座;3—水箱;4—进料斗;5—卸料槽;6—引料槽;7—托轮;8—轮圈

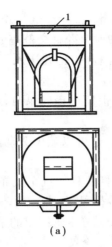
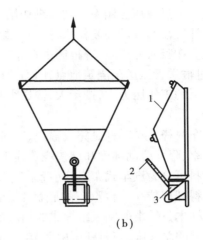

图 5.68　砼浇灌料斗

（a）立式料斗　（b）卧式料斗

1—入料口；2—手柄；3—卸料口的扇形门

（3）砼泵运输方法

砼泵是在压力推动下沿着管道输送砼的一种专用设备。它能一次连续完成砼的水平运输和垂直运输,配以布料杆还可在运送砼的同时进行砼浇筑。它具有工效高、劳动强度低等特点,是发展较快的一种砼运输方法。目前砼泵的最大水平输送距离已达 1 000 m,最大垂直输送高度可达 300 m。

1）主要设备

①砼泵　按构造原理不同,可分为活塞泵、气压泵和挤压泵等类型,其中活塞式多用。活塞式又可分为机械式和液压式两种,通常多用液压式。

液压活塞砼泵（见图 5.69）,由两个液压油缸、两个砼缸、分配阀、料斗、Y 形输送管及液压

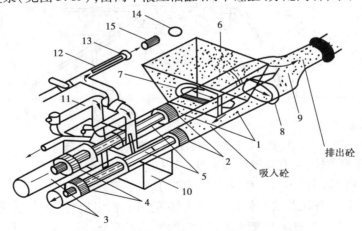

图 5.69　液压柱塞式砼泵工作原理图

1—砼缸；2—砼活塞；3—液压缸；4—液压活塞；5—活塞杆；6—料斗；
7—吸入端水平片阀；8—排出端竖直片阀；9—Y 形输送管；10—水箱；
11—水洗装置换向阀；12—水洗用高压软管；13—水洗法兰；14—海绵球；15—清洗活塞

系统组成。通过液压控制系统的操纵作用,使两个分配阀交替启闭。液压油缸与砼缸相连通,通过液压油缸活塞杆的往复作用,以及分配阀的密切协同动作,使两个砼缸交替完成吸入和压送砼冲程。在吸入冲程时,砼缸筒由料斗吸入砼拌和物;在压送冲程时,把砼送入 Y 形输送管内,并通过输送管压送至浇筑地点,因而使砼泵能连续稳定地运行。

该砼泵的工作压力大,排量大,输送距离长,施工单位常用。但使用该砼泵时,造价较高、维修复杂。

②砼布料杆　布料杆是完成输送、布料、摊铺砼入模的机具。它可以减少劳动消耗量、提高生产效率、降低劳动强度和加快浇筑施工速度。

砼布料可分为汽车式布料杆(砼泵车布料杆)和独立式布料杆两种。汽车式布料杆是把砼泵和布料杆都装在一台汽车的底盘上(见图 5.70)。特点是转移灵活,工作时不需另铺管道。布料杆本身是由薄钢板组焊成的箱形断面折叠式臂架与薄壁无缝钢管制成的泵送管道组成。根据臂的总长度,布料杆可由 2 节、3 节或 4 节臂架铰接而成。砼泵送管道通过一些悬挑结构固定于箱形臂架的一侧胶板上,最末一节泵送管端则可套装一节橡胶管。因此,通过布料杆各节臂架的俯、仰、屈、伸,能将砼泵送到臂架有效幅度范围内的任意一点。

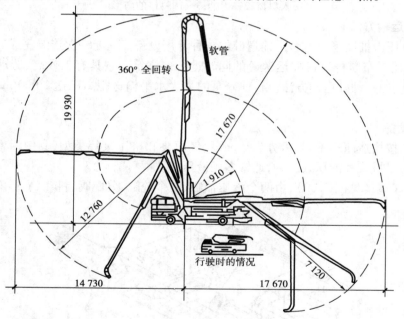

图 5.70　三折叠式布料杆泵车浇筑范围示意图

独立式布料杆种类较多,有移置式布料杆、管柱式布料杆及附装在塔吊上的布料杆等。目前在高层建筑施工中应用较多的是移置式布料杆,其次是管柱式布料杆。

移置式布料杆是一种两节式布料杆,由底架支腿、转台、平衡臂、平衡重、臂架、水平管、弯管等组成(见图 5.71)。两根水平管既是壁架结构的组成部分,同时也是砼泵送管道。这种两节式布料杆最大工作幅度为 9.5 m,有效工作面积为 300 m²。整个布料杆可用人力推动作 360°回转,其中第 2 节泵管还可用手推动,以第 1 节管端弯管为轴心作 360°回转。可将砼直接输送到其工作范围内的任何浇筑点。其特点是构造简单,加工容易,安装方便,转运迅速,操作灵活,维修简便,可用塔吊随着楼层施工升运和转移。

管柱式布料杆是由多节钢管组成的立柱、三节式臂架、泵管、转台、回转机构、操作平台、爬梯、底座等构成(见图5.72)。这种布料杆可做360°回转,最大工作幅度为17 m,最大垂直输送高度为16 m(三节臂直立时),有效布料作业面积为900 m²。在钢管立柱的下部设有液压爬升机构,借助爬升套架梁,可在楼层预留孔筒中逐层向上爬升。其特点是节省劳动力,劳动强度低;采用液压系统操纵布料杆的屈伸,机动性强,就位准确,浇筑入模精度高,物料流失量小;按钮控制,操纵容易,工效高。

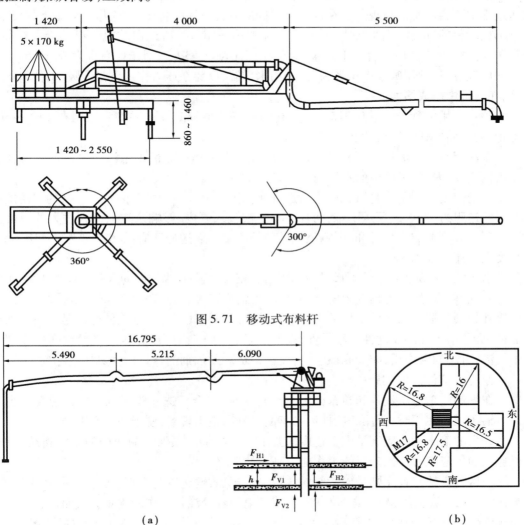

图5.71　移动式布料杆

图5.72　M17-125型管柱式机动布料杆示意图(图中尺寸单位:m)

(a)布料杆示意图　(b)布料杆工作范围图

F_H—水平反力;F_V—垂直反力;h—楼层高度

③砼输送管　管道配置与敷设是否合理,直接影响到泵送效率,有时甚至影响泵送作业的顺利完成。泵送砼的输送管道由耐磨锰钢无缝钢管制成,包括直管、弯管、接头管及锥形管(过渡管)等各种管件。有时在输送管末端配有软管,以利于砼浇筑和布料。管径有 $\phi100$、$\phi125$、$\phi150$、$\phi180$ 等数种,直管的长度有 3.0 m、2.0 m、1.0 m 等数种。弯管的角度有 15°、30°、45°、60°、90°五

种,以适应管道改变方向的需要。当两种不同管径的输送管需要连接时,中间则用锥形管过渡。锥形管的长度有 1.0 m、1.1 m、1.5 m、2.0 m 等数种。为使管道便于装拆,相邻输送管之间的连接都采用快速管接头。常用的管接头有压杆式管接头和螺栓式管接头。

2)泵送砼对原材料及配合比的要求　泵送砼时,砼拌和物在泵的推力作用下将沿输送管流动。砼能否在输送管内顺利流通,是泵送工作能否顺利进行的关键,故砼必须具有良好的被输送性能。砼在输送管道中的流动能力称为可泵性。可泵性好的砼与管壁的摩擦阻力小,在泵送过程中不会产生离析现象。在选择泵送砼的原材料和配合比时,应尽量满足下列要求:

①粗骨料的选择　当水灰比一定时,宜优先选用卵石。所选用的粗骨料的最大粒径 d_{max} 与输送管内径 D 之间应符合以下要求:对于碎石宜为 $D \geqslant 3d_{max}$;对于卵石宜为 $D \geqslant 2.5d_{max}$。

如用轻骨料,则用吸水率小者为宜,并用水预湿,以免在压力作用下强烈吸水,使坍落度降低,而在管道中形成堵塞。

②砂　宜用中砂。通过 0.315 mm 筛孔的砂应不小于 15%。砂率宜控制在 40% ~ 50%。如粗骨料为轻骨料时,还可适当提高。

③水泥用量　水泥用量不宜过小,否则砼容易产生离析。最少水泥用量视输送管径和泵送距离而定,一般每 m³ 砼中的水泥用量不宜少于 300 kg。

④砼坍落度　坍落度是影响砼与输送管间摩擦阻力大小的主要因素。较低的坍落度不但会增大输送阻力,造成砼泵送困难,而且砼不易被吸入泵内,影响泵送效率。过大的坍落度在输送过程中容易造成离析,同时影响浇筑后砼的质量。泵送砼适宜的坍落度为 8 ~ 18 cm。泵送高度大时还可以加大。

⑤水灰比　水灰比的大小对砼的流动阻力有较大的影响,泵送砼的水灰比宜为 0.5 ~ 0.6。

⑥外加剂的应用　为提高砼的流动性,减少输送阻力,防止砼离析,延缓砼凝结时间,宜在砼中掺外加剂。适于泵送砼使用的外加剂有减水剂和加气剂。减水剂的作用是在不增加用水量的情况下,增大砼的流动性与和易性,以便于泵送;加气剂可在砼拌和料颗粒间形成众多的微细气泡,可起润滑作用,减少摩擦阻力,便于泵送。外加剂的掺量应视具体情况确定。

3)泵送砼应注意的问题

①在编制施工组织设计和布置施工总平面图时,应合理选择砼泵或布料杆位置。当与砼搅拌运输车配套使用时,要使砼搅拌运输车便于进出施工现场,便于向砼泵喂料。

②砼泵的输送能力应满足施工速度的要求。砼的供应须保证输送砼的泵能连续工作,故砼搅拌站的供应能力应比砼泵的工作能力高出约 20%。

③输送管道的布置原则是尽量使输送距离最短,故输送管线宜直,转弯宜缓,接头应严密。水平输送砼时,应尽量先输送最远处的砼,使管道随着砼浇筑工作的逐步完成而由长变短。垂直输送砼时,应先经一段水平管后才可向上输送。在垂直管道的底部,应设置砼止推基座,避免砼泵的冲击力传递到管道上。另外,底部还需装设一个截止阀,防止停泵时砼倒流。

④泵送砼前,应先泵送清水清洗管道,再按规定程序试泵,待运转正常后再使用。启动泵机的程序是:启动料斗搅拌叶片→将润滑浆(水泥素浆)注入料斗→打开截止阀→开动砼泵→将润滑浆泵入输送管道→往料斗内装入砼并进行试泵送。每次泵送完毕时,必须认真做好机械清洗和管道冲洗工作。

⑤在泵送作业过程中,要经常注意检查料斗的充盈情况,不允许出现泵空的现象,以免空气进入泵内而干磨活塞。发现有骨料卡住料斗中的搅拌器或有堵塞现象时,应立即进行短时

间的反泵。若反泵不能消除堵塞时,应立即停泵,查出堵塞部位,并逐段排除管内砼。

5.4.4　砼的浇筑与振捣

(1)砼的浇筑

砼的浇筑工作包括布料摊平、捣实、抹平修整等工序。浇筑工作的好坏将影响砼的密实性、耐久性、结构的整体性等。

1)砼浇筑的一般规定

①浇筑前的准备工作　检查模板的标高、位置、尺寸、强度和刚度是否符合要求,接缝是否严密;检查钢筋和预埋件的位置、数量和保护层厚度等,并将检查结果填入隐蔽工程记录表中;清除模板内的杂物和钢筋上的油污;对模板的缝隙和孔洞应予堵严;对木模板应浇水湿润,但不得有积水;在地基或基土上浇筑砼时,应清除淤泥和杂物,并应有排水和防水措施;对干燥的非粘性土,应用水湿润;对风化的岩石,应用水清洗,但其表面不得留有积水;在降雨雪时,不宜露天浇筑砼;当需浇筑时,应采取有效措施,确保砼质量。

②浇筑工作的一般要求

A.砼的浇筑应连续进行以保证砼的整体性。当必须间歇时,其间歇时间宜缩短,并应在前层砼凝结之前将次层砼浇筑完毕。间歇的最长时间与所用的水泥品种、砼的凝结条件以及是否掺用促凝或缓凝型外加剂等因素有关。而砼连续浇筑的允许间歇时间则应由砼的凝结时间而定。砼运输、浇筑及间歇的全部时间不得超过表 5.24 的规定,当超过时应留设施工缝。

表 5.24　砼运输、浇筑和间歇的允许时间　　　　　　　　　　　　　　min

砼强度等级	气　温	
	不高于 25 ℃	高于 25 ℃
不高于 C30	210	180
高于 C30	180	150

注:当砼中掺有促凝或缓凝型外加剂时,其允许时间应根据试验结果确定。

B.砼的浇筑,应由低处往高处分层浇筑。每层的厚度应根据捣实的方法、结构的配筋情况等因素确定,且不超过表 5.25 的规定。

表 5.25　砼浇筑层厚度

捣实砼的方法	浇筑层的厚度/mm	
插入式振捣	振捣器作用部分长度的 1.25 倍	
表面振动	200	
人工捣固	在基础、无筋砼或配筋稀疏的结构中	250
	在梁、墙板、柱结构中	200
	在配筋密列的结构中	150
轻骨料砼	插入式振捣	300
	表面振动(振动时须加荷)	200

C.在浇筑竖向结构砼前,应先在底部填以50～100 mm厚与砼内砂浆成分相同的水泥砂浆;浇筑中不得发生离析现象;当浇筑高度超过3 m时,应采用串筒、溜管或振动溜管使砼下落。

D.在砼浇筑过程中,应经常观察模板、支架、钢筋、预埋件和预留孔洞的情况,当发现有变形、移位时,应及时采取措施进行处理。

E.砼浇筑后,必须保证砼均匀密实,充满模板整个空间;新、旧砼结合良好;拆模后,砼表面平整光洁。

F.砼浇筑时如发现初凝现象,则应再进行一次强力搅拌,才能入模;如出现离析现象,须重新拌和后才能浇筑。

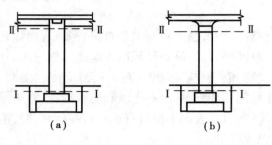

图5.73 柱子施工缝位置
(a)梁板式结构 (b)无梁楼盖结构

2)施工缝的留置 如砼的浇筑不能连续进行,中间的间歇时间需超过砼的初凝时间,则应留置施工缝。施工缝的留设位置应事先确定,该处新旧砼的结合力较差,是结构中的薄弱环节。因此,施工缝宜留置在结构受剪力较小且便于施工的部位。施工缝的留设位置应符合下列规定:

①柱子施工缝宜留置在基础的顶面、梁和吊车梁牛腿的下面、吊车梁的上面、无梁楼板柱帽的下面(见图5.73)。

在浇筑与柱和墙连成整体的梁和板时,柱的施工缝可留置在楼板面,但应在柱和墙浇筑完毕后停歇1～1.5 h,使砼拌和物初步沉实后,再继续浇筑上面的梁板结构的砼。

②与板连接成整体的大截面梁,施工缝留置在板底面以下20～30 mm处。当板下有梁托时,留置在梁托下部。

③单向板的施工缝可留置在平行于板的短边的任何位置。

④有主次梁的楼板宜顺着次梁方向浇筑,施工缝应留置在次梁跨度的中间1/3范围内(见图5.74)。

⑤墙体的施工缝留置在门洞口过梁跨中1/3范围内,也可留在纵横墙的交接处。

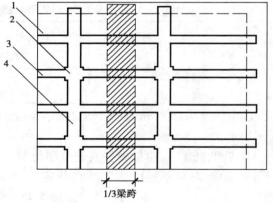

图5.74 有主次梁楼板施工缝位置
1—梁板;2—柱子;3—次梁;4—主梁

⑥双向受力板、大体积砼结构、拱、穹拱、薄壳、蓄水池、斗仓、多层刚架及其他结构复杂的工程,施工缝的位置应按设计要求留置。

⑦承受动力作用的设备基础,不应留置施工缝;当必须留置时,应征得设计单位同意。

⑧在设备基础的地脚螺栓范围内,水平施工缝必须留在低于地脚螺栓底端处,其距离应大于150 mm;当地脚螺栓直径小于30 mm时,水平施工缝可以留在不小于地脚螺栓埋入砼部分总长度的3/4处。垂直施工缝应留在地脚螺栓中心线大于250 mm处,并不小于5倍螺栓直径。

施工缝所形成的截面应与结构所产生的轴向压力相垂直,以发挥砼传递压力好的特性。所以,柱、梁的施工缝截面应垂直于结构的轴线,板、墙的施工缝应与板面、墙面垂直,不得留斜搓。

在施工缝处继续浇筑砼时,为避免使已浇筑的砼受到外力振动而破坏其内部已形成的凝结结晶结构,必须待已浇筑砼的抗压强度不小于 1.2 N/mm^2 时才可进行。

在施工缝处继续浇筑前,应对已硬化的施工缝表面进行处理。清除水泥薄膜和松动石子以及软弱砼层,必要时要凿毛,钢筋上的油污、水泥砂浆、铁锈等杂物也应清除;并加以充分湿润和冲洗干净,且不得有积水。然后,宜先在施工缝处铺一层水泥浆或与砼内成分相同的水泥砂浆,即可继续浇筑砼。砼应细致捣实,使新旧砼紧密结合。

3)框架结构砼的浇筑　多、高层框架结构施工时,垂直方向分为若干个施工层,一般是一个结构层为一个施工层。当结构平面尺寸较大时,可分为几个施工段,设置施工缝。

砼的浇筑顺序是先柱后梁板,浇筑柱时应从两端向中间推进,以免柱模板在横向推力作用下向另一方倾斜;柱的浇筑宜在梁板模板安装后进行,以便利用梁板模板稳定柱模并作为浇筑砼的操作平台用;柱在浇筑前,宜在底部先铺一层 50 ~ 100 mm 厚与所浇砼成分相同的水泥砂浆,以免底部产生蜂窝现象;柱高在 3 m 以下时,可直接从柱顶浇入砼中,若柱高超过 3 m,断面尺寸在 400 mm × 400 mm 以上且无交叉箍筋时,应在柱模中部开设浇筑孔分段浇筑,也可采用串筒直接从柱顶进行浇筑。

如柱、梁和板砼为一次连续浇筑,则应在柱砼浇筑完毕后停歇一段时间,待其初步沉实后再浇筑梁板砼,以免在连接处产生裂缝。

梁板砼一般同时浇筑,先分层浇筑梁砼,待梁内砼标高与板底齐平后,便浇筑板砼,并沿着次梁方向浇筑;当梁高超过 1 m 时,可先单独浇筑梁砼,最后浇筑楼板砼,水平施工缝设置在板下 20 ~ 30 mm 处。

4)剪力墙砼的浇筑　剪力墙砼浇筑除遵守一般规定外,在施工门窗洞口部位时,应先在洞口两侧同时浇筑,且两侧砼面高差不能太大,以防止门窗洞口部位模板移动。窗户部位应先浇筑窗台下部砼,停歇片刻后再浇筑窗间墙。跟柱的施工相同,在浇筑砼之前宜先在墙身底部浇筑约 100 mm 厚与砼内部成分相同的水泥砂浆。

5)水下砼的浇筑　对深基础和水工建筑,常采用导管法浇筑水下砼(图 5.75)。浇筑时,砼从导管下落,依靠自重扩散,边浇筑边提升导管,直至砼浇筑完毕。采用导管法浇筑水下砼,可杜绝砼与导管外水的接触,保证其砼的浇筑质量。

水下浇筑砼的设施有导管、盛料漏斗和提升机具等。导管一般用直径为 200 ~ 300 mm 钢管,每节长 1.5 ~ 2.5 mm。导管两端焊有法兰盘,用螺栓连接接长。

承料漏斗用螺栓固定在导管顶部。为保证水下砼的正常浇筑,须使导管和承料漏斗内的砼保持一定的高度。

提升机具可用卷扬机、起重机、电动葫芦等。施工时,可通过提升机具来操纵导管下降或提升。

浇筑砼前,将导管沉入水中距水底约 100 mm 处,再用铁丝或麻绳将一球塞(软木或橡胶,直径比导管内径小 15 ~ 20 mm)悬吊在距离水面约 0.2 m 处。在球塞上铺几层稍大一点的水泥纸,上面撒一些干水泥,即可向导管内灌注砼。

浇筑砼时,将导管和盛料漏斗装满砼,剪断球塞系绳,砼的重力推动球塞下落,冲出管底后

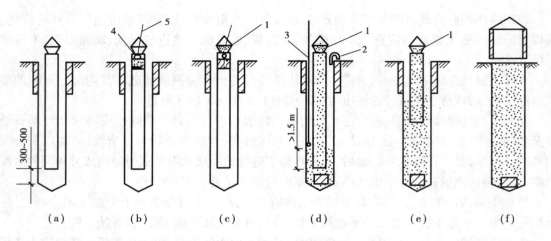

图 5.75　导管法水下浇筑砼
(a)安设导管　(b)悬挂隔水塞(或滑阀),使其与导管水面紧贴
(c)灌入砼　(d)剪断铁丝,隔水塞(或滑阀)下落孔底
(e)连续灌注砼　(f)砼灌注完毕,拔出护筒
1—盛料漏斗;2—灌注砼过程中排水;3—测绳;4—隔水塞(或滑阀);5—系绳

向四周扩散,形成一个砼堆。砼不断地从盛料漏斗溜入导管内,下端管外砼面亦不断上升,此时应将导管作相应的提升,一般每次提升高度可控制在 150～200 mm 内,这样可使导管始终埋置在砼中,不致受导管外水的影响。导管的最小埋置深度见表 5.26。当在泥浆中浇筑时,最小埋置深度为 1 m。

表 5.26　导管的最小埋置深度

砼水下浇筑深度/m	导管埋入砼的最小深度/m
≤10	0.8
10～15	1.1
15～20	1.3
>20	1.5

浇筑砼应连续而不得中断,若出现导管堵塞现象,应及时采取措施疏通,若不能疏通时,则须更换导管,或采用备用导管进行浇筑。为避免导管堵塞,砼粗骨料的最大粒径不得大于导管内径的 1/5,亦不得大于钢筋净距的 1/4。

当采用多根导管同时浇筑砼时,应从最深处开始,并保证砼面水平、均匀上升,相邻导管下口的标高差值不超过导管间距的 1/15～1/20。导管间距不宜大于 6 m,每根导管浇筑面积不宜大于 30 m²。

根据经验,水下浇筑的砼具有良好的流动性,坍落度以 150～180 mm 为宜。为增强砼的粘聚性,可适当增加水泥用量。

(2)砼的捣实

砼的捣实就是使入模的砼完成成型与密实的过程,从而保证砼结构构件外形正确,表面平整,砼的强度和其他性能符合设计的要求。

砼浇筑入模后应立即进行充分的振捣,使新入模的砼充满模板的每一角落,排出气泡,使砼拌和物获得最大的密实度和均匀性。

砼的振捣分为人工振捣法和机械振捣法。人工振捣法是利用捣棍或插钎等用人力对砼进行夯插,使之密实成型,此法适用于塑性砼拌量不大的砼振捣。机械振捣法是利用机械产生强烈振动使砼密实和成型,此法因其振捣效率高、捣实质量好而多用。

砼振动捣实机械按其工作方式不同可分为内部振动器、表面振动器、外部振动器等几种。

1)内部振动器　又称插入式振动器,在施工现场使用最多,它适用于基础、柱、梁、墙等深度或厚度较大的结构构件的砼捣实。

插入式振动器(见图5.76)的工作部分是振动棒,是一个棒状空心圆柱体,内部安装偏心振子。在电动机驱动下,由于偏心振子的振动,棒体产生高频微幅的机械振动。工作时,将振动棒插入砼中,通过棒体将振动力传给砼,使砼很快密实和成型。

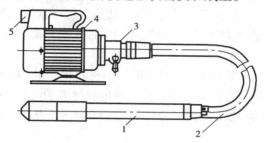

图 5.76　电动软轴行星式内部振动器
1—振动棒;2—软轴;3—加速齿轮箱;4—电动机;5—电器开关

使用插入式振动器时,应将振动棒垂直插入砼中。为使上下层砼结合成整体,振动棒插入下层砼的深度不应小于 5 cm。振动棒插点间距要均匀排列,以免漏振。捣实普通砼的移动间距,不宜大于振捣器作用半径的1.5倍;捣实轻骨料砼的移动间距,不宜大于其作用半径;振捣器与模板的距离,不应大于其作用半径的1/2,并避免碰撞钢筋、模板、芯管、吊环、预埋件等。各插点的布置方式有行列式与交错式两种(见图5.77)。振动棒在各插点的振动时间应视砼表面呈水平不显著下沉,不再出现气泡,表面泛出水泥浆为止。

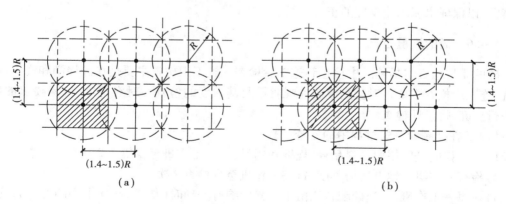

图 5.77　内部振捣器振捣砼布置方式
（a）行列式　（b）交错式

2)表面振动器　又称平移振动器,是由带偏心块的电动机和平板组成。平板振动器是放在砼表面进行振捣使砼密实。它适用于振捣楼板、地面、板形构件和薄壳等薄壁构件。当采用表面振动器时,要求振动器的平板与砼保持接触,其移动间距应保证振动器的平板能覆盖已振实部分的边缘,以保证衔接处砼的密实性。

3)外部振动器 又称附着式振动器,它直接固定在模板上,利用带偏心块的振动器产生的振动力,通过模板传递给砼,使砼密实。它适用于振捣断面较小或钢筋较密的柱、梁、墙等构件。当采用附着式振动器时,其设置间距应通过试验确定。

5.4.5 砼的自然养护

砼的凝结与硬化是水泥水化反应的结果。砼浇捣后,采取一定的工艺措施,建立适当的水化反应条件的工作,称为砼的养护。养护的目的是为砼硬化创造必要的湿度、温度条件。实践证明,养护不良的砼,由于水分很快散失,水泥水化反应不充分,强度将无法增长,其外表干缩开裂,内部组织疏松,抗渗性、耐久性也随之降低,甚至引起严重的质量事故。

砼试块通常采用在标准条件下进行养护;预制构件采用热源进行养护,现浇砼结构则采用在自然条件下进行养护。

砼在常温下(平均气温不低于 5 ℃)采用适当的材料覆盖砼,并采取浇水润湿、防风防干、保温防冻等措施所进行的养护,称为自然养护。砼的自然养护应符合下列规定:

①应在砼浇筑完毕后的 12 h 以内对砼加以覆盖和浇水,当日平均气温低于 5 ℃时,不得浇水。

②砼的浇水养护时间,对采用硅酸盐水泥、普通硅酸盐水泥或矿渣硅酸盐水泥拌制的砼,不得少于 7 d;对掺用缓凝型外加剂或有抗渗性要求的砼,不得少于 14 d;采用其他品种水泥时,砼的养护时间应根据所采用水泥的技术性能确定。

③浇水次数应能保持砼处于湿润状态。

④砼的养护用水应与拌制用水相同。

对高耸构筑物和大面积砼结构不便于覆盖浇水养护时,宜喷涂保护层(如薄膜养生液等)养护,防止砼内部水分蒸发。它是将过氯乙烯树脂塑料溶液用喷枪喷涂在砼表面上,养护剂中溶剂挥发后,便在砼表面形成一层不透水薄膜,使砼与空气隔绝,砼中的水分封闭在薄膜内而不蒸发,以保证水泥水化反应的正常进行。

5.4.6 砼的质量检查

砼的质量检查包括施工中检查和施工后检查。施工中检查主要是在砼拌制和浇筑过程的检查;施工后检查主要是对已完成砼外观质量及其强度的检查。对有抗冻、抗渗要求的砼,尚需进行抗冻、抗渗性检查。

(1)砼在拌制和浇筑过程中的检查

1)检查拌制砼所用原材料品种、规格和用量,每一工作班至少检查 2 次。

2)检查砼在浇筑地点的坍落度,每一工作班至少检查 2 次。

3)在每一工作班内,当砼配合比由于外界影响有变动时(如砂、石含水率的变化),应及时检查。

4)砼的搅拌时间应随时检查。

当采用预拌砼时,预拌厂应提供水泥品种、标号及每 m³ 砼中的水泥用量;骨料的种类和最大粒径;外加剂、掺和剂的品种及掺量;砼强度等级和坍落度;砼配合比和标准试件强度。对轻骨料砼,还应提供其密度等级等资料。

预拌砼应在商定的交货地点进行坍落度检查。实测的砼坍落度与要求坍落度之间的允许偏差应符合表 5.27 的要求。

表 5.27　砼坍落度与要求坍落度之间的允许偏差

要求坍落度/mm	允许偏差/mm
<50	±10
50~90	±20
>90	±30

(2)砼强度检查与评定

砼养护后的质量检查,主要是指抗压强度检查。评定结构构件的砼强度,应采用标准试件的砼强度,即按标准方法制作的边长为 150 mm 的标准尺寸的立方体试件,在标准养护条件下养护 28 d 龄期时,按标准试验方法测得的砼立方体抗压强度。

当需确定结构构件的拆模、出池、出厂、吊装、张拉、放张及施工期间临时负荷时的砼强度,应采用与结构构件同条件养护的标准尺寸试件的砼强度。

砼立方体试件的最小尺寸,应根据骨料的最大粒径确定。当采用非标准尺寸试件时,应将其抗压强度乘以折算系数,换算为标准尺寸试件的抗压强度值。允许的试件最小尺寸及其强度折算系数应符合表 5.28 的规定。

表 5.28　允许的试件最小尺寸及其强度折算系数

骨料最大粒径/mm	试件边长/mm	强度折算系数
≤30	100	0.95
≤40	150	1.00
≤50	200	1.05

用于检查结构构件砼质量的试件,应在砼的浇筑地点随机取样制作。试件的留置应符合以下规定:

每拌制 100 盘且不超过 100 m³ 的同配合比的砼,其取样不得少于 1 次;每工作班拌制的同配合比的砼不足 100 盘时,其取样不得少于 1 次;对现浇砼结构,每一现浇楼层同配合比的砼,其取样不得少于 1 次,同一单位工程每一验收项目中同配合比的砼,其取样不得少于 1 次。

每次取样至少留置一组标准试件,同条件养护试件的留置组数,应根据实际需要确定。预拌砼除应在预拌砼厂内按规定留置试件外,砼运到施工现场后,还应按以上的规定留置试件。

每组三个试件应在同盘砼中取样制作。该组试件砼强度代表值取三个试件试验结果的平均值,当三个试件强度中的最大值或最小值之一与中间值之差超过中间值的 15% 时,取中间值;当三个试件强度中的最大值和最小值与中间值之差均超过中间值的 15% 时,该组试件不应作为强度评定的依据。

砼强度应分批进行验收,同一验收批的砼应由强度等级相同、龄期相同、生产工艺和配合比基本相同的砼组成。对现浇砼结构构件,还应按单位工程的验收项目划分验收批,每个验收项目应按现行国家标准《建筑安装工程质量检验评定统一标准》确定,对同一验收批的砼强度,应以同批内标准试件的全部强度代表值来评定。

当砼的生产条件在较长时间内能保持一致,且同一品种砼的强度变异性能保持稳定时,应由连续的三组试件代表一个验收批,其强度应同时符合下列要求:

$$m_{f_{cu}} \geq f_{cu,k} + 0.7\sigma_0 \tag{5.13}$$

$$f_{cu,min} \geq f_{cu,k} - 0.7\sigma_0 \tag{5.14}$$

当砼强度等级不高于 C20 时,还应符合下式要求:

$$f_{cu,min} \geq 0.85 f_{cu,k} \tag{5.15}$$

当砼强度等级高于 C20 时,还应符合下式要求:

$$f_{cu,min} \geq 0.90 f_{cu,k} \tag{5.16}$$

式中　$m_{f_{cu}}$——同一验收批砼强度的平均值,N/mm^2;

　　$f_{cu,k}$——设计的砼强度标准值,N/mm^2;

　　σ_0——验收批砼强度的标准差,N/mm^2;

　　$f_{cu,min}$——同一验收批砼强度的最小值,N/mm^2。

验收批砼强度的标准差,应根据前一个检验期内(每一个检验期不应超过 3 个月,且在该期间内验收总批数不少于 15 组)同一品种砼试件的强度数据,按下式确定:

$$\sigma_0 = \frac{0.59}{m} \sum_{i=1}^{m} \Delta f_{cu,i} \tag{5.17}$$

式中　$\Delta f_{cu,i}$——前一检验期内第 i 验收批砼试件中强度的最大值与最小值之差;

　　m——前一检验期内验收批总批数。

当砼的生产条件不能满足上述规定时,或在前一检验期内的同一品种砼没有足够的强度数据用以确定验收批砼强度标准差时,应由不少于 10 组的试件代表一个验收批,其强度应同时符合下列要求:

$$m_{f_{cu}} - \lambda_1 S_{f_{cu}} \geq 0.9 f_{cu,k} \tag{5.18}$$

$$f_{cu,min} \geq \lambda_2 f_{cu,k} \tag{5.19}$$

式中　$S_{f_{cu}}$——同一验收批砼强度的标准差,按下式计算:

$$S_{f_{cu,i}} = \sqrt{\frac{\sum_{i=1}^{n} f_{cu,i}^2 - n m_{f_{cu,i}}^2}{n-1}} \tag{5.20}$$

式中　$f_{cu,i}$——验收批内第 i 组砼试件的强度值,N/mm^2;

　　n——验收批内砼试件的总组数;

　　当 $S_{f_{cu}}$ 的计算值小于 $0.06 f_{cu,k}$ 时,取 $S_{f_{cu}} = 0.06 f_{cu,k}$;

　　λ_1、λ_2——合格判定系数,按表 5.29 取值。对零星生产的预制构件的砼或现场搅拌批量不大的砼,可采用非统计法评定。

此时,验收批砼的强度必须同时符合以下要求:

$$m_{f_{cu}} \geq 1.15 f_{cu,k} \tag{5.21}$$

$$f_{cu,min} \geq 0.95 f_{cu,k} \tag{5.22}$$

表5.29 合格判定系数

试件组数	10 ~ 14	15 ~ 24	≥25
λ_1	1.70	1.65	1.60
λ_2	0.90	0.85	

当对砼试件强度的代表性有怀疑时,可采用非破损检验方法或从结构、构件中钻取芯样的方法,按有关标准的规定,对结构构件中的砼强度进行推定,作为是否进行处理的依据。砼结构构件的形状、尺寸和位置的允许偏差应符合施工验收规范的规定。

(3)砼外观质量与缺陷修整

砼结构拆除模板后,应检查其外观尺寸是否超过允许偏差值,如有应及时加以修正;对现浇砼结构其允许偏差应符合规范要求。对其表面应检查是否光滑平整,有无麻面、露筋、蜂窝、孔洞、裂缝等缺陷,如有这类缺陷,应予以修整。

1)麻面 麻面是指砼局部表面出现缺浆或小凹坑、麻点,形成粗糙面,但无钢筋外露现象。

产生原因:模板表面粗糙或粘附水泥浆渣等杂物未清理干净;木模板未浇水润湿或润湿不够;钢模板隔离剂涂刷不匀,或局部漏刷或失效,砼表面与模板粘结;模板拼缝不严,局部漏浆;砼振捣不实,气泡未排出等。

处理办法:在麻面部位浇水充分湿润后,用原砼配合比去石子砂浆,将麻面抹面压光。

2)露筋 露筋是指砼内部主筋、副筋或箍筋局部裸露在结构构件表面。

产生原因:钢筋保护层垫块过少或漏放,或振捣时位移,致使钢筋紧贴模板;结构构件截面小,钢筋过密,石子卡在钢筋上,使水泥浆不能充满钢筋周围;砼配合比不当,产生离析,靠模板部位缺浆或漏浆;砼保护层太小或保护层处砼漏振或振捣不实;木模板未浇水润湿,吸水粘结或拆模过早,以致缺棱、掉角,导致露筋。

处理办法:表面露筋时,应先将外露钢筋上的砼残渣及铁锈刷洗干净后,在表面抹1:2或1:2.5水泥砂浆,将露筋部位抹平;露筋较深时,应凿去薄弱砼和突出的颗粒,洗刷干净后,用比原砼强度等级高一级的细石砼填塞压实,并加强养护。

3)蜂窝 蜂窝是指结构构件表面砼由于砂浆少,石子多,局部出现酥松,石子之间出现孔隙类似蜂窝状的孔洞。

产生原因:材料计量不准确,造成砼配合比不当;砼搅拌时间不够,未拌和均匀,和易性差,振捣不密实或漏振,或振捣时间不够;下料不当或下料过高,未设串筒使石子集中,使砼产生离析等。

处理办法:较小的蜂窝,可用水洗刷干净后,用1:2或1:2.5水泥砂浆抹平压实;较大的蜂窝,应凿去蜂窝处薄弱松散的颗粒,刷洗干净后,再用比原砼强度等级提高一级的细骨料砼填塞,并仔细捣实;较深的蜂窝,当清除困难时,可埋压浆管、排气管、表面抹砂浆或灌筑砼封闭后,进行水泥压浆处理。

4)孔洞 孔洞是指砼结构内部有尺寸较大的空隙,局部没有砼或蜂窝特别大,钢筋局部或全部裸露。

产生原因:砼严重离析,砂浆分离,石子成堆,严重跑浆,又未进行振捣,砼一次下料过多、过厚,下料过高,振动器振动不到,形成松散孔洞;在钢筋较密的部位,砼下料被搁住,或砼内掉入工具、木块、泥块、冰块等杂物,砼被卡住等。

处理办法:将孔洞周围的松散砼和软弱浆膜凿除,用压力水冲洗,充分润湿后用比原砼强度等级提高一级的细石砼仔细浇灌、捣实。为避免新旧砼接触面上出现收缩裂缝,细石砼的水灰比宜控制在0.5以内,并可掺入水泥用量的万分之一的铝粉。

5)裂缝 裂缝是指在结构构件表面上出现的裂缝。

产生原因:结构外荷载的作用、结构变形、施工操作不当等均可产生裂缝。

处理方法:一般性细小裂缝,可将裂缝部位洗干净后,用环氧浆液灌缝或表面涂刷封闭;对较大裂缝,应沿裂缝凿八字形凹槽,洗净后用1∶2或1∶2.5水泥砂浆抹补,或干后用环氧胶泥嵌补;由于温度、干缩、徐变等引起的裂缝,可采用环氧胶泥或防腐蚀涂料涂刷裂缝部位,或加贴玻璃丝布进行表面封闭处理;对有防水防渗要求的结构裂缝,可采用水泥压力灌浆或化学注浆的方法进行修补,或注浆与表面封闭同时使用。

6)强度不够、均质性差 指结构构件的同批砼试块抗压强度平均值低于要求强度等级。

产生原因:使用过期水泥或受潮水泥;砂、石集料级配不良、空隙大,砂、石含泥量大,杂物多;外加剂使用不当或掺量不准;砼配合比不当或施工时计量不准;施工中加料顺序颠倒、搅拌时间不够、拌和不匀;或随意加水,使水灰比增大;冬期施工时拆模过早或早期砼受冻等。

处理办法:可采用非破损方法(如超声波法等)来测定结构砼实际强度,如仍不能满足设计要求,应按实际强度校核结构的安全度,且与设计单位研究处理方案采取相应加固或补强措施。

5.5 砼的冬期施工技术

《砼结构工程施工及验收规范》规定:根据当地多年气温资料,室外日平均气温连续5 d稳定低于5 ℃时,砼结构工程的施工应采取冬期施工措施。取第1个出现连续5 d稳定低于5 ℃的初日作为冬期施工的起始日期,取第1个连续5 d稳定高于5 ℃的末日作为冬期施工的终止日期。起始日期和终止日期之间的时间即为砼冬期施工期。

5.5.1 砼冬期施工原理

(1)砼冬期施工受冻原理

试验表明,砼的温度降至5 ℃时,水泥水化反应变慢,当砼的温度降至0 ℃时,水泥水化反应基本停止。当砼的温度降至 $-2 \sim -4$ ℃时,砼内部的游离水开始结冰,其体积增大约9%,便随之在砼中产生冻结应力,使初凝的砼内部产生微裂缝和空隙,以致损害砼与钢筋的粘结,使砼结构强度降低。

(2)砼冬期施工临界强度原理

新浇筑砼在受冻前达到某一初始强度值,然后遭受冻结,当恢复正温养护后,砼强度仍会继续增长,经28 d后,其后期强度可达设计强度的95%以上,这一受冻前的初始强度值称为砼允许受冻临界强度,即砼允许受冻而不致使其各项性能遭到损害的最低强度。我国现行规范规定:冻期浇筑的砼抗压强度,在受冻前,硅酸盐水泥或普通硅酸盐水泥配制的砼不得低于其设计强度标准值的 30%；矿渣硅酸盐水泥配制的砼不得低于其设计强度标准值的 40%；C10 及 C10 以下的砼不得低于 5.0 N/mm²。掺防冻剂的砼温度降低到防冻剂规定温度以下时，砼的强度不得低于 3.5 N/mm²。

（3）防止砼早期冻害的措施

①提高砼早期强度，使其尽快达到砼临界受冻强度　具体措施有：使用早强水泥或超早强水泥；掺早强剂或早强型减水剂；早期保温蓄热；早期短时加热等。

②改善砼内部结构　具体做法是增加砼的密实度，排除多余的游离水，或掺用减水型引气剂，提高砼抗冻能力。还可以掺用防冻剂，降低砼的冰点温度。

总之，选择砼冬期施工的方法，应综合考虑自然条件、结构类型、工期限制、经济指标等因素，制订合理的经济施工措施。

5.5.2　砼冬期施工方法的选择

砼冬期施工方法是为了保证砼在硬化过程中杜绝早期受冻所采取的几种综合措施。根据热源条件和所用材料，砼冬期施工方法可分为三大类：不加热方法，加热方法以及综合方法。

（1）不加热方法

当结构较为厚大，外界的气温不是很低时，可采用提高砼的初始温度，加强对砼的保温，使水泥水化反应较早较快，减少砼本身热量损失，使新浇注的砼保持一定的养护温度，以使砼温度在降至 0 ℃ 以前，砼的抗压强度达到允许受冻临界强度，如采用蓄热法、掺化学外加剂法等。

（2）加热方法

对于不厚大的构件，当天气严寒，气温较低时，可利用外部热源对新浇注砼加热。加热的方法，可通过加热砼周围的空气，然后经过空气将热量传给砼；也可直接对砼加热，使砼处于某种正温条件下养护。如采用蒸汽加热法、电热法、暖棚法等。

（3）综合方法

根据施工季节和气温情况，可采用几种方法的综合。这种方法适用范围广，目前最常用的为综合蓄热法。

选择砼冬期施工方法时，主要应考虑的因素是：自然气温条件、结构类型、结构特点、原材料、工期限制、能源情况和经济指标。常用的砼冬期施工方法列于表 5.30，供选用时参考。

5.5.3　砼冬期施工工艺要求

（1）对材料的要求

1）水泥　砼所用水泥品种和性能决定于砼养护条件、结构特点和结构在使用期间所处的环境。在配制冬期施工的砼时应优先选用活性高、水化热量大的硅酸盐水泥和普通硅酸盐水泥，不宜用火山灰质硅酸盐水泥和粉煤灰硅酸盐水泥。水泥强度不应低于 42.5 级，最小水泥用量不宜少于 300 kg/m³。水灰比不应大于 0.6。

水泥不得直接加热，可在使用前 1～2 d 运入暖棚存放，暖棚温度宜在 5 ℃ 以上。掺用防冻剂的砼，严禁使用高铝水泥。

2）骨料　骨料要求无冰块、雪团，清洁、级配良好、质地坚硬。骨料可采用加热的方法，以提高砼搅和物的温度，使结构易被破坏。

3）拌和水　拌和水中不得含有导致延缓水泥正常凝结硬化及引起钢筋和砼腐蚀的离子。

一般自来水及天然水,均可作拌和用水。

水的加热比骨料要高得多,因此,冬期拌制砼时应优先采用对水加热的方法,使砼拌和物有较高的温度。

表 5.30　冬期施工常用方法的选择

施工方法		施工方法的特点	适宜条件
养护期间不加热的方法	蓄热法	原材料加热视气温条件;用保温材料覆盖于塑料薄膜上,防止水分和热量散失;砼温度降至0℃时要达到受冻临界强度;砼硬化慢,费用低	自然气温不低于-15℃;地面以下的工程;大体积砼和表面系数不大于15的结构
	掺化学外加剂法	原材料加热视气温条件;以防冻剂为主,适当覆盖保温;砼温度降至冰点前达到临界强度;砼硬化慢,费用低,施工方便	自然气温不低于-20℃,砼冰点在-15℃以上;外加剂品种、性能应与结构特点及施工条件相适应;表面系数大于5的结构
养护期间加热的方法	蒸汽加热法	材料加热视气温条件;利用结构条件或将砼罩以外套,形成蒸汽室;有砼内预留孔道通汽;利用模板通气形成热模;耗能大,费用高	现场预制构件、地下结构、现浇梁、板、柱等;较厚的构件、柱、梁和框架;竖向结构;表面系数为6~8的结构
	电热法	利用电能转换为热能加热砼;利用磁感应加热砼;利用红外辐射加热砼;耗能大,费用高;砼硬化快	墙、梁和基础;配筋不多的梁、柱及厚度大于20 cm的板及基础等;框架梁、柱接头;表面系数大于8的结构
	暖棚法	在结构周围增设暖棚,设热源使棚内保持正温;封闭工程的外围护结构,设热源使棚内保持正温;原材料是否加热视气温条件而定;施工费用高	工程量集中的结构;有外围户结构的工程;表面系数为6~10的结构
	低蓄热法	原材料加热;掺低温早强剂或防冻剂;用一般保温材料或高效能保温材料保温;防止水分和热量散失;砼硬化慢,费用低	自然气温在+5~-15℃之间;大模板墙结构、框架结构梁、板、柱等;混合结构;表面系数不大于10的结构
	高蓄热法	原材料加热;掺防冻剂;高效能保温材料;短时间加热;砼能达到常温硬化;费用略高	框架结构梁、板、柱;自然气温在-15℃左右;表面系数大于10的结构

4)外加剂　掺入适量外加剂,能改善砼的工艺性能,提高砼的耐久性,阻止钢筋锈蚀。冬期施工中外加剂要求选用定型产品,现场自行配制时,要求计量准确。

(2)砼材料的加热

冬期施工砼原材料一般需要加热,常优先采用加热水的方法,加热温度根据热工计算确定。在自然气温不低于-8℃时,一般只加热水就能满足拌和物的温度要求。如将水加热到最高温度还不能满足砼温度的要求,再考虑加热骨料。拌和水及骨料的加热不得超过表5.31的规定。

表 5.31　拌和水及骨料最高温度　　　　　　　　　　℃

项　目	拌和水	骨　料
强度小于 52.5 级的普通硅酸盐水泥、矿渣硅酸盐水泥	80	60
强度等于及大于 52.5 级的硅酸盐水泥、普通硅酸盐水泥	60	40

注：当骨料不加热时，水可加热到 100 ℃，但水泥不应与 80 ℃以上的水直接接触，投料顺序为先投入骨料和已加热的水，然后再投入水泥。

水的加热方法有直接加热和间接加热两种，直接加热就是用铁桶、大锅或热水锅炉直接用明火提高水的温度。间接加热法分两种方法：一种方法是直接向储水箱内通蒸汽，利用蒸汽提高水的温度；另一种方法是在水箱内装置散热管，利用蒸汽提高水的温度。

砂子加热的方法分为烘烤法、直接加热法和间接加热法三种。烘烤法是用砖砌成火道，顶面覆盖钢板，在其上烘炒砂子，此法加热不易均匀，耗能大，污染环境；直接加热法是在砂堆内插入蒸汽针，直接向砂堆排放蒸汽，以提高砂的温度，亦称湿加热法，此法加热迅速，但砂子的含水率变大，应及时测定含水率并调整砼的用水量；间接加热法是在砂堆中安排蒸汽排管，管内通以蒸汽间接加热砂子，也称干热法，此法加热时间长，投资大，费用高。

（3）砼的搅拌

冬期施工时，为确保砼拌和物的质量，宜选择大容量的强制式搅拌机，且不宜露天搅拌，并尽量搭设暖棚。冬期搅拌砼的投料顺序：一般是先投入骨料和加热的水，待搅拌一定时间后，水温降低到 40 ℃左右时，再投入水泥搅拌到规定时间，以避免水泥假凝。为满足各组成材料间的热平衡，冬期搅拌砼的时间可适当延长。

对搅拌好的砼，应经常检查其温度及和易性，若有较大差异，应检查材料加热温度、投料顺序或骨料含水率是否有误，以便及时调整。

（4）砼的运输

在冬期运输过程中要注意防止砼热量散失、表面冻结、砼离析、水泥砂浆流失、坍落度变化等现象。如果在运输距离长、倒运次数多时，应改善运输条件，加强运输工具的保温覆盖，以确保运输途中砼温度不降低过快。

（5）砼的浇筑

砼在浇筑前应清除模板和钢筋上的冰雪。浇筑时，应尽量加快砼浇筑速度，防止热量散失过多。当采用加热养护时，砼养护前的温度不得低于 2 ℃。

当分层浇筑大体积结构时，已浇筑层的砼温度，在被上一层砼覆盖前，不得低于按热工计算的温度，且不低于 2 ℃。

对加热养护的现浇砼结构，其砼的浇筑程序和施工缝的位置，应能防止在加热养护时产生较大的温度应力。

冬期不得在强冻胀性地基上浇筑砼；当在冻胀性地基上浇筑砼时，基土不得受冻。

（6）砼的养护

冬期施工的砼养护，可选用蓄热法、蒸汽法、电热法、暖棚法等。

1）蓄热法　蓄热法就是利用加热原材料（水泥除外）或砼所获得的热量及水泥水化释放出来的热量，通过适当的保温材料覆盖，防止热量过快散失，延缓砼的冷却速度，保证砼能在正温环境下硬化，并达到预期强度要求的一种施工方法。

蓄热养护法只需对原材料进行加热,施工简便,易于控制,不需外加热源,造价低,是砼工程冬期施工应用最为广泛的方法。

当室外最低温度不低于 −15 ℃时,地面以下的工程或表面系数(表面系数系指结构冷却的表面积与其全部体积的比值)不大于 15 m⁻¹的结构,应优先采用蓄热法养护,只有当砼在一定龄期内采用蓄热法养护达不到要求时,才考虑采用其他养护方法。

2)蒸汽法 就是利用蒸汽在冷凝时放出的热量对新浇筑的砼进行加热养护的一种施工方法。对表面系数大,养护时间要求短的砼,当自然气温很低时,可选用蒸汽法养护砼,使砼在较短的时间内获得抗冻临界强度或达到设计强度等级。

蒸汽法应选择一套合理蒸汽养护制度,一般蒸汽养护制度包括升温—恒温—降温三个阶段。当采用蒸汽养护时,整体浇筑的结构砼,其升温和降温速度应按表 5.32 的规定进行控制,以免出现裂缝。

表 5.32 加热养护砼的升降温速度

表面系数	升温速度/(℃·h⁻¹)	降温速度/(℃·h⁻¹)
≥6	15	10
<6	10	5

常用蒸汽法的特点及适用范围见表 5.33。

表 5.33 蒸汽法分类

加热方法	特 点	适用范围
棚罩法	设施灵活、施工简便、费用较小,但耗汽量大,温度不易均匀	常用于预制梁板,地下基础,沟道等
汽套法	在模板外加密闭不透风的外套,或利用结构本身,从下部通入蒸汽;分段送汽,温度能适当控制。加热效果取决于保温构造;设施复杂	常用于现浇板结构,框架结构、墙、柱等
热模法	利用模板通蒸汽加热砼;加热均匀,温度易控制,养护时间短;设备费用较大	常用于垂直构件、墙、柱及框架结构等
内部通汽法	将蒸汽通入构件内部预留孔道加热砼;节省蒸汽、费用较低,但要注意冷凝水的处理及入汽端过热易产生裂缝	预制梁、柱、桁架、现浇梁柱、框架单梁等

3)电热法 电热法就是将电能转换成热能来养护砼的一种施工方法,这种方法设备简单,操作方便,热损失少,能适应各种条件,但耗电量较大,附加费用较高。电热法有:电极加热法,电热器加热法,电磁感应加热法等。

①电极加热法 电极加热法是利用电流通过不良导体砼所发生的热量来养护砼。电极法应采用交流电加热砼。一般宜采用工作电压为 50 ~ 110 V,在无筋结构和每 m³砼含钢量不大

于 50 kg 的结构中,可采用 120 ~ 220 V 的电压。

在电极布置时,电极的布置方案应保证砼温度均匀,其长度由结构截面而定,与钢筋砼的最小距离应符合表 5.34 的规定。

表 5.34　电极与钢筋的最小距离

电压/V	65	87	106
电极与钢筋的最小距离/mm	> 50 ~ 70	> 80 ~ 100	> 120 ~ 150

②电热器加热法　电热器加热法是以电热元件发出的热量加热砼,是一种间接电热法。根据施工条件及需要,电热器可制成各种形式。

常用的电热器有:加热现浇楼板可制成板状电热器;加热大模板现浇墙板可用电热毯;加热装配整体式钢筋砼框架的接点可用针状电热器;加热圈梁或过梁可用电热器直接固定在模板内侧以加热砼。

电热器加热法施工,一般有效加热深度为 20 cm;薄壁结构从一面加热时,有效加热深度为 15 cm。电热器加热法是综合蓄热法中短时加热的一种有效措施。

③电磁感应加热法　在结构模板表面缠上感应线圈,线圈中通入交流电,在钢模板及钢筋中则会有涡流循环,使钢模板及砼中的配筋产生热量,此热量传至砼即可达到养护的目的。

电磁感应加热法的适用范围:在气温为 - 20 ℃ 条件下的墙、板、柱及柱或梁的接头处养护;配筋均匀的线型钢筋砼构件和有突出的连接钢筋及预埋件的预制砼构件间的接头处理。

电磁感应加热法简单,电热转换利用率高,养护周期短,养护期间加热温度均匀,但需制作专用模板。

4)暖棚法　暖棚法就是将被养护的构件或结构置于棚中,依靠暖棚内的正温来养护砼,使其强度迅速增长,达到抗冻害的临界强度。常用的暖棚法有蒸汽供热和火力供热两种。暖棚法由于需用较多的搭盖材料和保温加热设施,因此冬期施工费用较高。

5.5.4　掺外加剂的砼施工

冬期施工中为防止砼遭受冻害,在砼中掺入适量的外加剂,从而使砼在负温下达到抗冻临界强度,这类掺外加剂的砼称为冷砼和负温砼。

掺外加剂砼的冬期施工方法,施工工艺操作简单,节省能源和附加设备,降低了冬期施工的工程造价,是常用的施工方法之一。

(1)冷砼

冷砼是指用氯盐配制而成的砼。施工时,对拌和水加热,砼的其他组分不加热,砼浇筑后,也不进行保温养护。

冷砼所用的外加剂主要是防冻剂。防冻剂的作用是降低砼中水的冰点,为水泥在负温条件下的水化提供液态水,保证水泥水化反应的持续进行和砼强度增长,防止结冰冻胀对砼造成冻害。

冷砼中常用的防冻剂是氯盐。砼中掺入氯盐后,最初几小时的水化热有显著提高,从而提高了砼的早期强度。由于氯盐的早期共溶温度为 - 55.6 ℃,因此在砼中掺有氯盐还可降低溶化冰点,有利于砼负温下的硬化。

氯盐对砼中钢筋有锈蚀作用,下列情况不得在钢筋砼中掺有氯盐:

①在高湿度空气环境中使用的结构,如排出大量蒸汽的车间、澡堂、洗衣房和经常处于空气相对湿度大于80%的房间以及有顶盖的钢筋砼蓄水池等。

②处于水位升降部位的结构、露天结构或经常受水淋的结构。

③有镀锌钢材或铁铝相接触部位的结构,以及有外露钢筋、预埋件而无防护措施的结构。

④与含有酸、碱和硫酸盐等侵蚀性介质相接触的结构。

⑤使用过程中经常处于环境温度为60 ℃以上的结构。

⑥使用冷拉钢筋或冷拔低碳钢丝的结构。

⑦薄壁结构、中或重级工作制吊车梁、屋架、落锤或锻锤基础等结构。

⑧电解车间和直接靠近直流电源的结构。

⑨直接靠近高压(发电站、变电所)的结构。

⑩预应力砼结构。

对钢筋砼结构,砼中氯盐掺量不得超过水泥重量的1%。为防止钢筋锈蚀,可加入水泥重量2%的亚硝酸钠阻锈剂。对无筋砼结构,用热材料拌制时,氯盐掺量不得大于水泥重量的3%;用冷材料拌制时,氯盐掺量不得大于拌和水重量的15%。

(2)负温砼

负温砼是指在负温下,排除单掺氯盐的外加剂,但不排除对原材料的保温、防护或加热。

1)外加剂

负温砼所用的负温外加剂一般由防冻剂、早强剂、减水剂和阻锈剂等多元物质复合而成。

①防冻剂:其作用是降低砼中水的冰点温度,使水与水泥在负温下继续进行水化反应,并获得一定强度。防冻剂有亚硝酸钠、硝酸钠、尿素、乙酸钠、碳酸钾、氯化钠等。

②早强剂:其作用是在砼中有液相水存在的条件下,加速水泥的水化进程,提高砼的早期强度,为砼及早获得抗早期冻害性能创造条件。早强剂有硫酸钠、三乙醇铵等。

③减水剂:是利用其减水作用,在不改变砼工作性能的条件下减少用水量,从而使砼中可冻结的自由水量减少,达到降低砼中的含冰量,减少冻胀力。减水剂以采用引气型减水剂为佳,可在砼中产生许多均匀分布的封闭的微小气泡,能减少砼冻结时所产生的冰晶压力,从而提高砼抗早期冻害的性能。减水剂有木质素磺酸钙,高效减水剂如萘磺酸甲醛缩合物等。

④阻锈剂:其作用是可减少或阻止砼中金属材料锈蚀。

选择外加剂方案时,要求外加剂对钢筋无锈蚀作用;对砼的性能无影响;早期强度高;后期强度不损失。

2)负温砼施工要点

①配制高抗冻性的砼,宜优先使用硅酸盐水泥和普通硅酸盐水泥;水泥强度不宜低于42.5级;禁止使用高铝水泥(铝酸三钙含量超过6%)。

②防冻剂的掺量应根据砼的使用温度而定(指掺防冻剂砼的浇筑现场5~7 d内的最低温度)。其常用掺量按表5.35中的规定选取。

③防冻剂配制成溶液使用时,应注意其共溶性,氯化钙、硝酸钙、亚硝酸钙等溶液不可和硫酸钠溶液混合,减水剂和引气剂不可与氧化钙溶液混合,均应分别配制溶液。

表 5.35　防冻剂的常用掺量

规定温度/℃	常用掺量/%	备　注
−5 −10 −15 −20	4 7 10 15	复合防冻剂掺量包括各组分量之和;CaCL$_2$,NaCL 单独使用,可用在 −5 ℃以上;NaNO$_2$ 可用在 −10 ℃以上;硝酸盐可用在 −10 ℃以上;早强剂、减水剂、引气剂均计算在防冻剂中

注:规定温度是指掺防冻剂砼的内部最低温度。

④对氯化钙与引气或引气减水剂复合的配方,搅拌投料时应先加入氯化钙溶液,出机前加入引气剂和减水剂。对钙盐与硫酸钠复合的配方,搅拌投料时,应先加入钙盐溶液,搅拌一定时间后,再投入硫酸盐溶液,并延长搅拌时间。在配制溶液时,如发现溶液中有结晶析出和沉淀时,应提高溶液温度,待其完全溶解后使用。

⑤负温砼的防冻剂应严格执行规定的掺量。搅拌时间应比常温搅拌时间适当延长,但砼的出机温度不得低于 7 ℃。

⑥负温砼特别要注意初期养护,严禁早期受冻,初期养护温度不得低于防冻剂的规定温度,否则应立即采取补救措施。氯盐砼和掺引气剂的砼不宜加热养护。砼在负温条件下养护,不允许浇水,外露表面必须覆盖。

⑦负温砼在规定温度下获得抗冻临界强度的最短养护时间见表 5.36。负温砼应尽量使整个砼养护温度均匀一致,避免产生较大温差。

表 5.36　负温砼达到临界强度最短养护时间

防冻剂规定温度/℃	最短养护时间/d
−5	5
−10	9
−15	14
−20	25

⑧为保证负温砼的后期强度,冬期浇筑的砼宜使用引气型减水剂。

5.5.5　冬期施工砼质量检查

冬期施工的砼质量检查内容除包括一般常温下施工的各项检查内容之外,还应特别注意做好温度、强度及外加剂的质量与用量的检查。

(1)质量检查

1)检查水和骨料的用量与加热温度。

2)检查外加剂的质量和用量。

3)检查砼的出机温度和浇筑温度。

4)增设不少于两组与结构同条件养护的试件,分别用于检查受冻前的砼强度和转入常温养护 28 d 的砼强度。

（2）温度测定

为保证砼冬期施工的质量，应量测具有代表性部位的温度。若量测的温度与设计不符时，则应及时采取加强保护措施。温度量测次数应符合下列要求：

1）当采用蓄热法养护时，在养护期间至少每 6 h 测定一次。

2）对掺用防冻剂的砼，在强度未达到 3.5 N/mm² 以前每 2 h 测定一次，以后每 6 h 测定一次。

3）当采用蒸汽法或电流加热法时，在升温、降温期间每 1 h 测定一次，在恒温期间每 2 h 测定一次。

4）室外气温及周围环境温度在每昼夜内至少应定时定点测量 4 次。

5.6 大模板施工技术

工程采用大型工具式模板浇筑钢筋砼墙体的机械化施工方法。它的模板面积等于整个墙面的面积，其采用大型工具式模板以工业化方法，在施工现场按照设计位置灌筑砼承重墙体，是高层建筑特别是高层住宅和高层旅馆施工的重要手段。

5.6.1 大模板建筑的类型和特点

在我国，用大模板施工建成的房屋，一般是横墙承重，故内墙一般采用大模板现浇砼（或钢筋砼）墙体，但外墙则有几种不同的做法。按外墙施工方法不同可将大模板分为以下几类：

1）全现浇的大模板建筑　这种建筑的内墙、外墙全部采用大模板现浇钢筋砼墙体，结构的整体性强，抗震性强，但施工时外墙模板支设复杂，高空作业工序较多，工期较长。

2）现浇与预制相结合的大模板建筑　这种建筑的内墙采用大模板现浇钢筋砼墙体，外墙采用预制装配式大型墙板，即"内浇外挂"施工工艺。结构的整体性强，抗震性强，简化了施工工序，减少了高空作业和外墙板的装饰工程量，缩短了工期。

3）现浇与砌筑相结合的大模板建筑　这种建筑的内墙采用大模板现浇钢筋砼墙体，外墙为普通黏土砖砌体，即"内浇外砌"施工工艺。这种结构适用于建造 6 层以下的民用建筑，较混合结构整体性好，内装饰工程量小，工期较短。

大模板建筑与传统砖混结构建筑相比，有以下特点：

1）整体性好，抗震性强。大模板建筑的纵向和横向内墙体既承受垂直荷载同时又能承受水平荷载，墙体的接头均为现浇钢筋砼刚性接头，从而增强了结构的整体性和抗震性，故适用于高层建筑。

2）提高了建筑面积的平面利用系数。大模板建筑的墙体厚度，在满足强度和热工要求的条件下，可比普通黏土砖墙体厚度减少 1/3，从而增加了房屋的居住面积。

3）施工工艺简单，操作方便，机械化程度高。大模板是一种可装配的工具式模板，面板尺寸大，装拆方便，工效高。大模板质量可达 1～2 t，必须采用起重机械进行安装和拆卸。

4）改善了工人的劳动条件，提高了劳动生产率，缩短了工期。大模板建筑施工减少了现场砌筑工程的笨重体力劳动和抹灰工程的湿作业。

5）通用性较差，钢材和水泥用量较大。

6）大模板建筑施工采用的大模板需要专门设计或验算,其转运和存放比较困难。

5.6.2　大模板的组成和构造

（1）大模板的组成

大模板主要由面板系统、支撑系统、操作平台及连接件等组成（图 5.78）。

1）面板系统　面板系统包括面板、肋、背楞等。面板是与新浇筑砼直接接触的承力板;肋是支撑面板的承力部件,分为主肋、次肋和边肋等;背楞是支撑肋的承力部件。

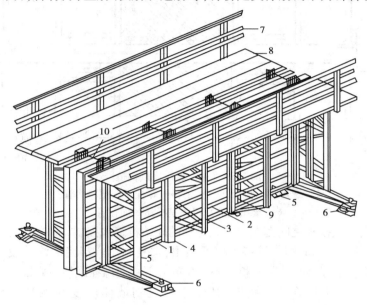

图 5.78　大模板构造示意图
1—面板;2—水平肋;3—支撑桁架;4—竖肋;5—水平调整装置;
6—垂直调整装置;7—栏杆;8—脚手板;9—穿墙螺栓;10—固定卡具

大模板的面板常选用厚度不小于 5 mm 的钢板制作,材质不应低于 Q235A 的性能要求;模板的肋和背楞宜采用型钢、冷弯薄壁型钢等制作,材质宜与钢面板材质同一牌号,以保证焊接性能和结构性能。

面板系统的作用是使砼墙面具有设计要求的外观。因此,要表面平整、拼缝严密,具有足够的刚度。

2）支撑系统　支撑系统包括支撑架和地脚调整螺栓。其作用是传递水平荷载,防止模板倾覆。因此,除了必须具备足够的强度外,还应能保持大模板竖向放置的安全可靠和在风荷载作用下的自身稳定性。

一块模板至少设两个支撑架。为调整模板的垂直度和调整自稳角的需要,在支撑下应安设地脚螺栓。地脚调整装置应便于调整、转动灵活。

3）操作平台　操作平台包括平台架、脚手平台和防护栏杆。操作平台是施工人员操作的场所和运行的通道。脚手板铺在平台架上。防护栏杆可上下伸缩。摘下防护栏杆,便可将纵横墙模板的操作平台连成一体。为运输存放方便,支撑系统和操作平台可以拆卸,使模板重叠平放,但必须防止变形。

4）连接件等

①对拉螺栓（穿墙螺栓）　其作用是加强模板刚度,承受新浇砼侧压力,控制模板的间距。对拉螺栓应采用不低于 Q235A 的钢材制作,应具有足够的强度承受施工荷载。长度随墙厚而定,一端带梯形螺纹 T30×40,螺纹长 120 mm,以适应 140～200 mm 厚墙体的施工,另一端用板销销紧在模板上,以保证浇筑砼时模板不外涨。板销厚 8 mm,大头宽 40 mm,小头宽 30 mm（见图 5.79）。

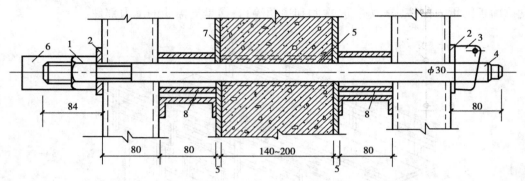

图 5.79　对拉螺栓连接构造

1—螺母;2—垫板;3—板销;4—螺杆;5—塑料套管;

6—丝扣保护套;7—模板;8—加强管

墙体的厚度由两块模板之间套在穿墙螺栓外的硬塑料管来控制,塑料管长度等于墙的厚度,内径大于 35 mm,壁厚 5 mm,塑料管待拆模后敲出,重复利用。穿墙螺栓一般设置在大模板的上、中、下三个部位。上穿墙螺栓距模板顶部 250 mm,下穿墙螺栓距模板底部 200 mm 左右。

②上口卡子　上口卡子又称铁夹,其作用是控制墙体厚度和承受一部分砼侧压力,见图 5.80。

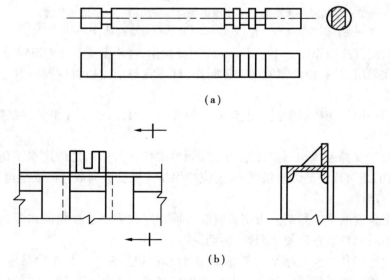

（a）

（b）

图 5.80　铁卡和铁卡支座

（a）铁卡　（b）铁卡支座

③钢吊环　大模板钢吊环应采用 Q235A 材料制作并应具有足够的安全储备,严禁使用冷加工钢筋。焊接式钢吊环应合理选择焊条型号,焊缝长度和焊缝高度应符合要求。装配式钢吊环与大模板采用螺栓连接时必须采用双螺母。

(2)大模板的组装形式

1)平模　整体式平模是以一面墙制作一块模板。其构造见图 5.81。

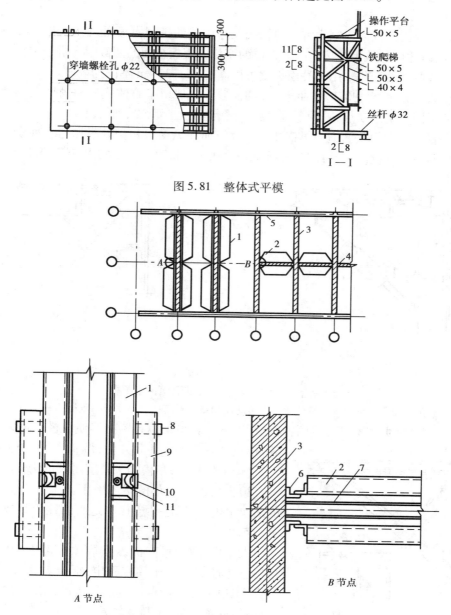

图 5.81　整体式平模

图 5.82　平模平面布置示意图

1—横墙平模;2—纵墙平模;3—横墙;4—纵墙;5—预制外墙板;6—补缝角模;
7—拉结钢筋;8—夹板支架;9—[8 夹板;10—木楔;11—钢管

采用平模布置方案的主要特点是,横墙与纵墙砼分两次浇筑。在一个流水段范围内,先支横墙模板,待拆模后再支纵墙模板。平模平面布置如图 5.82 所示。

平模方案能够较好地保证墙面的平整度,所有模板接缝均在纵横墙交接的阴角处,便于接缝处理,减少修理用工,模板加工量较少,周转次数多,适用性强,模板组装和拆卸方便,模板不落地或少落地。但由于纵横墙要分开浇筑,竖向施工缝多,影响房屋整体性,并且安排施工比较麻烦。

模数式组合大模板以建筑物常用的轴线尺寸作基数拼制模板,再辅以 30 cm 或 60 cm 宽的拼接模板,以适应建筑平面按 30 cm 进位的变化。模板板面的两侧附有拼缝扁钢,可适应现浇纵墙和横墙厚度的变化。用一种模板就可以满足 16 ~ 20 cm 不同的墙厚。

组合模数模方案能适应多种轴线尺寸的需要。它保留了整体式平模的优点,克服整体式平模纵横墙不同浇筑的缺点,减少了垂直施工缝,施工工序紧凑,通用灵活。

2)小角模　小角模是为适应纵横墙一起浇筑而在纵横墙相交处附加的一种模板,通常用 ∟ 100 × 10 的角钢制成。它设置在平模转角处,从而使得每个房间的内模形成封闭支撑体系。

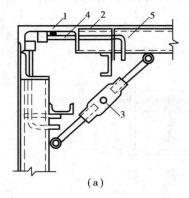
（a）

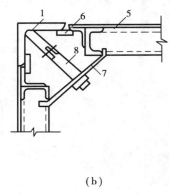
（b）

图 5.83　小角模
（a）带合页的小角模　（b）不带合页的小角模
1—小角模;2—合页;3—花篮螺丝;4—转动铁拐;5—平模;6—扁铁;7—压板;8—转动拉杆

小角模有带合页和不带合页两种(见图 5.83)。小角模布置方案使纵横墙可以一起浇筑砼,模板整体性好,组拆方便,墙面平整。但墙面接缝多,修理工作量大,角模加工精度要求也比较高。

3)大角模　大角模系由上下四个大合页连接起来的两块平模、三道活动支撑和地脚螺栓等组成。其构造见图 5.84。

大角模方案,房间的纵横墙体砼可以同时浇筑,故房屋整体性好。它还具有稳定,拆装方便,墙体阴角方整,施工质量好等特点。但是大角模也存在加工要求精细,运转麻烦,墙面平整度较差,接缝在墙中部等缺点。

4)筒子模　筒子模是将一个房间三面现浇墙体模板,通过挂轴悬挂在同一钢架上,墙角用小角模封闭而构成的一个筒形单元体(见图 5.85)。

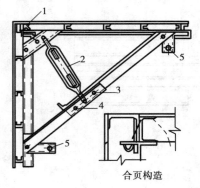
合页构造

图 5.84　大模板构造示意图
1—合页;2—花篮螺栓;3—固定销子;
4—活动销子;5—调整用螺旋千斤顶

采用筒子模方案,由于模板的稳定性好,纵横墙体砼同时浇筑,故结构整体性好,施工简单。减少了模板的吊装次数,操作安全,劳动条件好。缺点是模板每次都要落地,且模板自重大,需要大吨位起重设备,加工精度要求高,灵活性差,安装时必须按房间弹出的十字中线就位,比较麻烦。

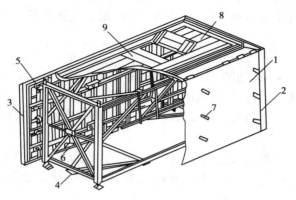

图 5.85　筒子模

1—模板;2—内角模;3—外角模;4—钢架;5—挂轴;
6—支杆;7—穿墙螺栓;8—操作平台;9—出入孔

5.6.3　大模板施工

大模板施工的机械化程度较高,必须根据大模板施工的特点,并结合建筑的平面布置,制订出施工组织设计,合理地划分施工段,采取分段流水作业,使工程有节奏地正常进行。

（1）大模板工程的施工工艺流程

见图 5.86。

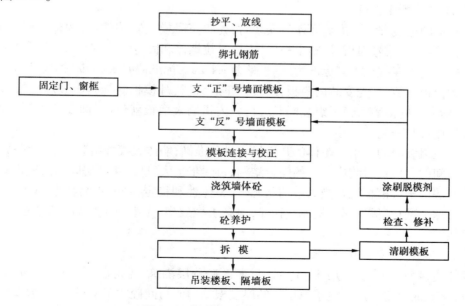

图 5.86　大模板工程施工工艺流程

（2）大模板工程施工段的划分原则

1）保证施工总进度控制的每层施工的工期；

2）施工段的工程量应大致相等，并使大模板能够充分周转，减少大模板的数量；

3）充分发挥起重机的起重能力和效率，尽量做到大模板不落地面或少落地面；

4）保证砼浇筑后有足够的养护期，使砼墙体在拆模后能达到安装楼板要求的设计强度。

（3）**大模板的组装**

1）准备工作

①大模板的编号　大模板组装前要进行编号，并绘制单元模板组合平面图。每道墙的内外两块大模板取同一数字编号，但应标用"正"、"反"号以示区分。

②大模板的清理　大模板组装前要清除钢模板表面的锈蚀生成物、水泥浆沾污物，以避免增加模板的吸附力。

③弹线和找平　为了保证大模板位置安装正确，大模板组装前在地坪或楼层上要进行弹线，弹出墙身外包线。找平并用 1∶2 水泥砂浆按标高要求抹在墙身中线处，要弹出墙体位置线。

2）涂刷隔离剂　为防止硬化的砼与模板粘结，浇筑砼之前应在清理完的大模板板面上涂刷隔离剂。对大模板的隔离剂要求是：有较好的耐久性、防锈性、速干性、粘附性；易于脱模，能多次连续重复使用；不污染砼墙面，对砼无害；配制工艺简单，操作容易安全；材料来源充足，价格低廉。

涂刷隔离剂时，不要把隔离剂沾染到钢筋表面上和砼接茬面上；除废机油外其他隔离剂均需干燥后方可浇筑砼；涂刷的隔离剂不宜放置时间过长，以免板面由于雨淋和灰尘而影响脱模效果；涂刷的隔离剂应避免破损，防止造成局部砼与大模板表面粘连。

3）大模板的组装　大模板的组装是利用起重机进行安装就位的。每个单元房间按先内墙模、后外墙模的顺序进行。

①大模板的组装方法　内墙大模板安装时，先将正号模板安装就位，调整螺旋千斤顶，使大模板垂直，再安装反号模板，调整平稳后，安置对拉螺栓和固定安装零件，最后对整个内墙大模板组装进行垂直度校核。其标准为：垂直偏差 ±1 mm，标准偏差 ±2 mm，轴线偏差 ±2 mm。

外墙大模板安装时，先安装内模板，组装校正后，进行外模板的悬挂组装。如果外墙采用预制墙板，则应与内横墙大模板组装同时进行。内横墙大模板就位后，即安装预制墙板，与内横墙大模板连接在一起。

②大模板组装时的要求　墙体的几何尺寸必须准确；墙体大模板组装应按单元房间进行，先以一个房间的大模板组装成敞口的闭合结构，再逐步扩大，进行相邻房间的大模板组装。这样的组装方法由于大模板处在受约束的状态下，整体性和稳定性好，不易变形和移动；大模板组装工序要综合进行，保证起重机连续作业，提高机械效率；大模板组装后必须进行安全检查和尺寸复核。

（4）**砼的浇筑**

砼开始浇筑前，应先浇一层 5～10 cm 砂浆。砼分层浇筑，浇筑层厚 0.6～1 m，每层楼的墙体砼分三个、四个施工层。浇筑每层砼的厚度根据单元房间砼的工程量、分层数及每层浇筑所需时间进行控制，以保证下层砼初凝前开始浇筑上层的砼。

大模板工程的墙体砼，必须严格控制配合比和坍落度，采用高频、大振幅的振动器，以保证大模板墙体砼的浇筑质量。

大模板工程的墙体砼,必须连续进行浇筑,不允许留设施工缝。

(5)砼墙体的拆模和养护

大模板工程的墙体砼,在常温下砼浇筑后 12 h 即可拆模,此时砼的强度可达到 1 N/mm^2,也可在砼中加入早强剂和减水剂以提前拆模时间。拆模利用起重机械进行,大模板拆除后要及时进行清理,按规定堆放。拆模时,要注意保护螺栓和扣件,以重复使用。大模板工程砼墙体拆模后应进行洒水养护,每昼夜至少喷水 3 次,连续养护 3 d 以上。

5.6.4　大模板施工中的要求与安全技术

(1)质量标准与通病处理

1)质量标准

①大模板支模质量检查标准见表 5.37。

表 5.37　大模板支模质量检查标准

项　次	项目名称	允许偏差/mm	检查方法
1	模板竖向偏差	3	用 2 m 靠尺检查
2	模板位置偏差	2	用尺检查
3	墙体上口宽度	+20	
4	模板标高偏差	±10	

②大模板施工砼墙体施工允许偏差见表 5.38。

③门窗洞口质量检查标准见表 5.39。

④墙板安装允许偏差见表 5.40。

2)通病处理　大模板建筑施工中,现浇砼墙体最容易出现墙体烂根现象,而在预制外墙板施工中,墙体的渗漏也成为施工难题。现就以上问题产生原因、预防措施及治理方法分述如下:

①墙体烂根　墙体烂根是砼墙根与楼板接触部位出现蜂窝、麻面或漏筋,甚至在墙根内夹有木片、纸袋等杂物的现象。

表 5.38　大模板砼墙体质量检查标准

项　次	项　目	允许偏差/mm	检查方法
1	大角垂直	20	用经纬仪检查
2	楼层高度	±10	用钢尺检查
3	全楼高度	±20	用钢尺检查
4	内墙垂直	5	用 2 m 靠尺检查
5	内墙表面平整	5	用 2 m 靠尺检查
6	内墙厚度	+20	用尺在销孔处检查
7	内墙轴线位移	10	用尺检查
8	预制楼板搁置长度	±10	用尺检查

表 5.39　门窗洞口质量检查标准

项　次	项目名称	允许偏差/mm	检查方法
1	单个门窗口水平	5	拉线检查
2	单个门窗口垂直	5	用靠尺检查
3	楼层洞口水平	±20	拉线检查
4	楼层洞口垂直	±15	吊线检查

表 5.40　预制外墙板安装允许偏差

项　次	项目名称	允许偏差/mm	检查方法
1	轴线位移	10	用钢尺检查
2	楼层层高	±10	用钢尺检查
3	全楼高度	±20	用钢尺检查
4	墙面垂直	5	用 2 m 靠尺检查
5	板缝垂直	5	用 2 m 靠尺检查
6	墙板拼缝高差	±5	用靠尺和塞尺检查
7	洞口偏移	8	吊线检查

A.产生原因　　出现这种现象的原因大致有砼和易性差;浇筑时砼过厚或插捣不严;模板与楼面接触不紧密等几方面。

B.预防措施　　在支模前可用水泥砂浆在模板底脚相应的楼板位置上做好找平层,但应注意勿使砂浆找平层进入墙体,浇砼前先浇一层 5～10 cm 厚的砂浆,但不宜铺得太厚,并禁止用料斗直接浇筑。

C.治理方法　　对于烂根较严重的部位,应先清理表面的蜂窝、麻面及杂质,再用 1∶1 水泥砂浆抹平。此项工作必须在拆模后立即进行。孔洞大的要嵌入高强度砂浆,必要时砂浆中可掺加细石。对于轻微的麻面,可在拆模后立即铲除显出黄褐色砂子的表面,然后刮一道 107 胶水泥腻子。如不是在拆模后立即进行,必须剔除表面层,用水湿润,然后再刮一道 107 胶水泥腻子。

②外墙渗水　　内浇外挂大模施工中,预制外墙竖缝漏水或洇水,水平缝(包括十字缝)渗漏是比较普遍和常见的质量弊病。

A.产生原因　　产生漏水或洇水的原因可以归结为预制墙板防水构造部位损坏,施工程序颠倒,操作不当,防水构造不合理,施工困难等。

B.预防措施　　墙板的运输、堆放、吊装过程,都必须十分注意保护墙板的防水构造,不使其遭受损坏。插放塑料条工序必须在浇筑板缝砼之后进行。灌缝后必须及时清理立腔内的杂物。塑料条要按实测外墙板防水槽宽加 5 mm 的尺寸现裁,不宜事先裁成统一规格,以保证防水空腔的密封性。塑料条的长度应保证上部有 15 cm 搭接长度,上下外墙板的水平缝应用 1∶2 水泥砂浆捻实勾严,认真仔细地做好每一步骤的节点防水操作。

C.治理方法　　分析原因,查明漏水部位后,将护面砂浆剔净,直至露出塑料条,然后嵌填防水油膏,并用水泥砂浆勾严。

（2）大模板施工安全技术

1）大模板和预制构件,应按施工组织设计的规定分区堆放,各区之间保持一定距离。存放场地必须平整夯实,不得存放在松土和洼坑不平的地方。

2）大模板存放,必须将地脚螺栓提上去,使自稳角为 20°～30°,应用拉杆连接绑牢。存放在楼层时,须在大模板横梁上挂钢丝绳或花篮螺栓,钩在楼板吊钩或墙体钢筋上（见图 5.87）。

3）外墙壁板、内墙隔板应放置在金属插放架内,下端垫通长土方,两侧用木楔楔紧。插放架的高度应为构件高度的 3/4 以上,上面要搭设 50 cm 宽的走道和上下楼梯,便于挂钩。

4）模板安装和拆除时,指挥、挂钩和安装人员应经常检查吊环,对筒形模要预先调整好重心。起重时要用卡环和安全吊钩,不得斜吊。严禁操作人员随模板起落。

5）大模板安装时,应对号就位。单面模板就位后,用钢筋三角支架插入板面螺栓眼上支撑牢固。双面模板就位后,用拉杆和螺栓固定。未就位固定前不得摘钩。

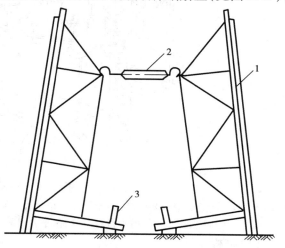

图 5.87　大模板堆放示意图
1—大模板;2—花篮螺栓;3—调垂直用螺旋千斤顶

6）各种预制构件的安装必须按施工顺序对号就位,应保持垂直稳起。就位后,立即将构件的拉杆和支撑焊牢或锚固,方可摘钩。禁止站在外墙板边沿探身推拉构件。

7）外墙为砖砌体,内墙浇筑砼前,必须将外墙加固,防止墙体外涨。在拆除时,禁止把加固材料悬挂在墙体上和直接下扔。

8）阳台板安装就位必须逐层支设临时支柱,连续支顶不得少于 3 层,并应与墙体拉结牢固。阳台板顶留的拉结筋与圈梁钢筋应及时焊接。

9）阳台栏板和楼梯栏杆,应随楼层安装。如不能及时安装,必须在外侧搭设防护栏杆。

10）当风力为 6 级时,仅允许吊装第 1 层、第 2 层楼板、模板。风力超过 6 级,应停止吊运。

5.7　滑升模板施工技术

滑升模板（简称滑模）施工,是利用提升设备将模板系统沿竖向滑动来现浇钢筋砼结构的。滑模装置如图 5.88 所示。滑模施工主要具有工业化程度高、施工速度快、整体性能好、操作条件方便等特点。

5.7.1　滑模的构造

滑模主要由模板系统、操作平台系统和提升系统三大部分组成。

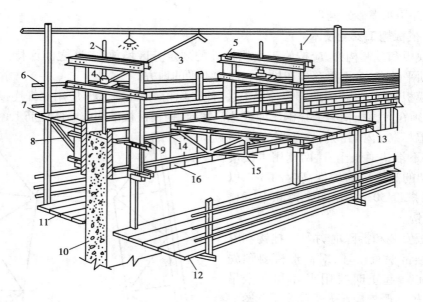

图 5.88　滑模装置总图

1—支架;2—支承杆;3—油管;4—千斤顶;5—提升架;6—栏杆;7—外平台;8—外挑架;9—收分装置;
10—砼墙;11—外吊平台;12—内吊平台;13—内平台;14—上围圈;15—桁架;16—模板

(1)模板系统

模板系统包括模板、围圈、提升架等。

1)模板(又称围板)　模板的作用是确保砼按设计要求的结构截面形状成型。

目前,滑模多用钢模板。钢模板可采用厚 2~3 mm 的钢板冷压成型,或用 2~3 mm 钢板
与∟ 30 mm ~∟ 50 mm 角钢制成。模板宽度一般为 300~500 mm,亦可配以少量宽度为
150 mm、200 mm 的模板。模板高度一般为 1.0~1.4 m。

模板支承在围圈上,与围圈的连接一般有两种方法:一种是模板挂在围圈上;另一种是模
板搁置在围圈上。

2)围圈(又称围檩)　围圈在模板外侧横向布置,一般上下各布置一道,分别支承在提升
架的立柱上。围圈的作用主要是使模板保持组装好的平面形状,并将模板与提升架连成一个
整体。围圈工作时,承担水平荷载和竖向荷载,并将它们传递到提升架上。

围圈布置在模板外侧,支承在提升架的立柱上,间距一般为 500~700 mm,上围圈距模板
上口的距离不宜大于 250 mm。围圈宜用 8 号角钢或 10 号槽钢制作。

3)提升架(又称千斤顶架)　提升架的作用主要是控制模板和围圈由于砼侧压力和冲击
力而产生的向外变形,同时承受作用在整个模板和操作平台上的全部荷载,并将荷载传递给千
斤顶。

提升架由立柱、横梁、支承围圈的支托和支承操作平台的支托等各部件组成。立柱用
12~16号槽钢做成单肢式、格构式或桁架式。横梁采用 12 号槽钢,有单横梁(一般称"Π"型
架)和两横梁(一般称"开"型架)两种。立柱与横梁一般采用螺栓连接。

4)套管　套管的作用是使支承杆能回收再使用。套管的内径一般比支承杆直径大 2~
5 mm,套管上端与提升梁相连,下端与模板下口齐平。将支承杆套在套管内,当提升架提升
时,套管亦随之上升,支承杆周围与结构砼之间留有空隙,使支承杆与砼不相粘结,待施工完毕

后,可将支承杆拔出。

（2）操作平台系统

操作平台主要包括主操作平台、外操作平台、吊脚手架及必要的辅助平台（见图5.89）。

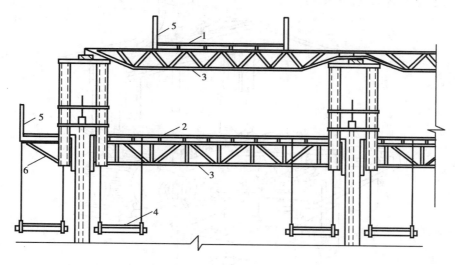

图5.89　操作平台系统示意图

1—上辅助平台;2—主操作平台;3—承重桁架;4—吊脚手架;5—防护栏杆;6—三角挑架

1）主操作平台　主操作平台既是施工人员进行绑扎钢筋、浇筑砼和提升模板的操作场所,也是材料、工具、设备等的堆放场地。操作平台按其搭设部位分为主操作平台和外操作平台两部分。主操作平台由承重桁架（或梁）与楞木、铺板组成,承重架（或梁）支承在提升架的立柱上,也可通过托架支承在上下围圈上。外操作平台由三角挑架与楞木、铺板等组成,悬挑在砼外墙面外侧。外操作平台的外挑宽度不宜大于1 000 mm,并应在其外侧设置防护栏杆。

根据楼板的施工工艺的不同要求,可将主操作平台板做成固定或活动两种式样。图5.88为活动式平台板操作平台。

2）内外吊脚手架　吊脚手架又称下辅助平台,由吊杆、横梁、脚手板、防护栏杆等构件组成。主要用于检查砼质量、砼表面修饰及模板检修和拆卸等。

吊脚手架的吊杆可用 $\phi16\sim18$ mm 的圆钢,亦可用柔性链条。吊脚手架的铺板宽度一般为600~800 mm。为保证安全,每根吊杆必须安装双螺母予以锁紧,其外侧应设防护栏杆挂设安全网。

3）辅助平台　当操作平台高度不够或操作面过小,材料、工具、设备堆放不下,砼运送不便时,则需在操作平台上部设置辅助平台。

（3）提升系统

提升系统是承担全部滑模装置、设备及施工荷载向上滑升的动力装置,由支承杆、千斤顶、液压控制系统和油路等组成。

其工作原理是:由电动机带动高压油泵,将油液通过换向阀、分油器、截止阀及管路,输送到各台千斤顶（见图5.90）。在不断供油、回油的过程中,使千斤顶活塞不断地压缩、复位,将全部滑模装置向上提升到需要高度。

1）千斤顶　液压滑模施工所用的千斤顶为专用穿心式千斤顶。按其卡头形式的不同可

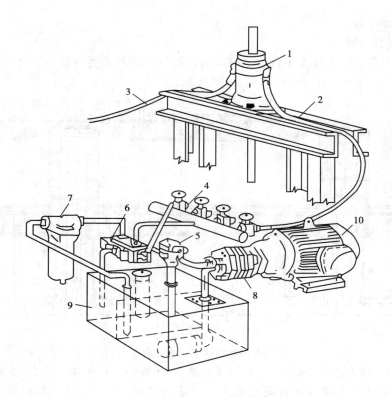

图 5.90　液压传动系统

1—千斤顶;2—提升架;3—油管;4—液压分配器;5—溢流器;

6—换向阀;7—滤油器;8—油泵;9—油箱;10—电动机

分为钢珠式和楔块式。目前以小型液压千斤顶应用最广泛,其技术性能见表 5.41。钢珠式液压千斤顶的工作原理见图 5.91。

表 5.41　小型液压千斤顶的主要技术参数

项　目		单　位	型号及参数		
			GYD-35 型	QYD-35 型	TYD-35 型
理论行程		mm	35	40	35
实际行程	负荷 35 kN	mm	>20	>3.8	>20
	负荷 15 kN		>30		>30
最大工作压力		MPa	8	8	8
内排油压力		MPa	0.3	0.3	0.3
最大起重量		t	3.5	3.5	3.5
工作起重量		t	1.5	1.5	1.5
重量		kg	13	14	13
外型尺寸(长×宽×高)		mm	160×160×245	160×160×280	160×160×245

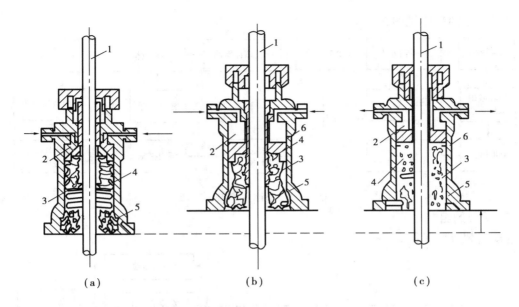

图 5.91　液压千斤顶构造与提升原理

（a）进油加压过程　（b）缸体顶升过程　（c）回油卸压过程

1—支撑杆；2—活塞；3—排油弹簧；4—上卡头；5—下卡头；6—缸体

2）支承杆　支承杆又称爬杆，是千斤顶向上爬升的轨道，又是滑模的承重支柱。支承杆一般采用 φ25 cm 的 Q235A 圆钢筋。为便于施工，支撑杆的长度一般为 3～5 m，直径与千斤顶的要求相适应。

支承杆在施工中需不断接长，连接的方式有焊接连接、榫接连接、丝扣连接，见图 5.92。

3）提升操作装置　提升操作装置是液压操作台和油路系统的总称。它可供给千斤顶油压，操作模板适时提升。

液压控制台由电动机、油泵、换向阀、溢流阀、液压分配器和油箱等组成。

油路系统是连接控制台到千斤顶的通路，主要由油管、管接头、液压分配器和截止阀等元件组成。油管宜采用高压无缝钢管及橡胶管。主油管内径 10～18 mm，分油管内径 8～16 mm。

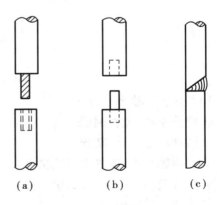

图 5.92　支承杆的连接方式

（a）丝扣连接　（b）榫接连接　（c）焊接连接

5.7.2　滑模施工技术

滑模施工与其他模板施工方法的不同点是连续作业，即模板一次组装完成，建筑物竖向结构施工至最少一个楼层一次完毕，一般中途不作停歇。因此，各项材料、机具、设备、劳动力以及水、电配合等，都必须按照连续施工的要求，认真细致地做好准备，并严格按照施工组织设计和有关操作技术规定进行施工，否则将给施工带来困难，甚至影响工程质量。

滑模施工的程序见图 5.93。

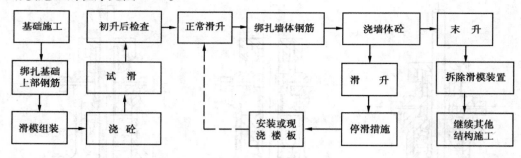

图 5.93　滑模施工程序

(1)滑模的组装

滑模组装顺序见图 5.94。

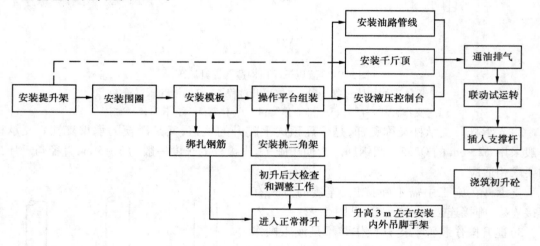

图 5.94　滑模组装顺序

1)组装前的准备工作

①清洗基础,理直钢筋。

②清理场地,回填基础。

③引测轴线桩,设置垂直控制点。

④检查模板质量,核对数量规格。

⑤安装起吊机械。

⑥液压设备的试车、试压。

⑦钢筋绑扎,预埋孔洞模板及水管线等。

2)安装提升架　安放提升架时,应将各提升架安装在同一水平面上,并用水平尺和线锤等检查其水平和垂直度,用仪器检查其中心位置,然后支撑临时固定。

3)安装围圈　将围圈按先内后外、先上后下的顺序与提升架立柱锁紧固定,并将围圈连成整体。安装时,应随时校核提升架的水平、垂直和中心位置,并检查内、外围圈的间距,无误后拆除临时支撑。

4)安装模板　在围圈及提升架找平校正固定后,按先内后外的顺序进行模板安装。钢筋砼墙板结构,在安装一侧模板后,必须待绑扎好超过内模板高度的钢筋时,方可安装另一侧模板。

5)安装操作平台　安装操作平台时,各节点必须连接牢固。平行布置的平台桁架,相邻之间应设水平支撑;两端跨的桁架间,应设置垂直支撑。

平台铺板应与模板上口齐平或略高于模板上口,活动部分须揭板方便、挂钩吊环须上下灵活。内、外操作平台和内、外吊脚手架均应设置高度不小于 1.2 m 的防护栏杆,并挂安全网。

6)安装提升设备　提升设备及管路,在正式安装到位前,均应进行检验,安装完毕经试运转,方可正式投入使用。

7)支承杆安装　支承杆须在模板全部安装验收合格,千斤顶空载试车,排气后进行。支承杆应位于千斤顶穿心孔中心,并用线锤找正,支承杆下端应固定牢靠。当采用工具式支承杆时,其下端应插入特制的钢靴或预制砼靴中。

8)模板组装质量检查　滑模组装完毕,必须按规范要求的质量标准进行认真检查。滑模组装的允许偏差见表 5.42。

表 5.42　滑模装置组装的允许偏差

内　　容		允许偏差/mm
模板结构轴线与相应结构轴线位置		3
围圈位置偏差	水平方向	3
	垂直方向	3
提升架的垂直偏差	平面内	3
	平面外	2
安放千斤顶的提升架横梁相对标高偏差		5
考虑倾斜度后模板尺寸的偏差	上　口	−1
	下　口	+2
千斤顶安装位置的偏差	提升架平面内	5
	提升架平面外	5
圆模直径、方模边长的偏差		5
相邻两块模板平面平整偏差		2
操作平台水平度		20

(2)墙体滑模施工工艺

1)准备工作　滑模施工前应做好施工组织设计和现场准备工作。施工组织设计主要内容包括:施工总平面布置,现场垂直运输与水平运输方法;施工顺序和进度安排;滑模的设计、制作和组装方案;砼配合比设计;滑模工艺主要技术措施;劳动组织;材料、半成品和机具的供应计划;施工组织与管理措施;安全技术与质量检查措施等。

现场准备除模板组装前的准备工作外,还要做好钢筋清理、加工;材料进场堆放,机械进场安装;搭设临时设施等工作。

2)钢筋绑扎　钢筋绑扎要与砼浇筑及模板的滑升速度相配合。应根据工程结构每个平面浇筑层钢筋量的大小,划分操作区段,合理安排绑扎人员,使每个区段的绑扎工作能够基本同时完成。

钢筋长度:水平钢筋长度一般不宜大于 7 m;垂直钢筋长度,一般与楼层高度一致,最长不宜大于 8 m。竖向粗钢筋可用电渣压力焊接长。

钢筋弯钩:须一律背向模板面,以防模板滑升时被弯钩挂住。

双排钢筋:对墙板或筒壁的双排钢筋,水平筋宜设置在竖向钢筋外侧,网片间宜用定位拉结筋限位。

插筋或接头筋:对脱模后需露出砼表面的插筋或接头钢筋,在浇筑砼前,应将其沿模板水平弯折或采取铺塑料布等隔离措施,脱模后应立即将插筋自墙面扳直。

3)砼施工

①砼配制 为滑模施工配制的砼,除满足设计强度要求外,还应满足模板滑升的工艺要求。应根据施工现场的气温变化情况、设计强度等级、滑升速度、结构类别、捣固方法和原材料情况,试配出几种凝结速度的配合比,供施工现场选用。砼的坍落度,当采用机械振捣时,以 4~6 cm 为宜;采用人工振捣时,可适当增加。

②砼凝结时间和出模强度控制 为减少砼对模板的摩擦阻力,保证出模砼具有一定的强度,不致出现塌陷、变形、拉裂,同时又便于抹光,应根据滑升速度适当控制砼的凝结时间,使出模的砼强度达到最优出模强度。滑模施工要求每小时平均滑升速度不能低于 10 cm,且浇筑上一层砼时,下一层砼仍处于塑性状态,故在设计砼配合比时,砼的初凝时间宜控制在 2~4 h,终凝时间宜控制在 4~7 h。砼出模强度应控制在 $0.2~0.4$ N/mm^2(贯入阻力值为 $0.3~1.05$ kN/cm^2)为宜。

③砼浇筑 砼的浇筑须严格执行分层交圈、均匀浇筑的制度。浇筑前应划分区段,使每区段砼浇筑量和时间大致相同。浇筑时间不宜过长,过长会影响各层间的粘结。分层厚度:一般墙板结构以 200 mm 左右为宜;框架结构及面积较小的筒壁结构,以 300 mm 左右为宜。砼应有计划地、匀称地变换浇筑方向,以防止结构的倾斜或扭转。

气温较高时,宜先浇筑内墙,后浇筑阳光直射的外墙;先浇筑直墙,后浇筑墙角和墙垛;先浇筑较厚的墙,后浇筑较薄的墙。预留洞、门窗洞口、变形缝、烟道及通风管两侧的砼,应对称均衡浇筑,防止挤动;墙垛、墙角和变形缝处的砼,应浇筑稍高一些,防止游离水顺模板流淌,而冲坏阳角和污染墙面。

4)模板滑升 模板的滑升分初升、正常滑升、末升三个阶段,各个阶段对施工有不同的要求。

①初升阶段 初浇砼高度达到 600~700 mm,且从初浇砼开始,时间经过 6 h 左右,即可进行试滑,此时将全部千斤顶升起约 50~60 mm(1~2 个行程)。试滑的目的是观察砼的凝结情况,判断砼能否脱模,提升时间是否适宜,确定能否进入滑模初升阶段。

②正常滑升阶段 正常滑升阶段是滑升模板施工的主要阶段。此时钢筋绑扎、管线敷设、门窗洞口模板安装、支承杆连接和加固等,应与砼浇筑配合进行。

正常滑升时,其分层滑升高度与砼分层浇筑高度相配合,一般为 200~300 mm,提升宜在砼振捣后进行。每次提升的间隔时间,一般不宜超过 1~1.5 h。

模板的滑升速度,常温下,滑升速度为 150~350 mm/h,最慢不应小于 100 mm/h。

③末升阶段 当模板滑升到距离建筑物顶部约 1 m 时,应放慢速度提升,并在距建筑物顶部 200 mm 标高以前,随浇筑随做好抄平、找正工作,以保证最后一层砼均匀交圈,确保顶部标高及位置正确。砼末浇完后,尚应继续滑升,直至模板与砼脱离不致被粘住为止。

5)停滑措施和施工缝处理

在滑模施工中,因气候或其他特殊情况需要暂停施工时,应采取可靠的停滑措施:

①每隔 0.5 h 左右启动一次千斤顶,将模板提升一个行程,直至最上层砼凝固(约 4 h 以上),不与模板粘结为止。

②当模板内存留砼过少,在继续浇筑砼时,易出现结构表面错台现象,此时应在砼脱模后及时进行修整。

③砼水平接缝的处理,应按规定要求执行。

6)拆模及模板的表面处理

①拆模 滑升模板的拆除属于高空作业,拆除前必须制订拆除方案,拟订拆除顺序和方法,以确保安全。

滑模宜采用按轴线分段整体拆除在地面解体的方法,可防止部件变形。

②表面处理 表面处理包括装修和养护。

A.装修 于砼施工质量好的墙面,只需用木抹子将凹凸不平的部分抹平,即可进行表面装修工作;对存在质量通病的墙面,应先按处理砼通病的有关方法进行修复,再进行装修。

内墙的装修一般可按楼层逐层进行,其做法与一般内墙装修基本相同;外墙装修可采用自上而下的施工方法,即结构到顶后,利用升降吊篮或升降工具式脚手架,自上而下逐层进行外装修。亦可采用自下而上"随滑随粉"的施工方法,即外装修随墙体同步施工,利用滑模的外吊脚手架(可按需增设 2 ~ 3 层)作施工平台。

B.养护 脱模后的砼应适时加以覆盖或浇水养护,养护时间根据气候条件而定。夏季施工时,脱模后一般不迟于 12 h 浇水,并适当增多浇水次数。冬季施工气温低于 5 ℃时,可不必浇水,但应用草包或草帘等保温材料覆盖。

(3)滑模施工中楼盖浇筑方法

滑模施工中,滑模是用来浇筑墙、柱等竖向承重构件,而建筑物楼盖则需要其他方法。楼板与墙体的连接,一般分为预制安装与现浇两大类。采用现浇楼板的施工方法,可提高建筑物的整体性,施工进度快。常用方法有"滑三浇一"支模现浇法,降模施工法和"滑一浇一"逐层支模现浇法等。

1)"滑三浇一"支模现浇法 在墙体不断向上滑时,预留出楼板插筋及梁端孔洞。在内吊脚手架下面,加吊一层满堂铺板及安全网。当墙面滑出一层后,扳出墙内插筋,利用梁、柱及墙体预留洞或设置一些临时牛腿、插筋及挂钩,作为支设模板的支承点,在其上开始搭设楼板模板、铺设钢筋等。当墙体滑升到第 3 层时,浇捣第 1 层楼板砼。该施工方法墙体滑升速度快,3 ~ 7 d 可滑一层结构。

2)降模施工法 降模施工法是当墙体连续滑升到顶或滑到第 10 层左右高度后,利用滑模操作平台改装成楼板底模板,在四个角及适当位置布设吊点,吊点应符合降模要求。把楼模板降至要求高度,即可进行该层楼板施工(见图 5.95)。当该层楼板砼达到拆模强度要求时,可将模板降至下一层楼板位置,进行下一层楼板的施工。此时,悬吊模板的吊杆也随之接长。这样依次逐层下降,直至最后在底层将模板拆除。

3)"滑一浇一"逐层支模法 "滑一浇一"又称逐层空滑现浇楼板法。此法施工时,当每层墙体砼用滑模浇筑至上一层楼板底部标高后,将滑升模板继续空滑至模板下口与墙体上表面脱空一段高度为止(脱空高度一般比楼板厚度多 50 ~ 100 mm)。然后将操作平台的活动平台

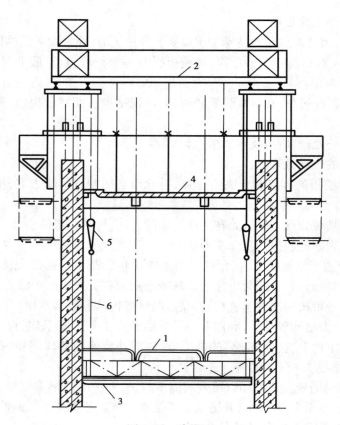

图 5.95　降模法

1—操作平台改装降模模板;2—上钢梁;3—下钢梁;4—屋面板;5—起重机械;6—吊索

吊去,进行现浇楼板的支模、绑扎钢筋和浇筑砼。如此逐层进行(见图5.96),即将滑模的连续施工改变为分层、间断的周期性施工。现浇楼板的支模方法,可采用支柱法或桁架法,还可采用台模法。

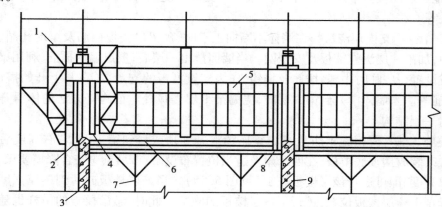

图 5.96　"滑一浇一"模板滑空示意图

1—加长腿钳形提升架;2—加长的外墙模板;3—砼外墙;4—外墙内模板;
5—内墙模板;6—现浇楼板底模板;7—顶撑;8—加长阴角模;9—内墙砼

5.7.3　滑模施工质量控制与安全技术

（1）质量控制

滑模施工质量控制见表 5.43。

表 5.43　滑模施工的允许偏差

项　目			允许偏差/mm
轴线间的相对位移			5
圆形筒壁结构	直径偏差		该截面筒壁直径的 1% 并不得超过 ±40
标　高	每层		±10
	全　高		±30
垂直度	每层	层高≤5 m	5
		层高>5 m	层高的 0.1%
	全高	高度<10 m	10
		高度≥10 m	高度的 0.1%，并不得大于 50
墙、柱、梁、壁截面尺寸偏差			+10 −5
表面平整 （2 m 靠尺检查）	抹　灰		8
	不抹灰		5
门窗洞口及预留洞口的位置偏差			15
预埋件位置偏差			20

（2）安全技术

1）建筑物基底四周及运输通道上，必要时应搭建防护棚，以防高空坠物伤人；建筑物四周应划出安全禁区，其宽度一般应为建筑物高度的 1/10；在禁区边缘设置安全标志。

2）操作平台应经常保持清洁，拆下的模板及废钢筋头等，必须及时运到地面，严禁任意抛下。

3）操作平台上的备用材料及设备，必须严格按照施工设计规定的位置和数量进行布置，不得随意变动。

4）操作平台四周（包括上辅助平台及吊脚手架），均应设置护栏或安全围网，栏杆高度不得低于 1.2 m。

5）操作平台的铺板接缝必须紧密，以防落物伤人。

6）必须设置供操作人员上下的可靠楼梯，不得用临时直梯代替；不便设楼梯时，应设置附着式电梯或上人罐笼等。

7）操作平台与卷扬机房、起重机司机等处，必须建立通讯联络信号和必要的联络制度。

8）操作平台上应设置避雷装置，操作平台上的电动设施应设置接地装置。

9）操作平台上应备有消防器材，以防高空失火。

10）采用降模施工楼板时，各吊点应增设保险钢丝绳。

11）夜间施工必须有足够的照明，平台的照明设施，应采用低压安全灯。

12）施工中如遇大雨及 6 级以上大风时，必须停止操作并采取停滑措施，保护好平台上下所有设备，以防损坏。

复习思考题 5

1. 简述钢筋砼工程施工工艺过程。

2. 简述现浇钢筋砼工程和装配式钢筋砼工程的特点。

3. 简述钢筋现场检验的内容。

4. 试述钢筋冷拉原理、冷拉目的、冷拉参数及冷拉控制方法。

5. 采用控制冷拉率法时,冷拉率及钢筋拉长值如何确定?

6. 采用控制冷拉应力法时,钢筋冷拉力如何确定? 如何判断钢筋是否合格?

7. 钢筋冷拉与冷拔有什么区别? 什么是冷拔总压缩率和每次压缩率?

8. 钢筋冷拉设备包括哪些? 如何计算冷拉设备能力及测力计负荷?

9. 钢筋闪光对焊工艺有几种? 如何选择?

10. 简述钢筋电弧焊的接头形式和适用范围。

11. 简述电渣压力焊、电阻点焊的原理和适用范围。

12. 钢筋机械连接的常用方法有几种? 简述各种连接方法的连接原理。

13. 如何计算钢筋的下料长度? 如何编制钢筋配料单?

14. 钢筋代换方法有几种? 各适用于什么情况? 代换时有什么技术要求?

15. 简述钢筋的加工工序。

16. 钢筋隐蔽工程验收应检查哪些内容?

17. 简述模板的作用和要求。

18. 试述柱、梁、楼板采用木模板的构造和安装的步骤。

19. 砼配料时为什么要进行施工配合比换算? 如何换算?

20. 搅拌砼时的投料顺序有几种? 它们对砼质量有何影响?

21. 搅拌时间对砼质量有何影响?

22. 对砼运输有哪些要求? 运输工具有哪些?

23. 泵送砼有什么优点? 其配合比和浇筑方法与普通砼相比有什么不同?

24. 对砼浇筑工作有哪些基本要求? 什么是施工缝? 留设位置应如何确定?

25. 试述砼捣实机械的种类和适用范围。

26. 什么是自然养护? 自然养护有哪些方法?

27. 砼质量检查包括哪些内容? 如何确定砼强度是否合格?

28. 常见砼的质量缺陷有哪些? 其产生的原因是什么? 如何防治和处理?

29. 预制构件的成型方法有几种?

30. 什么是蒸汽养护制度? 蒸汽养护室的类型及工作特点有哪些?

31. 砼冬期施工的方法有哪些? 其特点是什么?

32. 砼工程冬期施工时,其施工工艺有何特殊要求?

33. 冬期施工砼的养护方法有哪些? 如何选择?

34. 砼工程冬期施工时,对测温工作有何具体规定?

35. 大模板的构造如何? 适用于何种结构施工?

36.试述大模板的组装方法和要求。

37.滑升模板施工的特点有哪些？滑升模板系统由哪几部分组成？

38.试述滑模组装程序。

39.滑模施工中对砼浇筑有什么要求？

模拟项目工程

1.某框架结构有 10 根 KL₁,每根梁配筋情况如图 5.97 所示,其抗震等级为 4 级,纵向受力钢筋锚固长度为 30 d,框架柱尺寸为 400 mm×400 mm。

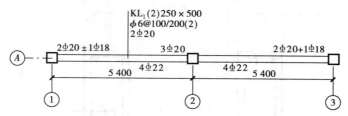

图 5.97　框架梁柱配筋图(平法表示法)

【问题】:

(1)试计算每根梁的钢筋下料长度。

(2)编制 10 根 KL₁ 的钢筋配料单。

(3)施工现场无 ϕ22 mm 的 HRB335 级钢筋,只有 ϕ20 mm 的 HRB335 级钢筋,可否进行代换? 如果能,应如何进行代换?

(4)若梁上部钢筋采用绑扎搭接接长,则绑扎时有哪些要求?

(5)若梁上部钢筋采用电弧焊进行焊接,则电弧焊接有哪些形式和要求?

2.某教学楼为两层建筑,设有 10 根 L₁ 独立梁,梁的配筋如图 5.98 所示。

【问题】:

(1)计算每根梁的钢筋下料长度。

(2)编制 L₁ 梁的钢筋配料单。

3.某框架结构主体施工时,梁、柱模板采用组合钢模板,楼板模板采用胶合板模板,浇筑柱砼时,模板漏浆现象严重。梁底模拆除后,发现主梁跨中轻微下垂。

【问题】:

(1)钢模板的类型有哪些?

(2)钢模板的连接件有哪些?

(3)钢模板的配板原则有哪些?

(4)简述柱模板的安设方法及施工要点。

(5)简述梁模板的安设方法及梁底模板起拱的要求。

(6)模板拆除时间是如何规定的? 拆除模板时应注意哪些问题?

4.某现浇钢筋砼框架梁,其砼实验室配合比为水泥:砂子:石子 = 1:2:4,水灰比 W/C = 0.6,每 m³ 砼水泥用量为 300 kg,施工人员现场实测得到砂子的含水率为 4% ,石子的含水率

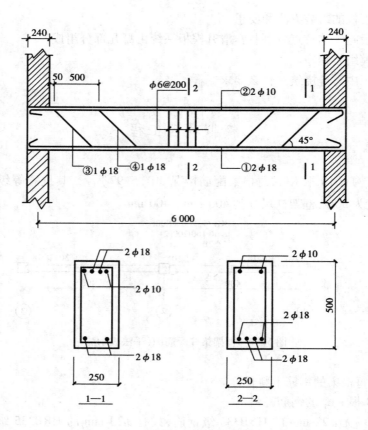

图 5.98 L₁ 独立梁配筋图(断面表示法)

为 2% 。现场使用的搅拌机型号为 J_1-400A。

【问题】：

(1)钢筋和砼性质虽然不同,但能共同工作,主要是因为有哪几个共同工作的条件?

(2)影响砼强度的主要因素有哪些? 是怎样影响的?

(3)按工作原理,砼搅拌机分为哪几类?

(4)该砼的施工配合比为多少?

(5)如果配制 1 m³ 砼,其材料用量各为多少?

(6)为保证搅拌机的正常运转,每搅拌一盘砼的材料用量各为多少?

第 **6** 章
预应力砼结构施工技术

学习目标：

1. 了解预应力钢筋砼结构的基本概念及其施工方法。
2. 了解先张法和后张法预应力砼施工中锚具(夹具)、张拉机具的类型、性能及选用。
3. 熟悉先张法施工工艺、预应力筋放张的要求、顺序和方法。
4. 熟悉后张法施工孔道留设方法、预应力筋张拉、孔道灌浆方法及要求。

职业能力：

1. 具有正确选用先张法、后张法制作构件所需的锚具及其设备的能力。
2. 具有熟练掌握先张法、后张法制作预应力构件施工工艺的能力。
3. 具有掌握预应力筋下料长度计算及其制作方法的能力。

6.1 概 述

6.1.1 预应力钢筋砼结构概念及施工方法

预应力钢筋砼结构是指在砼结构构件承受外荷载之前,采用一定的技术手段,使其受拉区处于受压状态,从而推迟裂缝出现,限制裂缝开展,达到提高结构构件的承载力和刚度的钢筋砼结构,简称预应力砼结构。

实践表明,预应力砼结构与普通砼结构相比,具有抗裂度高、刚度大、自重轻、耐久性好等优点,能节约大量钢材和水泥,降低成本,增加结构的耐火等级,并能用于大跨度结构。因此,预应力砼结构在建筑工程中得到了广泛的应用,其使用的范围和数量是衡量一个国家建筑技术水平的重要标志之一。

根据张拉工艺、张拉设备及施工预应力的方法不同,预应力砼结构的施工方法有机械张拉、电热张拉及自应力张拉。机械张拉和电热张拉又分为先张法施工和后张法施工。

6.1.2　对预应力砼结构的技术要求

用于预应力砼结构的砼强度等级不宜低于 C30；当采用碳素钢丝、钢绞线或热处理钢筋时不能低于 C40。目前，对一些很重要的预应力砼结构的砼强度等级已达 C50～C60，并逐渐向更高强度等级发展。

在预应力钢筋砼结构中不能使用对钢筋有侵蚀作用的外加剂（如氯化钠、氯化钙等），以防止钢筋的锈蚀作用对预应力的降低。

预应力砼结构的非预应力区使用非预应力钢筋，而预应力区则使用预应力钢筋。非预应力钢筋采用 HPB235～HRB400 级钢筋、乙级冷拔低碳钢丝；预应力钢筋则使用冷拉 HRB335～RRB400 级钢筋、甲级冷拔素钢丝、碳素钢丝、刻痕钢丝或钢绞线等。

6.2　先张法施工技术

先张法是指在浇筑砼构件之前，在台座上张拉预应力筋，并用夹具将张拉完毕的预应力钢筋临时固定在台座的横梁上，然后进行非预应力筋的绑扎、支设模板、浇筑砼，养护砼达设计强度的 75% 以上，放张或切断预应力筋，在预应力筋的弹性回缩力作用下，通过砼与钢筋粘结力传递预应力，从而在钢筋砼构件的受拉区产生预压应力。先张法预应力钢筋砼构件的施工程序如图 6.1 所示。

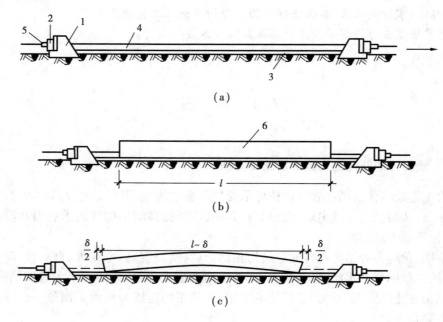

图 6.1　先张法预应力钢筋砼结构施工程序示意图
（a）预应力钢筋张拉　（b）砼浇筑及养护　（c）预应力钢筋放张
1—台座；2—横梁；3—台面；4—预应力钢筋；5—夹具；6—钢筋砼构件

6.2.1　先张法施工设施与设备

(1)台座

台座是先张法施工张拉和临时固定预应力筋的支承结构,它承受预应力筋的全部张拉力。因此,台座应具有足够的强度、刚度和稳定性。台座按构造形式分为墩式台座、槽式台座和简易台座。

1)墩式台座　墩式台座是预制构件生产常用的一种台座形式,由台墩、台面和横梁组成。目前常用现浇钢筋砼制作的、由承力台墩与台面共同受力的台座,其结构如图6.2所示。

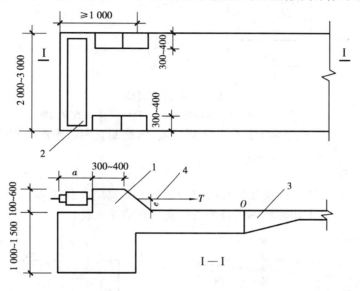

图6.2　墩式台座
1—砼台墩;2—钢横梁;3—台面;4—预应力筋

台座的长度和宽度由场地大小、构件类型和产量而定,一般长度为100~150 m,宽度为2 m。在台座的端部应留出张拉操作的地所和通道,两侧要有构件运输和堆放的场地。

2)槽式台座　槽式台座由端柱、传力柱、柱垫、横梁和台面等组成,其构造如图6.3所示。台座的长度一般不大于76 m,宽度随构件外形及制作方式而定,一般不小于1 m。槽式台座一般与地面相平,以便运送砼和蒸汽养护。

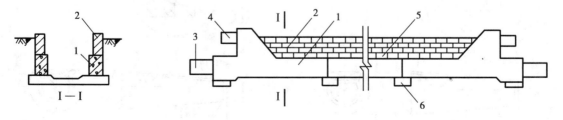

图6.3　槽式台座结构
1—钢筋砼端柱;2—砖墙;3—下横梁;4—上横梁;5—传力柱;6—柱垫

槽式台座既可承受张拉力,又可作蒸汽养护槽,适用于张拉吨位较高的大型构件,如吊车梁、屋架等。

3)简易台座　生产空心板、平板等平面布筋的构件时,由于张拉力不大,可采用简易墩式台座,如图6.4所示。

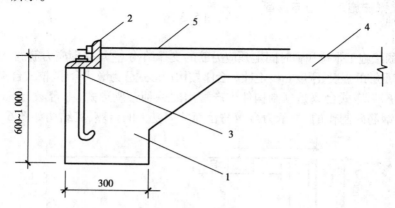

图6.4 简易墩式台座

1—卧梁;2—角钢;3—预埋螺栓;4—砼台面;5—预应力钢丝

另外,在施工现场应根据施工条件和工程进度,因地制宜利用模板及构件等制作简易槽式台座,生产预应力砼构件。

(2)先张法夹具

夹具是预应力钢筋进行张拉和临时固定的工具。夹具应工作可靠、构造简单、施工方便、成本低廉。根据夹具的工作性质不同分为张拉夹具和锚固夹具。

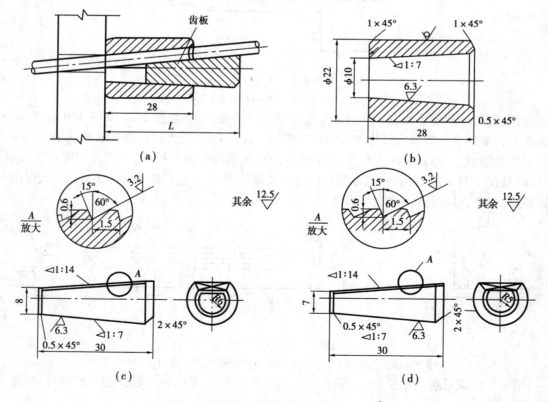

图6.5 圆锥齿板式夹具

(a)组装图 (b)套筒 (c)Ⅰ型齿板 (d)Ⅱ型齿板

1)张拉夹具　张拉夹具是连接预应力钢筋与张拉机械进行预应力钢筋张拉的工具,用于钢筋张拉端的临时夹固。常用的张拉夹具见图5.3。

2)锚固夹具　锚固夹具是将预应力筋临时固定在台座横梁的专用工具,锚固夹具用于张拉钢筋固定端的临时锚固。常用的锚固夹具有:

①钢质锥形夹具　钢质锥形夹具是用来锚固 $\phi 3 \sim 5$ mm 的单根冷拔钢丝和碳素(刻痕)钢丝。根据其组成不同,分为圆锥齿板式夹具(见图6.5)和圆锥三槽式夹具(见图6.6)。

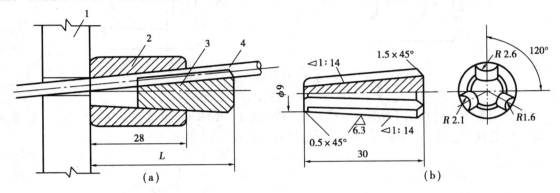

图6.6　圆锥三槽式夹具

(a)组装图　(b)锥销

1—定位板;2—套筒;3—锥销;4—钢丝

②圆锥套筒三片式夹具　由三个夹片与套筒组成,如图6.7所示。该夹具用于锚固 $\phi 12 \sim 14$ mm 的单根冷拉 HRB335 $\sim$ RRB400 级预应力钢筋。

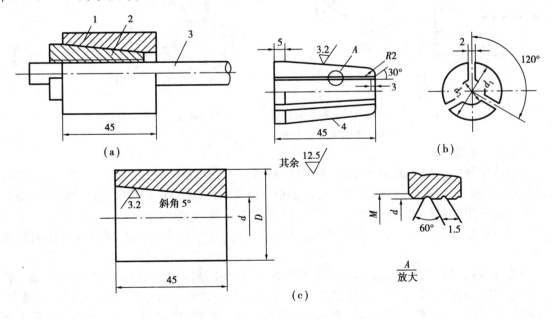

图6.7　圆套筒三片式夹具

(a)装配图　(b)夹片　(c)套筒

1—套筒;2—夹片;3—预应力钢筋;4—斜角5°

③镦头夹具　镦头夹具分为钢丝镦头夹具和钢筋镦头夹具。钢丝镦头夹具用于预应力钢丝固定端的锚固。将钢丝端部冷镦或热镦成粗头,通过承力板或梳筋板锚固,如图6.8所示。

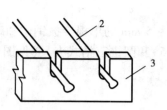
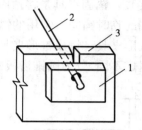

图6.8　钢丝镦头夹具
1—垫片;2—镦头钢丝;3—承力板

单根钢筋镦头夹具用于镦粗头(热镦)的 HRB335～RRB400 级带肋钢筋,亦可用于冷镦的钢丝。该夹具在使用时,还需一个可转动的抓钩式连接头(见图6.9)。

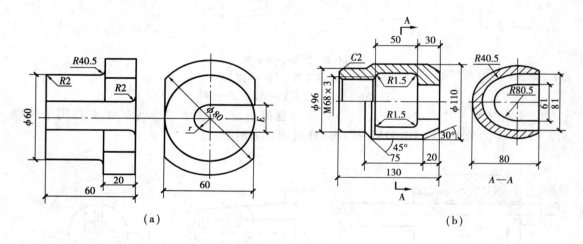

(a)　　　　　　　　　　　　　　　　　　(b)

图6.9　单根钢筋镦头夹具及张拉连接头
(a)单根钢筋镦头夹具　(b)张拉连接头

(3)张拉机械

先张法中预应力钢丝或钢筋,既可单根进行张拉,也可多根成组进行张拉。单根张拉时,可选用小吨位的张拉设备,操作比较方便。多根成组张拉时,需要选用较大吨位的张拉设备。

先张法常用的张拉机具有:电动卷扬机、穿心式千斤顶、电动螺杆张拉机与普通油压千斤顶等。张拉设备应简易可靠,操作方便,能以稳定的速率加荷,能准确控制预应力筋的张拉力等。

1)电动卷扬张拉机加测力装置　在长线台座上生产小型构件(如预应力空心板等)时,张拉预应力钢丝,常用单根张拉。由于张拉力较小,可采用电动卷扬机张拉,以弹簧测力计测力。钢丝的一端固定,另一端借钳式张拉夹具与弹簧测力计相连接,弹簧测力计又与卷扬机的钢丝绳相连接,开动卷扬机时即可张拉钢丝,如图6.10所示。钢丝张拉力由弹簧测力计控制,当张拉力达到规定值时,通过行程开关能自行停车。这时即可用预先套在钢丝上的圆锥形锚固夹具,将张拉后的钢丝临时锚固在台座上。

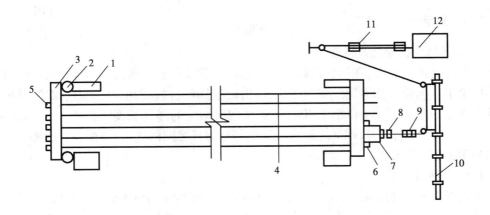

图 6.10 LYZ-1A 型电动卷扬张拉机

1—台座;2—放松装置;3—横梁;4—钢筋;5—镦头;6—垫块;7—销片夹具;

8—张拉夹具;9—弹簧测力计;10—固定梁;11—滑轮组;12—卷扬机

2)穿心式千斤顶 该千斤顶有一个穿心孔,是利用双液压缸张拉预应力筋和顶压锚具的双作用千斤顶。该千斤顶适应性强,既适用于张拉带 JM 型锚具的钢筋束或钢绞线束,配上撑脚与拉杆后,亦可作为拉杆式穿心千斤顶。系列产品有:YC20D、YC60 与 YC120 型千斤顶,见图 6.27。

3)电动螺杆张拉机 电动螺杆张拉机由张拉螺杆、电动机、测力计、顶杆等组成(见图 6.11)。最大张拉力为 100~500 kN,张拉行程为 800 mm。该张拉机适用于长线台座上张拉单根预应力钢筋。

张拉时,顶杆支承在台座的横梁上,用张拉夹具夹紧预应力钢筋,开动电动机使螺杆向右运动,则对预应力钢筋进行张拉,待达到规定张拉力时停车,利用预先套在预应力钢筋上的锚固夹具将预应力钢筋临时锚固在台座的横梁上,张拉结束。

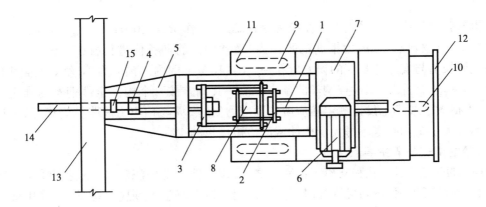

图 6.11 电动螺杆张拉机构造图

1—螺杆;2,3—拉力架;4—张拉夹具;5—顶杆;6—电动机;7—减速器;8—测力计;

9,10—胶轮;11—底盘;12—手柄;13—横梁;14—钢丝;15—锚固夹具

6.2.2　先张法施工工艺

(1)涂刷隔离剂、铺丝及拼接

长线台座台面或胎模,在铺放钢丝前应涂非油质类模板隔离剂,且不应沾污钢丝。预应力钢丝宜用牵引车铺设。如遇钢丝需要接长,可借助于钢丝拼接器用 20 ~ 22 号铁丝密排绑扎。冷拔低碳钢丝的绑扎长度不得小于 $40d$;高强度刻痕钢丝的绑扎长度不得小于 $80d$(d 为钢丝直径)。预应力钢筋铺设时,钢筋之间连接或钢筋与螺杆之间的连接,可采用连接器。

(2)预应力筋的张拉

1)预应力钢筋的张拉

①单根钢筋张拉 $\phi12$ mm 及以上的冷拉 HRB335,HRB400,RRB400 级钢筋,可采用 YC18,YC20D,YC60 及 YL60 型千斤顶在双横梁式台座或钢模上单根张拉,螺杆式夹具或夹片式夹具锚固;热处理钢筋或钢绞线宜采用 YC18 及 YC20D 型千斤顶张拉,优质夹片式夹具锚固。

②成组钢筋张拉 在三横梁或四横梁式台座上生产大型预应力构件时,可采用台座式千斤顶成批张拉粗钢筋。张拉前应调整初应力,使每根预应力筋的初应力均匀一致,然后再进行张拉。

③粗钢筋张拉程序 宜采用超张拉程序,以减少应力松弛损失,即:

$$0 \to 1.05\sigma_{con} \xrightarrow{持荷 2 min} \sigma_{con} \to 锚固$$

2)预应力钢丝张拉

①单根钢丝张拉 冷拔低碳钢丝可采用 10 kN 电动螺杆张拉机或电动卷扬张拉机单根张拉,弹簧测力计测力,锥销式夹具锚固;高强刻痕钢丝可采用 20 ~ 30 kN 电动卷扬张拉机单根张拉,优质锥销式夹具或镦头-螺杆夹具锚固。

②成组钢丝张拉 机组流水法或传送带法生产预应力多孔板时,可在钢模上用镦头梳筋板夹具,拉杆式千斤顶成批张拉钢丝。长线台座上生产预应力板时,也可用镦头梳筋夹具成批张拉钢丝。

③钢丝张拉程序 宜采用一次张拉程序,以减小工作量,即:$0 \to 1.03\sigma_{con} \to 锚固$。

3)预应力值校核 预应力钢筋的张拉力,通常用钢筋伸长值进行校核。张拉时,预应力筋的理论伸长值与实际伸长值的误差应在 -5% ~ 10% 范围内。预应力钢丝张拉锚固 1 ~ 4 h后,应采用钢丝内力测定仪检查钢丝的预应力值。其偏差按一个构件全部钢丝的预应力平均值计算,不得大于或小于设计规定相应阶段预应力值的 5%。预应力筋张拉完毕后,设计位置的偏差不得大于 5 mm,也不得大于构件截面最短边长的 4%。

(3)砼的浇筑与养护要点

预应力筋在张拉、绑扎和支模工作完成之后,应立即进行砼浇筑,每条生产线应一次浇筑完毕;预应力砼可采用自然养护或湿热养护;采用长线台座生产预应力构件,当采用湿热养护时,应采取正确的养护制度,一般应使砼达到一定强度(粗钢筋配筋时为 7.5 MPa;钢丝、钢绞线配筋时为 10 MPa)之前,温差控制在 20 ℃ 范围内,以减少由于温差引起的预应力损失。

(4)预应力筋的放张

1)放张方法 预应力筋为钢筋时,常采用楔块(见图 6.12)、砂箱(见图 6.13)或液压千斤顶等放张装置。采用砂轮锯或切割机切断,不得采用电弧切割放张。预应力钢丝可采用砂轮锯或切割机切断等方法放张。

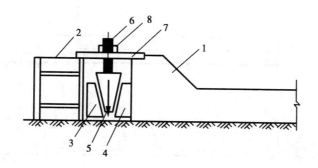

图 6.12　楔块放张示意图

1—台座;2—横梁;3,4—钢块;5—钢楔块;6—螺杆;7—承力板;8—螺母

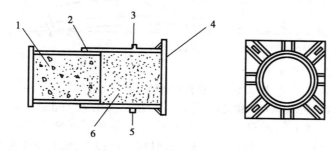

图 6.13　砂箱放张示意图

1—活塞;2—钢套箱;3—进砂口;4—钢套箱底板;5—出砂口;6—砂子

2)放张顺序　预应力筋放张时,砼的强度应符合设计要求。如设计无要求时,不得低于砼设计强度标准值的 75%。

预应力筋的放张顺序,如设计无规定时,对轴心受预压的构件(如拉杆、柱等),所有预应力筋应同时放张;偏心受预压的构件(如梁),应先同时放张预压力较小区域的预应力筋,再同时放张预压力较大区域的预应力筋;如不能满足上述要求时,应分段、对称或交错地进行放张,以防止在放张过程中构件产生弯曲、裂纹和预应力筋断裂。

3)放张要点　放张前应拆除侧模,使放张时构件能自由压缩,避免损坏模板或造成构件开裂;对有横肋的构件(如大型屋面板),其横肋断面应有合适的斜度,或采用活动模板,以免放张钢筋时,构件端肋开裂;为检查构件放张时钢丝与砼的粘结是否可靠,切断钢丝时应测定钢丝在砼内的回缩量,对冷拔低碳钢丝回缩值不大于 0.6 mm,对碳素钢丝回缩值不应大于1.2 mm。

6.3　后张法施工技术

后张法是先制作构件,在预应力筋位置预留孔道,待其砼强度达到设计规定值后,穿入预应力筋,用张拉机械进行张拉,使构件产生预压应力,并用锚具将张拉后的预应力筋锚固在构件的端部,最后进行孔道灌浆的施工方法。预应力筋的张拉力主要是靠构件端部的锚具传给砰,使之产生预压应力。后张法预应力砰构件的施工程序如图 6.14 所示。

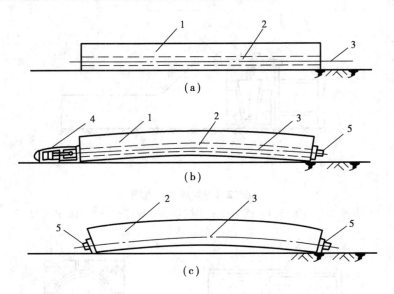

图 6.14　后张法构件施工程序示意图
(a)制作构件、预留孔道　(b)穿筋、张拉、锚固　(c)孔道灌浆
1—钢筋砰构件;2—预留孔道;3—预应力筋;4—千斤顶;5—锚具

后张法具有不需要台座、灵活性大的特点。但其工序较多,锚具耗钢量较大。对于块体拼装构件,还应增加块体验收、拼装、立缝灌浆和连接板焊接等工序。

6.3.1　后张法张拉机具

(1)锚具

锚具是砰结构或构件中为保持预应力筋拉力并将其传递到砰上用的永久性锚固装置,通常由若干个机械部件组成。

锚具的类型很多,各有其一定的适用范围。按锚具的使用特点分为锚固单根钢筋的锚具、锚固成束钢筋的锚具和锚固钢丝束的锚具等。

1)单根粗钢筋锚具

①螺丝端杆锚具　它由螺丝端杆、螺母及垫板组成(见图 6.15),是单根预应力粗钢筋张拉端常用的锚具。

张拉前,先将螺丝端杆与预应力筋对焊成一个整体,用张拉设备张拉螺丝端杆,用螺母锚固预应力钢筋。螺丝端杆锚具的强度不得低于预应力钢筋的抗拉强度实测值。

螺丝端杆可采用与预应力钢筋同级冷拉钢筋制作,也可采用冷拉或热处理 45 号钢制作。端杆的长度一般采用 320 mm,当构件长度超过 30 m 时,一般采用 370 mm;其净截面积应大于或等于所对焊的预应力钢筋截面面积。对焊应在预应力钢筋冷拉前进行,以检验焊接质量。冷拉时螺母的位置应在螺丝端杆的端部,经冷拉后螺丝端杆不得发生塑性变形。

②帮条锚具　它由衬板和三根帮条焊接而成(见图 6.16),是单根预应力粗钢筋固定端用锚具。帮条采用与预应力钢筋同级别的钢筋,衬板采用 30 号钢。

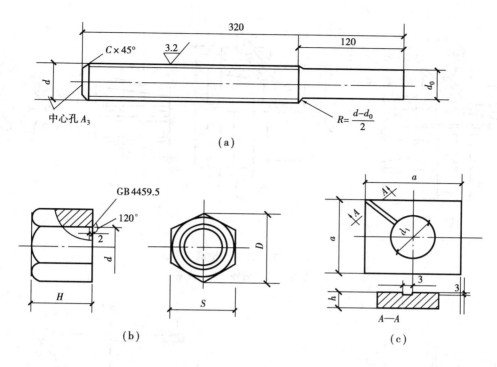

（a）

（b）　　　　　（c）

图 6.15　螺丝端杆锚具
（a）螺丝端杆　（b）螺母　（c）垫板

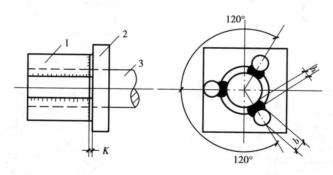

图 6.16　帮条锚具
1—帮条;2—衬板;3—预应力钢筋

　　安装帮条时,三根帮条应互成120°,其与衬板相接触的截面应在一个垂直平面内,以免受力时产生扭曲。帮条的焊接可在预应力钢筋冷拉前或冷拉后进行,施焊方向应由里向外,引弧及熄弧均应在帮条上,严禁在预应力钢筋上引弧,并严禁将地线搭在预应力钢筋上。

　　2）钢筋束及钢绞线束锚具

　　①KT-Z 型锚具　它由锚环与锚塞组成（见图 6.17）。KT-Z 锚具适用于锚固 3～6 根 ϕ12 mm的冷拉螺纹钢筋或钢绞线束。

　　②JM 型锚具　它由锚环与 6 个夹片组成（见图 6.18）。JM 型锚具适用于锚固 3～6 根 ϕ12 mm 的冷拉螺纹钢筋束与 4～6 根 ϕ^j12～15 钢绞线束。

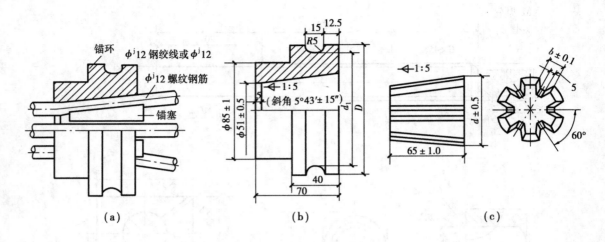

图 6.17　KT-Z 型锚具

（a）装配　（b）锚环　（c）锚塞

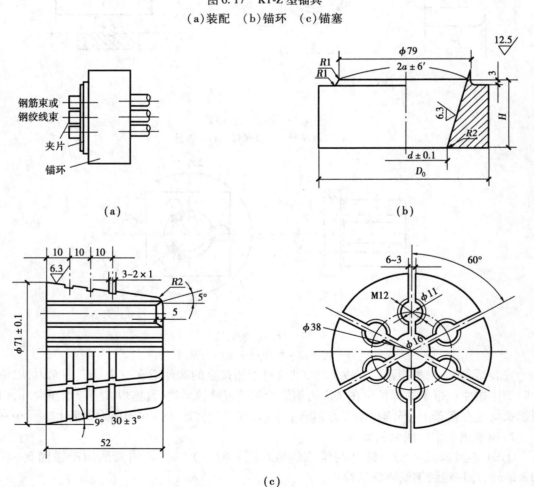

（c）

图 6.18　JM 型锚具

（a）装配图　（b）锚板　（c）夹片

③XM 型锚具　它由锚板和 3 个夹片组成(见图 6.19)。XM 型锚具适用于锚固 1 ~ 12 根 ϕ^j15 钢绞线,也可用于锚固钢丝束。

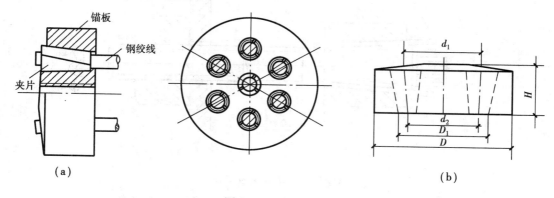

图 6.19　XM 型锚具
(a)装配图　(b)锚板

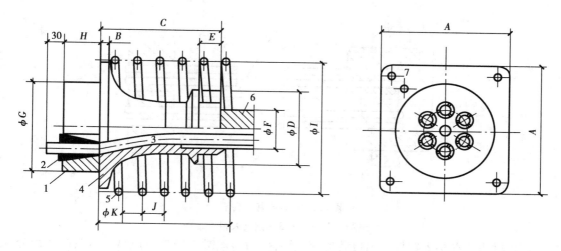

图 6.20　QM 型锚具及配件
1—锚板;2—夹片;3—钢绞线;4—喇叭形铸铁垫板;
5—弹簧圈;6—预留孔道用的波纹管;7—灌浆孔

④QM 型锚具　它由锚板与夹片组成(见图 6.20)。QM 型锚具适用于锚固 4 ~ 31 根 ϕ^j12 和 3 ~ 19 根 ϕ^j15 钢绞线束。

3)预应力钢丝束锚具

①锥形螺杆锚具　由锥形螺杆、套筒、螺母、垫板组成(见图 6.21)。适用于锚固 14 ~ 28 根 ϕ^s5 钢丝束。使用时,先将钢丝束均匀整齐地紧贴在螺杆锥体部分,然后套上套筒,用拉杆式千斤顶使端杆锥通过钢丝挤压套筒,从而锚紧钢丝。

②钢丝束镦头锚具　适用于锚固 12 ~ 54 根 ϕ^s5 钢丝束。镦头锚具为 A 型和 B 型(见图 6.22)。A 型由锚杯与螺母组成,用于张拉端;B 型为锚板,用于固定端,利用钢丝两端的镦头进行锚固。

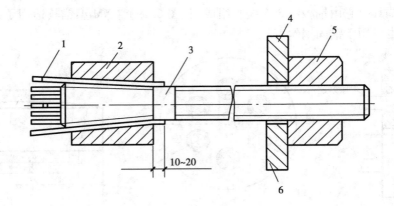

图 6.21 锥形螺杆锚具图
1—钢丝;2—套筒;3—锥形螺杆;4—垫板;5—螺母;6—排气槽

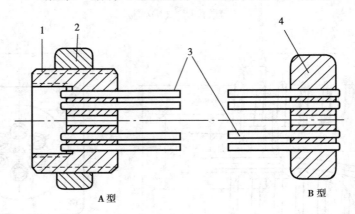

A 型　　　　　　　　B 型

图 6.22 钢丝束镦头锚
1—锚杯;2—螺母;3—钢丝束;4—锚板

钢丝镦头要在穿入锚杯或锚板后进行,镦头采用钢丝镦头机冷镦成型。镦头的头形分为鼓形和蘑菇形两种(见图 6.23)。

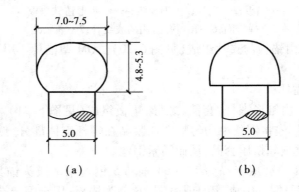

（a）　　　　　　　（b）

图 6.23 镦头头型图
（a）鼓形　（b）蘑菇形

预应力钢丝束张拉时,在锚杯内口拧上工具式拉杆,通过拉杆式千斤顶进行张拉,然后拧紧螺母将锚杯锚固。

③钢质锥形锚具 它由锚环和锚塞组成(见图6.24)。适用于锚固6根、12根、18根或24根ϕ^s5钢丝束。

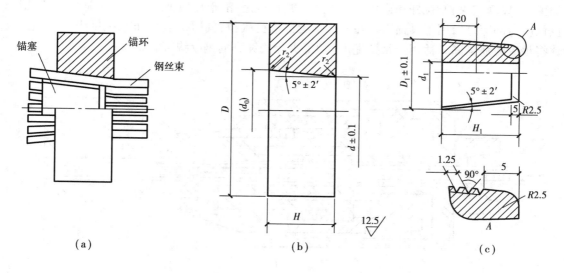

图6.24 钢质锥形锚具
(a)装配图 (b)锚塞 (c)锚环

(2)张拉机具

1)液压拉杆式(YL)千斤顶 液压拉杆式千斤顶是一种单作用千斤顶,常用的型号有YL-60型(见图6.25)。它主要由缸体、活塞、连接器和撑脚等组成。张拉预应力筋时,先将连接器与螺丝端杆相连接,并使撑脚支承在构件端部,开动高压油泵,使主缸活塞向左移动,完成预应力筋张拉工作;向右移动,回程复位。此时即可卸下连接器,移动千斤顶到下一根钢筋张拉。

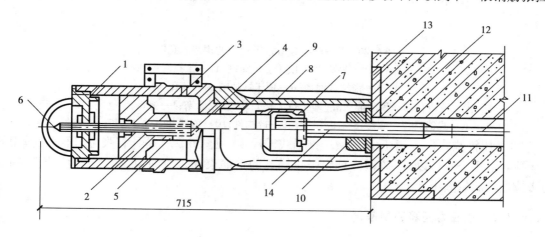

图6.25 拉杆式千斤顶构造示意图

1—主缸;2—主缸活塞;3—主缸油嘴;4—副缸;5—副缸活塞;6—副缸油嘴;7—连接器;
8—顶杆;9—拉杆;10—螺母;11—预应力筋;12—砼构件;13—预埋钢板;14—螺纹端杆

YL-60 型千斤顶公称张拉力为 600 kN,张拉行程为 150 mm,额定油压为 40 N/mm^2。适用于张拉配有螺丝端杆锚具的粗钢筋、精轧螺纹钢筋或配有镦头锚具的钢丝束。

2)液压穿心式(YC)千斤顶 液压穿心式千斤顶是一种双作用千斤顶。常用的型号有 YC-60 型千斤顶,其构造如图 6.26 所示,它由张拉油缸、张拉活塞(即顶压油缸)、顶压活塞、回油弹簧、撑套或撑脚、拉杆和连接器等组成。其特点是:沿千斤顶轴线有一个直通的穿心孔道,供预应力筋穿过后用工具锚固定在千斤顶尾部进行张拉,同时又有顶压系统供张拉后顶压夹片将预应力筋锚固。适用于张拉配 JM 型等夹片式锚具的钢绞线束和钢丝束。

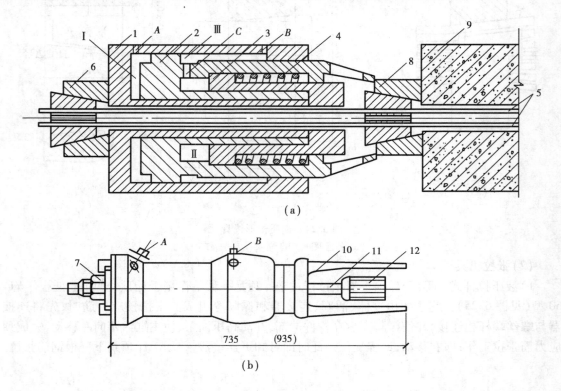

(a)

(b)

图 6.26 YC-60 型穿心式千斤顶的构造示意图

Ⅰ—张拉工作油室;Ⅱ—顶压工作油室;Ⅲ—张拉回程油室

A—张拉缸油嘴;B—顶压缸油嘴;C—油孔

1—张拉液压缸;2—顶压液压缸(即张拉活塞);3—顶压活塞;4—弹簧;5—预应力筋;
6—工具式锚具;7—螺母;8—工作锚具;9—砼构件;10—顶杆;11—拉杆;12—连接器

3)液压锥锚式(YZ)千斤顶 液压锥锚式千斤顶(见图 6.27)是具有张拉、顶锚双作用的千斤顶。适用于张拉以 KT-Z 型锚具为张拉锚具的钢筋束和钢绞线束,张拉以钢质锥型锚具为张拉锚具的钢丝束。

6.3.2 预应力钢筋的制备

(1)单根粗钢筋下料长度计算

1)两端用螺丝端杆锚具[(见图 6.28(a)]。

预应力筋的成品长度 L_1(预应力筋和螺丝端杆对焊,并经冷拉后的全长):$L_1 = l + 2l_2$。

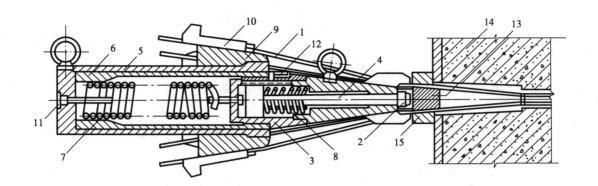

图 6.27 锥锚式双作用千斤顶构造示意图

1—预应力筋;2—顶压头;3—副缸;4—副缸活塞;5—主缸;6—主缸活塞;
7—主缸拉力弹簧;8—副缸压力弹簧;9—锥形卡环;10—模块;11—主缸油嘴;
12—副缸油嘴;13—锚塞;14—构件;15—锚环

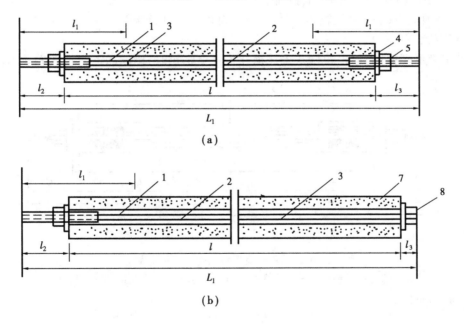

图 6.28 粗钢筋下料长度计算示意图

(a)两端用螺丝端杆锚具时 (b)一端用螺丝端杆锚具时

1—螺丝端杆;2—预应力钢筋;3—对焊接头;4—垫板;5—螺母;6—帮条锚具;7—砼构件

预应力筋钢筋部分的成品长度:$L_0 = L_1 + 2l_1$。

预应力筋钢筋部分的下料长度:

$$L = \frac{L_0}{l + \gamma - \delta} + nl_0 \qquad (6.1)$$

2)一端用螺丝端杆,另一端用帮条(或镦头)锚具[见图 6.28(b)]:

$$\left.\begin{aligned} L_1 &= l + l_2 + l_3 \\ L_0 &= L_1 - 2l_1 \\ L &= \frac{L_0}{1 + \gamma - \delta} + nl_0 \end{aligned}\right\} \tag{6.2}$$

式中　l——构件的孔道长度或台座长度(包括横梁在内),mm;

　　　l_1——螺丝端杆长度,mm;

　　　l_2——螺丝端杆伸出构件外的长度,mm;用拉伸机张拉时,张拉端 $l_2 = 2H + h + 5$ mm;锚固端 $l_2 = H + h + 5$ mm;

　　　H——螺母高度,mm;

　　　h——垫板厚度,mm;

　　　l_3——镦头或帮条锚具长度(包括垫板厚度),mm;

　　　l_0——每个对焊接头的压缩长度(一般为 $20 \sim 30$ mm),mm;

　　　n——对焊接头数量,个;

　　　r——预应力钢筋冷拉率(试验确定);

　　　δ——预应力钢筋冷拉弹性回缩率(一般为 $0.4\% \sim 0.6\%$)。

(2)钢丝束下料长度

1)采用锥形螺杆锚具,以拉杆式千斤顶在构件上张拉时,钢丝的下料长度 L(见图 6.29):

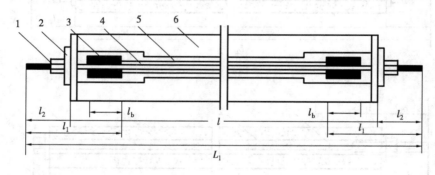

图 6.29　钢丝束下料长度计算示意图

1—螺母;2—垫板;3—锥形螺杆锚具;4—钢丝束;5—孔道;6—砼构件

钢丝束成品长度:

$$L_1 = l + 2l_2$$

钢丝的下料长度:

$$L = L_1 - 2l_1 + 2(l_b + a) \tag{6.3}$$

式中　l_1, l_2, l_3——与式(6.2)相同;

　　　l_b——锥形螺杆锚具的套筒长度,mm;

　　　a——钢丝伸出套筒的长度,取 $a = 20$ mm。

2)采用镦头锚具,以拉杆式或穿心式千斤顶在构件上张拉时,钢丝的下料长度 L(见图 6.30):

两端张拉:

$$L = l + 2h + 2\delta - (H - H_1) - \Delta L - c \tag{6.4}$$

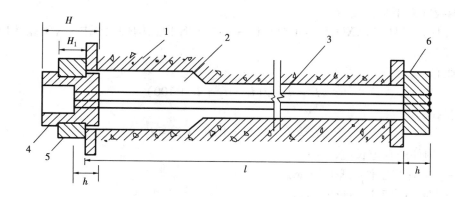

图 6.30　采用镦头锚具时钢丝下料长度计算简图

1—砼构件;2—孔道;3—钢丝束;4—锚杯;5—螺母;6—锚板

一端张拉:

$$L = l + 2h + 2\delta + 0.5(H - H_1) - \Delta L - c \qquad (6.5)$$

式中　l——构件的孔道长度,mm;

h——锚杯底部厚度或锚板厚度,mm;

δ——钢丝镦头留量,对 $\phi^s 5$ 取 10 mm;

H——锚杯高度,mm;

H_1——螺母厚度,mm;

ΔL——钢丝束张拉伸长值,mm;

c——张拉时构件砼的弹性压缩值,mm。

3)采用钢质锥形锚具,以锥锚式千斤顶在构件上张拉时,钢丝的下料长度 L(见图 6.31):

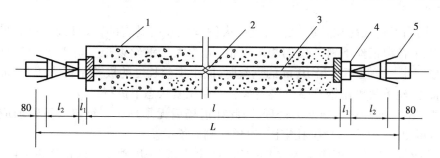

图 6.31　采用钢质锥形锚具时钢丝下料长度计算简图

1—砼构件;2—孔道;3—钢丝束;4—钢质锥形锚具;5—锥锚式千斤顶

两端张拉:

$$L = l + 2(l_1 + l_2 + 80) \qquad (6.6)$$

一端张拉:

$$L = l + 2(l_1 + 80) + l_2 \qquad (6.7)$$

式中　l——构件的孔道长度,mm;

l_1——锚杯厚度,mm;

l_2——千斤顶分丝头至卡盘外端距离,mm。

(3)钢绞线束下料长度

采用夹片式锚具(JM,XM 和 QM 型),以穿心式千斤顶在构件上张拉时,钢绞线的下料长度 L(图 6.32):

两端张拉:

$$L = l + 2(l_1 + l_2 + l_3 + 100) \tag{6.8}$$

一端张拉:

$$L = l + 2(l_1 + 100) + l_2 + l_3 \tag{6.9}$$

式中　l——构件的孔道长度,mm;

l_1——夹片式工作锚厚度,mm;

l_2——穿心式千斤顶长度,mm;

l_3——夹片式工具锚厚度,mm。

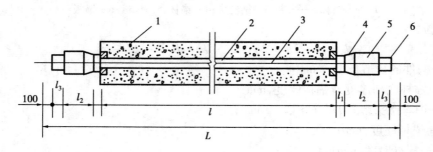

图 6.32　钢绞线下料长度计算简图

1—砼构件;2—孔道;3—钢绞线;4—夹片式工作锚;

5—穿心式千斤顶;6—夹片式工具锚

(4)下料

预应力钢筋下料在冷拉后进行。矫直回火钢丝放开后是直的,可直接下料。采用镦头锚具时,同一束中各根钢丝下料长度的相对差值,应不大于钢丝束长度的 1/5 000,且不得大于 5 mm。当成组张拉长度不大于 10 m 的钢丝时,同组钢丝长度的极差不得大于 2 mm。为了达到这一要求,钢丝下料可用钢管限位法或牵引索在拉紧状态下进行。

钢绞线在出厂前经过低温回火处理,因此在进场后无须预拉。钢绞线下料前应在切割口两侧各 50 mm 处用 20 号铁丝绑扎牢固,以免切割后松散。

钢丝、钢绞线、热处理钢筋及冷拉 RRB400 级钢筋,宜采用砂轮锯或切断机切断,不得采用电弧切割。用砂轮切割机下料具有操作方便、效率高、切口规则无毛头等优点,尤其适合现场使用。

6.3.3　后张法施工工艺

(1)预应力钢筋孔道的留设

预应力筋的孔道形状有直线、曲线和折线三种。应根据预应力砼结构构件的受力性能,以及预应力筋张拉、锚固体系特点与尺度进行留设。

1)钢管抽芯留孔法　钢管抽芯法用于直线孔道。钢管在构件中,每隔 1~1.5 m 用钢筋井字架固定其位置。每根钢管长度最好不超过 15 m,较长构件可用两根钢管在接头处用

0.5 mm 厚铁皮套管连接。钢管一端钻 ϕ16 mm 的孔,以备插入钢筋棒转动钢管。抽管前每隔 10 ~ 15 min 应转管一次。以防砼与钢管粘结,造成抽管困难。

抽管时间与水泥品种、气温和养护条件有关。通常在砼初凝之后、终凝之前进行抽管,常温下抽管时间在砼浇筑后 3 ~ 5 h。

抽管顺序宜先上后下地进行。抽管方法可用人工或卷扬机,抽管速度要均匀,边抽边转,并与孔道保持在同一直线上。

对张拉端的扩大孔,也可用钢管抽芯成型。留孔时注意端部扩大孔应与中间孔道同心,抽管时先抽中间钢管,后抽扩大钢管。

2)胶管抽芯留孔法　胶管抽芯法可用于直线、曲线或折线孔道。常采用 5 ~ 7 层帆布夹层,壁厚 6 ~ 7 mm 的普通橡胶管。胶管使用前,应将一端密封,另一端加阀门密封。

短构件留孔,可用一根胶管对弯穿入两个平行孔道;长构件留孔,可用整根胶管,必要时也可用两根胶管用铁皮套管连接使用。固定胶管位置的钢筋十字架,一般间距为 600 mm。胶管内应充水或充气,加压至 0.5 ~ 0.8 MPa。

抽管前,先放水或放气降压,待胶管断面缩小与砼自行脱离后方可抽管,抽管时间比抽钢管略迟。抽管顺序一般为先上后下,先曲后直。

3)波纹管留孔法　预埋波纹管法是采用镀锌双波纹金属软管永久地埋设在构件中而形成预留孔道。成品波纹管每根长为 4 ~ 6 m,也可根据需要,在现场加工,长度不限。波纹管的连接,采用大一号同型波纹管,接头管长度为 200 mm,用密封胶带或塑料热塑管封口。

波纹管安装,采用钢筋卡子固定,间距不大于 600 mm,并用铁丝绑牢。

(2)预应力筋的张拉

1)预应力筋的张拉顺序与张拉程序　后张法张拉预应力筋时,结构构件的砼强度应符合设计要求,当设计无要求时,不应低于设计强度标准值的 75%。张拉前应做好构件验收、穿筋(束)及安装锚具,安装张拉设备等工作。

预应力筋的张拉顺序应使砼不产生超应力,构件不扭转与侧弯,结构不变位等。因此,合理地布置分批、分阶段、对称张拉是一项重要的原则。同时,还应考虑施工方便,尽量减少张拉设备的移动次数。

预应力筋的张拉程序主要根据构件类型、张锚体系、松弛损失取值等因素确定。用超张拉方法减少预应力筋的松弛损失时,预应力筋的张拉程序宜为:$0 \rightarrow 1.05\sigma_{con} \xrightarrow{\text{持荷 2 min}} \sigma_{con} \rightarrow$ 锚固。

设计中钢筋的应力松弛损失按一次张拉取值时,则其张拉程序可取:$0 \rightarrow \sigma_{con} \rightarrow$ 锚固。

预应力筋的张拉吨位不大、根数很多,而设计中又要求采取超张拉以减少应力松弛损失,则其张拉程序可为:$0 \rightarrow 1.03\sigma_{con} \rightarrow$ 锚固。

2)张拉方法　对抽芯成型孔道,曲线预应力筋和长度大于 24 m 的直线预应力筋,应在两端张拉;长度等于或小于 24 m 的直线预应力筋,可在一端张拉。预埋波纹管孔道,曲线预应力筋和长度大于 30 m 的直线预应力筋,宜在两端张拉;长度等于或小于 30 m 的直线预应力筋,可在一端张拉。在同一截面中有多根一端张拉的预应力筋时,张拉端宜分别设置在结构的两端。当两端同时张拉一根预应力筋时,为了减少预应力损失,宜先在一端锚固按一端张拉方法进行张拉,再在另一端补足张拉力后进行锚固。

预应力筋采用分批张拉时,先批张拉的预应力筋张拉应力,应考虑后批预应力筋张拉时所产生的砼弹性压缩的影响,即先批张拉的预应力筋张拉应力应相应增加。这样在预加应力完成后所有预应力筋具有相同的预应力,但张拉时增加了麻烦。在实际施工中,也可采用同一张拉值,逐根复拉补足的方法。

3)张拉伸长值校核 预应力筋张拉时,通过伸长值的校核,可以综合反映张拉力是否足够,孔道摩阻损失是否偏大,以及预应力筋是否有异常现象等。张拉伸长值校核,其预应力筋的理论伸长值与实际伸长值的容许差值为 $-5\% \sim 10\%$。

预应力筋张拉伸长值的量测,应在初应力($10\% \sigma_{con}$)建立之后进行。其实际伸长值 ΔL 为:

$$\Delta L = \Delta L_1 + \Delta L_2 - C \tag{6.10}$$

式中 ΔL_1——从初应力至最大张拉力之间的实测伸长值,mm;

ΔL_2——初应力以下的推算伸长值,mm;

C——施加应力时,后张法砼构件的弹性压缩值和固定端锚具楔紧引起的预应力筋内缩量,mm(当其值微小时,可略去不计)。

在施工中,如遇张拉伸长值超过容许差值,则应暂停张拉,查明原因,并采取措施予以调整后,方可继续张拉。

4)张拉要点 采用锥锚式千斤顶张拉钢丝束时,先使千斤顶张拉缸进油,至压力表略有起动时暂停,检查每根钢丝的松紧并进行调整,然后再打紧楔块;张拉时应认真做好孔道、锚环与千斤顶三对中,以便张拉工作顺利进行,并不致增加孔道摩擦损失;多根钢丝同时张拉时,构件截面中断丝和滑脱钢丝的数量不得大于钢丝总数的3%,但一束钢丝只允许一根;每根构件张拉完毕后,应检查端部和其他部位是否有裂缝;并填写张拉记录;预应力筋锚固后的外露长度不宜小于 30 mm。长期外露的锚具,可涂刷防锈油漆,或用砼封裹,以防腐蚀。

(3)孔道灌浆及端头封裹

1)孔道灌浆 预应力筋张拉后,孔道应尽快灌浆。用连接器连接的多跨度连续预应力筋的孔道灌浆,应张拉完一跨随即灌注一跨。采用电热张拉法时,应在预应力筋冷却后进行灌浆。

孔道灌浆应采用强度等级不低于 42.5 级的普通硅酸盐水泥配置的水泥浆;对空隙较大的孔道,可采用水泥砂浆灌浆。水泥浆和水泥砂浆的强度标准值均不应低于 20 N/m²。水泥浆的水灰比为 0.4 ~ 0.45,搅拌后 3 h 泌水率宜控制在2%内,最大不得超过3%。

孔道灌浆机具包括:灰浆搅拌机、灌浆泵、储浆桶、过滤器、橡胶管和喷浆嘴。灌浆前,用压力水冲洗和湿润孔道,但应采用有效措施排除孔道中的积水。搅拌好的水泥浆必须通过过滤器,置于储浆桶内,并不断搅拌,以防泌水沉淀。

灌浆工作应缓慢均匀地进行,不得中断,并应排气通顺,在孔道两端冒出浓浆并封闭排气孔后,宜再继续加压至 0.5 ~ 0.6 MPa,稍后再封闭灌浆孔。灌浆顺序应先下后上,以免上层孔道漏浆而把下层孔道堵塞。对不掺外加剂的水泥浆,可采用两次灌浆法,以提高孔道灌浆的密实性。两次灌浆通常在水泥浆泌水基本完成,初凝尚未开始时进行,夏季约 30 ~ 45 min,冬季约 1 ~ 2 h。

灌完浆后及时将灰浆泵与胶管冲洗干净,同时将构件表面灌浆时残留的灰浆清除干净。并留置三组灰浆试块。

2)端头封裹 预应力筋锚固后的外露长度应不小于 30 mm,多余部分宜用砂轮锯切割。

锚具应采用封头砼保护。封头砼的尺寸应大于预埋钢板尺寸,厚度不小于100 mm。封头处原有砼应凿毛,以增强粘结力。封头砼内应配有钢筋网片,细石砼强度为C30~40。

6.4　预应力砼施工安全技术

6.4.1　预应力钢筋冷拉时的安全技术要点

钢筋冷拉前,先进行空车试运转,待检查合格后,方可进行冷拉;钢筋冷拉两端后面应设防护,以防钢筋拉断或夹具失灵伤人;电动机操作由电工负责进行,其他人不得任意启动;冷拉钢筋应统一指挥,按规定信号开车、停车;冷拉钢筋两端与钢筋两侧4 m范围之内不准站人,以免钢筋拉断伤人;出现故障或停电,应先关闭电路断电,以免来电时电动机转动发生事故。

6.4.2　预应力钢筋焊接的安全技术要点

对焊机由焊工专人管理、使用,并经过试焊合格,性能符合要求方可使用;对焊机须用冷水冷却,出水水温不宜超过40 ℃,排水量应符合说明书规定。工作时应检查是否有漏水和堵塞现象,工作完后应关上龙头;电焊操作人员要戴手套、防护眼镜、穿胶鞋,安装触电防护装置;对焊机应设置焊光对焊铁皮挡板,非作业人员不得进入作业区。凡易燃、易爆物品不得存放在对焊机房内,并设置消防设备;焊机外壳接地,电阻不大于4 Ω,埋深大于500 mm;每班作业完毕应立即切断电源,定期检修电焊机。

6.4.3　预应力筋张拉时的安全技术要点

张拉构件附近,禁止非作业人员进入;张拉时,构件两端不准站人,作业人员站在千斤顶与油泵两侧,以防钢筋拉断伤人,并设置防护罩。高压油泵应放在构件两端的左右两侧,拧紧锚固螺母和测量钢筋伸长值时,作业人员应站在预应力筋的侧面。张拉完毕,油路回油降压后,应稍等1~2 min再拆卸张拉机具;高压油泵作业人员须戴防护目镜,以防油管破裂喷油伤眼;作业前,检查高压油泵与千斤顶之间的连接管和连接点是否完好无损,其所有螺丝应拧紧。

6.4.4　孔道灌浆时的安全技术要点

作业前应检查灰浆泵;喷嘴插入灌浆孔后,喷嘴后面的胶皮垫圈要压紧在孔洞上,胶管与灰浆泵连接要牢固,经检查合格后再正式启动灰浆泵;作业人员应站在灌浆孔的侧面,以防灰浆喷出伤人;作业人员须戴防护眼镜、穿胶鞋、戴手套。

复习思考题6

1. 先张法、后张法的施工特点怎样?各适用于什么情况?
2. 预应力台座有哪些类型?各有何特点?需作哪些验算?
3. 先张法张拉设备有几种?常用夹具有哪些?

4. 先张法主要工艺过程有哪些？各应注意哪些问题？

5. 先张法中预应力放张顺序如何？

6. 后张法主要工艺过程有哪些？

7. 后张法预应力锚具有哪些类型？如何选用？

8. 预应力砼用千斤顶有哪些类型？如何选用？它与锚具类型如何配套？

9. 先张法、后张法施工时，预应力筋张拉控制应力如何规定？怎样控制？简述其张拉程序。

10. 后张法预应力筋分批张拉时，如何调整对预应力的影响？

11. 预应力筋张拉用千斤顶液压泵压力计控制张拉应力时，为何还需复核预应力筋的伸长值？如何复核？

12. 后张法为什么要进行孔道灌浆与端头封裹？孔道灌浆与端头封裹有哪些要求？

模拟项目工程

某一单层工业厂房，采用 24 m 后张预应力屋架，下弦构件孔道长度为 23.8 m，其断面如图 6.33 所示。预应力筋用 4 Φ^l22，单根钢筋截面面积 $A_P = 380$ mm²，$f_{py} = 500$ N/mm²，$E_s = 1.8 \times 10^5$ N/mm²。一根预应力筋用 4 段钢筋对焊而成，实测钢筋冷拉率为 3.5%，弹性回缩率为 0.5%。预应力筋一端用螺丝端杆锚具，另一端用帮条锚具（已知 $l_1 = 370$ mm，$l_2 = 120$ mm，$l_3 = 80$ mm），用两台 YC-60 型千斤顶一次同时张拉两根预应力筋。

【问题】：

（1）该预应力筋的下料为多少？

（2）如何确定预应力筋张拉顺序？

（3）确定张拉顺序并计算预应力筋的张拉力。

（4）该预应力筋伸长值为多少？

（5）若预应力筋两端均采用螺丝端杆锚具时，其下料长度应为多少？

（6）若采用两台千斤顶同时张拉同一根预应力筋时，其张拉顺序又如何确定？

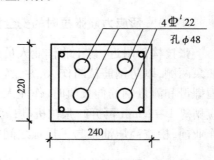

图 6.33 屋架下弦杆断面图

第 **7** 章
砌体施工技术

学习目标:

1. 熟悉砖墙砌筑前准备工作内容;掌握砌筑的技术要求,组砌形式,施工工艺及质量要求。

2. 熟悉砌块排列图编制原则,安装方法,技术要求,芯柱构造柱的施工要求及质量检查要求。

3. 了解毛石、料石墙的材料要求及施工技术要求。

4. 熟悉冬期、雨期砌体施工方法的适用范围,掺盐砂浆法及冻结法施工工艺。

5. 掌握砌筑安全技术。

职业能力:

1. 具有指导砌体施工的能力。

2. 具有编制砌块砌体排列图的能力。

3. 具有编写砌筑施工安全措施的能力。

7.1 砖砌体施工技术

7.1.1 砌体施工准备

(1)砖的准备

用于清水墙、柱表面的砖,尚应边角整齐、色泽均匀。无出厂证明的砖要送实验室鉴定。砖的品种、强度等级必须符合设计要求。

1)烧结普通砖　烧结普通砖按主要原料分为黏土砖、页岩砖、煤矸石砖和粉煤灰砖。烧结普通砖根据抗压强度分为 MU30、MU25、MU20、MU15、MU10 五个强度等级。

烧结普通砖根据尺寸偏差、外观质量、泛霜和石灰爆裂分为优等品、一等品、合格品三个质量等级。优等品适用于清水墙,一等品、合格品可用于混水墙。

烧结普通砖的外形为直角六面体,其公称尺寸为:长 240 mm、宽 115 mm、高 53 mm。配砖规格为 175 mm×115 mm×53 mm。

2)煤渣砖　煤渣砖以煤渣为主要原料,掺入适量石灰、石膏,经混合、压制成型、蒸养或蒸压而成的实心砖。煤渣砖的公称尺寸为：长 240 mm，宽 115 mm，高 53 mm。煤渣砖根据抗压强度和抗折强度分为 MU20、MU15、MU10、MU7.5 四个强度等级。

煤渣砖根据尺寸偏差、外观质量、强度等级分为：优等品、一等品、合格品。

煤渣砖优等品的强度等级应不低于 MU15，一等品的强度等级应不低于 MU10，合格品的强度等级应不低于 MU7.5。

3)烧结多孔砖　烧结多孔砖以黏土、页岩、煤矸石等为主要原料，经焙烧而成的多孔砖。

烧结多孔砖的外形为矩形体，其长度、宽度、高度尺寸应符合下列要求：a. 290 mm、240 mm、190 mm、180 mm；b. 175 mm、140 mm、115 mm、90 mm。

烧结多孔砖根据抗压强度、变异系数分为 MU30、MU25、MU20、MU15、MU10 五个强度等级。烧结多孔砖根据尺寸偏差、外观质量、强度等级和物理性能分为优等品、一等品、合格品三个等级。

4)烧结空心砖　烧结空心砖以黏土、页岩、煤矸石等为主要原料，经焙烧而成的空心砖。

烧结空心砖的外形为矩形体，在与砂浆的接合面上应设有增加结合力深度 1 mm 以上的凹线槽，如图 7.1 所示。

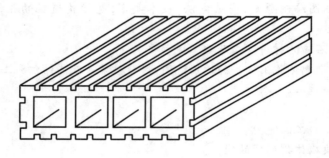

图 7.1　烧结空心砖

烧结空心砖的长度、宽度、高度应符合下列要求：a. 290 mm、190 mm、140 mm、90 mm；b. 240 mm、180(175) mm、115 mm。

烧结空心砖根据密度分为 800、900、11 003 个密度级别。每个密度级根据孔洞及其排数、尺寸偏差、外观质量、强度等级和物理性能分为优等品、一等品和合格品三个等级。

5)蒸压灰砂空心砖　蒸压灰砂空心砖以石灰、砂为主要原料，经坯料制备、压制成型、蒸压养护而制成的孔洞率大于 15% 的空心砖。孔洞采用圆形或其他孔形。孔洞应垂直于大面。

蒸压灰砂空心砖根据抗压强度分为 MU25、MU20、MU15、MU10、MU7.5 五个强度等级。蒸压灰砂空心砖根据强度等级、尺寸允许偏差和外观质量分为优等品、一等品和合格品。

蒸压灰砂空心砖优等品的强度等级应不低于 MU15，一等品的强度等级应不低于 MU10。

(2)砌筑砂浆的准备

主要是做好配制砂浆的材料准备和砂浆的拌制。

1)材料准备

①水泥　水泥的强度等级应根据设计要求进行选择。水泥砂浆采用的水泥，其强度等级不宜大于 32.5 级；水泥混合砂浆采用的水泥，其强度等级不宜大于 42.5 级。

②砂　砂宜用中砂，其中毛石砌体宜用粗砂。砂的含泥量：对水泥砂浆和强度等级不小于 M5 的水泥混合砂浆不应超过 5%；强度等级小于 M5 的水泥混合砂浆，不应超过 10%。

③石灰膏 生石灰熟化成石灰膏时,应用孔径不大于 3 mm×3 mm 的网过滤,熟化时间不得少于 7 d,磨细生石灰粉的熟化时间不得小于 2 d。沉淀池中储存的石灰膏,应采取防止干燥、冻结和污染的措施。配制水泥石灰砂浆时,不得采用脱水硬化的石灰膏。

④黏土膏 采用黏土或粉质黏土制备黏土膏时,宜用搅拌机加水搅拌,通过孔径不大于 3 mm×3 mm 的网过筛。用比色法鉴定黏土中的有机物含量应浅于标准色。

⑤电石膏 制作电石膏的电石渣应用孔径不大于 3 mm×3 mm 的网过滤,检验时应加热至 70 ℃并保持 20 min,没有乙炔气味后,方可使用。

⑥粉煤灰 粉煤灰的品质指标应符合表 7.1 的要求。

表 7.1 粉煤灰品质指标

指　　标	级　　别		
	Ⅰ	Ⅱ	Ⅲ
细度(0.45 mm 方孔筛筛余量),不大于/%	12	20	45
需水量比,不大于/%	95	105	115
烧失量,不大于/%	5	8	15
含水量,不大于/%	1	1	不规定
三氧化硫,不大于/%	3	3	3

⑦磨细生石灰粉 磨细生石灰粉的品质指标应符合表 7.2 的要求。

表 7.2 建筑生石灰粉品质指标

指　　标		钙质生石灰粉			镁质生石灰粉		
		优等品	一等品	合格品	优等品	一等品	合格品
CaO + MgO 含量,不小于/%		85	80	75	80	75	70
CO_2 含量,不大于/%		7	9	11	8	10	12
细度	0.90 mm 筛筛余量,不大于/%	0.2	0.5	1.5	0.2	0.5	1.5
	0.125 mm 筛筛余量,不大于/%	7.0	12.0	18.0	7.0	12.0	18.0

⑧水 水质应符合现行行业标准《砼拌和用水标准》JGJ63 的规定。

⑨外加剂 凡在砂浆中掺入有机塑化剂、早强剂、缓凝剂、防冻剂等,应经检验和试配符合要求后,方可使用。有机塑化剂应有砌体强度的型式检验报告。

2)砂浆技术条件 砌筑砂浆的强度等级宜采用 M20、M15、M10、M7.5、M5、M2.5。水泥砂浆拌和物的密度不宜小于 1.9×10^3 kg/m³;水泥混合砂浆拌和物的密度不宜小于 1.8×10^3 kg/m³。砌筑砂浆的稠度应按表 7.3 的规定选用。

表 7.3 砌筑砂浆的稠度

砌体种类	砂浆稠度/mm	砌体种类	砂浆稠度/mm
烧结普通砖砌体	70～90	烧结普通砖平拱式过梁空斗墙、筒拱	50～70
轻骨料砼小型空心砌块砌体	60～90	普通砼小型空心砌块砌体加气砼砌块砌体	
烧结多孔砖、空心砖砌体	60～80	石砌体	30～50

砌筑砂浆的分层度不得大于 30 mm。水泥砂浆中水泥用量不应小于 200 kg/m³;水泥混合砂浆中水泥和掺加料总量宜为 300～350 kg/m³。

具有冻融循环次数要求的砌筑砂浆,经冻融试验后,质量损失率不得大于 5%,抗压强度损失率不得大于 25%。砂浆强度等级见表 7.4。

表 7.4 砂浆强度等级

质量等级	砂浆强度等级					
	M2.5	M5	M7.5	M10	M15	M20
优良	0.50	1.00	1.50	2.00	3.00	4.00
一般	0.62	1.25	1.88	2.50	3.75	5.00
较差	0.75	1.50	2.25	3.00	4.50	6.00

3)砂浆的拌制及使用 砌筑砂浆应采用砂浆搅拌机进行拌制。砂浆搅拌机可选用活门卸料式、倾翻卸料式或立式,其出料容量为 200 L。

搅拌时间从投料完算起,应符合下列规定:水泥砂浆和水泥混合砂浆不得少于 2 min;水泥粉煤灰砂浆和掺用外加剂的砂浆不得少于 3 min;掺用有机塑化剂的砂浆为 3～5 min。

拌制水泥砂浆,应先将砂与水泥干拌均匀,再加掺料(石灰膏、粘膏)和水拌和均匀。拌制水泥粉煤灰砂浆,应先将水泥、粉煤灰、砂干拌均匀,再加水拌和均匀。掺用外加剂时,应先将外加剂按规定浓度溶于水中,在拌和水投入时投入外加剂溶液,外加剂不得直接投入拌制的砂浆中。砂浆拌成后和使用时,均应盛入储灰器中。如砂浆出现泌水现象,应在砌筑前再次拌和。砂浆应随拌随用。水泥砂浆和水泥混合砂浆必须分别在拌成后 3 h 和 4 h 内使用完毕;当施工期间最高气温超过 30 ℃时,必须分别在拌成后 2 h 和 3 h 内使用完毕。对掺用缓凝剂的砂浆,其使用时间可根据具体情况延长。普通硅酸盐水泥拌制的砂浆强度增长关系见表 7.5。

表 7.5 用 32.5 级、42.5 级普通硅酸盐水泥拌制的砂浆强度增长关系

龄期/d	不同温度下的砂浆强度百分率(以在 20 ℃时养护 28 d 的强度为 100%)							
	1 ℃	5 ℃	10 ℃	15 ℃	20 ℃	25 ℃	30 ℃	35 ℃
1	4	6	8	11	15	19	23	25
3	18	25	30	36	43	48	54	60
7	38	46	54	62	69	73	78	82
10	46	55	64	71	78	84	88	92
14	50	61	71	78	85	90	94	98
21	55	67	76	85	93	96	102	104
28	59	71	81	92	100	104		

矿渣硅酸盐水泥拌制的砂浆强度增长关系见表7.6及表7.7。

表7.6 用32.5级矿渣硅酸盐水泥拌制的砂浆强度增长关系

龄期 /d	不同温度下的砂浆强度百分率(以在20℃时养护28 d的强度为100%)							
	1 ℃	5 ℃	10 ℃	15 ℃	20 ℃	25 ℃	30 ℃	35 ℃
1	3	4	5	6	8	11	15	18
3	8	10	13	19	30	40	47	52
7	19	25	33	45	59	64	69	74
10	26	34	44	57	69	75	81	88
14	32	43	54	66	79	87	93	98
21	39	48	60	74	90	96	100	100
28	44	53	65	83	100	100		

表7.7 用42.5级矿渣硅酸盐水泥拌制的砂浆强度增长关系

龄期 /d	不同温度下的砂浆强度百分率(以在20℃时养护28 d的强度为100%)							
	1 ℃	5 ℃	10 ℃	15 ℃	20 ℃	25 ℃	30 ℃	35 ℃
1	3	4	6	8	11	15	19	22
3	12	18	24	31	39	45	50	56
7	28	37	45	54	61	68	73	77
10	39	47	54	63	72	77	82	86
14	46	55	62	72	82	87	91	95
21	51	61	70	82	92	96	100	104
28	55	66	75	89	100	104		

4)砌筑砂浆质量 砌筑砂浆试块强度验收时其强度合格标准必须符合以下规定:同一验收批砂浆试块抗压强度平均值必须大于或等于设计强度等级所对应的立方体抗压强度;同一验收批砂浆试块抗压强度的最小一组平均值必须大于或等于设计强度所对应的立方体抗压强度的0.75倍。

每一检验批且不超过250 m³砌体的各种类型及强度等级的砌筑砂浆,每台搅拌机应至少抽检一次。在砂浆搅拌机出料口随机取样制作砂浆试块(同盘砂浆只应制作一组试块),最后检查试块强度试验报告单。

当施工中或验收时出现下列情况,可采用现场检验方法对砂浆和砌体强度进行原位检测或取样检测,并判定强度:砂浆试块缺乏代表性或试块数量不足;对砂浆试块的试验结果有怀疑或有争议;砂浆试块的试验结果,不能满足设计要求。

(3)施工机具的准备

砌筑前,必须按施工组织设计要求组织垂直和水平运输机械、砂浆搅拌机械进场、安装、调试等工作。同时,还要准备脚手架、砌筑工具(如皮数杆、托线板)等。

7.1.2 砖砌施工

（1）砖砌体砌筑的技术要求

1）砖砌墙体组砌形式　砖墙根据其厚度不同,可采用全顺、两平一侧、全丁、一顺一丁、梅花丁或三顺一丁的砌筑形式(图7.2)。

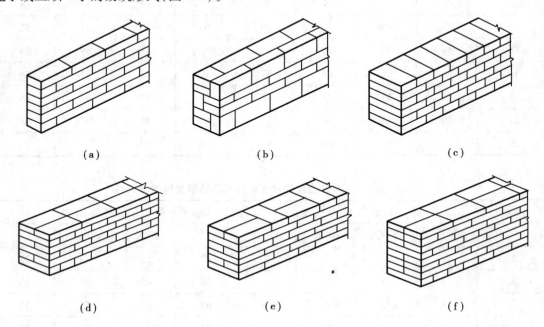

图7.2　砖墙组砌形式

（a）全顺　（b）两平一侧　（c）全丁　（d）一顺一丁　（e）梅花丁　（f）三顺一丁

全顺是指各皮砖均匀顺砌,上下皮垂直灰缝相互错开 1/2 砖长(120 mm),适合砌半砖墙。

两平一侧是把两皮顺砖与一皮侧砖相间,上下皮垂直灰缝相互错开 1/4 砖长(60 mm)以上,适合砌 3/4 砖墙。

全丁是指把各皮砖均匀丁砌,上下皮垂直灰缝相互错开 1/4 砖长,适合砌一砖墙。

一顺一丁是指一皮顺砖与一皮丁砖相间,上下皮垂直灰缝相互错开 1/4 砖长,适合砌一砖及一砖以上墙。

梅花丁是指同皮中顺砖与丁砖相间,上下皮垂直灰缝相互错开 1/4 砖长,适合砌一砖及一砖以上墙。

三顺一丁是指三皮顺砖与一皮丁砖相间,顺砖与顺砖上下皮垂直灰缝相互错开 1/2 砖长;顺砖与丁砖上下皮垂直灰缝相互错开 1/4 砖长。适合砌一砖及一砖以上墙。

一砖厚承重墙的每层墙的最上一皮砖、砖墙的阶台水平面上及挑出层,应整砖丁砌。砖墙的转角处、交接处,为错缝需要加砌配砖。

图 7.3 所示是一砖厚墙一顺一丁转角处分皮砌法,配砖为 3/4 砖,位于墙外角。图 7.4 所示是一砖厚墙一顺一丁交接处分皮砌法,配砖为 3/4 砖,位于墙交接处外面,仅在丁砌层设置。

2）砖基础的砌筑　砖基础的下部为大放脚、上部为基础墙。大放脚有等高式和间隔式。等高式大放脚是每砌两皮砖,两边各收进 1/4 砖长(60 mm);间隔式大放脚是每砌两皮砖及一皮砖,轮流两边各收进 1/4 砖长(60 mm),最下面应为两皮砖(见图 7.5)。

图 7.3　一砖墙一顺一丁转角处分皮砌法

图 7.4　一砖墙一顺一丁交接处分皮砌法

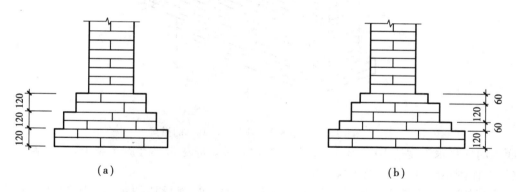

(a)　　　　　　　　　　　　　　　　　　(b)

图 7.5　砖基础大放脚形式
(a)等高式　(b)间隔式

　　砖基础大放脚一般采用一顺一丁砌筑形式,即一皮顺砖与一皮丁砖相间,上下皮垂直灰缝相互错开 60 mm。砖基础的转角处、交接处,为错缝需要应加砌配砖(3/4 砖、半砖或 1/4 砖)。图 7.6 所示是底宽为两砖半等高式砖基础大放脚转角处分皮砌法。

　　砖基础的水平灰缝和垂直灰缝宽度宜为 10 mm。水平灰缝的砂浆饱满度不得小于 80%。砖基础底部标高不同时,应从低处砌起,并应由高处向低处搭砌。当设计无要求时,搭砌长度不应小于砖基础大放脚的高度(见图 7.7)。砖基础的转角处和交接处应同时砌筑,当不能同时砌筑时,应留置斜搓。

　　基础墙的防潮层,当设计无具体要求,宜用 1∶2 水泥砂浆加适量防水剂铺设,其厚度宜为 20 mm。防潮层位置宜在室内地面标高以下一皮砖处。

　　3)砖砌墙体的技术要求　砌砖前 1 d 应将砖堆浇水湿润,施工中可将浇水的砖砍断,看其

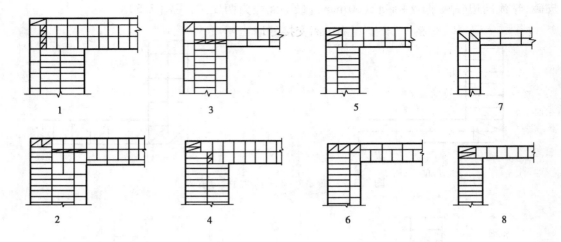

图 7.6 大放脚转角处分皮砌法

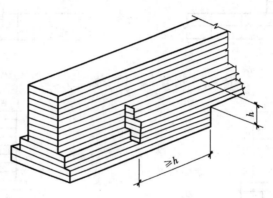

图 7.7 基底标高不同时,砖基础的搭接

断面四周的吸水深度达 10 ~ 20 mm 即认为浇水合适。应尽量不在脚手架上浇水,砌筑时砖块干燥,操作困难时,可用喷壶适当补充浇水。

砌筑基础前,应先检查垫层施工是否符合质量要求,然后清扫垫层。用钢尺校核放线尺寸,其允许偏差应符合表 7.8 的规定。

表 7.8 放线尺寸允许偏差

长度 L/m、宽度 B/m	允许偏差/mm	长度 L/m、宽度 B/m	允许偏差/mm
L(或 B)≤30	±5	60 < L(或 B)≤90	±15
30 < L(或 B)≤60	±10	L(或 B) >90	±20

砌筑宜采用"三一"砌筑法,即"一铲灰、一块砖、一揉压"的砌筑方法。当采用铺浆法砌筑时,铺浆长度不得超过 0.75 m;施工期间气温超过 30 ℃时,铺浆长度不得超过 0.5 m。

在砖砌体转角处、交接处应设置皮数杆,皮数杆上标明砖皮数、灰缝厚度以及竖向构造的变化部位。皮数杆间距不应大于 15 m,在相对两皮数杆上砖上边线处拉准线。

水平灰缝厚度和垂直灰缝宽度宜为(10 ± 2)mm。砖墙的水平灰缝砂浆饱满度不得小于

80%,垂直灰缝宜采用挤浆或加浆方法,不得出现透明缝、瞎缝和假缝。

在墙上留置临时施工洞口,其侧边离交接处墙面不应小于 500 mm,洞口净宽度不应超过 1 m。临时施工洞口应做好补砌。

不得在下列墙体或部位设置脚手眼:半砖厚墙;过梁上与过梁成 60°角的三角形范围及过梁净跨度 1/2 的高度范围内;宽度小于 1 m 的窗间墙;墙体门窗洞口两侧 200 mm 和转角处 450 mm 范围内;梁或梁垫下及其左右 500 mm 范围内;设计不允许设置脚手眼的部位。

施工脚手眼补砌时,灰缝应填满砂浆,不得用干砖填塞。设计要求的洞口、管道、沟槽应于砌筑时正确留出或预埋,未经设计同意,不得打凿墙体和墙体上开凿水平沟槽。宽度超过 300 mm 的洞口上部,应设置过梁。

砖墙工作段的分段位置,宜设在变形缝、构造柱或门窗洞口处;相邻工作段的砌筑高度不得超过一个楼层高度,也不宜大于 4 m。砖墙每日砌筑高度不得超过 1.8 m。

(2)砖砌墙体施工工艺

砖砌墙体施工工艺为:抄平、放线、摆砖、立皮数杆、砌砖、清理等。

1)抄平　砌墙前应在基础防潮层或楼面上定出各层标高,并用 M7.5 水泥砂浆或 C10 细石砼找平,使各段砖墙底部标高符合设计要求。找平时,需使上下两层外墙之间不致出现明显的接缝。

2)放线　根据测量给定的轴线及图纸上标注的墙体尺寸,在基础顶面上用墨线弹出墙的轴线和宽度线,并分出门洞位置线。二楼以上墙的轴线可用经纬仪或垂球将轴线引上,并弹出各墙的宽度线,划出门洞位置线。

3)摆砖　指在放好线的基面上按选定的组砌方式用干砖试摆。摆砖的目的是为了校对所放出的墨线在门窗洞口、附墙垛等处是否符合砖的模数,以尽可能减少砍砖,并使砌体灰缝均匀,组砌得当。一般在房屋外纵墙方向摆顺砖,在山墙方向摆丁砖,由一个大角摆到另一个大角,砖与砖留 10 mm 缝隙。

4)立皮数杆　皮数杆是指在其上划有每皮砖和砖缝厚度,以及门窗洞口、过梁、楼板、梁底、预埋件等标高位置的一种木制标杆。砌筑时用皮数杆可控制砌体竖向尺寸,同时还可保证砌体的垂直度。

皮数杆一般立于房屋的四大角、内外墙交接处、楼梯间以及洞口多的地方,大约每隔 10 ~ 15 m 立一根。皮数杆的设立,应由两个方向斜撑或锚钉加以固定,以保证其牢固和垂直。一般每次开始砌砖前应检查一遍皮数杆的垂直度和牢固程度。

当砖工砌筑技术水平较高时,施工时亦可省去该项工艺。

5)砌砖　一般宜用"三一"砌砖法。砌砖时,先挂通线,按所排的干砖位置把第 1 皮砖砌好,然后盘角,每次盘角不得超过 6 皮砖。在盘角过程中应用托线板检查墙角垂直度、平整度及砖层灰缝位置,符合皮数杆标志要求时,即可在墙角安装皮数杆,挂线砌第 2 皮砖。砌筑过程中应"三皮一吊","五皮一靠",把砌筑误差消灭在操作过程中,以保证墙面的垂直度和平整度。砌一砖半厚以上的砖墙必须双面挂线。

6)清理　当该层砖砌体施工完毕后,应及时清理墙面、柱面和落地灰。

(3)砖混房屋构造柱施工技术要求

对多层砖混房屋,应在纵横墙交接处、墙端部和较大洞口的洞边墙体转角处设置钢筋砼构造柱,以提高砖混房屋的抗震能力。构造柱和砖组合墙由钢筋砼构造柱、烧结普通砖墙以及拉结钢筋等组成(图7.8)。

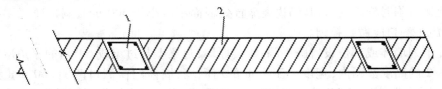

图7.8 构造柱与砖组合墙平面图
1—构造柱;2—砖砌体

1)构造柱技术要求

钢筋砼构造柱的截面尺寸不宜小于240 mm×240 mm,其中一个尺寸应与墙厚一致,边柱、角柱的截面宽度宜适当加大。构造柱内竖向受力钢筋,中柱不宜少于4ϕ12;边柱、角柱不宜少于4ϕ14。构造柱内箍筋,一般部位宜采用ϕ6,间距200 mm,楼层上下500 mm范围内宜采用ϕ6、间距100 mm。构造柱竖向受力钢筋应在基础梁和楼层圈梁(其截面高度不宜小于240 mm)中锚固。构造柱砼强度等级不宜低于C20。构造柱间距不宜大于4 m。

2)马牙槎砖砌体技术要求

为使构造柱砼与砖砌体能很好咬合,构造柱周围的砖墙应砌成马牙槎状,以提高房屋的整体性和抗震性。

马牙槎砖砌体技术要求是:烧结普通砖墙所用砖的强度等级不应低于MU10,砌筑砂浆的强度等级不应低于M5;每一个马牙槎的高度不宜超过300 mm,并应沿墙高每隔500 mm设置2ϕ6拉结钢筋,拉结钢筋每边伸入墙内不宜小于600 mm(图7.9)。有抗震要求时,拉结筋每边伸入墙内则不宜小于1 000 mm。

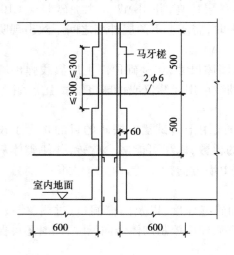

图7.9 砖墙与构造柱连接形式

3)构造柱和砖组合墙体施工 构造柱和砖组合墙的施工程序应为先砌墙后浇砼构造柱。构造柱施工程序为:先绑扎钢筋、后砌砖墙、最后支模浇砼。

构造柱施工时,可用木模板或组合钢模板。在每层砖墙及其马牙槎砌好后,应立即支设模板,模板须与所在墙的两侧严密贴紧,支撑牢靠,防止模板缝漏浆。

构造柱的底部(圈梁面上)应留出两皮砖高的孔洞,以便清除模板内的杂物,清除后封闭。

构造柱浇灌砼前,须将马牙槎部位和模板浇水湿润,将模板内的杂物清理干净,并在结合面处注入适量与构造柱砼相同的无石水泥砂浆。

构造柱的砼坍落度宜为50~70 mm,石子粒径不宜大于20 mm。砼随拌随用,拌和好的砼应在1.5 h内浇灌完。构造柱的砼可分段进行浇灌,每段高度不宜大于2.0 m。

捣实构造柱砼时,宜用插入式砼振动器,应分层振捣,振动棒随振随拔,每次振捣层的厚度不应超过振捣棒长度的1.25倍。钢筋的砼保护层厚度宜为20~30 mm。

构造柱从基础到顶层必须垂直,对准轴线。因此,在逐层安装模板前,应根据构造柱轴线随时校正竖向钢筋的位置和垂直度。

（4）砖砌墙体质量要求

1）烧结普通砖砌体质量要求　烧结普通砖砌体的质量分为合格与不合格两个等级。主控项目应全部符合规定,一般项目应有80%及以上的抽检处符合规定,或偏差值在允许偏差范围以内,烧结普通砖砌体质量合格。否则,其质量不合格。

①烧结普通砖砌体的主控项目

A.砖和砂浆的强度等级必须符合设计要求　抽检数量:每一生产厂家的砖运到现场后,按烧结普通砖15万块为一验收批,抽检数量为一组。砂浆试块每一检验批且不超过250 m³砌体的各种类型及强度等级的砌筑砂浆,每台搅拌机应至少抽检一次。检验方法:查砖和砂浆试块试验报告。

B.砌体水平灰缝的砂浆饱满度不得小于80%　抽检数量:每检验批抽查不应少于5处。检验方法:用百格网检查砖底面与砂浆的粘结痕迹面积。每处检测3块砖,取其平均值。

C.砖砌体的转角处和交接处应同时砌筑,严禁无可靠措施的内外墙分砌施工。对不能同时砌筑而又必须留置的临时间断处应砌成斜槎,斜槎水平投影长度不应小于高度的2/3(见图7.10)。抽检数量:每一检验批抽20%接槎,且不应少于5处。检验方法:观察检查。

D.非抗震设防及抗震设防裂度为6度、7度地区的临时间断处,当不能留斜槎时,除转角处外,可留直槎,但直槎必须做成凸槎。留直槎处应加设拉结钢筋,拉结钢筋的数量为每120 mm墙厚放置一φ6拉结钢筋(120 mm厚墙放置2φ6拉结钢筋),间距沿墙高不应超过500 mm;埋入长度从留槎处算起每边均不应小于500 mm,对抗震设防裂度6度、7度的地区,不应小于1 000 mm;末端应有90°弯钩(见图7.11)。

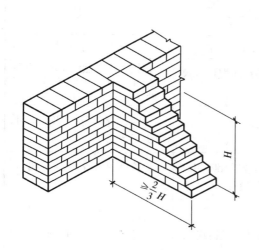 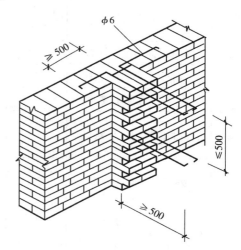

图7.10　烧结普通砖砌体斜槎　　　　　　　图7.11　烧结普通砖直槎

抽检数量:每检验批抽20%接槎,且不应少于5处。检验方法:观察和尺量检查。合格标准:留槎正确,拉结钢筋设置数量、直径正确,竖向间距偏差不超过100 mm,留置长度基本符合规定。

E.普通砖砌体的位置及垂直度　其允许偏差应符合表7.9的规定。抽检数量:轴线查全部承重墙柱;外墙垂直度全高查阳角,不应少于4处,每层每20 m查一处;内墙按有代表性的自然间抽10%,但不应少于3间,每间不应少于2处,柱不少于5根。

表7.9 普通砖砌体的位置及垂直度允许偏差

项次	项 目			允许偏差/mm	检验方法
1	轴线位置偏移			10	用经纬仪和尺检查或用其他测量仪器检查
2	垂直度	每层		5	用2 m托线板检查
		全高/m	≤10	10	用经纬仪、吊线和尺检查,或用其他测量仪器检查
			>10	20	

②烧结普通砖砌体一般项目

A.砖砌体组砌方法　上、下错缝,内外搭砌,砖柱不得采用包心砌法。外墙每20 m抽查1处,每处3~5 m,且不应少于5处;内墙按有代表性的自然间抽10%,且不应少于3间。检查方法为观察检查。合格标准为除符合本条要求外,清水墙、窗间墙无通缝;混水墙中长度大于或等于300 mm的通缝每间不超过3处,且不得位于同一面墙体上。

B.砖砌体的灰缝　应横平竖直,厚薄均匀。水平灰缝厚度为10 mm,但不应小于8 mm,也不应大于12 mm。抽检数量为每步脚手架施工的砌体,每20 m抽查一处。检验方法为用尺量10皮砖砌体高度折算。

C.普通砖砌体的一般尺寸　其允许偏差应符合表7.10的规定。

表7.10 普通砖砌体一般尺寸允许偏差

项次	项 目		允许偏差/mm	检验方法	抽检数量
1	基础顶面和楼面标高		±15	用水平仪和尺检查	不应少于5处
2	表面平整度	清水墙、柱	5	用2m靠尺和楔形塞尺检查	有代表性自然间10%,但不应少于3间,每间不应少于2处
		混水墙、柱	8		
3	门窗洞口高、宽(后塞口)		±5	用尺检查	检验批洞口的10%,且不应少于5处
4	外墙上下窗口偏移		20	以底层窗口为准,用经纬仪或吊线检查	检验批的10%,且不应少于5处
5	水平灰缝平直度	清水墙	7	拉10 m线和尺检查	有代表性自然间10%,但不应少于3间,每间不应少于2处
		混水墙	10		
6	清水墙游丁走缝		20	吊线和尺检查,以每层第1皮砖为准	有代表性自然间10%,但不应少于3间,每间不应少于2处

2)烧结多孔砖砌体质量要求

多孔砖砌体的质量分为合格和不合格两个等级。多孔砖砌体质量合格标准及主控项目、一般项目的规定与烧结普通砖砌体基本相同。其不同之处在以下 3 个方面：

A. 主控项目的第 1 条，抽检数量按 5 万块多孔砖为一验收批。

B. 主控项目的第 4 条取消。

C. 一般项目第 3 条，砖砌体一般尺寸允许偏差表中增加水平灰缝厚度(10 皮砖累计数)一个项目，允许偏差为 ±8 mm，检验方法：与皮数杆比较，用尺检查。

3)烧结空心砖砌体质量要求　空心砖砌体的质量分为合格和不合格两个等级。主控项目全部符合规定，一般应有 80% 及以上的抽检处符合规定或偏差值在允许偏差范围以内，空心砖砌体质量合格。

①空心砖砌体主控项目　砖和砌筑砂浆的强度等级应符合设计要求。检验时应检查砖的产品合格证书、产品性能检测报告和砂浆试块试验报告。

②空心砖砌体一般项目

A. 空心砖砌体一般尺寸　其允许偏差应符合表 7.11 的规定。

表 7.11　空心砖砌体一般尺寸允许偏差

项次	项 目		允许偏差/mm	检验方法
1	轴线位移		10	用尺检查
	垂直度	小于或等于 3 m	5	用 2 m 托线板或吊线、尺检查
		大于 3 m	10	
2	表面平整度		8	用 2 m 靠尺和楔形塞尺检查
3	门窗洞口高、宽(后塞口)		±5	用尺检查
4	外墙上、下窗口偏移		20	用经纬仪或吊线检查

抽检时对表中 1、2 项，在检验批的标准间中随机抽查 10%，但不应少于 3 间；大面积房间和楼道按两个轴线或每 10 延长米按一标准间计数。每间检验不应少于 3 处。对表中 3、4 项，在检验批中抽查 10%，且不应少于 5 处。

B. 空心砖砌体的砂浆饱满度及检验方法　应符合表 7.12 的规定。抽检数量为每步架子不少于 3 处，且每处不应少于 3 块。

表 7.12　空心砖砌体的砂浆饱满度及检验方法

灰 缝	饱满度及要求	检验方法
水平灰缝	≤80%	用百格网检查砖底面砂浆的粘结痕迹面积
垂直灰缝	填满砂浆，不得有透明缝、瞎缝、假缝	

C. 空心砖砌体构造　留置的拉结钢筋的位置应与砖皮数相符合。拉结钢筋应置于灰缝中，埋置长度应符合设计要求。抽检时在检验批中抽检 20%，且不应少于 5 处。观察检验和用尺检查。

D. 空心砖砌筑时应错缝搭砌　搭砌长度宜为空心砖长的 1/2，但不应小于空心砖长的 1/3。抽检数量为在检验批的标准间中抽查 10%，且不应少于 3 间。检验方法为用尺量 5 皮空心砖的高度和 2 m 砌体长度折算。

　　E.空心砖墙砌至接近梁、板底时的空隙　应留一定空隙,待空心砖砌筑完并应至少间隔 7 d后,再将其补砌挤紧。抽检数量为每验收批抽 10% 墙片(每两柱间的空心砖墙为 1 墙片),且不应少于 3 墙片。检验时用眼观察检查。

7.2　砌块砌体施工技术

7.2.1　砌块施工准备

　　砌块一般以天然材料或工业废料为原料制作。由于其尺寸较普通砖大,施工速度大大提高,减轻了工人的劳动强度,提高了生产率,是墙体技术改革的重要途径。

　　砌块分为小型砌块、中型砌块、大型砌块,中大型砌块是采用各种吊装机械及夹具将砌块安装在设计位置,一般要按建筑物的平面尺寸及预先设计的砌块排列图逐块按次序吊装、就位、固定。小型砌块砌筑方式与传统的砖砌体筑工艺相似,但在形状、构造上有一定的差异。

(1)砌块施工排列图编制

　　1)编制依据　砌块在吊装前应先绘制砌块排列图,以纵横立面图、剖面图中墙体尺寸为依据进行编排。砌块排列图按每片纵横墙分别绘制,如图 7.12 所示。其绘制方法是:用 1∶50 或 1∶30 的比例绘制出纵横墙的立面图;然后将过梁、平板、大梁、楼梯、砼垫块等在图上标出,再将水盘、管道等孔洞标出;在纵墙和横墙上按砌块高度画出水平灰缝线;再按砌块错缝搭接的构造要求和竖缝的大小进行排列。

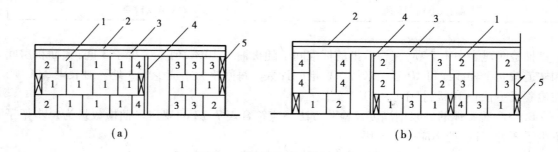

　　　　　　(a)　　　　　　　　　　　　　　　　(b)

图 7.12　砼空心砌块排列图

(a)内横墙　(b)纵墙

1—空心砌块顺砌;2—楼板;3—圈梁;4—立柱;5—空心砌块顶砌

　　2)编制原则　砌块排列应遵守下列技术要求:尽量以主规格砌块为主,各种副规格型号砌块为辅,在图上编号,以减少吊装次数,提高台班产量;由于砌块体积较大,不能像烧结砖那样随意砍断使用,因此绘制砌块排列图时,凡遇到两墙垂直交接、墙上有预留洞、以及建筑物的墙角处都应按模数处理。对于空心砌块的排列,最好使上下皮砌块孔洞的壁、肋垂直对齐以提高砌体的强度。绘制砌块排列图应考虑增强砌体的稳定性,外墙转角处必须相互搭砌,上下皮必须排列错缝。尽量考虑不镶砖或少镶砖。需要镶砖时,应尽量对称分散布置,使墙体受力均匀。还应尽量避免在砖与砌块混合砌体的层高中部,水平地整条镶砖。在砌块排列时应以窗下皮为准,还应注意墙体的大小,以及门窗过梁、楼梯和其他构件在墙体中的位置,便于合理使用砌块。

其搭接、补强措施如下:上下皮砌块错缝搭接长度一般为砌块长度的1/2,不得小于砌块高度的1/3,也不应小于150 mm,以保证砌块牢固搭接;如果上下皮砌块错缝搭接长度不足时,应在水平灰缝内设置2φ4的钢筋网片予以加强,网片两端离该垂直缝的距离不得小于300 mm,如图7.13所示;外墙转角处及纵横墙交接处应用砌块相互搭接,如图7.14所示;如纵横墙不能互相搭接,则每两皮应设置一道钢筋网片,如图7.15所示;砌块中水平灰缝厚度应为10～20 mm,当水平灰缝有配筋或柔性拉结条时,其灰缝厚度应为20～25 mm;竖缝的宽度为15～20 mm,当竖缝宽度大于30 mm时,应用强度等级不低于C20的细石砼填实,当竖缝宽度大于或等于150 mm或楼层高不是砌块加灰缝的整数倍时,都要用黏土砖镶砌,如图7.16所示。

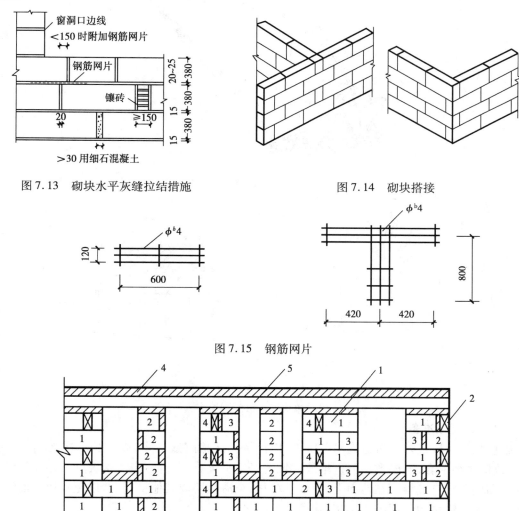

图7.13　砌块水平灰缝拉结措施

图7.14　砌块搭接

图7.15　钢筋网片

图7.16　某建筑粉煤灰砌块排列图

1—顺砌砌块;2—顶砌砌块;3—过梁;4—镶砖;5—圈梁

273

（2）砌块准备

砌块在吊装前应浇水润湿砌块。夏季在酷热、干燥和多风的条件下,必须严格掌握砌块的润湿程度,以保证砌体质量。冬季施工时,不可浇水润湿砌块,可在砂浆中加入一定的氯盐来提高砂浆的早期强度和降低砂浆的冰点。雨季施工时,在砌块堆垛上面宜用油布或芦席等遮盖,尽量使砌块保持干燥。凡淋在雨中、浸在水中的砌块一般不宜立即使用。

（3）施工机具准备

砌块建筑施工的主要机械是吊装机械。一般常用的是:中型砌块安装用的机械有台灵架（图7.17）、附设有起重杆的井架、轻型塔式起重机等。除应准备好砌块垂直、水平运输和吊装的机械外,还要准备安装砌块的专用夹具（图7.18）和有关工具。砌块的装卸可用汽车式起重机、履带式起重机和塔式起重机等。

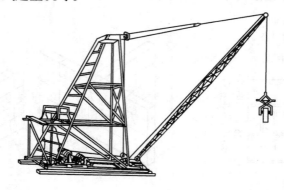

图7.17　台灵架

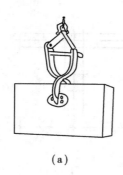
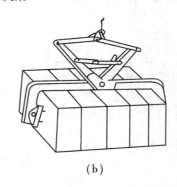

（a）　　　　　　　　　　　（b）

图7.18　多块架
（a）单块夹　（b）多块夹

（4）施工现场准备

砌块堆放位置最好在机械起吊范围内,应使场内运输路线最短,以减少二次搬运;砌块的规格、数量必须配套,不同类型分别堆放。堆置场地平整夯实,有一定泄水坡度,必要时开挖排水沟。砌块不宜直接堆放在地面上,应堆在草袋、煤渣热层或其他垫层上,以免砌块底面沾污。砌块的水平运输可用专用砖块小车、普通平板车等。

7.2.2　砌块砌体施工

砌块的施工工艺是:铺灰、砌块安装、砌块校正、砌体灌缝和镶砖等。

1)铺灰　砌块墙体所采用的砂浆,应具有较好的和易性,砂浆稠度采用 50~80 mm,铺灰应均匀平整,长度一般以不超过 5 m 为宜,炎热的夏季或寒冷季节应按设计要求适当缩短,灰缝的厚度按设计规定。

2)砌块安装　吊砌块一般用摩擦式夹具,夹砌块时应避免偏心。砌块就位时,应使夹具中心尽可能与墙身中心线在同一垂直线上,对准位置徐徐下落于砂浆层上,待砌块安放稳当后,方可松开夹具。

3)砌体校正　用锤球或托线板检查垂直度,用拉准线的方法检查水平度。校正时可用人力轻微推动砌块或用撬杠轻轻撬动砌块,自重在 150 kg 以下的砌块可用木锤敲击偏高处。

4)砌体灌缝　竖缝可用夹板在墙体内外夹住,然后灌砂浆,用竹片插或铁棒捣,使其密实。当砂浆吸水后用适缝把竖缝和水平缝刮齐。此后,砌块一般不准撬动,以防止破坏砂浆的粘结力。

5)镶砖　镶砖工作要紧密配合安装在砌块校正后即进行,不要在安装好一层墙身后才砌镶砖。如在一层墙身安装完毕尚需镶砖时,镶砖的最上一皮砖和楼板梁、檩条等构件下的砖层都必须用于砖镶砌。

7.2.3　空心砌块施工

(1)空心砌块的技术要求

普通砼小型空心砌块是以水泥、砂、碎石或卵石、水等预制成的。普通砼小型空心砌块主规格尺寸为 390 mm×190 mm×190 mm,有两个方形孔,最小外壁厚应不小于 30 mm,最小肋厚应不小于 25 mm,空心率应不小于 25%(见图 7.19)。

普通砼小型空心砌块按其强度分为 MU3.5、MU5、MU7.5、MU10、MU15、MU20 六个强度等级。普通砼小型空心砌块按其尺寸偏差、外观质量分为优等品、一等品和合格品。普通砼小型空心砌块的尺寸允许偏差应符合表 7.13 的规定。

表 7.13　普通砼小型空心砌块尺寸允许偏差　　　mm

项　　目	优等品	一等品	合格品
长　　度	±2	±3	±3
宽　　度	±2	±3	±3
高　　度	±2	±3	±3, −4

普通砼小型空心砌块的外观质量应符合表 7.14 的规定。普通砼小型空心砌块的抗压强度应符合表 7.15 的规定。

轻骨料砼小型空心砌块是以水泥、轻骨料、砂、水等预制成的。轻骨料砼小型空心砌块主规格尺寸为 390 mm×190 mm×190 mm。按其孔的排数有:1 排孔、2 排孔、3 排孔和 4 排孔4 类。

轻骨料砼小型空心砌块按其密度等级分为:500、600、700、800、900、1 000、1 200、1 400。

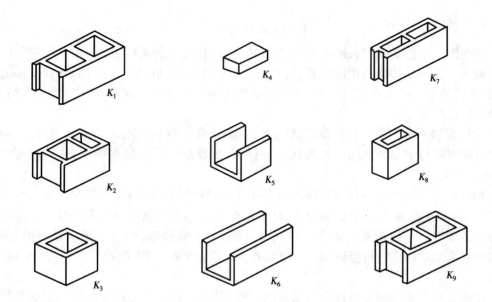

图 7.19　普通砼小型空心砌块

K_1—$390 \times 190 \times 190$；$K_2$—$290 \times 190 \times 190$；$K_3$—$190 \times 190$；

K_4—$190 \times 190 \times 56$；K_5—$190 \times 190 \times 190$；$K_6$—$390 \times 190 \times 190$；

K_7—$390 \times 90 \times 190$；K_8—$190 \times 90 \times 190$；K_9—$390 \times 190 \times 190$

表 7.14　普通砼小型空心砌块外观质量

项　　目		优等品	一等品	合格品
弯曲,不大于/mm		2	2	3
掉角掉棱	个数不大于	0	2	2
	三个方向投影尺寸的最小值不大于/mm	0	20	30
裂纹延伸的投影尺寸累计,不大于/mm		0	20	30

表 7.15　普通砼小型空心砌块强度

强度等级	砌块抗压强度/ MPa	
	五块平均值不小于	单块最小值不小于
MU3.5	3.5	2.8
MU5	5.0	4.0
MU7.5	7.5	6.0
MU10	10.0	8.0
MU15	15.0	12.0
MU20	20.0	16.0

轻骨料砼小型空心砌块按其强度等级分为：MU1.5、MU2.5、MU3.5、MU5、MU7.5、MU10。轻骨料砼小型空心砌块按尺寸偏差、外观质量分为：优等品、一等品和合格品。轻骨料砼小型空心砌块的尺寸允许偏差应符合表 7.16 的规定。轻骨料砼小型空心砌块的外观质量应符合表 7.17 的规定。

表 7.16　轻骨料砼小型空心砌块尺寸允许偏差　mm

项　目	优等品	一等品	合格品
长　度	±2	±3	±3
宽　度	±2	±3	±3
高　度	±2	±3	±3，−4

注：最小外壁厚和肋厚不应小于 20 mm。

表 7.17　轻骨科砼小型空心砌块外观质量

项　目	优等品	一等品	合格品
缺棱掉角，不大于/个	0	2	2
三个方向投影的最小值，不大于/mm	0	20	30
裂缝延伸投影的累计尺寸，不大于/mm	0	20	30

轻骨料砼小型空心砌块的密度应符合表 7.18 的规定,其规定值允许最大偏差为100 kg/m³。

表 7.18　轻骨料砼小型空心砌块密度

密度等级	砌块干燥表现密度的范围	密度等级	砌块干燥表现密度的范围
500	≤500	900	810 ~ 900
600	510 ~ 600	1 000	910 ~ 1 000
700	610 ~ 700	1 200	1 010 ~ 1 200
800	710 ~ 800	1 400	1 210 ~ 1 400

轻骨料砼小型空心砌块的抗压强度,符合表 7.19 要求者为优等品或一等品;密度等级不满足要求者为合格品。

表 7.19　轻骨科砼小型空心砌块强度

强度等级	砌块抗压强度/ MPa		密度等级范围不大于
	5 块平均值不小于	单块最小值不小于	
MU1.5	1.5	1.2	800
MU2.5	2.5	2.0	800
MU3.5	3.5	7.8	1 200
MU5	5.0	4.0	1 200
MU7.5	7.5	6.0	1 400
MU10	10.0	8.0	1 400

（2）空心砌块施工要求

1）砼小型空心砌块　砼小型空心砌块砌体所用的材料,除满足强度计算要求外,尚应符合下列要求:

①对室内地面以下的砌体,应采用普通砼小砌块和不低于 M5 的水泥砂浆。

②五层及五层以上民用建筑的底层墙体,应采用不低于 MU5 的砼小砌块和 M5 的砌筑砂浆。

在墙体的下列部位,应用 C20 砼灌实砌块的孔洞:

①底层室内地面以下或防潮层以下的砌体。

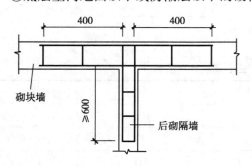

图 7.20　砌块墙与后砌隔墙交接处钢筋网片

②无圈梁的楼板支承面下的一皮砌块。

③没有设置砼垫块的屋架、梁等构件支承面下,高度不应小于 600 mm,长度不应小于 600 mm 的砌体。

④挑梁支承面下,距墙中心线每边不应小于 300 mm,高度不应小于 600 mm 的砌体。

砌块墙与后砌隔墙交接处,应沿墙高每隔 400 mm 在水平灰缝内设置不少于 2ϕ4、横筋间距不大于 200 mm 的焊接钢筋网片,钢筋网片伸入后砌隔墙内不应小于 600 mm(见图 7.20)。

2）夹心墙构造　砼砌块夹心墙由内叶墙、外叶墙及其间拉结件组成(见图 7.21)。内外叶墙间设保温层。内叶墙采用主规格砼小型空心砌块,外叶墙采用辅助规格(390 mm×90 mm×190 mm)砼小型空心砌块。拉结件采用环形拉结件、Z 形拉结件或钢筋网片。砌块强度等级不应低于 MU10。

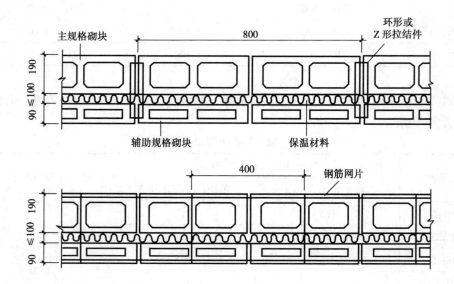

图 7.21　砼砌块夹心墙

当采用环形拉结件时,钢筋直径不应小于 4 mm;当采用 Z 形拉结件时,钢筋直径不应小于

6 mm。拉结件应沿竖向梅花形布置,拉结件的水平和竖向最大间距分别不宜大于 800 mm 和 600 mm;对有振动或有抗震设防要求时,其水平和竖向最大间距分别不宜大于 800 mm 和 400 mm。

当采用钢筋网片作拉结件,网片横向钢筋的直径不应小于 4 mm,其间距不应大于 400 mm;网片的竖向间距不宜大于 600 mm,对有振动或有抗震设防要求时,不宜大于 400 mm。

拉结件在叶墙上搁置长度,不应小于叶墙厚度的 2/3,并不应小于 60 mm。

3)小砌块施工　普通砼小砌块不宜浇水;当天气干燥炎热时,可在砌块上稍加喷水润湿;轻集料砼小砌块施工前可洒水,但不宜过多。龄期不足 28 d 及潮湿的小砌块不得进行砌筑。

应尽量采用主规格小砌块,小砌块的强度等级应符合设计要求,并应清除小砌块表面污物和芯柱用小砌块孔洞底部的毛边。

在房屋四角或楼梯间转角处设立皮数杆,皮数杆间距不得超过 15 m。皮数杆上应画出各皮小砌块的高度及灰缝厚度。在皮数杆上相对小砌块上边线之间拉准线,小砌块依准线砌筑。

小砌块砌筑应从转角或定位处开始,内外墙同时砌筑,纵横墙交错搭接。外墙转角处应使小砌块隔皮露端面;T 字交接处应使横墙小砌块隔皮露端面,纵墙在交接处改砌两块辅助规格小砌块(尺寸为 290 mm × 190 mm × 190 mm,一头开口),所有露端面用水泥砂浆抹平(见图7.22)。

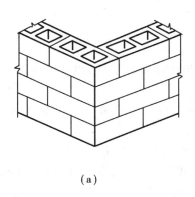
（a）

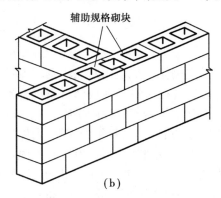
（b）

图 7.22　小砌块墙转角处及 T 字交接处砌法
（a)转角处　（b)交接处

小砌块应对孔错缝搭砌。上下皮小砌块竖向灰缝相互错开 190 mm。个别情况当无法对孔砌筑时,普通砼小砌块错缝长度不应小于 90 mm,轻骨料砼小砌块错缝长度不应小于120 mm;当不能保证此规定时,应在水平灰缝中设置 2φ4 钢筋网片,钢筋网片每端均应超过该垂直灰缝,其长度不得小于 300 mm(见图 7.23)。

小砌块砌体的灰缝应横平竖直,全部灰缝均应铺填砂浆;水平灰缝的砂浆饱满度不得低于 90%;竖向灰缝的砂浆饱满度不得低于 80%;砌筑中不得出现瞎缝、透明缝。水平灰缝厚度和竖向灰缝宽度应控制在 8～12 mm。当缺少辅助规格小砌块时,砌体通缝不应超过两皮砌块。

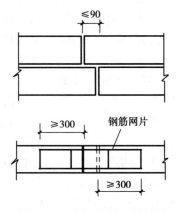

图 7.23　水平灰缝中拉结筋

小砌块砌体临时间断处应砌成斜槎,斜槎长度不应小于斜槎高度的2/3(一般按一步脚手架高度控制);如留斜槎有困难,除外墙转角处及抗震设防地区,砌体临时间断处不应留直槎外,可从砌体面伸出200 mm砌成阴阳槎,并沿砌体高每3皮砌块(600 mm)设拉结筋或钢筋网片,接槎部位宜延至门窗洞口(见图7.24)。

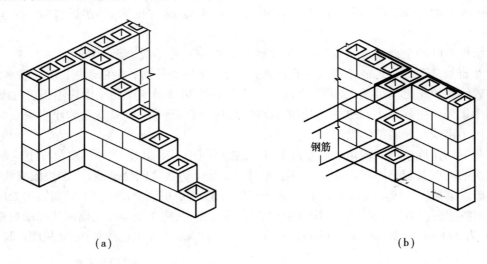

（a）   （b）

图7.24 小砌块砌体接槎方法
（a）斜槎　（b）阴阳槎

承重砌体严禁使用断裂小砌块或壁肋中有竖向凹形裂缝的小砌块砌筑;也不得采用小砌块与烧结普通砖等其他块体材料混合砌筑。

小砌块体内不宜设脚手眼,如必须设置时,可用辅助规格190 mm×190 mm×1 900 mm小砌块侧砌,利用其孔洞作脚手眼,砌体完工后用C15砼填实。

在砌体下列部位不得设置脚手眼:过梁上部,与过梁成60°角的三角形及过梁跨度1/2范围内;宽度不大于800 mm的窗间墙;梁和梁垫下及左右各500 mm的范围内;门窗洞口两侧200 mm内和砌体交接处400 mm的范围内;设计规定不允许设脚手眼的部位。

小砌块砌体相邻工作段的高度差不得大于一个楼层高度或4 m。常温条件下,普通砼小砌块的日砌筑高度应控制1.8 m内;轻骨料砼小砌块的日砌筑高度应控制在2.4 m内。

对砌体表面的平整度和垂直度,灰缝的厚度和砂浆饱满度应随时检查,校正偏差。在砌完每一楼层后,应校核砌体的轴线尺寸和标高,允许范围内的轴线及标高的偏差,可在楼板面上予以校正。

（3）芯柱的施工要求

墙体的下列部位宜设置芯柱:在外墙转角、楼梯间四角的纵横墙交接处的三个孔洞,宜设置素砼芯柱;5层及5层以上的房屋,应在上述部位设置钢筋砼芯柱,以增强其整体性和抗震性。

芯柱的构造要求如下:芯柱截面不宜小于120 mm×120 mm,宜用不低于C20的细石砼浇灌;钢筋砼芯柱每孔内插竖筋不应小于1φ10,底部应伸入室内地面下500 mm或与基础圈梁锚固,顶部与屋盖圈梁锚固;在钢筋砼芯柱处,沿墙高每隔600 mm应设φ4钢筋网片拉结,每边伸入墙体不小于600 mm(见图7.25)。

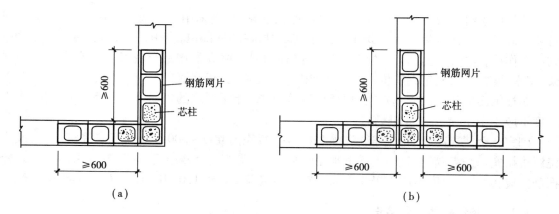

图 7.25　钢筋砼芯柱处拉筋

（a）转角处　（b）交接处

芯柱应沿房屋的全高贯通,并与各层圈梁整体现浇。

在 6~8 度抗震设防的建筑物中,应按芯柱位置要求设置钢筋砼芯柱;对医院、教学楼等横墙较少的房屋,应根据房屋增加一层的层数,按表 7.20 的要求设置芯柱。

表 7.20　抗震设防区砼小型空心砌块房屋芯柱设置要求

房屋层数			设置部位	设置数量
6 度	7 度	8 度		
4	3	2	外墙转角、楼梯间四角、大房间内外墙交接处	外墙转角灌实 3 个孔;内外墙交接处灌实 4 个孔
5	4	3		
6	5	4	外墙转角、楼梯间四角、大房间内外墙交接处,山墙与内纵墙交接处,隔开间横墙（轴线）与外纵墙交接处	
7	6	5	外墙转角,楼梯间四角,各内墙（轴线）与外墙交接处;8 度时,内纵墙与横墙（轴线）交接处和洞口两侧	外墙转角灌实 5 个孔;内外墙交接处灌实 4 个孔;内墙交接处灌实 4 个、5 个孔;洞口两侧各灌实 1 个孔

芯柱竖向插筋应贯通墙身且与圈梁连接;插筋不应小于 1ϕ13。芯柱应伸入室外地下 500 mm 或锚固入浅于 500 mm 基础圈梁内。芯柱砼应贯通楼板,当采用装配式钢筋砼楼板时,可采用图 7.26 的方式实施贯通措施。

抗震设防地区芯柱与墙体连接处,应设置 ϕ4 钢筋网片拉结,钢筋网片每边伸入墙内不宜小于 1 m,且沿墙高每隔 600 mm 设置。

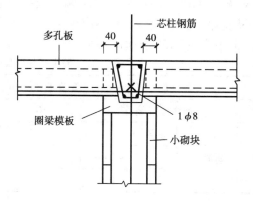

图 7.26　芯柱贯穿楼板的构造

芯柱施工时,芯柱部位宜采用不封底的通孔小砌块,当采用半封底小砌块时,砌筑前必须打掉孔洞毛边。在楼(地)面砌筑第一皮小砌块时,在芯柱部位,应用开口砌块(或U形砌块)砌出操作孔,在操作孔侧面宜预留连通孔,必须清除芯柱孔洞内的杂物及削掉孔内凸出的砂浆,用水冲洗干净,校正钢筋位置并绑扎或焊接固定后,方可浇灌砼。

芯柱钢筋应与基础或基础梁中的预埋钢筋连接,上下楼层的钢筋可在楼板面上搭接,搭接长度不应小于40d(d为钢筋直径)。

砌完一个楼层高度后,应连续浇灌芯柱砼。每浇灌400~500 mm高度应捣实一次,或边浇灌边捣实。浇灌砼前,先注入适量水泥砂浆;严禁灌满一个楼层后再捣实,宜采用插入式砼振动器捣实;砼坍落度不应小于50 mm。砌筑砂浆强度达到1.0 MPa以上方可浇灌芯柱砼。

7.2.4 砌块砌体质量检查

(1)砼小砌块砌体的质量

砼小砌块砌体的质量分为合格和不合格两个等级。砼小砌块砌体质量合格应符合以下规定:

A. 主控项目全部符合规定;

B. 一般项目应有80%及以上的抽检处符合规定或偏差值在允许偏差范围内。

(2)砼小砌块砌体主控项目

1)小砌块和砂浆的强度等级必须符合设计要求　抽检数量:每一生产厂家,每1万块小砌块至少应抽检一组。用于多层以上建筑基础和底层的小砌块抽检数量不应少于两组。砂浆试块的抽检数量为每一检验批且不超过250 m³砌体的各种类型及强度等级的砌筑砂浆,每台搅拌机应至少抽检一次。检验方法:查小砌块和砂浆试块试验报告。

2)砌体水平灰缝的砂浆饱满度,应按净面积计算不得低于90%;竖向灰缝饱满度不得小于80%;竖向缝凹槽部位应用砌筑砂浆填实,不得出现瞎缝、透明缝。抽检数量:每检验批不应少于3处。检验方法:用百格网检测小砌块与砂浆粘结痕迹,每处检测3块小砌块,取其平均值。

3)墙体转角处和纵横墙交接处应同时砌筑。临时间断处应砌成斜槎,斜槎水平投影长度不应小于高度的2/3。抽检数量:每检验批抽20%接槎,且不应少于5处。检验方法:观察检查。

4)砌体的轴线偏移和垂直度偏差应符合表7.21的规定。抽检数量:轴线查全部承重墙柱;外墙垂直度全高查阳角,不应少于4处,每层每20 m查一处;内墙按有代表性的自然间轴10%,但不应少于3间,每间不应少于2处,柱不少于5根。

表7.21　砼小砌块砌体的轴线及垂直度允许偏差

项次	项　　目			允许偏差/mm	检验方法
1	轴线位置偏移			010	用经纬仪和尺检查或用其他测量仪器检查
2	垂直度	每层		5	用2 m托线板检查
		全高	≤10 m	10	用经纬仪、吊线和尺检查,或用其他测量仪器检查
			<10 m	20	

5）构造柱、芯柱钢筋的品种,规格和数量应符合设计要求。检验方法:检查钢筋的合格证书、钢筋性能试验报告、隐蔽工程记录。

6）构造柱、芯柱、组合砌体构件、配筋砌体剪力墙构件的砼或砂浆的强度等级应符合设计要求。抽检数量:各类构件每一检验批砌体至少应做一组试块。检验方法:检查砼或砂浆试块试验报告。

7）构造柱与墙体的连接处应砌成马牙槎,马牙槎应先退后进,预留的拉结钢筋应位置正确,施工中不得任意弯折。抽检数量:每检验批抽20%构造柱,且不少于3处。检验方法:观察检查。合格标准为钢筋竖向移位不应超过100 mm,每个马牙槎沿高度方向尺寸不应超过300 mm。钢筋竖向位移和马牙槎尺寸偏差每一构造柱不应超过2处。

8）构造柱位置及垂直度的允许偏差应符合表7.22的规定。抽检数量:每检验批抽10%,且不应少于5处。

表7.22　构造柱尺寸偏差

项次	项　目		允许偏差/mm	检验方法
1	柱中心线位置		10	用经纬仪和尺检查或用其他测量仪器检查
2	柱层间错位		8	
3	柱垂直度	每层	10	用2 m托线板检查
		全高 ≤10m	15	用经纬仪、吊线和尺检查,或用其他测量仪器检查
		全高 >10m	20	

9）对配筋砼小型空心砌块砌体,芯柱砼应在装配式楼盖处贯通,不得削弱芯柱截面尺寸。抽检数量:每检验批抽10%,且不应少于5处。

（3）砼小砌块砌体一般项目

1）砌体的水平灰缝厚度和竖向灰缝宽度为10 mm,但不应大于12 mm,也不应小于8 mm。抽检数量:每层楼的检测点不应少于3处。检验方法:用尺量5皮小砌块的高度和2 m砌体长度折算。

2）小砌块砌体的一般尺寸允许偏差应符合表7.23的规定。

表7.23　小砌块砌体一般尺寸允许偏差

项次	项　目		允许偏差/mm	检验方法	抽检数量
1	基础顶面和楼面标高		±15	用水平仪和尺检查	不应少于5处
2	表面平整度	清水墙、柱	5	用2 m靠尺和楔形塞尺检查	有代表性自然间10%,但不应少于3间,每间不应少于2处
		混水墙、柱	8		
3	门窗洞口高、宽(后塞口)		±5	用尺检查	检验洞口的10%,且不应少于5处
4	外墙上下窗口偏移		20	以底层窗口为准,用经纬仪或吊线检查	检验批的10%,且不应少于5处
5	水平灰缝平直度	清水墙	7	拉10 m线和尺检查	有代表性自然间10%,但不应少于3间,每间不应少于2处
		混水墙	10		

7.3　石材砌体施工技术

7.3.1　材料要求

(1)砌筑用石的技术要求

石砌体所用的石材应质地坚实，无风化剥落和裂纹。用于清水墙、柱表面的石材，尚应色泽均匀。砌筑用石有毛石和料石两类。

毛石分为乱毛石和平毛石。乱毛石是指形状不规则的石块；平毛石是指形状不规划，但有两个平面大致平行的石块。毛石应呈块状，其中部厚度不宜小于 150 mm。

料石按其加工面的平整程度分为细料石、粗料石和毛料石三种。料石各面的加工要求，应符合表 7.24 的规定。料石加工的允许偏差应符合表 7.25 的规定。料石的宽度厚度均不宜小于 200 mm，长度不宜大于厚度的 4 倍。石材的强度等级有：MU100、MU80、MU60、MU50、MU40、MU30、MU20、MU15 和 MU10。

表 7.24　料石各面的加工要求

料石种类	外露面及相接周边的表面凹入深度	叠砌面和接砌面的表面凹入深度
细料石	不大于 2 mm	不大于 10 mm
粗料石	不大于 20 mm	不大于 20 mm
毛料石	稍加修整	不大于 25 mm

注：相接周边的表面是指叠砌面、接砌面与外露面相接处 20~30 mm 范围内的部分。

表 7.25　料石加工允许偏差

料石种类	加工允许偏差/mm	
	宽度、厚度	长度
细料石	±3	±5
粗料石	±5	±7
毛料石	±10	±15

(2)砌筑砂浆技术要求

砌筑砂浆的品种和强度等级应符合设计要求。砂浆稠度宜为 30~50 mm，雨期或冬期稠度应小些，在暑期或干燥气候情况下，稠度可大些。

7.3.2　石砌体施工

(1)毛石砌体施工要点

毛石砌体应采用铺浆法砌筑。砂浆必须饱满,叠砌面的粘灰面积(即砂浆饱满度)应大于80%。毛石砌体宜分皮卧砌,各皮石块间应利用毛石自然形状经敲打修整使能与先砌毛石基本吻合、搭砌紧密。毛石应上下错缝,内外搭砌,不得采用外面侧立毛石中间填心的砌筑方法。中间不得有铲口石(尖石倾斜向外的石块)、斧刃石(尖石向下的石块)和过桥石(仅在两端搭砌的石块),见图7.29。毛石砌体的灰缝厚度宜为20~30 mm,石块间不得有相互接触现象。石块间较大的空隙应先填塞砂浆后用碎石块嵌实,不得采用先摆碎石块后塞砂浆或干填碎石块的方法施工。

1)毛石基础　砌筑毛石基础的第1皮石块应坐浆,并将石块的大面向下。毛石基础的转角处、交接处应用较大的平毛石砌筑。

毛石基础的扩大部分,如做成阶梯形,上级阶梯的石块应至少压砌下级阶梯石块的1/2,相邻阶梯的毛石应相互错缝搭砌(见图7.27)。

毛石基础必须设置拉结石,拉结石应均匀分布。毛石基础同皮内每隔2 m左右设置一块。拉结石长度:如基础宽度等于或小于400 mm,应与基础宽度相等;如基础宽度大于400 mm,可用两块拉结石内外搭接,搭接长度不应小于150 mm,且其中一块拉结石长度不应小于基础宽度的2/3。

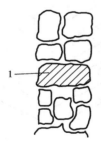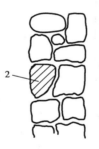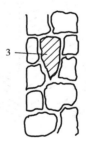

图7.27　毛石基础错缝搭砌

1—过桥石;2—铲口石;3—斧刃石

2)毛石墙　毛石墙的第1皮及转角处、交接处和洞口处,应用较大的平毛石砌筑。每个楼层墙的最上一皮,宜用较大的毛石砌筑。毛石墙亦必须设置拉结石。拉结石应均匀分布,相互错开。毛石墙一般每0.7 m²墙面至少设置一块,且同皮内拉结石的中距不应大于2 m。拉结石的长度:若墙厚等于或小于400 mm,应与墙厚相等;若墙厚大于400 mm,可用两块拉结石内外搭接,搭接长度不应小于150 mm,且其中一块拉结石长度不应小于墙厚的2/3。毛石墙每日的砌筑高度不应超过1.2 m。

在毛石和烧结普通砖的组合墙中,毛石砌体与砖砌体应同时砌筑,并每隔4~6皮砖用2~3皮丁砖与毛石砌体拉结砌合,两种砌体间的空隙应用砂浆填满(见图7.28)。

毛石墙和砖墙相接的转角处和交接处应同时砌筑。转角处应自纵墙(或横墙)每隔4~6皮砖高度引出不小于120 mm与横墙(或纵墙)相接(见图7.29)。交接处应自纵墙每隔4~6皮砖高度引出不小于120 mm与横墙相接(见图7.30,图7.31)。

毛石墙的转角处和交接处应同时砌筑,不能同时砌筑时,应砌成踏步槎。

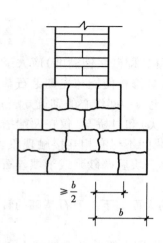

图 7.28　阶梯形毛石基础

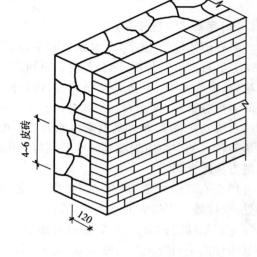

图 7.29　毛石与砖墙组合

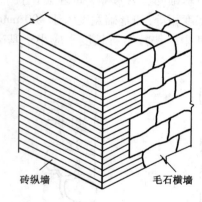

图 7.30　转角处毛石与砖墙相接

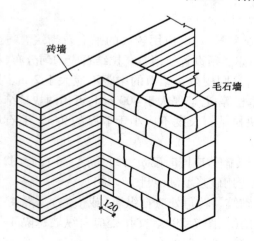

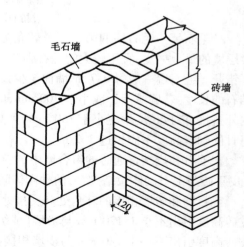

图 7.31　交接处毛石和砖墙相接

（2）料石砌体施工

1）料石砌体砌筑要点 料石砌体应采用铺浆法砌筑,料石应放置平,砂浆应饱满。砂浆铺设厚度应略高于规定灰缝厚度,其高出厚度;细料石宜为 3 ~ 5 mm;粗料石、毛料石宜为 6 ~ 8 mm。料石砌体的灰缝厚度:细料石砌体不宜大于 5 mm;粗料石和毛料石砌体不宜大于 20 mm。料石砌体的水平灰缝和竖向灰缝的砂浆饱满度均应大于 80%。料石砌体上下皮料石的竖向灰缝应相互错开,错开长度应不小于料石宽度的 1/2。

2）料石基础 料石基础的第 1 皮料石应坐浆丁砌,以上各层料石可按一顺一丁进行砌筑。阶梯形料石基础,上级阶梯的料石至少压砌下级阶梯料石的 1/3。

3）料石墙 料石墙厚度等于一块料石宽度时,可采用全顺砌筑形式。料石墙厚度等于两块料石宽度时,可采用两顺一丁或丁顺组砌的砌筑形式(见图 7.32)。两顺一丁是两皮顺石与一皮丁石相间。丁顺组砌是同皮内顺石与丁石相间,可一块顺石与丁石相间或两块顺石与一块丁石相间。

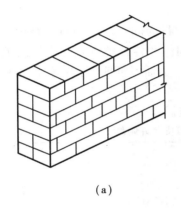 

（a） （b）

图 7.32 料石墙砌筑形式

（a）两顺一丁 （b）一丁一顺组合

在料石和毛石或砖的组合墙中,料石砌体和毛石砌体或砖砌体应同时砌筑,并每隔 2 ~ 3 块料石层用丁砌层与砖砌体拉结砌合。丁砌料石的长度宜与组合墙厚度相同(见图 7.33)。

4）石挡土墙 石挡土墙可采用毛石或料石砌筑。砌筑毛石挡土墙应符合下列规定(见图 7.34):每砌 3 ~ 4 皮毛石为一个分层高度,每个分层高度应找平一次;外露面的灰缝厚度不

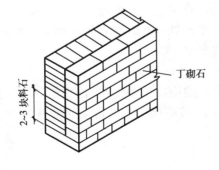

图 7.33 料石与砖的组合墙

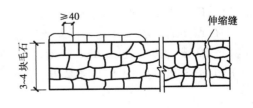

图 7.34 毛石挡土墙立面

得大于 40 mm;两个分层高度间分层处的错缝不得小于 80 mm。

料石挡土墙宜采用丁顺组砌的砌筑形式。当中间部分用毛石填砌时,丁砌料石伸入毛石部分的长度不应小于 200 mm。

石挡土墙的泄水孔当设计无规定时,施工应符合下列规定:泄水孔应均匀设置,在每米高度处的水平方向上间隔 2 m 左右设置一个泄水孔;泄水孔与土体间铺设长宽各为 300 mm、厚 200 mm 的卵石或碎石作疏水层。

挡土墙内侧回填土必须分层夯填,分层松土厚度应为 300 mm。墙顶土面应有适当坡度使流水流向挡土墙外侧面。需勾缝的石墙可采用高标号的水泥砂浆按设计要求勾缝。

7.3.3 石砌体的质量要求

石砌体质量分为合格和不合格两个等级。石砌体质量合格应符合以下规定:主控项目应全部符合规定;一般项目应有 80% 及以上的抽检处符合规定,或偏差值在允许偏差范围以内。

1)石砌体工程主控项目

①石材及砂浆强度等级必须符合设计要求。抽检数量为同一产地的石材至少应抽检一组。砂浆试块抽检数量:每一检验批且不超过 250 m³ 砌体的各种类型及强度等级的砌筑砂浆,每台搅拌机应至少抽检一次。检验方法为料石检查产品质量证明书,石材、砂浆检查试块试验报告。

②砂浆饱满度不应小于 80%。抽检方法为观察检查。

表 7.26 石砌体的轴线位置及垂直度允许偏差

项次	项 目		允许偏差/mm						检验方法
			毛石砌体		料石砌体				
					毛料石		粗料石		细料石	
			基础	墙	基础	墙	基础	墙	墙、柱	
1	轴线位置		20	15	20	15	15	10	10	用经纬仪和尺检查,或用其他测量仪器检查
2	墙面垂直度	每层		20		20		10	7	用经纬仪、吊线和尺检查或用其他测量仪器检查
		全高		30		30		25	20	

③石砌体的轴线位置及垂直度允许偏差应符合表 7.26 的规定。抽检数量为外墙按楼层(或 4 m 高以内)每 20 m 抽查一处,每处 3 延米,但不应少于 3 处;内墙,按有代表性的自然间抽查 10%,但不应少于 3 间,每间不应少于 2 处,柱子不应少于 5 根。

2)石砌体工程一般项目

①石砌体的一般尺寸允许偏差应符合表 7.27 的规定。抽检数量为外墙,按楼层(4 m 高以内)每 20 m 抽查一处,每处 3 延米,但不应少于 3 处;内墙,按有代表性的自然间抽查 10%,但不应少于 3 间,每间不应少于 2 处,柱子不应少于 5 根。

表 7.27　石砌体的一般尺寸允许偏差

项次	项　目		允许偏差/mm							检验方法
			毛石砌体		料石砌体					
			基础	墙	基础	墙	基础	墙	墙、柱	
1	基础和墙砌体顶面标高		±25	±15	±25	±15	±15	±15	±10	用水准仪和尺检查
2	砌体厚度		+30	+20 −10	+30	+20 −10	+15	+15 −5	+10 −5	用尺检查
3	表面平整度	清水墙、柱		20						细料石用 2 m 靠尺和楔形塞尺检查,其他用两直尺垂直于灰缝拉 2 m 线和尺检查
		混水墙、柱		20						
4	清水墙水平灰缝平直度									拉 10 m 线和尺检查

②石砌体的组砌形式应符合下列规定:内外搭砌,上下错缝,拉结石、丁砌石交错设置;毛石墙拉结石每 0.7 m² 墙面不应少于一块。

抽检数量:外墙按楼层(或 4 m 高以内)每 20 m 抽查 1 处,每处 3 延米,但不应少于 3 处;内墙,按有代表性的自然间抽查 10%,但不应少于 3 间。检验方法:观察检查。

7.4　砌体的冬期施工技术

7.4.1　材料及质量要求

当估计连续 10 d 内的平均气温低于 5 ℃时,砌体工程的施工应按照冬期施工技术规定进行。冬期施工期限以外,若日最低气温低于 −3 ℃时,亦应按冬期施工有关规定进行。气温可根据当地气象预报或历年气象资料估计。

砌体工程的冬期施工应采用掺盐砂浆为主。对保温、绝缘、装饰等方面有特殊要求的工程,可采用冻结法施工。

7.4.2　掺盐砂浆法施工

掺盐砂浆是指掺入盐类的水泥砂浆、水泥混合砂浆或微沫砂浆。采用这种砂浆砌筑的方法称为掺盐砂浆法。

（1）施工原理

掺盐砂浆法就是在砌筑砂浆内掺入一定数量的抗冻化学剂，来降低水溶液的冰点，以保证砂浆中有液态水存在，使水化反应在一定负温下进行，使砂浆在负温下强度能够继续增长。由于降低了砂浆中水的冰点温度，砌体的表面不会立即结成冰膜，使砂浆和砌体能较好地粘结。

掺盐砂浆中的抗冻化学剂主要有氯化钠和氯化钙，其他还有亚硝酸钠、碳酸钾和硝酸钙等。掺盐砂浆法施工简便，施工费用低，货源易于解决，故砌体工程冬期施工多用。

因氯盐砂浆吸湿性大，使结构保温性能下降，并有析盐现象，故对下列工程严禁采用掺盐砂浆法施工：对装饰有特殊要求的建筑物；使用湿度大于60%的建筑物；接近高压电路的建筑物（如变电站）；热工要求高的建筑物；配有受力钢筋砌体；处于地下水位变化范围内，以及在水下未设防水保护层的结构等。

（2）施工工艺

1）材料技术要求　砌体工程冬期施工所用材料应符合以下规定：砌体在施工前，应清除冰霜；拌制砂浆所用的砂中，不得含有冰块和直径大于10 mm的冻结块；石灰膏应防止受冻，若已冻结，应经融化后方可使用；水泥应选用普通硅酸盐水泥；拌制砂浆时，水的温度不得超过80 ℃，砂的温度不得超过40 ℃。

2）砂浆技术要求　掺盐法施工，应按不同负温界限控制掺盐量。当砂浆中氯盐掺量过少，砂浆内会出现大量冰结晶体，水化反应缓慢，会导致早期强度降低。氯盐掺量若大于10%，则会导致砂浆后期强度显著降低，也会导致砌体析盐量过大，使吸湿性增大，保温性能降低。砂浆掺盐量见表7.28。

表7.28　砂浆掺盐量（占用水量的百分数）

日最低气温/℃			≥ -10	-11 ~ -15	-16 ~ -20
单盐	食盐	砌砖	3	5	7
		砌石	4	7	10
双盐	食盐	砌砖			5
	氯化钙				2

盐溶液配制：先配制成标准浓度，即氯化钠标准溶液的质量分数为20%，比重为1.15；氯化钙标准溶液比重为1.18。均为波美比重测定，置于专用容器内，然后再以一定的比例掺入温水，配制成所需的施工溶液。配制时，可参见表7.29。

掺盐砂浆的使用温度不得低于5 ℃。若日最低气温等于或低于-15 ℃时，对砌筑承重砌体的砂浆强度等级应按常温施工时提高一级。拌和砂浆前要对原材料进行加热，应优先加热水，再进行砂的加热。拌和水的温度超过60 ℃时，其投料顺序是：先投水和砂搅拌，后投水泥搅拌。掺盐砂浆中掺入微沫剂时，盐溶液和微沫剂在砂浆拌和过程中先后加入。砂浆应采用机械进行拌和，搅拌时间应比常温季节增加一倍。拌和后的砂浆应注意保温。

表 7.29　食盐溶液浓度与比重对照表

无水 NaCl 含量/kg			20 ℃时的溶液比重
在 1 kg 溶液中	在 1 L 溶液中	在 1 kg 水中	
0.01	0.010	0.010	1.005 3
0.02	0.020	0.020	1.012 5
0.03	0.031	0.031	1.019 6
0.04	0.041	0.042	1.026 8
0.05	0.052	0.053	1.034 0
0.06	0.062	0.064	1.041 3
0.07	0.073	0.075	1.048 6
0.08	0.084	0.087	1.055 9
0.09	0.096	0.099	1.063 3
0.10	0.107	0.111	1.070 7
0.11	0.119	0.124	1.078 2
0.12	0.130	0.136	1.085 7
0.13	0.142	0.149	1.093 3
0.14	0.154	0.163	1.100 8
0.15	0.166	0.176	1.108 5
0.16	0.179	0.190	1.116 2
0.17	0.191	0.205	1.124 1
0.18	0.204	0.220	1.131 9
0.19	0.217	0.235	1.139 8
0.20	0.230	0.250	1.147 8
0.21	0.243	0.266	1.155 9
0.22	0.256	0.282	1.163 9
0.23	0.270	0.299	1.172 2
0.24	0.283	0.316	1.180 4
0.25	0.297	0.333	1.188 8
0.26	0.311	0.351	1.197 2

3）施工准备　因氯盐对钢筋有腐蚀作用,故掺盐法用于有构造配筋的砌体时,钢筋可涂樟丹两道或者涂沥青一道,以防钢筋锈蚀。

普通砖和空心砖在负温度条件下,应采用随浇热盐水随砌筑的方法施工。当气温过低,浇水有困难时,则应适当增大砂浆的稠度。有抗震要求的建筑物,普通砖和空心砖无法浇水湿润时,无特殊措施,不得砌筑。

4)施工要求　掺盐砂浆法砌筑砖砌体,应采用"三一"砌砖法进行施工。不得大面积铺灰,以减少砂浆热量的损失。砌筑要求:灰浆饱满,灰缝厚薄均匀,水平缝和垂直缝厚度和宽度,应控制在 8~10 mm;对不能同时砌筑而又必须留置的临时间断处,应砌成斜槎;砌体表面,宜采用保温材料加以覆盖;继续施工前,应用扫帚扫净砖表面,再进行施工。

7.4.3　冻结法施工

冻结法是指在冬季采用不掺化学外加剂的普通水泥砂浆或水泥混合砂浆进行砌筑的一种施工方法。

(1)施工原理

冻结法施工所用的砂浆不掺任何抗冻化学剂,允许砂浆铺砌完毕后就受冻。砂浆受冻后,水泥水化反应停止。当气温转入正温后,水泥水化反应又重新进行,砂浆强度可继续增长,使砖砌体整体性得到加强。

因冻结法允许砂浆砌筑后遭受冻结,且在解冻后其强度仍可继续增长,故对有保温、绝缘、装饰等特殊要求的工程和受力配筋砌体及不受地震区条件限制的其他工程,均可采用冻结法施工。

冻结法施工的砂浆,经冻结、融化和硬化三个阶段后,使砂浆强度、砂浆与砖石砌体间的粘结力都有不同程度的降低。砌体在融化阶段,由于砂浆强度接近于零,将会增加砌体的变形和沉降。

下列结构不宜选用冻结法施工:毛石墙;承受侧压力的砌体;解冻期间可能受到振动或动力荷载的砌体;解冻期间不允许发生沉降的砌体(如筒拱支座)。

(2)施工工艺

1)材料要求　采用冻结法施工时,砂浆的使用温度不应低于 10 ℃;当日最低气温高于或者等于 -25 ℃时,对砌筑承重砌体的砂浆强度等级应按常温施工时提高一级;当日最低气温低于 -25 ℃时,则应提高两级。

2)施工要求　采用冻结法施工时,应采用"三一"砌筑法;砌体一般应采用一顺一丁的砌筑法;采用水平分段施工,墙体一般在一个施工段一个施工层的高度内不得间断;每天砌筑高度或临时间断处砌筑不宜大于 1.2 m;不设沉降缝的砌体,其分段处的高差不得大于 4 m;砌体水平灰缝应控制在 10 mm 以内;砌筑时要随时检查,发现偏差及时纠正,保证墙体砌筑质量;对超过 5 皮砖的砌体,如发现歪斜,不准敲墙,砸墙,必须拆除重砌。

3)砌体解冻　解冻期间,由于砂浆遭冻后强度降低,砂浆与砌体之间的粘结力减弱,致使砌体在解冻期间的稳定性较差,因此砌体在开冻前应进行检查,开冻过程中应组织观测,若发现裂缝、不均匀下沉等,应分析原因,并立即采取加固措施。

为保证砖砌体在解冻期间能够均匀沉降不出现裂缝,应遵守下列要求:

①解冻前应清除房屋中的临时荷载。

②留置在砌体中的洞口和沟槽等,宜在解冻前填砌完毕。

③跨度大于 0.7 m 的过梁,宜采用预制构件。

④门窗框上部应留 3~5 mm 的空隙,作为化冻后预留的沉降量。

⑤在楼板水平面上,墙的拐角处、交接处和交叉处应设置钢筋拉结,如图 7.35 所示。

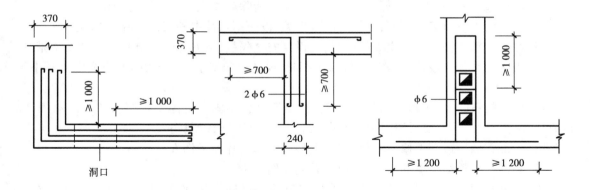

图 7.35 拉筋的设置

7.5 砌体施工安全技术

1）在砌筑前应检查操作环境是否符合安全要求,道路是否畅通,机具是否完好牢固,安全设施和防护用品是否齐全,经检查符合要求后方可施工。

2）砌基础时,应检查和经常注意基坑周边的土质变化情况,有无崩裂现象。堆放砌筑材料应离开坑边 1 m 以上。当深基坑装设挡土板或支撑时,操作人员应设梯子上下,不得攀跳。运料不得碰撞支撑,也不得踩踏砌体和支撑结构上下。

3）墙身砌体高度超过地坪 1.2 m 以上时,应搭设脚手架。在一层以上或高度超过 4 m 时,采用里脚手架进行砌筑,砌体外侧须支搭安全网;采用外脚手架时,应在其操作层设护身栏杆和挡脚板。

4）脚手架上堆料量不得超过规定荷载,堆砖高度不得超过 3 皮侧砖,同一块脚手板上的操作人员不应超过两人。

5）在楼层(特别是预制板面)施工时,堆放机具、砖块等物品不得超过使用荷载。如超过荷载时,必须经过验算采取有效加固措施后,方可进行堆放及施工。

6）不准站在墙顶上做划线、刮缝及清扫墙面或检查大角垂直等工作。

7）不准用不稳固的工具或物体在脚手板面垫高操作,更不准在未经过加固的情况下,在一层脚手架上随意增加叠加层。

8）砍砖时应面向内打,防止碎砖跳出伤人。

9）用手垂直运输的吊笼、滑车、绳索、刹车等,必须满足负荷要求,牢固可靠;吊运时不得超载,并须经常检查,发现问题及时修理。

10）用起重机吊砖要用砖笼;吊砂浆的料斗不能装得过满,吊杆回转范围内不得有人停留;吊件落到架子上时,砌筑人员要暂停操作,并避开至一边。

11）砖、石运输车辆两车前后距离平道上不小于 2 m,坡道上不小于 10 m;装砖时要先取高处后取低处,防止垛倒砸人。

12）已砌好的山墙,应临时用联系杆(如檩条等)放置各跨山墙上,使其联系稳定,或采取其他有效的加固措施。

13）冬期施工时，脚手板上如有冰霜、积雪，应先清除后才能上架子进行操作。

14）如遇雨天及每天下班时，要做好防雨措施，以防雨水冲走砂浆，致使砌体倒塌。

15）在同一垂直面内上下交叉作业时，应设置安全隔板，下方操作人员必须配戴安全帽。

16）人工垂直往上或往下（深坑）转递砖石时，要搭递砖架子，架子的站人板宽度应不小于60 cm。

17）用锤打石时，应先检查铁锤有无破裂，锤柄是否牢固。打锤要按照石纹走向落锤，锤口要平，落锤要准，同时要看清附近情况有无危险，然后落锤，以免伤人。

18）不准在墙顶或架上修改石材，以免震裂墙体和石片掉下伤人。

19）不准徒手移动上墙的料石，以免压破或擦伤手指。

20）不准在超过胸部以上的墙体上进行砌筑，以免将墙碰撞倒塌或上石时失手掉下造成安全事故。

21）在脚手架上运送石块（砌块）时，脚手板要钉装牢固，并钉防滑条及扶手栏杆。

22）对已就位的砌块，必须立即进行竖缝灌浆；对稳定性较差的空间墙、独立柱和挑出墙面较多的部位，应加临时稳定支撑，以保证其稳定性。

23）沿海区域在台风季节，应及时进行圈梁施工，加盖楼板，或采取其他稳定措施。

24）在砌块砌体上，不宜拉锚缆风绳，不宜吊挂重物，也不宜作为其他施工临时设施支撑的支承点，如果确实需要时，应采取有效的加固措施。

25）大风、大雨、冰冻等异常气候之后，应检查砌体是否有垂直度的变化，是否产生了裂缝，是否有下沉等现象，如有须经处理后方能继续砌筑。

复习思考题7

1. 为什么水泥砂浆和水泥混合砂浆的使用时间不同？
2. 什么是皮数杆？皮数杆如何布置？如何划线？
3. 试说明砖砌体留脚手眼的规定。
4. 普通黏土砖砌筑前为什么要浇水？浇湿到什么程度才合适？
5. 砖墙为什么要挂线？怎样挂线？
6. 为什么要限制独立墙身和砖柱砌筑的自由高度？超过规定高度时如何处理？
7. 为什么要规定砖墙的每日砌筑高度？
8. 何谓包心组砌？为什么砖柱不能采用包心组砌？
9. 试述毛石砌体的施工要点。
10. 砌块的排列应根据什么原则？砌块的运输和堆放应注意些什么？

模拟项目工程

某6级抗震设防要求的砖混结构在主体验收时，质检部门发现砖和砂浆的检测报告不全，且直槎处拉结钢筋未按规范设置，构造柱第一个马牙槎为"先进后退"。

【问题】：

（1）简述普通砖砌体砌筑施工工艺及要点。

（2）留槎要求有哪些？

（3）普通砖砌体检查时主控项目有哪些？

（4）构造柱应如何留设？

第 **8** 章

安装施工技术

学习目标:

1. 了解钢筋砼及钢结构厂房结构安装前的准备工作内容。
2. 掌握各种构件安装工艺和结构安装方案的选择。
3. 了解装配式墙板的安装施工方法。
4. 熟悉结构安装施工的质量标准与安全技术。

职业能力:

1. 具有拟订钢筋砼及钢结构厂房安装方案的能力。
2. 具有指导安装钢筋砼及钢结构厂房的初步能力。
3. 具有指导安装大墙板的能力。
4. 具有检查安装施工质量的能力。

8.1 钢筋砼结构工业厂房安装技术

8.1.1 安装前的准备工作

(1)构件的检查

为确保工程质量,吊装前应对全部构件进行一次统一检查。检查的主要内容有:构件型号、数量、外形尺寸、预埋件位置及尺寸、构件的砼强度及构件有无损伤、变形裂缝等。

对构件外形尺寸检查:柱的总长度、柱脚到牛腿的长度、柱底面的平整度、柱截面尺寸及各预埋件的位置和尺寸;屋架的总长度、侧向弯曲、各预埋件的位置;吊车梁应检查总长度、高度、侧向弯曲、各预埋件的位置。

(2)构件的弹线

构件弹线就是在构件表面标出安装时的控制线,作为对位校正时的依据。如图 8.1 所示,柱应在柱身三个面上弹出吊装准线;柱顶弹出截面中心线;牛腿上弹出吊车梁的吊装准线。

屋架在上弦顶面弹出几何中心线;弹出天窗架、屋面板的吊装准线;在屋架的两端头弹出屋架的吊装准线。吊车梁应在两端及顶面弹出几何中心线。

（3）钢筋砼杯基的准备

钢筋砼柱基础一般为杯形基础，浇筑时要保证定位轴线及杯口尺寸准确。在柱子吊装前要进行杯底抄平和杯口顶面弹线。

杯底抄平，是对杯底标高进行一次检查和调整，以保证柱子吊装后的牛腿标高。抄平的做法是：测出杯底的实际标高，量出柱底至牛腿顶面的实际长度，与设计长度比较，计算出杯底标高的调整值，并在杯口内作出标志。用水泥砂浆或细石砼，将杯底垫平整至标志处。

杯口顶面弹线，即在杯口顶面弹出建筑物的纵横轴线及与柱子相对应的吊装准线，作为柱子吊装就位和校正的依据。

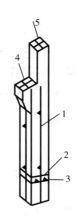

图 8.1 柱子弹线图
1—柱身中线；2—杯口线；3—柱校正线；
4—牛腿面安装定位线；5—屋架安装定位线

（4）构件的运输及堆放

构件运输过程要经过起吊、装车、运输和卸车堆放等工序。运输过程中必须保证构件不变形过大，不损坏；运输道路应平整坚实；钢筋砼构件的砼强度应不低于设计强度的70%。

运输方式的选择，要根据构件的尺寸、重量，构件的数量及运距，以及现有的运输工具等经过技术经济比较后确定。一般多采用汽车和平板拖车运输。构件进场以后，应按结构吊装方案的构件平面布置图堆放，避免二次搬运。

1）柱的运输 长度在6m以内的柱，一般用汽车运输，较长的柱用拖车运输。柱在车上应侧立放，并采取稳定措施，以防止倾倒。柱在运输车上，一般用两点支撑；细长柱，当两点支撑抗弯能力不足时，可用三点支撑，但有两点用平衡梁（见图8.2）。

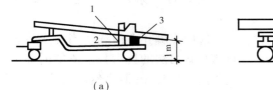

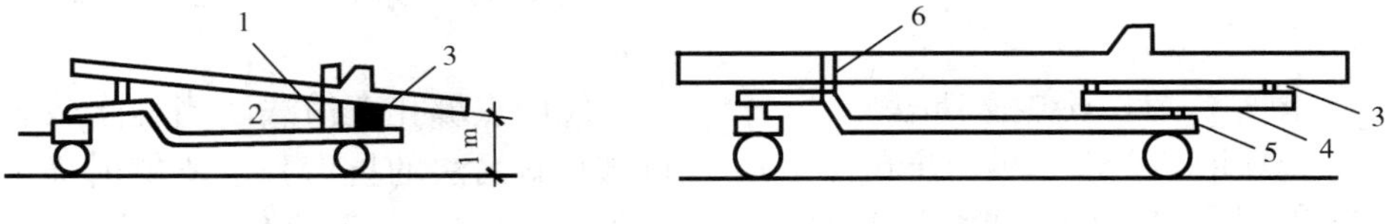

（a） （b）

图 8.2 用拖车运输柱
(a)两点支承 (b)三点支承
1—倒链；2—钢丝绳；3—垫木；4—平衡梁；5—铰；6—支架

2）吊车梁的运输 "T"形吊车梁及腹板较厚的鱼腹式吊车梁可以平运，两个支点分别设在距梁的两端1～1.3m处[见图8.3（a）]；腹板较薄的鱼腹式吊车梁，可将鱼腹朝上，并在预留孔中穿入铁丝将各梁连在一起[见图8.3（b）]。

3）屋架的运输 屋架一般尺寸较大，侧向刚度差。钢筋砼屋架一般在现场预制。

4）屋面板的运输 6m长的屋面板可用载重汽车运输，9m以上的屋面板需用拖车运输。长途运输屋面板时，宜用角钢、花篮螺丝等将板固定，板间垫木的两端，需装上角钢挡板，以防

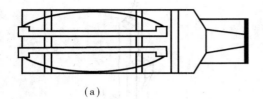

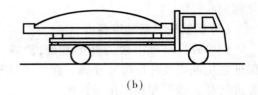

（a）　　　　　　　　　　　（b）

图 8.3　吊车梁运输

（a）平运　（b）立运

板在运输途中滑动。

8.1.2　构件安装工艺

（1）柱子的安装

1）绑扎　柱的绑扎方法与柱的重量、形状、几何尺寸及吊装方法有关。柱的绑扎工具有：吊索、卡环、柱销及横吊梁等。常用的绑扎方法如下：

①一点绑扎斜吊法　图 8.4 所示为一点绑扎斜吊法的示意图。这种方法，柱子不需翻身，起重机的起重高度可小些，起重臂可短些，但只有在柱子平放起吊的抗弯强度能满足要求时采用。

②一点绑扎直吊法　图 8.5 所示为一点绑扎直吊法示意图。使用此法时，需先将柱子翻身，要求柱的抗弯能力强，但要求起重机起重高度和臂长比前述方法大。

③两点绑扎斜吊法　当柱子较长时，一点绑扎的抗弯强度不够，可采用两点绑扎。两点绑扎斜吊法适用于柱子平放起吊抗弯强度满足要求的条件下采用。绑扎方法如图 8.6（a）所示。

④两点绑扎直吊法　当柱子较长，使用两点绑扎斜吊法的抗弯强度不够时而采用此法。此法需先将柱子翻身，然后绑扎起吊，如图 8.6（b）所示。

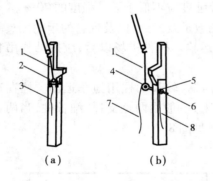

（a）　　　　（b）

图 8.4　柱一点绑扎斜吊法

（a）用活络卡环　（b）用柱销

1—吊索；2—卡环；3—卡环插销拉绳；4—柱销；
5—垫圈；6—插销；7—柱销拉绳；8—插销拉绳

2）吊升　柱的起吊方法有旋转法和滑行法两种。

①单机吊装旋转法　如图 8.7 所示，旋转法吊装，要求柱的平面布置做到：绑扎点、柱脚中心与柱基础杯口中心三点共弧（以吊柱的起重半径 R 为半径的圆弧），"柱脚"靠近基础。起吊时起重半径不变，起重臂边升钩，边回转。柱在直立前，柱脚不动，柱顶随起重机回转及吊钩上升而逐渐上升，使柱在柱脚位置竖直。然后，把柱吊离地面，回转起重臂把柱吊至杯口上方，插入杯口。旋转法吊柱使柱所受振动小，安装效率高。

②单机吊装滑行法　如图 8.8 所示，滑行法吊装柱要求柱的平面布置做到：绑扎点、基础杯口中心两点共弧（以吊柱的起重半径 R 为半径的圆弧），"绑扎点"靠近基础杯口。柱起吊时，起重臂不动，起重钩上升，柱顶上升，柱脚沿地面向基础滑行，直至柱竖直。然后旋转起重

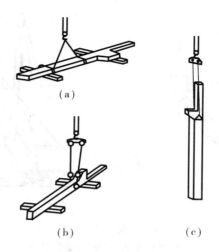

图 8.5　柱子一点绑扎直吊法

（a）柱翻身时的绑扎　（b）柱直吊时的绑扎　（c）柱的吊升

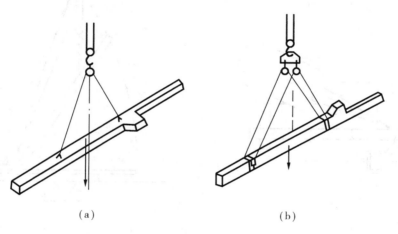

图 8.6　两点绑扎法

（a）斜吊法　（b）直吊法

臂,将柱插入杯口。采用这种方法吊装,柱受振动大,并易损坏柱脚,只有在不能使用旋转法时方可使用。

③双机抬吊旋转法　如图 8.9 所示,采用双机抬吊旋转法时,柱为两点绑扎,一台起重机抬上吊点,另一台起重机抬下吊点。柱的平面布置要使柱的绑扎点与基础杯口中心在以相应的起重机起重半径 R_1,R_2 为半径的圆弧上。

④双机抬吊滑行法　如图 8.10 所示,采用双机抬吊滑行法时,柱为一点绑扎,两台起重机吊钩在同一绑扎点抬吊。柱布置时,绑扎点靠近基础,起重机位于柱基两侧。

3）对位和临时固定　当柱插入杯口后,应保持柱身基本垂直,在柱底距离杯口底 20 ~ 30 mm 时进行对位。对位时,应先在柱的四边将 8 个楔块插入杯口,并用撬棍拨动柱脚,使柱的吊装准线对准杯口顶面吊装准线。对准后轻轻打紧楔块,放松吊钩,柱即沉入杯底。复查吊装准线无误后,打紧楔块,将柱临时固定,起重机脱钩。

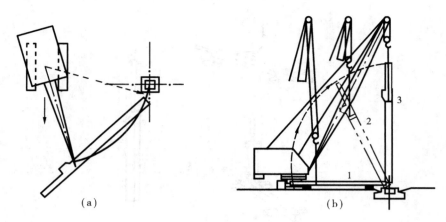

图 8.7　旋转法吊装柱
（a）柱平面布置　（b）柱吊装过程

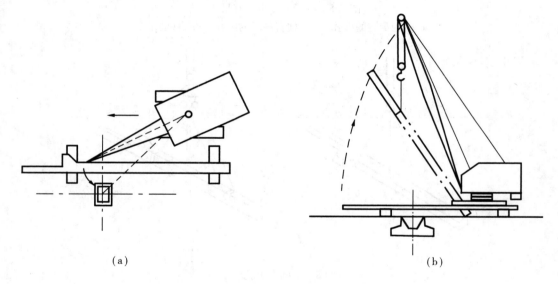

图 8.8　滑行法吊装柱
（a）柱平面布置　（b）柱吊装过程

4）校正

①柱的垂直度检查　柱的垂直度检查,是用两台经纬仪从柱的相邻两面检查柱的吊装准线的垂直度。其偏差允许值,当柱高 $H \leqslant 5$ m 时,为 5 mm;柱高 $H > 10$ m 时,为 $\frac{1}{1\ 000}H$,且不大于 20 mm。

②柱的校正　如图 8.11 所示,当柱高不大,且垂直度偏差又较小时,可采用打紧或放松楔块的方法来校正。若柱高比较大,且垂直度偏差又较大时,宜采用千斤顶校正。若柱子高度特别大,适宜采用缆风绳进行校正。

5）最后固定　柱校正完毕,立即进行最后固定。最后固定的方法,是在柱脚与杯口间的空隙处灌注细石砼。灌注工作分两次进行,第 1 次灌注到楔块底部;当第 1 次灌注细石砼的强

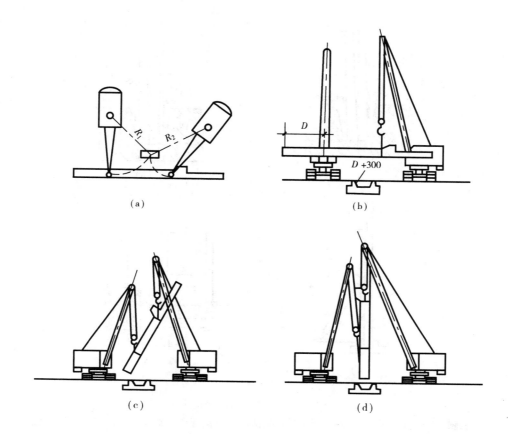

图 8.9　双机抬吊旋转法

（a）两点绑扎柱　（b）柱抬起离开地面　（c）下吊点不动,上吊点上升　（d）两机将柱抬成垂直

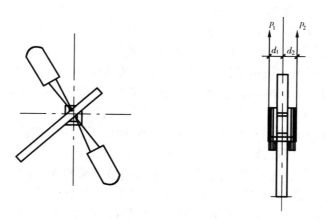

图 8.10　双机抬吊滑行法

度达到设计强度的 25％ 时,再拔去楔块,灌注第 2 次细石砼,第 2 次需将杯口灌满细石砼。

（2）吊车梁的安装

1）绑扎、吊升、就位及临时固定　吊车梁的类型通常有 T 形、鱼腹式和组合式等几种。其

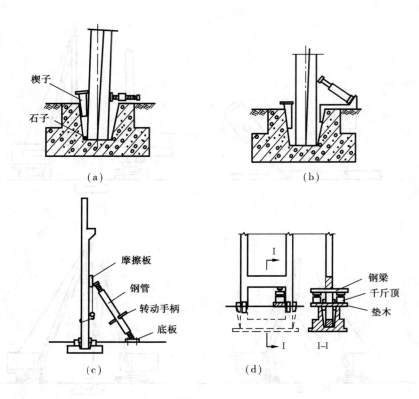

图 8.11　柱的垂直度校正法
（a）螺旋千斤顶平顶法　（b）液压千斤顶斜法　（c）钢管支撑斜顶法　（d）千斤顶立顶法

长度一般为 6 m,12 m,重量一般为 3 ~ 5 t,其绑扎均为两点绑扎,12 m 长度者也可使用横吊梁。一般为单机起吊,重量特别大亦可使用双机抬吊。一般情况下,吊车梁的安装是在柱子最后固定,且砼达到设计强度的 70% 以后进行。

吊车梁吊装时,应对称绑扎,吊钩对准重心,起吊后保持水平。吊车梁就位时,应缓慢降钩,争取一次将梁端吊装准线与牛腿顶面的吊装准线对齐。

高度与底宽之比小于 4 的吊车梁稳定性比较好,吊车梁就位后,用垫铁垫平即可脱钩;高度与底宽之比大于 4 的吊车梁就位后,除用垫铁垫平外,还应用 8 号铁丝将吊车梁绑在柱子上。

2)校正和最后固定　一般吊车梁在屋盖结构吊装前校正,亦可在屋盖结构吊装后校正。重吊车梁,由于摘钩后校正困难,宜一边吊装一边校正。

吊车梁校正内容:标高、平面位置及垂直度。钢筋砼吊车梁的标高,在柱基础杯底抄平时已根据牛腿顶面至柱底的距离对杯底的标高进行了调整,吊车梁标高不会有较大的误差。若还存在误差,在安装轨道时,可在吊车梁顶面抹一层砂浆找平层来调整。如图 8.12 所示,吊车梁的垂直度可用挂线锤的方法测量,若有偏差,可在梁底支垫铁片进行校正。

吊车梁平面位置的校正方法有通线法(又称拉钢丝法)及平移轴线法(又称仪器放线法)。

通线法是根据柱的定位轴线,在跨端地面定出吊车梁的轴线位置,并打以木桩标记,如图8.13 所示。用钢尺检查两列吊车梁的跨距是否符合要求。再用经纬仪先将厂房两端的四根吊车梁位置校正正确,在柱列两端吊车梁上设支架(高约 200 mm),拉钢丝通线,检查并拨正各吊车梁的中心线。

　　平移轴线法是在柱列边架设经纬仪,逐根将杯口中柱的吊装准线投影到吊车梁顶面处的柱身上,并作出标志,如图 8.14 所示。若安装准线到基柱定位轴线的距离为 a,则标志距吊车梁定位轴线应为 $t-a$(一般 $t=750$ mm),据此逐根拨正吊车梁安装中心线。

　　吊车梁的最后固定是将吊车梁用钢板与柱侧面、吊车梁顶面的预埋铁件焊牢,并在接头处、吊车梁与柱的空隙处支设模板浇筑细石砼。

(3)屋架的安装

　　1)扶直和就位　钢筋砼屋架一般均在现场就地平卧重叠预制,在吊装之前均要进行一次翻身就位。

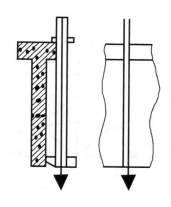

图 8.12　吊车梁线锤校正

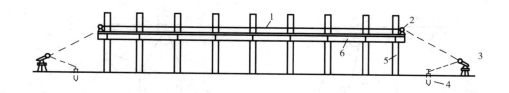

图 8.13　通线法校正吊车梁
1—通线;2—支架;3—经纬仪;4—基准点;5—牛腿柱;6—吊车梁

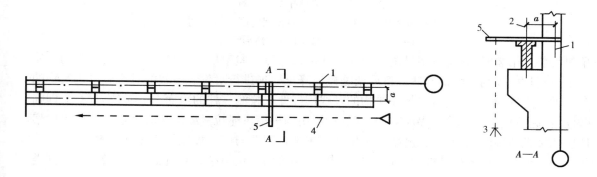

图 8.14　平移轴线法
1—校正基准线;2—吊车梁中线;3—经纬仪;4—经纬仪视线;5—木尺

　　如图 8.15 所示,屋架翻身和起吊的吊索绑扎点应选在上弦节点处,左右对称。各支吊索拉力合力的作用点(绑扎中心)要高于屋架重心。吊索与水平线的夹角,翻身扶直时不宜小于 60°,起吊时不宜小于 45°。

　　2)绑扎　屋架跨度在 18 m 以内时,采用两点绑扎;屋架跨度大于 18 m 时,采用两根吊索,四点绑扎;屋架跨度大于或等于 30 m 时,应采用横吊梁(横吊梁的跨度一般为 9 m),如图 6.15 所示。

　　3)吊升、对位及临时固定　屋架的吊装方法有单机吊装和双机抬吊两种。一般屋架采用

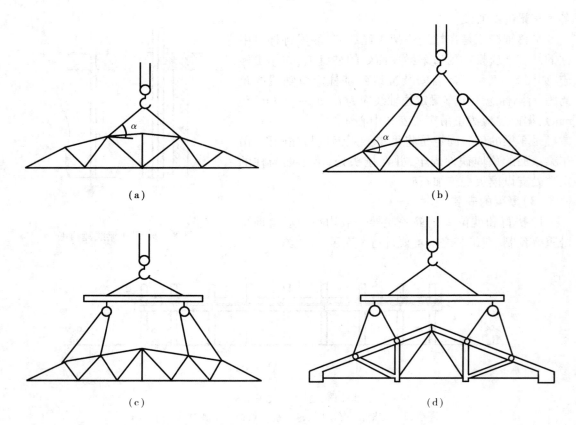

图 8.15　屋架绑扎方法示例
（a）屋架跨度≤18 m 时　　（b）屋架跨度＞18 m 时
（c）屋架跨度＞30 m 时　　（d）三角形组合屋架

单机吊装。吊装时,先将屋架吊离地面约 500 mm,然后将屋架吊至吊装位置的下方,升钩将屋架吊至超过柱顶约 300 mm,然后将屋架缓慢地降至柱顶进行对位。屋架的对位应以建筑物的定位轴线为准,对位前应事先将建筑物的轴线用经纬仪投测在柱的顶面上。对位以后,立即临时固定,起重机脱钩。第 1 榀屋架安装就位后,用四根揽风绳拉紧屋架临时固定。第 2 榀屋架用屋架校正器临时固定,每榀屋架至少用两个屋架校正器与前一榀屋架连接临时固定。

　　当一台起重机的吊装能力不能满足要求时,则采用双机抬吊。双机抬吊时,最好使用同类型起重机。

　　双机抬吊方法有:一机回转一机跑吊和双机跑吊两种。

　　一机回转一机跑吊如图 8.16 所示。此时,屋架在跨中就位,两台起重机停在屋架两侧,起吊时,一台起重机只回转不开行,停机位置距吊点的距离在安装前后相等。另一台起重机起吊时,先回转,然后吊着屋架向前开行,其开行路线与柱的纵轴平行,起吊时,将屋架由起重臂的一侧移至机前,吊点的位置要保证屋架端头不碰起重臂。

　　双机跑吊如图 8.17 所示。屋架在跨内一侧就位,两台起重机停在屋架一侧,起吊时两机同时升钩,将屋架同时升至一定高度,一机吊屋架向斜退至停机位置,另一机吊屋架前进,使屋架吊至安装位置的柱下,并与安装位置平行。两机同时升钩,将屋架吊过柱顶,然后缓慢下降对位。

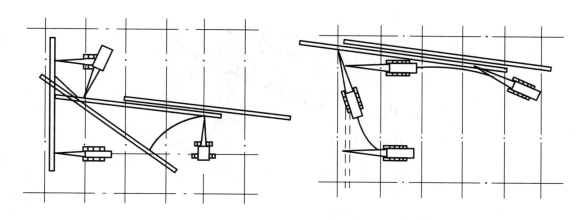

图 8.16　一机回转一机跑吊　　　　　　　　　　　图 8.17　双机跑吊

4）校正及最后固定　屋架校正主要是检查并校正垂直度,检查可用经纬仪或锤球,校正则使用屋架校正器,如图 8.18 所示。

如图 8.19 所示,用经纬仪检查屋架垂直度时,在屋架上弦安装三个卡尺(一个安装在屋架中央,两个安装在屋架两端),从屋架上弦几何中心线量出 500 mm,在卡尺上作出标志。然后,在距屋架中线 500 mm 处,在地面安置一台经纬仪,用经纬仪检查三个卡尺上的标志是否在同一垂直线上。

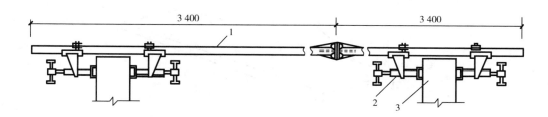

图 8.18　屋架校正器
1—钢管;2—撑脚;3—屋架上弦杆

用锤球检查屋架垂直度时,卡尺标志的设置与前述相同,标志距屋架几何中心线的距离取 30 cm。在两端卡尺标志之间拉一条线,从中央卡尺的标志处向下挂锤球,检查三个卡尺的标志是否在同一垂直面上。屋架校正垂直后,立即用电焊固定。

(4)屋面板的安装

为便于吊装,屋面板上均预埋有吊环,其吊装如图 8.20 所示。

屋面板的安装应从两边檐口左右对称地逐块安向屋脊。屋面板就位后,应立即将其预埋铁件与屋架上弦预埋铁件焊牢。每块屋面板可焊 3 点,最后一块只能焊 2 点。

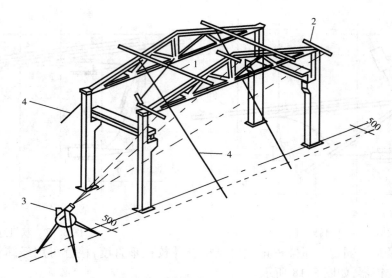

图 8.19　屋架临时固定与校正
1—屋架校正器;2—挂线木尺;3—经纬仪;4—缆风绳;

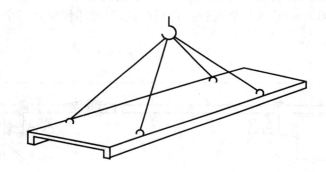

图 8.20　屋面板挂钩示意图

8.1.3　结构安装方案

(1)结构安装方案

1)分件安装法　如图 8.21 所示,起重机在车间内每开行一次,仅安装 1～2 种构件,通常分 3 次开行才能安装完全部构件。

第 1 次开行,安装全部柱子,并对柱子进行校正和最后固定;第 2 次开行,安装全部吊车梁、连系梁及柱间支撑等;第 3 次开行,分节间安装屋架、天窗架、屋面板及屋面支撑等。

分件安装法的优点是:可为构件校正、接头焊接、灌缝砼养护提供充分的时间;构件供应、现场平面布置比较简单;每次安装同类构件,索具不需更换,操作方法相同,安装效率高。因此,目前装配式钢筋砼结构单层工业厂房大多采用分件吊装法。其缺点是:不能为后续工程及早提供工作面;起重机开行路线长。

2)综合安装法　如图 8.22 所示,综合安装法的起重机在车间内的一次开行中,分节间安装完各种类型的构件,即先安装 4～6 根柱子,并立即加以校正和最后固定,接着安装连系梁、

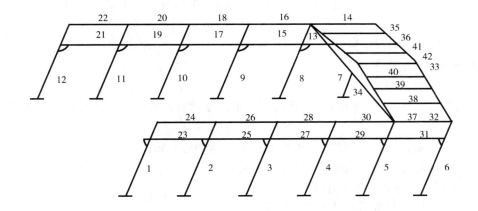

图 8.21 分件安装法

吊车梁、屋架、天窗架、屋面板等构件。

综合安装法的优点是:停机点少,开行路线短;每一节间安装完毕后,即可为后续工作开辟工作面,使各工种能进行交叉平行流水作业,有利于加快施工进度。其缺点是:安装时,构件类型不同,更换索具次数较多,影响安装效率;构件供应和平面布置复杂;构件校正和最后固定时间紧。因此,目前很少采用这种方法。

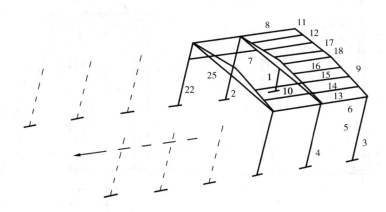

图 8.22 综合安装法

在实际工作中,安装柱子多采用分件安装法,而其他构件,如吊车梁、屋架、屋面板等则采用综合安装法。

(2)起重机的选择

1)选择依据 起重机的选择,应根据施工现场的条件、现有起重设备条件,以及结构吊装方法确定。

单层工业厂房一般平面尺寸大、构件重,安装高度不大,构件类型不多,因此宜选用移动方便的自行式起重机进行安装。目前,一般中小型单层工业厂房的结构安装大多选用履带式起重机。

2)工作参数验算 在编制安装方案时,应验算起重机的起重量、起重高度和起重半径三个工作参数,并判断其是否满足结构安装的要求。

①起重量　起重机的起重量须大于所安装构件的重量与索具重量之和,即

$$Q > Q_1 + Q_2 \tag{8.1}$$

式中　Q——起重机的起重量,t;

$\quad\quad Q_1$——构件的重量,t;

$\quad\quad Q_2$——索具的重量,t。

②起重高度　如图 8.23 所示,起重机的起重高度须满足安装最大高度构件的要求,即

$$H \geqslant h_1 + h_2 + h_3 + h_4 \tag{8.2}$$

式中　H——起重机的起重高度(从停机面算至吊钩中心),m;

$\quad\quad h_1$——安装支座表面高度(从停机面算起),m;

$\quad\quad h_2$——安装空隙,一般不小于 0.3 m;

$\quad\quad h_3$——绑扎点至所吊构件底面的距离,m;

$\quad\quad h_4$——索具高度(从绑扎点至吊钩中心的距离),m。

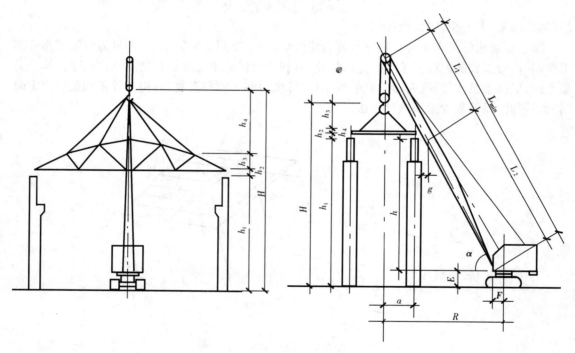

图 8.23　起重机的起重高度　　　　　　图 8.24　最小杆长计算简图

③起重半径　当起重机能不受限制地开到所安装好的构件上空去安装构件时,可不验算起重半径。若起重机受限制不能靠近安装位置去安装构件时,则应验算当起重机的起重半径为一定值时的起重量和起重高度,能否满足安装高度的要求。

当起重机的起重杆需跨过已安装好的屋架去安装屋面板,则要考虑安装时起重杆不得与屋架相碰,并按这一要求计算出所需最小起重杆的长度、起重杆仰角、停机位置等。

起重机最小杆长 L 可通过计算求得,如图 8.24 所示。

$$L = L_1 + L_2 = h/\sin \alpha + (g + a)/\cos \alpha \tag{8.3}$$

式中　L——起重杆的长度,m;

h——起重杆底铰至构件安装支座的高度，$h = h_1 - E$；

h_1——停机面至构件安装支座的高度，m；

a——起重钩需跨过已安装好构件的距离，m；

g——起重杆轴线与已安装屋架间的水平距离（至少取 1 m），m；

E——起重杆底铰至停机面距离，m；

α——起重杆仰角。α 可用下式求得：

$$\alpha = \arctan\left[h/(a + g)\right]^{1/3} \qquad (8.4)$$

将 α 代入前式，即可求出起重杆的最小长度。然后根据计算的最小值，选出适当的起重杆长度，并根据实际采用的 L 及 α 值，计算出起重半径 R：

$$R = F + L \cdot \cos \alpha \qquad (8.5)$$

式中　F——起重机回转中心至起重杆下铰点的距离。

根据起重半径 R 和起重杆长度 L，查起重机性能表或曲线复核起重量 Q 及起重高度 H，若符合要求，即可根据 R 值确定起重机安装屋面板时的停机位置。

3）开行路线及停机点　吊装柱时，起重机的开行路线有跨中开行和跨边开行两种。

如图 8.25（a）、（b）所示，吊装柱子，当起重半径 $R \geqslant L/2$（L 为厂房跨度）时，起重机可跨中开行，一次可吊装 2 ~ 4 根柱。

当 $R \geqslant \sqrt{\left(\dfrac{L}{2}\right)^2 + \left(\dfrac{b}{2}\right)^2}$ 时（b 为厂房柱距），一次可吊装 4 根柱起重机停机点在该柱网对角线中点处。

当 $\dfrac{L}{2} \leqslant R < \sqrt{\left(\dfrac{L}{2}\right)^2 + \left(\dfrac{b}{2}\right)^2}$ 时，一次可吊装 2 根柱，起重机停机点在以杯口为圆心，以 R 为半径的圆弧与跨中开行路线的交点处。

如图 8.25（c）、（d）所示，当吊柱时的起重半径 $R < \dfrac{L}{2}$ 时，起重机沿跨边开行，每次开行可吊装 1 根或 2 根柱。

吊装屋架时起重机跨中开行。起重机停机点在以吊装屋架的中点为圆心，以起重半径为半径划弧与跨中开行路线的交点处。

（3）构件的平面布置

1）构件的平面布置要求　重型构件的布置，尽可能布置在起重机的起重半径之内，减少起重机负荷行走的距离及起伏起重杆的次数；构件之间布置的间距不少于 1 m，以免互相影响，特别是后张法施工，屋架布置应使抽芯管和穿钢筋方便；每跨构件尽量在本跨内预制，若布置在本跨内预制确有困难时，方可布置在跨外便于安装的地方；尽量少占地方，保证起重机、运输车辆的道路畅通，且起重机回转时不与建筑物或构件碰撞；构件的布置应注意安装时的朝向，特别是屋架，要避免吊装时在空中调头，影响安装进度和施工安全；构件应布置在坚实的地基上，在新填土的地基上布置构件时，须采取一定的措施，以防止地基下沉而损坏构件。

2）预制阶段的构件平面布置

①柱的布置　为配合柱子的两种起吊方法，柱子在预制时可采取两种布置方式。斜向布置如图 8.26 所示，预制时，柱子与厂房纵轴线成一斜角。这种布置方式是为了配合旋转法

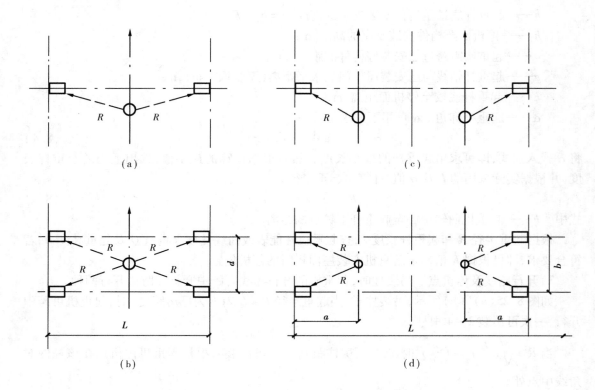

图 8.25　吊装柱时起重机开行路线及停机位置

(a),(b)跨中开行　(c),(d)跨边开行

起吊柱子。根据该法起吊,要求杯形基础中心 M 点、柱脚中心 K 点、绑扎 S 点三点均位于起重机吊装该柱时的同一起重半径 R 的圆弧上。

如图 8.27 所示,当柱子较长或由于其他原因,难以做到杯口、柱脚、绑扎点三点共弧时,也可按两点共弧布置,即将绑扎点 S 与杯口中心 M 布置在起重半径 R 的圆弧上,或将柱脚 K 与杯口中心点 M 布置在起重半径 R 的圆弧上,而绑扎点放在回转半径 R 之外。

纵向布置如图 8.28 所示,柱子预制与厂房纵向轴线平行排列。纵向布置是为了配合滑行法起吊柱子。布置时可考虑起重机停于两柱之间,每停机一次安装两根柱子。柱子的绑扎点应布置在起重机吊装该柱时的起重半径 R 上。

②屋架的布置　钢筋砼或预应力砼屋架多采用在跨内平卧叠层预制,每叠 3 榀或 4 榀。其布置方式有斜向布置、正反斜向布置和正反纵向布置,如图 8.29 所示。因斜向布置便于扶直就位,应用较多,只有当场地受限制时,才考虑其他两种布置方式。

在布置屋架的预制位置时,要考虑屋架的扶直、就位及扶直的先后顺序。屋架较长,转动不易,因此屋架两端的朝向,要符合安装的要求。图 8.29 中的虚线表示预应力屋架抽管及穿筋时所需的场地。

③吊车梁的布置　当吊车梁在现场预制时,可靠近柱基础顺纵向轴线或略作倾斜布置,亦可插在柱子之间预制。若具有运输条件,亦可在场外集中预制。

3)吊装阶段构件的就位、运输及堆放　各种构件在起吊前应按要求进行就位,用以配合

310

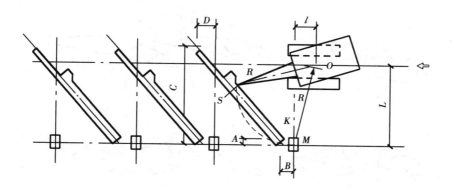

图 8.26　柱子的斜向布置法

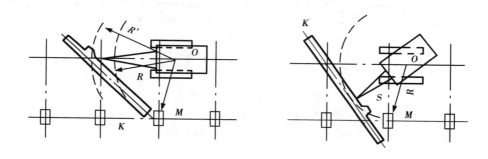

图 8.27　两点共弧布置法

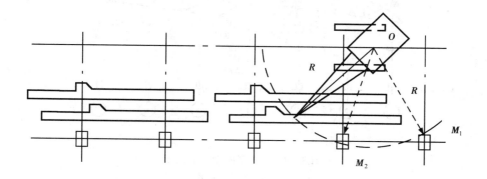

图 8.28　柱子的纵向布置法

安装。这里的就位是指柱子安装完毕后,屋架、屋面板、吊车梁等构件的就位。

①屋架的就位　屋架一般布置在本跨内。起吊前,首先用起重机将屋架由平卧转为直立,这一工作称为屋架的扶直。

屋架扶直后立即进行就位。屋架就位的方式有两种:一种如图 8.30 所示,将屋架靠柱边

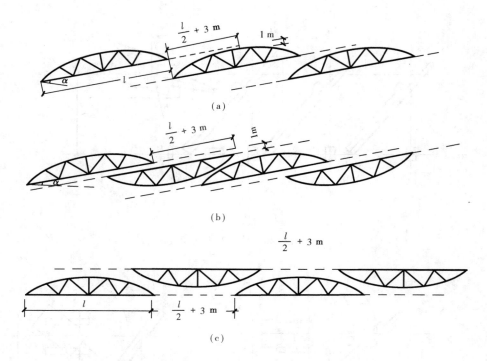

图 8.29　预制屋架的布置方式

（a）斜向布置　（b）正反斜向布置　（c）正反纵向布置

斜向就位；另一种如图 8.31 所示，将屋架靠柱边成组纵向就位。

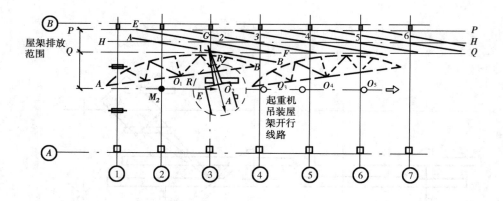

图 8.30　屋架斜向就位示意图

（虚线表示屋架预制时的位置）

　　就位时每榀屋架之间应保持不小于 20 cm 的净距，相互之间用铁丝拉紧固定，以防止倾倒。对于成组纵向就位的屋架，每组屋架之间应留 3 m 左右的间距作为横向通道。应避免在已安装好的屋架下面去绑扎和吊装屋架。因此，每组屋架的就位中心线，可大致安排在该组屋架倒数第 2 榀安装轴线之后 2 m 处。

　　②吊车梁、连系梁、屋面板的运输与堆放　吊车梁、连系梁、屋面板等，通常是在预制厂预

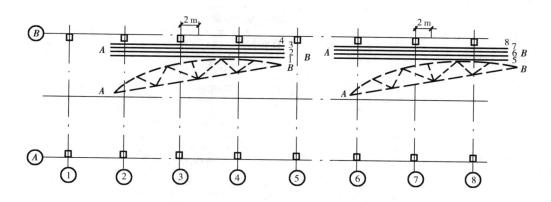

图 8.31　屋架纵向就位示意图
（虚线表示屋架预制时的位置）

制,然后运输到现场安装。构件运至工地后,应按平面布置图规定的位置,按编号及构件安装顺序进行就位或集中堆放。吊车梁、连系梁的就位位置,一般在其安装位置的柱列附近,跨内、跨外均可,有时也可不就位,直接从运输车辆上起吊。

屋面板的就位位置如图 8.32 所示,可布置在跨内或跨外,一般以 6～8 块为一叠,靠柱边堆放。根据起重机吊装屋面板时的回转半径,当屋面板在跨内就位时,应向后退 4～5 个节间开始堆放。在跨外就位时,应向后退 1～2 个节间开始堆放。

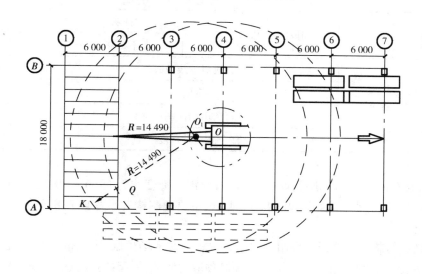

图 8.32　屋面板的就位位置
（虚线表示屋面板跨外布置时的位置）

8.1.4　钢筋砼结构吊装质量标准

钢筋砼结构安装工程中,各构件的安装允许偏差见表 8.1。

表 8.1 安装构件允许偏差

项　目		名　　称		允许偏差/mm
1	杯形基础	中心线对轴线位移		10
		杯底标高		－10
2	垂直度	中心线对轴线的位置		5
		上下柱连接中心线位移		3
		柱	≤5 m	5
			>5 m	10
			≥10 m 且多节	高度的 1‰
		牛腿顶面和柱顶标高	≤5 m	－5
			>5 m	－8
3	梁或吊车梁	中心线对轴线位移		5
		梁顶标高		－5
4	屋架	下弦中心线对轴线位移		5
		垂直度	桁架	屋架高的 1/250
			薄腹梁	5
5	天窗架	构件中心线对定位轴线位移		5
		垂直度		1/300
6	板	相邻两板板底平整	抹灰	5
			不抹灰	3
7	墙板	中心线对轴线位移		3
		垂直度		3
		每层山墙倾斜		2
		整个高度垂直度		10

例 8.1 某车间为两跨单层钢筋砼厂房,高低跨的跨度均为 18 m,厂房长 84 m,柱距 6 m,共有 14 个节间。厂房平、剖面图如图 8.33 所示,主要预制构件尺寸如表 8.2 所示。试进行厂房结构吊装设计。

解 1)结构吊装方法选择 采用分件吊装法。柱在现场预制,用履带式起重机吊装。结构吊装程序:先吊装柱;再吊装吊车梁;紧接着预制预应力屋架;屋架砼强度达到 70%的设计强度等级后,穿预应力筋、张拉;屋架扶直就位,吊装屋盖结构(屋架、连系梁、屋面板)。

2)起重机选择 选择履带式起重机进行结构吊装。其主要构件吊装时的工作参数为:

①柱 最重的柱为:Z_2 重 6.4 t,柱长 13.10 m。

起重量:　　　　　　$Q = Q_1 + Q_2 = 6.4 + 0.2 = 6.6$（t）

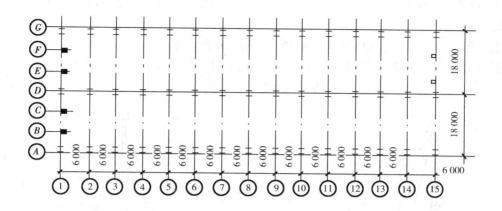

（a）

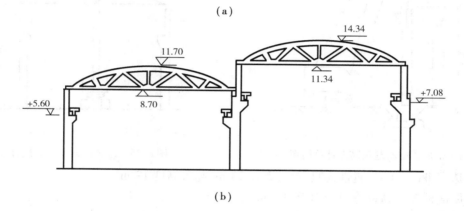

（b）

图 8.33 车间平、剖面图

（a）平面图 （b）剖面图

表 8.2 车间主要预制构件一览表

轴 线	构件名称及型号	数 量	构件重量/t	构件长度/m	安装标高/m
Ⓐ①⑮Ⓖ	基础梁 YJL	40	1.4	5.97	+8.2
ⒹⒸ	连系梁 YLL	28	0.8	5.97	
Ⓐ	柱 Z_1	15	5.1	10.1	
ⒹⒸ	柱 Z_2	30	6.4	13.1	
ⒷⒸ	柱 Z_3	4	4.6	12.6	
ⒺⒻ	柱 Z_4	4	5.8	15.6	
	低跨屋架 YGJ-18	15	4.46	17.7	+8.7
	高跨屋架 YGJ-18	15	4.46	17.7	+11.34
	吊车梁 DCL_1	28	3.6	5.97	+5.60
	吊车梁 DCL_2	28	5.02	5.97	+7.80
	屋面板 YWB	336	1.35	5.97	+14.34

起重高度(见图 8.34)：$H = h_1 + h_2 + h_3 + h_4 = 0 + 0.30 + 8.20 + 2.00 = 10.50$（m）

②屋架

起重量：$Q = Q_1 + Q_2 = 4.46 + 0.30 = 4.76$（t）

起重高度(见图 8.35)：$H = h_1 + h_2 + h_3 + h_4 = 11.34 + 0.30 + 2.60 + 3.00$
$$= 17.24\text{（m）}$$

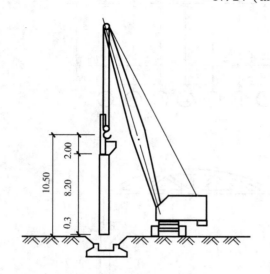

图 8.34 柱 Z_2 起重高度计算简图

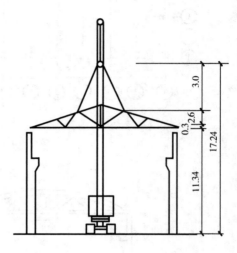

图 8.35 吊装屋架起重高度计算简图

可选用 W_1-100 型,履带式起重机,臂长 23 m,起重高度 19 m。

③屋面板 吊高跨跨中屋面板时为最高。

起重量：$Q = Q_1 + Q_2 = 1.35 + 0.20 = 1.55$（t）。

起重高度(见图 8.36)：$H = h_1 + h_2 + h_3 + h_4 = 14.34 + 0.30 + 0.24 + 2.50 = 17.38$（m）

采用 W_1-100 型履带式起重机时,起重臂最小长度为 $L_{\min}$,所需仰角为：

$$\alpha = \arctan \sqrt[3]{\frac{h}{a+g}}$$
$$= \arctan \sqrt[3]{\frac{14.34 - 1.7}{3+1}}$$
$$= 55°45'$$
$$L_{\min} = \frac{h}{\sin a} + \frac{a+g}{\cos a}$$
$$= \frac{12.64}{\sin 55°45'} + \frac{4}{\cos 55°45'}$$
$$= 22.47\text{（m）}$$

选用 W_1-100 型,臂长 23 m,仰角为 56°。

吊装屋面板时起重半径 R：$R = F + L \cos \alpha = 1.3 + 23 \cos 56° = 14.16$(m)

查 W_1-100 型履带式起重机性能曲线,当 $L = 23$ m,$R = 14$ m 时,$Q = 2.3$ t > 1.55 t,$H = 17.50$ m > 17.38 m,满足吊装跨中屋面板的要求。

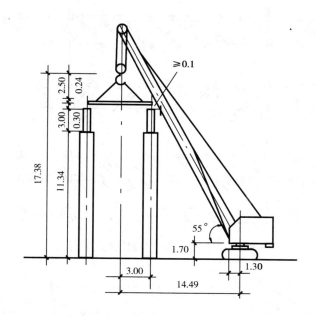

图 8.36　吊装屋面板工作参数

综合各构件吊装时起重机的工作参数,确定选用 W_1-100 型履带式起重机,23 m 起重臂吊装厂房各构件。查起重机性能曲线,确定出各构件吊装时起重机的工作参数如表8.3 所示。

表8.3　车间各主要构件吊装工作参数

构件名称	柱 Z_1			柱 Z_2			屋架 YGJ-18			屋面板		
工作参数	Q /t	H /m	R /m	Q /t	H /m	R /m	Q /t	H /m	R /m	Q /t	H /m	R /m
计算需要值	5.3	7.5		6.6	10.5		4.66	16.14		1.55	16.54	
23 m 臂工作参数	5.3	19	8.7	6.6	19	7.5	5.0	19	9.0	2.3	17.5	14.0

3)起重机开行路线及构件平面布置

柱的预制位置即吊装前就位的位置。吊装Ⓐ列柱 Z_1 时,最大起重半径为8.7 m,吊装Ⓓ、Ⓒ列柱最大起重半径为7.5 m,起重机跨边开行。采用一点绑扎旋转法起吊。柱的平面布置及起重机开行路线如图 8.37 所示。

屋架现场叠浇预制,起吊前扶直就位,屋架就位位置及吊装屋架时起重机开行路线如图8.38 所示。

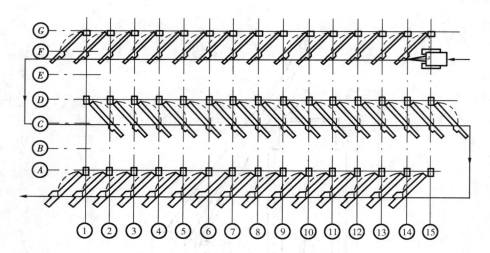

图 8.37　柱平面布置及起重机开行路线

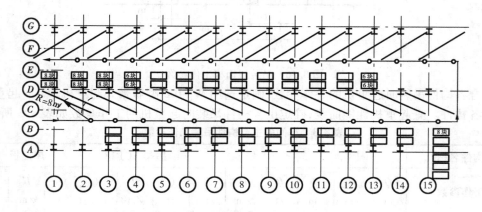

图 8.38　屋架、屋面板布置及起重机开行路线

8.2　钢结构工业厂房结构安装技术

8.2.1　吊装前的准备工作

(1)钢结构厂房施工组织设计的编制

编制钢结构工程的施工组织设计,其内容包括:计算钢结构构件和连接件数量;选择吊装机械;确定流水施工程序;确定构件吊装方法;制订进度计划;确定劳动组织;规划钢构件堆场;确定质量标准、安全措施和特殊施工技术等。

选择吊装机械是钢结构吊装的关键。选择吊装机械的前提条件是:必须满足钢构件的吊装要求;机械必须确保供应;必须保证确定的工期。单层工业厂房面积大,适宜采用移动起重机械。对重型钢结构厂房,可选用起重量大的履带式起重机。

吊装流水程序要明确每台吊装机械的工作内容和各台吊装机械之间的相互配合。其内容深度,要达到关键构件反映到单件,竖向构件反映到柱列,屋面部分反映到节间。对重型钢结构厂房,柱子重量大,要分节吊装。在确定吊装顺序时,要考虑生产设备安装顺序的要求和吊装机械安装的方便。

(2)基础准备和钢构件检验

基础准备包括轴线误差量测、基础支撑面的准备、支撑面和支座表面标高与水平度的检验、地脚螺栓位置和伸出支撑面长度的量测等。

柱子基础轴线和标高是否正确是确保钢结构安装质量的基础,应根据基础的验收资料复核各项数据,并标注在基础表面上。

基础支撑面的准备有两种做法:一种是基础一次浇筑到设计标高。即基础表面先浇筑到设计标高以下 20~30 mm 处,然后在设计标高处设角钢或槽钢制导架,测准其标高,再以导架为依据,用水泥砂浆仔细铺筑支座表面;另一种是基础预留标高,安装时做足。即基础表面先浇筑到设计标高 50~60 mm 处,柱子吊装时,在基础面上放钢垫板(不得多于 3 块)以调整标高,待柱子吊装就位后,再在钢柱脚底板下浇筑细石砼。

钢构件外形和几何尺寸正确,可以保证结构安装顺利进行,为此,在吊装之前应根据《钢结构工程施工及验收规范》中有关规定,仔细检验钢构件的外形和几何尺寸,若有超出规定的偏差,在吊装之前应设法消除。此外,为便于校正钢柱的平面位置和垂直度、桁架和吊车梁的标高等,需在钢柱的底部和上部标出两个方向的轴线,在钢柱的底部适当高度处标出标高准线。对于吊点亦应标出,便于吊装时按规定吊点绑扎。

(3)验算桁架的安装稳定性

吊装桁架时,如果桁架上、下弦角钢的最小规格能满足表 8.4 的规定,则不论绑扎点在桁架上任何一点,桁架在吊装时都能保证稳定性。

表 8.4　保证桁架吊装稳定性的弦杆最小规格

弦杆断面	桁架跨度/m						
	12	15	18	21	24	27	30
上弦杆/mm	$90 \times 60 \times 8$	$100 \times 75 \times 8$	$100 \times 75 \times 8$	$120 \times 80 \times 8$	$120 \times 80 \times 12$	$\dfrac{150 \times 100 \times 12}{120 \times 80 \times 12}$	$\dfrac{200 \times 120 \times 12}{180 \times 90 \times 12}$
下弦杆/mm	65×6	75×8	90×8	90×8	$120 \times 80 \times 8$	$120 \times 80 \times 10$	$150 \times 100 \times 10$

注:分数形式表示弦杆为不同的断面。

如果弦杆角钢的规格不符合表 8.4 的规定,但通过计算选择适当的吊点(绑扎点)位置,仍然可能保证桁架的吊装稳定性。计算方法如下:

1)当弦杆的断面沿跨度方向无变化时。若能符合下列不等式,则其稳定性即可得到保证:

$$q_\varphi \cdot A \leq I \tag{8.6}$$

式中　q_φ——每 1 m 桁架长的重量,kN;

　　　A——系数,其值根据 $\alpha = l/L$ 查表(l 为两吊点之间的距离,L 为桁架的跨度);

　　　I——弦杆两角钢对垂直轴的惯性矩,cm⁴。

2）当弦杆的断面有变化，符合下列条件时，则桁架吊装时的稳定性可保证。

$$q_\varphi \cdot A \leqslant \varphi_1 \cdot I_1 \qquad (8.7)$$

式中　I_1——断面较小的弦杆两角钢对垂直轴的惯性矩，cm^4；

　　　φ_1——考虑弦杆惯性矩变化的计算系数，其值根据 $\mu = I_2/l_1$ 和 $\eta = b/L$ 查表；

　　　I_2——断面较大的弦杆两角钢对垂直轴的惯性矩，cm^4；

　　　b——断面较大的一段弦杆的长度，m。

　　如不能满足上述条件，桁架在吊装之前需要进行加固；否则，在吊装过程中将引起较大的变形，失去稳定性。一般加固的方法是根据弦杆受力情况将原木绑在弦杆上，使原木与弦杆同时受力。此时，验算桁架吊装稳定性的计算公式变为下式：

$$q_\varphi \cdot A \leqslant I_1 + I_2/2 \qquad (8.8)$$

$$q_\varphi \cdot A \leqslant \varphi_1 \cdot I_1 + I_2/2 \qquad (8.9)$$

式中　I_2——原木的惯性矩，若其直径为 D，则 $I_2 = \pi d^4/64$；其余符号同前。

8.2.2　钢结构构件的吊装

（1）钢柱的吊装及校正

柱子吊装前应设置标高观测点和中心线标志，并且与土建工程一致。标高观测点的设置应以牛腿支撑面为基准，设在柱的便于观测处，无牛腿柱，以柱顶端与桁架连接的最后一个安装孔中心为基准。中心线标志的设置应符合下列规定：

1）在柱底板的上表面行线方向设一个中心标志，列线方向两侧各设一个中心标志。

2）在柱身表面的行线和列线方向各设一条中心线，每1条中心线在柱底部、中部（牛腿或肩梁部）和顶部各设一处中心标志。

3）双牛腿（肩梁）柱在行线方向两个柱身表面分别设中心标志。

多节柱吊装时，应将柱组装后再整体吊装。钢柱安装的允许偏差应符合表8.5的规定。

柱子屋架、吊车梁吊装后，应进行总体调整，然后固定连接。固定连接后还应进行复测，误差超限应进行调整。对于细长的柱子，吊装后应增加临时固定措施。柱间支撑的吊装应在柱子找正后进行。只有确保柱子垂直度的情况下，才可安装柱间支撑。

（2）吊车梁的吊装及校正

吊车梁的吊装应在柱子第1次校正和柱间支撑安装后进行。安装顺序应从有柱间支撑的跨间开始。吊装后的吊车梁，应进行临时固定。

吊车梁的校正，应在屋面系统构件吊装，并永久连接后进行。其允许偏差应符合表8.6的要求。吊车梁梁面标高的校正，可通过调整柱底板下的垫板厚度或调整吊车梁与牛腿面之间的垫板厚度来完成。调整后，垫板应焊接牢固。

吊车梁下翼缘与柱牛腿连接应符合：吊车梁是靠制动桁架传给柱子制动力的简支梁（梁的两端留有空隙，下翼缘的一端为长螺栓连接孔），连接螺栓部应拧紧，所留间隙应符合设计要求，并应将螺母与螺栓焊接固定。纵向制动由吊车梁和辅助桁架共同传给柱的吊车梁，连接螺栓应拧紧后，将螺母焊接固定。

用冲钉和临时安装螺栓，制动板与辅助桁架用点焊临时固定；经检查各部分尺寸符合有关规定后再焊，当制动板与吊车梁为高强螺栓连接，与辅助桁架为焊接连接时，应注意：安装制动板与吊车梁时，接制动板之间的拼接缝；最后安装，并紧固制动板与吊车梁连接的高强螺栓。

焊接制动板与辅助桁架的连接缝,安装吊车梁时,中部宜弯向辅助桁架,并应采用防止变形的焊接工艺施焊。

表 8.5　钢柱安装的允许偏差

项次	项　　目	允　许　偏　差	示　意　图
1	轴线对行、列定位轴线的偏移量(Δ)	≤5.0 mm	
2	柱基标高 Δ: (1)有吊车梁的柱 (2)无吊车梁的柱	+3.0 mm −5.0 mm +5.0 mm −8.0 mm	观测点 ±0.00
3	挠曲矢高	$f≤H/1\,000$ 但不大于 15.0 mm	
4	柱轴线的不垂直度: (1)单层柱 $H≤10$ m 　　　　　$H>10$ m (2)多节柱 　　底层柱 　　顶层柱	$Δ≤10.0$ mm $Δ≤H/1\,000$ 但不大于 25 mm $Δ≤10.0$ mm $Δ≤35.0$ mm	

(3)钢架的吊装及校正

　　钢桁架可用自行杆式起重机(尤其是履带式起重机)、塔式起重机和桅杆式起重机等进行吊装。由于桁架的跨度、重量和安装高度不同,适合的吊装机械和吊装方法也不一样。桁架多用悬空吊装,为使桁架在吊起后不致发生摇摆,与其他构件碰撞,起吊前在离支座的节间附近用麻绳系牢,随吊随放松,以此保持其正确位置。桁架的绑扎点要保证桁架的吊装稳定性,否则就需在吊装前进行临时加固。

　　钢桁架的侧向稳定性较差。如果吊装机械的起重量和起重臂长度允许时,最好经扩大拼装后进行组合吊装,即在地面上将两榀桁架及其上的天窗架、檩条、支撑等拼成整体,一次进行吊装,这样不但可以提高吊装效率,也有利于保证其吊装的稳定性。

　　桁架临时固定如需用临时螺栓和冲钉,则每个节点处应穿入的数量必须由计算确定,并应符合下列规定:不得少于安装孔总数的 1/3;至少应穿两 2 个临时螺栓;冲钉穿入数量不宜多于临时螺栓的 30%;扩钻后的螺栓(A 级、B 级)的孔不得使用冲钉。

　　钢桁架要检验校正其垂直度和弦杆的正直度。桁架的垂直度可用挂线锤检验,而弦杆的正直度则可用拉紧的测绳进行检验。钢桁架的最后固定用电焊或高强度螺栓。

表 8.6　吊车梁安装的允许偏差

项次	项　目	允许偏差	示　意　图
1	吊车梁跨中(高度方向)通过支座中心竖向面的偏差(D)	$\leqslant h/500$	
2	房屋跨度的同一横截面内,吊车梁顶面高差: 在支座处 在其他处	 $\leqslant 10.0$ mm $\leqslant 15.0$ mm	
3	相邻两柱间内,吊车梁顶面高差(Δ)	$\leqslant L/1\,500$ 但不大于 10.0 mm	
4	房屋跨间的任一横截面的跨距	± 10.0 mm	
5	轨道端部两相邻连接的高差和平面偏差(Δ)	$\leqslant 1.0$ mm	
6	轨道中心线对吊车梁腹板轴线的偏差	$\leqslant 10.0$ mm	
7	轨道中心线的不平直度	3.0 mm	

8.2.3　钢结构的现场连接

(1)焊接

焊接是借助于能源使两个分离的物体产生原子(分子)间结合而连接成整体的过程。采用焊接方法可以解决金属材料与金属材料之间的连接问题。焊接方法较多,但钢结构连接一般采用手工电弧焊。

手工电弧焊是用手工操作焊条进行焊接的一种电弧焊,它是钢结构焊接中最常用的方法。手工电弧焊的原理如图 8.39 所示。焊条和焊件就是两个电极,利用电弧焊机使焊条与焊件之间产生高温电弧,电弧产生大量的热量,熔化焊条和焊件。焊条端部熔化形成熔滴,过渡到熔化的焊件的母材上融合,形成熔池并进行一系列复杂的物理-冶金反应。随着电弧的移动,液态熔池逐步冷却、结晶,形成焊缝。

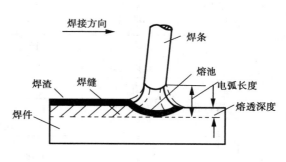

图 8.39　手工电弧焊原理

(2)高强螺栓连接

高强螺栓连接具有施工方便,拆除灵活,承载能力高,受力性能好,耐疲劳,自锁性能好,安全性能高等优点,目前,它是钢结构安装工程中的主要连接方式。

高强螺栓的连接按其受力状态,可分为摩擦型连接、张拉型连接、承压型连接三种类型,其中摩擦型连接是目前世界各国广泛采用的主要连接形式。

1)高强螺栓连接　采用高强螺栓连接,其规格及技术条件应符合设计要求和现行国家标准的规定,应有生产厂家的质量证明书。螺栓存放应防潮、防雨、防粉尘,并按类型和规格分类存放。使用时应轻拿轻放,防止撞击,不得损伤螺纹。螺栓应在使用时方可打开包装箱,并按当天使用的数量领取,剩余的应当天收回,螺栓的发放和回收应作记录。不得使用生锈及沾染油污脏物的螺栓,除非清理后,重新测定,符合要求方可使用。

2)高强螺栓连接的构件　高强螺栓连接构件的孔径、孔距应符合设计要求,其制作允许偏差应符合表8.7 的规定。

高强螺栓连接的板叠接触面应平整,当接触有间隙时,小于 1.0 mm 的间隙可不处理;1.0~3.0 mm 的间隙,应将高出的一侧磨成 1:10 的斜面,打磨方向应与受力方向垂直;大于3.0 mm 的间隙应加垫板,垫板两面的处理方法与构件相同。

3)高强螺栓连接的现场试验　在施工前必须进行摩擦面的抗滑移系数试验,扭矩系数试验或螺栓预拉力复验。

表 8.7　高强螺栓和铆钉制孔的允许偏差

序　号	名　称		公称直径及允许偏差/mm						
1	螺栓	公称直径	12	16	20	(22)	24	(27)	30
		允许偏差	+0.43		+0.52			+0.84	
2	螺栓孔	直径	13.5	17.5	22	(24)	26	(30)	33
		允许偏差	+1 0						
3	铆钉	公称直径	16		20	(22)	24	30	
		允许偏差	±0.30			0.35			
	铆钉孔	直径	17		21	(23)	25	31	
		允许偏差	+0.5 −0.2				+0.6 −0.2		
4	圆度 （最大和最小直径之差）		1.00			1.50			
5	垂直度		不得大于 0.03 板厚且不大于 2.0,多层板叠组合不得大于 3.0						

　　高强螺栓连接面的抗滑移系数试验要求:在每个单位工程中,制作和安装前,应按每一种钢号及表面处理工艺的实际组合作试件,进行连接面的抗滑移系数试验和复验;每次试(复)验各为三组试件,应在构件制作的同时制备,宜采用双盖板双螺栓直线排列的试件;试验在拉力试验机上进行;三组试件抗滑移系数值均应大于或等于设计值。试验合格的试件的摩擦面应作为工程实际高强螺栓摩擦面的质量控制样板;试验不合格的构件其摩擦面应重新处理,也就是确定新的摩擦面处理的工艺,并用钢号与构件相同、表面经过重新处理的试件再进行抗滑移系数的试验。

　　高强度大六角头螺栓扭矩系数试验应符合:在同一批高强螺栓连接副中,随机抽样 8 个;逐个在轴力计上使用扭矩扳手紧固螺栓,当轴力计显示出的螺栓预拉力在表 8.8 范围内,记录扭矩 M 和螺栓预拉力 P。

表 8.8　高强大六角头螺栓扭矩系数试验轴力范围

螺栓公称直径/mm	12	16	20	(22)	24	(27)	30
最大值/kN /t	59 6.0	113 (11.5)	177 (18.0)	216 (22.0)	250 (25.5)	324 (33.0)	397 (40.5)
最小值/kN /t	49 (5.0)	93 (9.5)	142 (14.5)	177 (18.0)	206 (21.0)	265 (27.0)	329 (33.9)

　　计算公式为:

$$K = \frac{T}{P \cdot d}$$

(8.10)

式中　T——施拧(即终拧)扭矩, N·m;

　　　d——螺栓的螺纹规格, mm;

　　　P——螺栓预拉力, kN。

同一批螺栓连接副的扭矩系数平均值在 0.11 ~ 0.15 范围内,标准偏差(σ)不应大于 0.01。扭剪型高强螺栓连接副的预拉力复验应符合:在同一批高强螺栓连接副中随机抽样 5 个;逐个在轴力计上使用专用终拧扳手紧固,直至将螺栓的梅花卡头拧掉,记录预拉力值 P;计算螺栓预拉力平均值 P 和变异系数 $\lambda = \sigma/P$。试验结果应符合表 8.9 的规定,不合格的螺栓应交螺栓制造商处理。对因螺栓长度短而不能进行预拉力复验的螺栓,可用强度或硬度试验代替。

表 8.9　高强扭剪型螺栓预拉力标准

公称直径/mm		16	20	(22)	24
每批紧固轴力的平均值/kN /t	公称	109 (11.1)	169.5 (17.4)	211 (21.5)	245 (25)
	最大	119.5 (12.2)	186 (19)	231 (23.6)	269.5 (27.5)
	最小	99 (10.1)	154 (15.7)	191 (19.5)	222.5 (22.5)
紧固轴力变异系数/λ		≤10%			

4)高强螺栓的安装

①高强螺栓的长度 L 按下式计算:

$$L = L' + ns + m + 3p \tag{8.11}$$

式中　L'——被连接的板叠厚度, mm;

　　　n——垫圈梁,扭剪型螺栓 $n = 1$;大六角头螺栓 $n = 2$;

　　　s——垫圈公称厚度, mm;

　　　m——螺母公称厚度, mm;

　　　p——螺纹螺距, mm,详见表 8.10;板叠间隙处理按表 8.11 进行。

经计算螺栓长度 $L < 100$ mm 时,对个位数按 2 舍 3 进的原则取 5 的整倍数;当 $L > 100$ mm 时,按 4 舍 5 进的原则取 10 的整倍数。

表 8.10　螺纹螺距 p

螺栓公称直径/mm	12	16	20	(22)	24	(27)	30
螺距/mm	1.75	2	2.5	2.5	3	3	3.5

②当对结构进行组装和校正时,应采用临时螺栓和冲钉作临时连接,每个节点所需用的临时螺栓和冲钉数量应按安装时可能产生的荷载计算确定。且须符合以下规定:所用临时螺栓与冲钉之和不应少于节点螺栓总数的 1/3;临时用螺栓不应少于 3 颗;所用冲钉不宜多于临时螺栓的 30%。

表 8.11 板叠间隙处理

序 号	示意图	处理方法
1		$d < 1.0$ mm 不处理
2	磨斜面	1.0 mm $< d < 3.00$ mm 将厚板一侧磨成 1:10 的缓坡,使间隙小于 1.0 mm
3	垫板	$d > 3.00$ mm 加垫板,垫板上下摩擦面的处理应与构件相同

③高强螺栓的安装应符合下列规定:螺栓穿入方向力求一致,并便于操作;螺栓连接副安装时,螺母凸台一侧应与垫圈有倒角的一面接触,大六角头螺栓的第 2 个垫圈有倒角的一面应朝向螺栓头;螺栓应自由穿入螺栓孔,对不能自由穿入的螺栓孔,应用铰刀或锉刀进行修整,不得将螺栓强行装入或用火焰扩孔。修整后的螺栓孔最大直径不得大于 $1.2D$(D 为螺栓孔的公称直径),修孔时应将周围螺栓全部拧紧,使板叠密贴,防止切屑落入板叠间;不得在雨(雪)天安装高强螺栓。

④若节点是焊接与高强螺栓连接并用,当设计无要求时,按先栓后焊原则进行施工。

5)高强螺栓的紧固 紧固高强螺栓的扭矩扳手,应进行核对,误差大于 5% 的要更换或重新标定。紧固应分初拧和终拧两次进行,对大型节点还应进行复拧,直到板叠密贴方可进行终拧。大六角头高强螺栓的初拧和复拧值宜为终拧值的 50%。终拧扭矩应按下式计算:

$$T_c = K \cdot P_c \cdot d \qquad (8.12)$$

式中 T_c——终拧扭矩,N·m;

P_c——螺栓施工预拉力,$P_c = p + \Delta p$,大六角头螺栓施工预拉力应符合表 8.12 的规定;

P——高强螺栓设计预拉力,kN,应符合表 8.13 的规定;

Δp——预拉力损失值,一般取 10% 的 P;

K——高强螺栓连接副扭矩系数;

d——螺栓公称直径,mm。

表 8.12 大六角头螺栓施工(标准)预拉力　　　　　　　　　　　　　　　　kN

螺栓的性能等级	螺栓公称直径/mm						
	M12	M16	M20	M22	M24	M27	M30
8.8S	50	75	120	150	170	225	275
10.9S	60	110	170	210	250	320	390

表 8.13　高强螺栓设计预拉力　　　　　　　　　　　　　　kN

螺栓的性能等级	螺栓公称直径/mm						
	M12	M16	M20	M22	M24	M27	M30
8.8S	45	70	110	135	155	205	250
10.9S	55	100	155	190	220	290	355

①扭剪型高强螺栓的初拧扭矩值宜按下列公式计算:

$$T_0 = 0.065P_c \cdot d \tag{8.13}$$

式中　　T_0——初拧扭矩 N·m;

其他符号同前。

②应在螺母上施加扭矩,其紧固顺序一般应由接头中心顺序向外侧进行,初拧、复拧和终拧螺栓应用不同颜色的涂料在螺母上作出标记。

③经初拧和复拧后的扭剪型高强螺栓应采用专用扳手终拧,直至梅花卡头被拧掉。对不能使用专用扳手进行终拧的扭剪型高强螺栓,应采用扭矩法紧固,并在尾部梅花卡头上作标记。

6)高强螺栓连接的检查验收　高强螺栓连接施工验收时,应检查下列资料:高强螺栓质量保证书;高强螺栓连接面抗滑移系数试验报告;高强大六角头螺栓扭矩系数试(复)验报告;扭剪型高强螺栓预拉力复验报告;扭矩扳手标定记录;高强螺栓施工记录;高强螺栓连接工程质量检验评定表。

高强大六角头螺栓紧固检查应符合下列规定:用 0.3 ~ 0.5 kg 的小锤逐个敲击,检查其紧固程度,防止螺栓漏拧;检查紧固扭矩时每个节点螺栓数 10%,且不少于 1 个;检测的扭矩应在(0.9 ~ 1.1)T_{ch}范围内,T_{ch}按下式计算:

$$T_{ch} = K \cdot P \cdot d \tag{8.14}$$

式中　　T_{ch}——检查扭矩,N·m;

　　　　K——高强螺栓连接副扭矩系数;

　　　　P——高强螺栓设计预应力,kN;

　　　　d——螺栓公称直径,mm。

用扭矩扳手紧固的螺栓扳前扳后必须进行校核,其误差不得大于 3%;如有不符合上述规定的节点,则扩大 10% 进行抽检,如仍有不符合者,则整个节点应重新紧固并检查;对扭矩低于下限值的螺栓应进行补拧,对超过上限值的应更换螺栓;扭矩检查应在终拧 1 h 后进行,并应在 24 h 内检查完毕。

扭剪型高强螺栓紧固要点:梅花卡头被专用扳手拧掉,即判定终拧合格;对不能采用专用扳手紧固的螺栓,应按大六角头螺栓检验方法检查,不得采用专用扳手以外的方法将螺栓的梅花卡头去掉;经检查合格的高强螺栓节点,应及时用厚涂料腻子封闭,对接触腐蚀介质的接头,应用防腐腻子封闭。

(3)普通螺栓连接

安装使用的临时螺栓和冲钉,在每一个节点上穿入的数量,应根据安装过程所承受的荷载计算确定,并应符合下列规定:不应少于安装孔总数的 1/3;临时螺栓不应少于 2 个;冲钉不应

327

多于临时螺栓的 30%；扩钻后的 A,B 级螺栓孔不得使用冲钉。

永久性的普通螺栓连接应符合下列规定：每一个螺栓一端不得垫两个级以上的垫圈，并不得采用大螺母代替垫圈。螺栓拧紧后，外露螺纹不应少于两个螺距。螺栓孔不得采用气割扩孔。

8.2.4 钢结构吊装质量检查与验收

(1)构件吊装质量检查

钢结构吊装质量是指在钢结构整个施工过程中，反映各个工序满足标准规定的要求，包括其可靠性（安全、适用、耐久），使用功能，以及环境保护等方面的要求。

钢结构安装前检验项目有：锚栓基础检验，钢柱检验，钢吊车梁检验，钢屋架、桁架检验，支撑检验和摩擦面检验。安装后检验项目有：钢柱检验，钢吊车梁检验，屋架和纵横梁检验。检查数量和点数为：各种构件抽查 10%，但均不得少于 3 件；柱中心与定位轴线偏移，单层和多层柱子垂直度，柱子的侧向弯曲以及吊车梁中心线对牛腿中心偏移，每件检查 2 点；其余各项每件均检查 1 点。

钢结构构件安装质量检查标准见《规范》。

(2)钢结构吊装记录和中间验收

钢结构在吊装施工中应做好记录，如钢结构吊装前基础和支撑面检验批质量验收记录，钢结构构件吊装与校正检验批质量验收记录，钢平台、钢梯和防护栏杆检验批质量验收记录等。

结构吊装检查验收必须按《规范》章、节主控项目和一般项目有关条目的质量等级要求、质量标准和检查方法逐一进行验收。表列检验项目须全部进行检查验收，不得缺漏。应检项目漏检，应进行补充检查验收，不进行补检不应通过验收。

主控项目是对检验批的基本质量起决定性影响的检验项目，必须全部符合《规范》的规定，不允许有不符合《规范》要求的检验结果。

一般项目其检查结果应有 80% 及以上的检查点（值）符合《规范》合格质量标准的要求，且最大值不应超过其允许偏差值的 1.2 倍。

检验批验收时，应提交的施工操作依据和质量检查记录应完整。如钢结构吊装基础和支撑面检验批验收应提供的附件资料有：提供检验批检查结果；施工及焊接工艺试验或评定资料；施工及焊接工艺方案；施工记录；细石砼灌浆料强度试验报告；自检、互检及工序交接检查记录；其他应报或设计要求报送的资料。

检验批验收只按列为主控项目、一般项目的条款来验收，不能随意扩大内容范围和提高质量标准。检验批表式中的责任制签记必须本人签字，替签为无效检验批验收记录。

8.3　装配式墙板结构吊装技术

8.3.1 墙板运输和堆放

(1)墙板的运输

大型墙板的运输一般采用立运法，在运输车上设支架。按墙板放置方式分为外挂式和内插式两种。

（2）墙板的堆放

大型墙板在现场堆放的方法有插放法及靠放法两种。插放法,就是将墙板插在插放架上,堆放时不受型号的限制,可按吊装顺序堆放墙板,便于查找板号,但占用场地较多;靠放法,就是将同一型号的墙板靠放在靠放架上,占用场地较少。

8.3.2　墙板的吊装

（1）墙板吊装方法

1）存储吊装法　存储吊装法,构件按型号、数量配套运往现场,在起重机工作半径范围内储存堆放,一般储存一层或两层楼用的构配件。存储吊装法施工准备工作时间充分,保证安装工作连续进行,但占用场地多,需要的插放(靠放)架数量多。

2）直接吊装法　直接吊装法,墙板随运随吊。墙板按安装顺序配套运往现场,直接从运输工具上吊到建筑物上安装。这种方法可减少构件堆放架,占用场地少,但需较多的运输车辆,要求施工组织严密。

（2）墙板吊装顺序

1）逐间封闭吊装　墙板吊装顺序通常采用逐间封闭法。如图 8.40 所示,建筑物较长时,一般由中部开始安装,吊装两间构成中间框架,然后分别向两端吊装;建筑物较短时,也可由建筑物一端的第 2 开间开始吊装。墙板吊装时,先吊装内墙,后吊装外墙,逐间封闭,随即焊接。

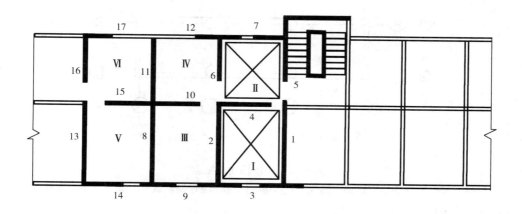

图 8.40　逐间封闭法吊装墙板

1,2,3—墙板安装顺序;Ⅰ,Ⅱ,Ⅲ—逐间封闭顺序;⊠—标准间

2）双间封闭吊装　单元式居住建筑,一般采用双间封闭吊装,如图 8.41 所示。

（3）墙板吊装工艺

1）吊装测量放线　如图 8.42 所示,首先根据轴线控制桩,用经纬仪定出房屋的纵横控制轴线(不少于 4 条),然后根据控制轴线定出其他轴线,并在基础墙上做好标志(如图 8.42 中的①、②、③…、Ⓐ、Ⓑ…)。第 2 层以上的墙板轴线,可用经纬仪由基础墙轴线标志直接向上引测。

如图 8.42 所示,有了各墙板轴线以后,可据此放出墙板两侧边线、门窗洞口线、墙板节点

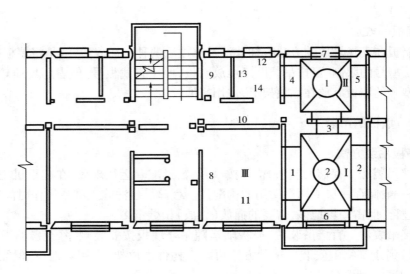

图 8.41 双间封闭法吊装墙板

1,2,3……—墙板安装顺序；Ⅰ，Ⅱ，Ⅲ……—逐间封闭顺序

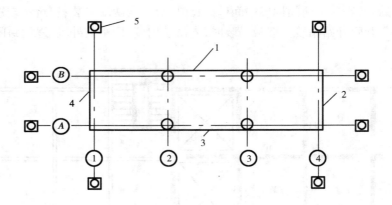

图 8.42 控制轴线及标志

1~4—基础墙外皮标准线；5—轴线桩；Ⓐ，Ⓑ，①，④—主控制轴线；②，③—辅助控制轴线

线,并标出墙板编号及预埋件位置。

根据水平控制桩,用水准仪进行第一层标高抄平,并在基础墙上定出水平控制线。第2层以上的各层标高,使用钢尺或水准仪,根据水平控制线在墙板顶面以下 100 mm 处测设标高线,以控制楼板标高。

2)找平及摊浆 墙板吊装前,在墙板两侧边线内两端铺两个灰饼,以控制墙板底面标高。灰饼采用水泥砂浆,其厚度根据抄平确定。灰饼具有一定强度后,再吊装墙板。

3)墙板吊装、就位及校正 墙板吊装就位要对准墙板边线,就位后要测量墙板顶部开间距离,饼用靠尺测量板面垂直度,若有误差使用临时固定器校正。墙板临时固定的工具有操作台、工具式斜撑、水平拉杆、转角固定器等。

4)墙板临时固定 墙板的临时固定一般多用操作台法。此法不仅可用于标准间,而且也适用于其他房间。对楼梯间及不宜放置操作平台的房间,可配以水平拉杆、转角固定器作临时固定,如图 8.43 所示。

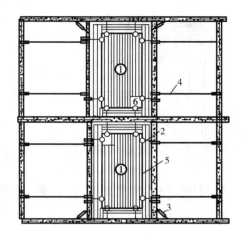

图 8.43　用操作平台进行墙板临时固定

1—操作平台;2—墙板临时固定器;3—转角固定器;
4—水平拉杆;5—操作平台栏杆;6—上下人孔

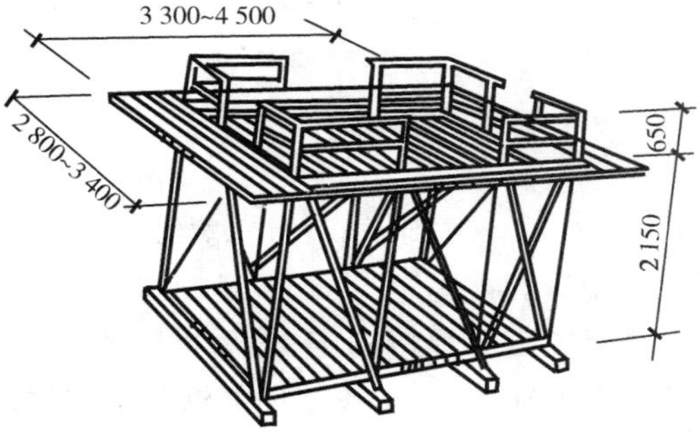

图 8.44　墙板吊装操作平台

①操作平台　如图 8.44 所示,当操作平台安放就位时,将测距杆放平对准墙板边线,在操作平台上部栏杆上附设在墙板固定器;当墙板就位后,用墙板固定器固定墙板位置及调整墙板垂直度。

②水平拉杆　如图 8.45 所示,水平拉杆用于不使用操作平台的房间进行横向内墙板的临时固定。木制水平拉杆中间为方木,两端为钢卡头,长度按房屋开间尺寸确定。墙板就位后,用卡头卡住墙板,并在墙板两侧卡头空隙处用木楔楔紧,通过松紧木楔来调整墙板面的垂直度。

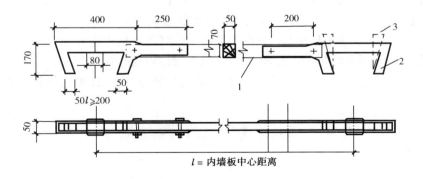

图 8.45　木制水平拉杆
1—木拉杆;2—卡头;3—木楔

③转角固定器　如图 8.46 所示,转角固定器用于转角处墙板临时固定。临时固定时,用卡头卡紧墙板后再用螺丝杠调整其松紧程度。

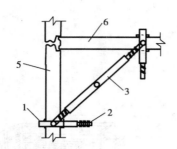
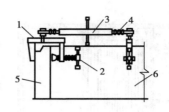

图 8.46 转角固定器的用法

1—卡头;2—卡头螺丝杠;3,4—中心拉杆螺丝杆;5—外墙板;6—内墙板

5)墙板焊接固定

墙板校正后焊接固定,然后拆除临时固定器,并随即用 1:2.5 水泥砂浆进行墙板下部塞缝。砂浆干硬后,退出校正用的铁板(或铁楔)。

8.3.3 板缝施工

外墙板板缝防水有构造防水和材料防水两种。

(1)构造防水

构造防水是在墙板板缝空腔中设置宽 4~6 cm,长度较楼层高 10 cm 的塑料条。这种防水的关键是板缝外形要保证完整,如有损坏就易变漏。因此,墙板吊装前要认真检查,如有损坏,要认真修补,并涂刷防水胶油。另外,在每一层楼吊装完毕,立即设置防水条。

(2)材料防水

材料防水利用防水砂浆进行勾缝。勾缝时,利用活动吊篮脚手,首先剔除板缝内的灰浆,用防水砂浆勾底灰,并在十字缝、底层水平缝、阳台板下缝处涂防水胶油,装好十字缝处的泻水口,最后用掺玻璃纤维的 1:2 水泥砂浆勾抹压实。若外墙边角有损坏,要加以修补。

(3)墙板保温措施

外墙板板缝采用构造防水,形成冷空气传导,是形成结露的重要部位。因此,在北方寒冷地区,一般在立缝空腔后壁安设一条厚 2 cm、宽 20 cm 的通长泡沫聚苯乙烯条,水平缝安设一条厚 2 cm、高 11 cm 的通长泡沫聚苯乙烯作为切断冷空气渗透的保温隔热材料。施工前,先把裁好的泡沫聚苯乙烯用热沥青粘贴在油毡条上,当每层楼板安装后,顺立缝空腔后壁自上而下插入,使其严实附在空腔后壁上。这样,在浇筑外墙板板缝砼时,它还可起外侧模的作用。

8.4 结构吊装安全技术措施

结构吊装前,应根据工程的规模和施工现场的特点,制订完善的吊装作业施工方案,并报请上级主管部门审查批准后,才能进行吊装施工作业。

(1)高处作业的一般要求

1)高处作业的安全技术措施及其所需料具,必须列入工程的施工作业方案中。

2)高空作业前,应建立安全责任制,技术负责人应对工程高处作业负安全责任。

3）高处作业中的设施、设备，必须在施工前进行检查，确认其完好，方能投入使用。

4）攀登和悬空作业人员，必须经过专业技术培训及专业考试合格，持证上岗，并定期进行体格检查。

5）施工中对高处作业的安全技术措施，发现有缺陷和隐患时，必须及时解决，危及人身安全时，必须停止作业。

6）雨天和雪天进行高处作业时，必须采取可靠的防滑、防寒和防冻措施，凡有水、冰、霜、雪均应及时清除。

7）结构吊装前，应对安全防护设施进行逐项检查和验收，验收合格后，方可进行高处作业。

（2）结构吊装的安全技术措施

1）吊装使用的起重机应设置超高和力矩限制器，吊钩应设有保险装置，吊装使用的起重机应取得准许使用证件，起重机安装之后应经过检查验收合格方能使用。

2）起重吊装用的钢丝绳，其磨损和断丝应符合规定标准。滑轮应符合规定，缆风绳安全系数不小于 3.5 倍，所用地锚的埋设也应符合设计要求。

3）起吊构件的吊点应符合设计规定的位置，使用索具要合理，钢绳直径应符合要求。

4）操纵起重机的司机和指挥人员均须持证上岗，司机驾驶起重机的机型应与上岗证相同。

5）起重机开行路线的路面地耐力应符合设计要求，为保证起重机在路面上安全行驶，路面铺垫也应符合设计要求。

6）结构件安装时，不能超载起吊，每次吊装作业之前，应首先进行试吊检验。

7）安装作业人员应系好安全带，且安全带有牢靠的悬挂点。

8）为保障起重吊装作业人员操作安全，应建立作业平台支撑，作业平台上应满铺脚手板，平台临边应设置围栏防护。

9）吊装现场的大型构件堆放应有稳定措施，楼板堆放不超过 1.6 m，其他构件堆放高度应符合设计中的规定。

10）起重吊装作业时，安装场地周围应设立警戒标志，并有专人负责，禁止非工作人员进入吊装作业现场。

11）安装施工中，各种操作工人（起重工、电焊工）必须持有安全操作上岗证才能上岗。患有心脏病或高血压的人不宜做高空作业，以免发生头昏眼花而造成人身安全事故。不准酒后作业。进入施工现场的人员，必须戴好安全帽和手套。

复习思考题 8

1. 钢筋砼构件运输时应注意哪些事项？

2. 如何拼装钢筋砼屋架？

3. 钢筋砼构件的质量检查包括哪些内容？

4. 钢筋砼柱基础准备工作包括哪些内容？

5. 钢筋砼柱吊装时有哪几种绑扎方法？简述其适用范围。

6. 钢筋砼柱如何进行对位及临时固定？

7. 对钢筋砼柱的垂直度有何要求？如何检查和校正柱的垂直度？

8. 简述钢筋砼吊车梁的绑扎、吊升、对位、临时固定、校正和最后固定的方法。

9. 简述钢筋砼屋架扶直就位及起吊时选择绑扎点的方法。

10. 简述钢筋砼屋架临时固定及校正方法。

11. 什么是分件吊装法和综合吊装法？

12. 吊装柱时起重机开行路线有哪几种？如何确定？

13. 如何根据起重机的开行路线来确定停机点和布置柱？

14. 钢筋砼屋架预制及扶直就位时的平面布置有哪几种方式？

15. 简述钢柱的安装及校正方法。

16. 简述吊车梁的安装及校正方法。

17. 简述钢架的安装及校正方法。

18. 墙板吊装时如何进行运输和堆放？

19. 何谓储存吊装法和直接吊装法？

20. 墙板的吊装顺序如何？

21. 墙板的保温措施有哪些？

22. 如何做好钢结构吊装中的质量检验工作？

23. 如何做好钢结构吊装中的安全工作？

第 **9** 章
防水施工技术

学习目标:

1. 了解屋面防水等级和设防要求。

2. 熟悉卷材屋面防水、涂料屋面防水、刚性屋面防水的构造形式。

3. 了解地下结构的防水构造形式和地下工程防水等级标准及适用范围。

4. 熟悉特殊部位的防水构造形式。

职业能力:

1. 根据防水等级和设防要求,具有能正确选择各种防水材料的能力。

2. 具有正确选择屋面结构、地下结构工程防水施工方法的能力。

3. 具有指导屋面结构和地下结构防水施工的能力。

4. 具有检查、验收屋面结构和地下结构防水施工质量的能力。

9.1 屋面防水施工技术

防水是建筑物的重要功能之一。防水是一项专门技术,防水施工质量的优劣,直接关系到人们的正常生产和生活,也直接影响建筑物的使用寿命。

防水工程按防水的方法可分为两大类,即结构自防水和防水层防水。结构自防水主要依靠建筑物构件材料自身的密实性及构造措施,达到防水的目的;防水层防水则是在建筑物需防水的部位用防水材料做成防水层,以达到防水的目的。

按防水材料性能不同,可分为柔性防水和刚性防水两大类。柔性防水是在建筑构件上使用柔性材料(如防水卷材、防水涂料等)做成防水层;刚性防水则是在建筑构件上抹防水砂浆、浇筑掺有外加剂的细石砼或采用砼自防水等达到防水的目的。按建筑防水部位不同,又可分为:屋面防水、地下防水、浴室和卫生间防水。

屋面防水应根据建筑物的性质、重要程度使用功能要求以及防水层合理使用年限,按不同等级进行设防,如表9.1所示。

表 9.1　屋面防水等级和设防要求

项　目	屋 面 防 水 等 级			
	I	II	III	IV
建筑物类别	特别重要或对防水有特殊要求的建筑	重要的建筑和高层建筑	一般的建筑	非永久性建筑
防水层合理使用年限	25 年	15 年	10 年	5 年
防水层选用材料	宜选用合成高分子防水卷材、高聚物改性沥青防水卷材、金属板材、合成高分子防水涂料、细石砼等材料	宜选用高聚物改性沥青防水卷材、合成高分子防水卷材、金属板材、合成高分子防水涂料、高聚物改性沥青防水涂料、细石砼、平瓦、油毡瓦等材料	宜选用三毡四油沥青防水卷材、高聚物改性沥青防水卷材、合成高分子防水卷材、金属板材、高聚物改性沥青防水涂料、合成高分子防水涂料、细石砼、平瓦、油毡瓦等材料	可选用两毡三油沥青防水卷材、高聚物改性沥青防水涂料等材料
设防要求	三道或三道以上防水设防	两道防水设防	一道防水设防	一道防水设防

9.1.1　卷材屋面防水施工

　　卷材防水屋面是采用沥青防水卷材、高聚物改性沥青防水卷材、合成高分子防水卷材等由工厂制作成型的柔性防水材料，粘贴成一整片能防水的屋面覆盖层。

　　防水卷材厚度的选择应符合表 9.2 的规定。

表 9.2　卷材厚度选用表

屋面防水等级	设防道数	合成高分子防水卷材	高聚物改性沥青防水卷材	沥青防水卷材
I 级	≥三道设防	不小于 1.5 mm	不小于 3 mm	—
II 级	两道设防	不小于 1.2 mm	不小于 3 mm	—
III 级	一道设防	不小于 1.2 mm	不小于 4 mm	三毡四油
IV 级	一道设防	—	—	两毡三油

（1）防水材料的选择

　　1）防水沥青　沥青有石油沥青和煤沥青，但煤沥青的塑性、温度稳定性和大气稳定性都较差,故建筑防水工程的沥青多采用10号、30号建筑石油沥青,其鉴别方法参见表9.3。

表9.3 石油沥青和煤沥青的鉴别方法

鉴 别 方 法	石 油 沥 青	煤 沥 青
锤 击 法	韧性较好,有弹性感觉,声发哑	韧性差,无弹性感觉,发声清脆
变 形 率 法	受较小的荷重不变形	受较小的荷重易变形
溶液颜色鉴别法: 将沥青置于盛有酒精的 透明瓶中观察溶液颜色	无颜色	呈黄色,并带 有绿蓝荧光
气味嗅别法: 将沥青材料加热燃烧	仅有少量油味或松味,烟无色	有刺激性触鼻臭味,烟呈黄色
密 度 法: 配制标准密度液(用密度计测定),将沥青样品投入标准液,观察沉浮可定密度的大小,密度大于1时,密度液用氯化钙与水配制;密度小于1时,酒精与水配制	近于1.0 液体小于1 半固体接近1 固体接近1	1.25~1.28 液体1.1左右 半固体1.2左右 固体大于1.2
液解度法: 将样品一小块(约1g)投入30~50倍的煤油或汽油中,用玻璃棒搅动,充分溶解后观察	样品基本溶解,溶液呈棕黑色	样品基本不溶解,溶液稍呈棕黄绿色
毒 性	无	含酚葱,有刺激性
温度稳定性	较好	较差
防 水 性	较好	较差(含酚能溶于水)
抗 腐 蚀	差	强

沥青主要技术质量指标用针入度、延伸率、软化点等指标表示,沥青牌号指标按针入度划分,其主要技术质量标准见表9.4。

2)沥青防水卷材 沥青防水卷材俗称沥青油毡。它是用原纸、纤维织物、纤维毡等做胎体,浸涂沥青后表面撒布粉状、片状或粒状的隔离材料而制成的防水卷材。我国的沥青油毡产品以纸胎油毡为主。

沥青油毡的标号根据其原纸的重量来划分。其标号有200号、350号、500号三种。200号油毡适用于简易防水、临时性建筑防水、建筑防潮及包装等,350号和500号油毡适用于屋面防水和地下防水。沥青油毡的宽度分915 mm和1 000 mm两种,每卷卷材面积为(20±0.3) m²,其物理性能应符合表9.5的要求。

沥青油毡存在着下述缺点:对温度很敏感,高温时有流淌趋势,低温时要变硬发脆;抗拉强度和延伸率较低,抗老性能差,易龟裂,使用寿命短;防水层需多层粘贴,构造复杂;采用热施工时劳动强度大,对环境有污染等。尽管如此,但由于它价格低,使用技术成热,具有防水性能,故应用仍较广泛。

表9.4　石油沥青主要技术质量标准

名称及标准号码	牌　号	针入度 25 ℃时	延伸度25 ℃ 时不小于/cm	软化点不 低于/ ℃	溶解度 不小于/ %	闪点开口时 不低于/℃
道路石油沥青 （SYB1661—62）	200	>200	—	—	99	180
	180	160～200	100	25	99	200
	140	121～160	100	25	99	200
	100 甲	81～120	80	40	99	200
	100 乙	81～120	60	40	99	200
	60 甲	41～80	60	45	98	230
	60 乙	41～80	40	45	98	230
建筑石油沥青 （GB494—75）	30 甲	21～40	3	70	99	230
	30 乙	21～40	3	80	99	230
	10	5～20	1	95	99	230
普通石油沥青 （SYB1665—62S）	75	75	2	60	98	230
	65	65	1.5	80	98	230
	55	55	1	100	98	230

表9.5　沥青防水卷材物理性能

项　　目		性　能　要　求	
		350 号	500 号
纵向拉力(25 ℃±2 ℃时)		≥340 N	≥440 N
耐热度(85 ℃±2 ℃,2 h)		不流淌,无集中性气泡	
柔性(18 ℃±2 ℃)		绕 φ20 mm 圆棒无裂纹	绕 φ25 mm 圆棒无裂纹
不透水性	压力/MPa	≥0.10	≥0.15
	保持时间/min	≥30	≥30

　　玻璃纤维布胎沥青系用石油沥青涂盖材料浸涂玻璃纤维布的两面,再涂撒隔离材料制成的一种无机纤维为胎体的沥青防水卷材。玻璃布的拉抻强度高于 500 号纸胎石油沥青油毡,柔韧性较好,耐腐蚀性较强,耐久性也比纸胎石油沥青油毡提高 1 倍以上。每卷玻璃布卷材的总面积为(20±0.3) m²,质量为 14 kg。

　　3)合成高分子防水卷材　合成高分子防水卷材是以合成橡胶、合成树脂或塑料与橡胶共混材料为基料,加入适量的化学助剂和填充料等,经混炼、压延、挤出等工序加工而成的无胎防水卷材;或把上述材料与合成纤维等复合形成两层或两层以上的有胎防水卷材。

　　合成高分子防水卷材可分为:橡胶、树脂、橡塑共混三个系列。

　　橡胶系有:三元乙丙橡胶卷材、氯磺化聚乙烯卷材、丁基橡胶卷材等;树脂系有:聚氯乙烯卷材、氯化聚乙烯卷材、高密度聚乙烯卷材等;橡塑共混体有:氯化聚乙烯橡胶共混卷材、三元乙丙橡胶聚乙烯共混卷材等。

合成高分子防水卷材具有拉伸强度高、断裂伸长率大、抗撕裂强度高、耐热性能好、低温柔性大、耐腐蚀、耐老化、使用寿命长等优越的性能;并可做各种彩色,对美化环境、降低屋面温度有积极作用。

合成高分子防水卷材的宽度要求大于等于 1 000 mm,厚度分为 1.0 mm、1.2 mm、1.5 mm 和 2.0 mm 四种规格,前 3 种规格每卷长度为 20 m,第 4 种规格每卷长度为 10 m。合成高分子防水卷材的物理性能应符合表 9.6 的要求。

表 9.6　合成高分子防水卷材物理性能

项　　目		性　能　要　求			
		硫化橡胶类	非硫化橡胶类	树脂类	纤维增强类
断裂拉伸强度/MPa		≥6	≥3	≥10	≥9
扯断伸长率/%		≥400	≥200	≥200	≥10
低温弯折/℃		−30	−20	−20	−20
不透水性	压力/MPa	≥0.3	≥0.2	≥0.3	≥0.3
	保持时间/min	≥30			
加热收缩率/%		< 1.2	< 2.0	< 2.0	< 1.0
热老化保持率 (80 ℃,168 h)	断裂拉伸强度/%	≥80			
	扯断伸长率/%	≥70			

4)胶结材料　防水工程用的沥青胶结材料是沥青按一定配合量经熬制脱水并掺入适量的填充料配制而成。铺贴石油沥青卷材必须用石油沥青胶结材料,铺贴焦油沥青卷材则必须采用焦油沥青胶结材料,不得混用。

表 9.7　石油沥青胶结材料标号选用表

屋面坡度/%	历年室外极端最高气温/℃	沥青胶结材料标号
2 ~ 3	< 38	S-60
	38 ~ 41	S-65
	41 ~ 45	S-70
3 ~ 15	< 38	S-60
	38 ~ 41	S-70
	41 ~ 45	S-75
15 ~ 25	< 38	S-75
	38 ~ 41	S-80
	41 ~ 45	S-85

注:①卷材防水层上有板块保护层或整体刚性保护层时,沥青胶结材料标号可按上表降低 5 号;
②屋面受其他热源影响(如高温车间等)或屋面坡度超过 25% 时,应考虑将其标号适当提高。

沥青胶的标号(耐热度),应根据房屋的使用条件、屋面坡度和当地历年极端最高气温,按

表9.7选用。在保证不流淌的情况下尽量选用数字较低的标号,以延缓沥青胶的老化,提高耐久性。

配制石油沥青胶结材料,一般采用10号、30号建筑石油沥青和60号甲、60号乙道路石油沥青。选择配合比时,应先选配具有所需软化点的一种或两种沥青的熔合物。当采用两种沥青时,每种沥青的配合量宜按下列公式计算:

$$B_g = \frac{t - t_2}{t_1 - t_2} \times 100\% \tag{9.1}$$

$$B_d = 100\% - B_g \tag{9.2}$$

式中 B_g ——熔合物中高软化点石油沥青含量,%;

B_d ——熔合物中低软化点石油沥青含量,%;

t ——熔合后的沥青胶结材料所需的软化点,%;

t_1 ——高软化点石油沥青的软化点,%;

t_2 ——低软化点石油沥青的软化点,%。

为增强沥青胶的抗老化性能,并改善其耐热度、柔韧性和粘结力,可掺入适量的经预热干燥(120~140 ℃)的填充料。采用粉状填料时,其掺入量一般为10%~25%;采用纤维填料时,掺入量一般为5%~10%。填料一般为滑石粉、云母粉、石棉粉等,且填料含水率不大于3%。

冷沥青胶是由石油沥青、填充料、溶剂等配制而成的冷用沥青胶结材料。这种材料具有施工方便,减少环境污染等优点,由工厂批量生产。冷沥青胶夏季使用不需加热,低温下使用需加热至60~70 ℃,使用前应充分拌和。

粘贴改性沥青卷材和合成高分子卷材的胶粘剂,可分为基层与卷材粘贴的胶粘剂和卷材与卷材搭接的胶粘剂两种。按其组成材料又可分为改性沥青胶粘剂和合成高分子胶粘剂。胶粘剂均由卷材生产厂家配套供应。常用的有氯丁橡胶改性沥青胶粘剂、BX-12胶粘剂等。

改性沥青胶粘剂的粘结剥离强度不应小于0.8 N/mm;合成高分子胶粘剂的粘结剥离强度不应小于1.5 N/mm,浸水后粘结剥离强度保持率不应小于70%。

5)冷底子油 冷底子油是一种液化沥青。它是由10号或30号建筑石油沥青加入挥发性溶剂配制而成,一般在现场现配现用,其配合比见表9.8。

采用轻柴油或煤油为溶剂配制的为慢挥发性冷底子油,沥青溶剂质量配合比为4:6;采用汽油为溶剂的为快挥发性冷底子油,沥青溶剂质量配合比为3:7。

表9.8 冷底子油配合比(质量比)参考表

10号或30号	溶 剂	
石油沥青/%	轻柴油或煤油/%	汽油/%
40	60	
30		70

注:①加汽油作溶剂的为快挥发性冷底子油;加轻柴油或煤油作溶剂的为慢挥发性冷底子油;
  ②冷底子油配合比与涂刷的表面干、湿程度和遍数有关。上表配合比仅作一般情况参考使用。

冷底子油的配制有热配法和冷配法。热配法即先将沥青加热熔化脱水,然后盛入桶内冷却,温度达140 ℃(慢挥发性)或110 ℃(快挥发性)以下时,将沥青成细流状缓慢注入定量溶剂中,不停搅拌直至沥青全部溶化均匀为止。热配法配制时间短,含杂质水分少,质量较好,可在大量配制时使用。

冷配法即将沥青打碎成 5～10 mm 小块后,按质量比缓慢加入溶剂中,不停搅拌至全部溶化均匀为止。冷配法是冷操作较安全,但配制时间较长,沥青中的杂质和水分未除掉,质量较差,仅在少量配制时使用。

(2)基层、找平层和保温层施工

1)基层施工　屋面结构变形对防水的影响很大,因此,屋面结构层最好是整体现浇砼。当屋面结构为装配式钢筋砼板时,屋面板应安装牢固,相邻板面高差应控制在 10 mm 以内,缝口大小基本一致,上口缝不应小于 20 mm,靠非承重墙的一块板离开墙面应有 20 mm 的缝隙。当板缝宽大于 40 mm 或上窄下宽时,板缝内必须配置构造钢筋。灌缝前,剔除板缝内的石渣,用高压水冲洗,支牢缝底模板,板缝内浇筑掺有微膨胀剂的细石砼,其强度等级不应小于 C20。砼基层表面要清扫干净,充分洒水湿润,但不得积水。当基层为保温层时,厚度要均匀平整,否则应重铺或修整。保温层表面只能适当洒水湿润,不宜大量浇水。

2)找平层施工　找平层是粘贴防水层的基层,其施工质量直接影响防水层的质量和寿命。屋面铺贴卷材的找平层一般为水泥砂浆(宜掺微膨胀剂)找平层。当基层湿润不易干燥,工期较紧的情况下,可采用沥青砂浆找平层。在松散的保温层上可采用细石砼找平层,找平层的厚度和技术要求应符合表9.9的要求。

表 9.9　找平层厚度和技术要求

类　　别	基　层　种　类	厚　度/mm	技　术　要　求
水泥砂浆找平层	整体砼	15～20	1:2.5～1:3(水泥:砂)体积比,水泥强度等级不低于32.5级
	整体或板状材料保温层	20～25	
	装配式砼板,松散材料保温层	20～30	
细石砼找平层	松散材料保温层	30～35	砼强度等级 C20
沥青砂浆找平层	整体砼	15～20	1:8(沥青:砂)质量比
	装配式砼板,整体或板状材料保温层	20～25	

找平层应留设分格缝,缝宽为 20 mm,并嵌填密封材料。分格缝应留在板端缝处,其纵横的最大间距为:水泥砂浆或细石砼找平层不大于 6 m,沥青砂浆找平层不大于 4 m。当分格缝兼作排气层面的排气道时,可适当加宽,并应与保温层连通。

基层与突出屋面结构(女儿墙、立墙、天窗壁、变形缝、烟囱等)的连接处,以及基层的转角处(水落口、檐口、天沟、檐沟、屋脊等)找平层均应做成圆弧。圆弧半径的选用,见表9.10。

表 9.10　转角处圆弧半径

卷　材　种　类	圆　弧　半　径/mm
沥青防水卷材	100～150
高聚物改性沥青防水卷材	50
合成高分子防水卷材	20

找平层坡度应符合设计要求。纵向天沟坡度不宜小于1%,水落口杯周围半径0.5 m范围内应做成坡度不小于5%的杯形洼坑。

①水泥砂浆找平层施工

A. 冲筋、分格缝　用与找平层相同的水泥砂浆做灰饼、冲筋,冲筋间距一般为1.0~1.5 m。为避免找平层开裂,屋面找平层宜留设分格缝,若为预制屋面板,则分格缝应与板缝对齐。分格缝所用的小木条,一般上宽下窄,便于取出。

B. 铺设砂浆　按由远到近的程序铺设砂浆,分格缝内宜一次连续铺完,同时严格掌握坡度,可用铝质直尺找坡、找平。待砂浆稍收水后,用木抹子压实、抹平,用铁抹子压光。终凝前,轻轻取出分格条。

C. 养护　找平层铺设12 h以后,应覆盖洒水养护或喷涂冷底子油养护。

D. 修补　找平层施工及养护过程中都可能产生一些缺陷,防水层铺设前应及时修补。

a. 预埋件固定不牢固　如发现水落口、伸出屋面管道及设备的预埋件安装不牢,应凿开周围砼及砂浆,重新灌注掺108胶或微膨胀剂的细石砼,四周做好坡度。

b. 凹凸不平　凸出部位应铲平,低凹处可用掺加15%(水泥质量)108胶的1:2.5水泥砂浆补抹。

c. 起砂、起皮　对起砂、起皮的找平层,应将其表面清除,用掺加15%"108胶"的素水泥浆涂刷一层并抹平压光。

②沥青砂浆找平层施工

A. 涂、刷基层处理剂　在干燥的基层上满涂冷底子油1~2遍,涂刷应薄而均匀,不得有气泡和漏刷。

B. 分格缝　分格缝小木条的安放与水泥砂浆找平层的做法相同。

C. 铺沥青砂浆　沥青砂浆的摊铺温度一般控制在150~160 ℃;当环境温度在0 ℃以下时,沥青砂浆的摊铺温度应控制在170~180 ℃。成活温度不低于100 ℃。铺设沥青砂浆时,每层虚铺厚度不宜超过40 mm。摊铺后,要及时将砂浆刮平,然后用平板振捣器或火滚(夏天可不生火)振实或碾压,直至表面平整、密实度达到要求为止。对碾压不到的角落处,可用热烙铁烫压平整。铺设沥青砂浆时,尽量不留施工缝一次铺成。

D. 修补、养护　铺设完毕,随时检查,发现表面有空鼓、脱落、裂缝等缺陷时,应将缺陷处铲除清理干净后,涂一道热沥青,然后用沥青砂浆趁热填补压实。

沥青砂浆找平层铺设完毕,最好在当天铺第1层卷材,否则,要用卷材盖好,防止雨水和潮气进入沥青砂浆层。

3)保温层施工　保温层可采用松散材料保温层、整体保温层和块材保温层等。

①整体保温层施工　整体现浇保温层通常以炉渣、矿渣、陶粒、膨胀蛭石或珍珠岩等为骨料,以石灰或水泥为胶凝材料现浇而成。由于是现场拌制,因此增加了现场的湿作业,保温层的含水率也较大,故必须按设计要求和有关规定设置排气道(每隔4~6 m)和通气孔,以防止卷材防水层起鼓。

A. 铺设要求　整体保温层铺设时,铺设厚度应符合设计要求,表面应平整,并达到规定的强度,但又不能过分压实,以免降低保温效果。当施工过程在中遇到下雨、下雪天气时不得施工,并应采取遮盖措施。

B. 水泥膨胀蛭石(或膨胀珍珠岩)保温层的施工　水泥膨胀蛭石(或膨胀珍珠岩)的拌和

应采用人工搅拌,拌和均匀,随拌随铺;保温层应分仓铺设,每仓宽度 700~900 mm,可用木条分格;保温层的虚铺厚度应根据试验确定,铺后拍实抹平至设计厚度;水泥膨胀蛭石(或膨胀珍珠岩)压实抹平后,应立即用 32.5 级水泥:粗砂:细砂 = 1:2:1,稠度为 7~8 cm 的水泥砂浆做找平层,对保温层进行保护。

C. 整体沥青膨胀蛭石(或膨胀珍珠岩)保温层的施工　沥青加热温度应不高于 240 ℃,膨胀蛭石(或膨胀珍珠岩)的预热温度宜为 100~120 ℃;沥青膨胀蛭石(或沥青膨胀珍珠岩)宜用机械搅拌,并应色泽一致,无沥青团;压实程度根据试验确定,其厚度应符合设计要求;每仓宽度 700~900 mm,可用木条分格,要求每仓铺抹平整。

②块材保温层施工　块材保温层是用泡沫砼板、加气砼板、矿物棉板、蛭石板、有机纤维板、聚苯板等铺设而成。块材保温层适用于带有一定坡度的屋面。由于是事先加工预制,其含水率较低,不仅保温效果好,而且对柔性防水层质量影响小。

A. 基层与材料的要求　铺设块材保温材料的基层应平整、干燥、干净。块材保温材料要防止雨淋受潮,要求板形完整,不碎不裂。

B. 保温层铺设施工　当采用铺砌法铺设时,干铺的板状保温材料,应紧靠基层表面,并应铺平垫稳;分层铺设的板块,上下层接缝应相互错开,板间缝隙应用同类材料嵌填密实。

当采用粘贴法铺砌块材保温材料时,可用沥青胶及其他胶结材料粘贴,块材与块材之间、块材与基层之间,均应满涂胶结材料,以便相互粘牢;沥青胶的加热温度应不高于 240 ℃,使用温度不宜低于 190 ℃,并应经常检查。如用水泥砂浆粘贴块材保温材料时,板间缝隙应采用保温灰浆填实并勾缝;保温灰浆的配合比(体积比)为 1:1:10(水泥:石灰膏:同类保温材料的碎粒);气温低于 5 ℃时不宜施工。

(3)卷材防水层施工

1)油毡卷材防水层施工

①涂刷冷底子油　冷底子油的作用是增强基层与防水卷材间的粘结,用涂刷法施工,一般要刷两遍。当用涂刷法时,基层养护完毕,表面干燥清扫后,涂刷第 1 遍,待其干燥后再刷第 2 遍。涂刷要薄而均匀,不得有空白、麻点和气泡。涂刷时应顺着风向进行。刷冷底子油的时间宜在卷材铺贴前 1~2 d 进行,待其表面干燥不粘手后即可铺贴卷材。

②铺贴卷材　铺贴卷材之前,找平层应干燥,一般的简易检验方法是,将 1 m² 卷材平坦地干铺在找平层上,静置 3~4 h 后掀开检查,当找平层覆盖部位和卷材上未见水印,说明找平层已基本干燥。

卷材铺贴方向:当屋面坡度小于 3% 时,宜平行屋脊铺贴;屋面坡度在 3%~15% 时,可平行或垂直屋脊铺帖;坡度大于 15% 或屋面受震动时,为防止卷材下滑,应垂直屋脊铺贴;屋面坡度大于 25% 时,应在搭接处采取防止卷材下滑措施,如在搭接处将卷材用钉子钉入找平层内固定。在铺贴卷材时,上下层卷材不得互相垂直铺贴。

卷材搭接方法:上下两层卷材应错开 1/3 或 1/2 幅宽,各层卷材的搭接宽度,长边不应小于 70 mm,短边不应小于 100 mm;当第 1 层卷材采用空铺、点粘或条粘时,其搭接宽度,长边不应小于 100 mm,短边不应小于 150 mm;平行于屋脊的搭接缝,应顺流水方向搭接;垂直于屋脊的搭接缝应顺主导风向搭接(见图 9.1);铺贴卷材时,各层卷材的搭接缝必须用沥青胶结材料仔细封严。

垂直屋脊铺贴时,对于跨度小的,则可从一个檐口方向跨过屋脊向另一个檐口方向铺贴;

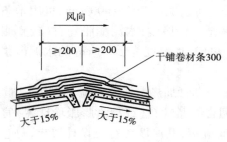

图 9.1　垂直屋脊铺钻示意图

对于跨度大的,则应从屋脊开始向檐口进行,以免造成沥青胶过厚而铺贴不平。每幅卷材都应铺过屋脊不小于 200 mm,屋脊处不得留设短边搭接缝,以增强屋脊的防水和耐久性(见图 9.1)。

多跨房屋有高有低,房屋的防水,在铺贴时应按先高后低,先远后近的顺序进行。对同一坡度的屋面,应先做好屋面排水比较集中的部位(屋面与落水管的连接处、檐口、檐沟、天沟和斜沟等部位)的处理,再由屋面最低标高处向上施工,并使卷材按水流方向搭接。

铺贴卷材的操作方法如下:

A. 浇油法　将热沥青胶用油壶蛇行浇在卷材前的基层上,铺贴工人用双手紧压卷材向前滚动来铺平压实卷材。浇油应均匀,不得太宽太长,厚度在 1～1.5 mm。在推铺卷材时,滚压收边工人用橡胶滚筒滚压,并将卷材边挤出的沥青及时刮去,天沟、檐口、泛水和转角等不能滚压的地方,要用刮板仔细刮平压实。如出现粘结不良的地方,可用小刀将卷材划破,再用沥青贴紧、封死、赶平,最后在上面加贴一块卷材将缝盖住。

B. 刷油法　此法是用长柄刷蘸热沥青涂刷,涂刷宽度比卷材稍高;涂层须饱满、均匀,滚压应及时,其他操作与浇油法相同。

C. 刮油法　此法是先用油壶浇油,随即用胶皮刮板将油刮开,紧跟着铺贴卷材,接着进行滚压收边。

如需在潮湿的基层上铺贴卷材,第 1 层卷材可采用空铺、点粘或条粘法,利用卷材与基层之间的空隙作排汽道,见图 9.2。排汽道应纵横贯通,不得堵塞,并应与大气连通的排汽孔相通。排汽孔的数量应根据基层的潮湿程度和屋面构造确定,以每 36 m² 设置一个为宜。排汽孔必须做好防水措施。

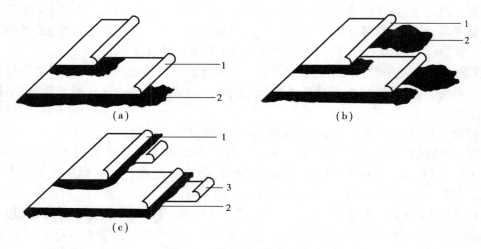

图 9.2　排汽屋面的卷材铺法
(a)空铺法　(b)点粘法　(c)条粘法
1—卷材;2—沥青胶结材料;3—卷材条带

采用空铺法时,卷材与基层只在四周一定的宽度内粘结,其余部分不粘结;采用点粘法时,卷材与基层采用点状粘结,每 1 m² 不少于 5 个点,每个点粘结面积为 100 mm × 100 mm;采用条粘法时,卷材与基层粘结面不少于 2 条,每条宽度不小于 150 mm。

无论采用空铺、点粘还是条粘法,施工时都必须注意,距屋面周边 800 mm 内的防水层应满粘;卷材与卷材之间应满粘,保证搭接严密。

(4)保护层施工

卷材防水层一般采用绿豆砂做保护层,即在铺贴好的卷材层表面涂刷 2 ~ 3 mm 厚的热沥青,将预热好的干净绿豆砂(温度宜为 100 ℃)趁热入筛铺撒,使绿豆砂与热沥青粘结牢固。未粘结的绿豆砂应清扫干净。施工时要堵好下水口,以防水管被堵。垂直面上的绿豆砂,也要嵌铺均匀,粘结牢固。

表 9.11　卷材防水层质量检验

检 验 项 目		要　　　求	检 验 方 法
主控项目	1. 卷材防水层所用卷材及其配套材料	必须符合设计要求	检查出厂合格证、质量检验报告和现场抽样复验报告
	2. 卷材防水层	不得有渗漏或积水现象	雨后或淋水、蓄水试验
	3. 卷材防水层在天沟、檐沟、泛水、变形缝和水落口等处细部做法	必须符合设计要求	观察检查和检查隐蔽工程验收记录
一般项目	1. 卷材防水层的搭接缝	应粘(焊)结牢固、密封严密,并不得有皱折、翘边和鼓泡	观察检查
	2. 防水层的收头	应与基层粘结并固定牢固、缝口封严,不得翘边	观察检查
	3. 卷材防水层撒布材料和浅色涂料保护层	应铺撒或涂刷均匀,粘结牢固	观察检查
	4. 卷材防水层的水泥砂浆或细石砼保护层与卷材防水层间	应设置隔离层	观察检查
	5. 保护层的分格缝留置	应符合设计要求	观察检查
	6. 卷材的铺设方向,卷材的搭接宽度允许偏差	铺设方向应正确;搭接宽度的允许偏差为 – 10 mm	观察和尺量检查
	7. 排汽屋面的排气道、排气孔	应纵横贯通,不得堵塞;排汽管应安装牢固,位置正确,封闭严密	观察和尺量检查

(5)施工质量及安全技术

1)施工质量要求　屋面不得有渗漏和积水现象;所使用的材料(包括防水材料、找平层、保温层、保护层、隔气层及外加剂、配件等)必须符合设计要求和质量标准;天沟、檐沟、泛水和变形缝等构造,应符合设计要求;卷材铺贴方法和搭接顺序应符合设计要求,搭接宽度正确,接缝严密,无皱折、鼓泡和翘边现象;卷材防水层的基层,卷材防水层搭接宽度,附加层、天沟、檐沟、泛水和变形缝等细部做法,刚性保护层与卷材防水层之间设置的隔离层,密封防水处理部位等,应作隐蔽工程验收,并有记录。

2)质量验收要求 卷材防水层的质量主要是施工质量和耐用年限内不得渗漏。材料质量必须符合设计要求,施工后不渗漏、不积水,极易产生渗漏的节点防水设防应严密,所以将它们列为主控项目。将搭接、密封、基层粘贴、铺设方向、搭接宽度、保护层、排汽屋面的排气通道等项目列为检验项目,见表9.11。

3)安全技术(措施) 沥青卷材屋面施工是高空、高温作业,且易受沥青毒害的影响,因此必须采取有效措施,防止发生火灾、中毒、烫伤、坠落等事故发生。

①患皮肤病、眼结膜病以及对沥青严重过敏的工人,不得从事沥青作业。

②装卸、搬运、熬制、铺涂沥青时,必须使用规定的防护用品,皮肤不得外露。

③熬制沥青地点要避开电线,应与建筑物有25 m的安全距离。熬制场所应按季节搭设防雨、雪棚,临时堆放沥青、燃料的场地距熬制沥青锅的距离不小于5 m。

④熬制沥青时,必须备有足够的防火砂、铁锅盖和灭火器等消防设备,以防沥青起火。

⑤熬制必须随时测量和控制油温,熬油量不得超过油锅容量的3/4,下料应慢慢溜放,严禁大块投放。熬油工人不准任意离开岗位。下班熄火,关闭炉门,盖好锅盖,切断电源。

⑥装运沥青的勺、桶、壶等工具,应用铁皮咬口制成,不得用锡焊。盛油量不得超过容器的2/3,吊运和放置时要保持油桶的水平稳定。

⑦高空作业应按规定在屋面设置1.2 m高的围栏。

⑧6级以上强风时,不得进行屋面施工和沥青熬制工作。

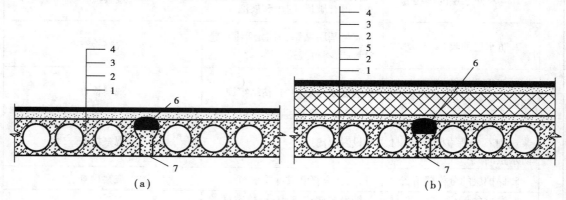

图9.3 涂料防水屋面构造图
(a)无保温层屋面 (b)有保温层屋面
1—结构层;2—水泥砂浆找平层;3—冷底子油;4—涂料、胎体材料;
5—保温层;6—油膏嵌缝;7—细石砼

9.1.2 涂料屋面防水施工

(1)涂料屋面防水构造形式

防水涂料是以高分子合成材料为主体,在常温下呈无定型液态,经涂布并能在结构物表面形成坚韧防水膜的物料的总称,主要有薄质涂料和厚质涂料两大类。在钢筋砼装配式结构无保温层屋盖体系中,板缝采用油膏嵌缝,板面压光具有一定自身防水(构件自防水)能力,并附加涂刷一定厚度的防水涂料层;也可在板面找平层和保温屋面找平层上采用防水涂料。涂料防水屋面构造见图9.3。采用涂料防水施工简便,防水性好,适应性强,容易修补。

(2)涂料的种类及质量要求

按涂料的溶液或分散剂介质的类型不同,防水涂料可分为溶剂型、水乳型和反应型三类。按涂料的基材组成材料的不同,防水涂料可分为沥青基防水涂料、合成高分子防水涂料和高聚物改性沥青防水涂料三类。

表9.12　沥青基防水涂料质量要求

项　　目		性　能　要　求
固体含量/%		≥50
耐热度(80 ℃,5 h)		无流淌、起泡和滑动
柔性(10 ℃±1℃)		4 mm 厚,绕φ20 mm 圆棒,无裂纹、断裂
不透水性	压力/MPa	≥0.1
	保持时间/min	≥30 不透水
延伸[(20±2)℃拉伸]/mm		≥4.0

1)沥青基防水涂料　沥青防水涂料是以沥青为基料配制成的水浮型或溶剂型涂料。其主要品种有:石棉乳化沥青防水涂料、膨润土乳化沥青防水涂料、石灰膏乳化沥青防水涂料和乳化沥青防水涂料。它们有厚质型和薄质型之分。沥青基防水涂料的质量应符合表9.12 的要求。

2)合成高分子防水涂料　合成高分子防水涂料是以合成橡胶或合成树脂为主要成膜物质配制成的单组分或多组分防水涂料。其主要品种有:聚氨酯(俗称"851")防水涂料、丙烯酸防水涂料和有机硅防水涂料等。合成高分子防水涂料的质量应符合表9.13 的要求。

表9.13　合成高分子防水涂料质量要求

项　　目	性　能　要　求		
	反应固化型	挥发固化型	聚合物水泥涂料
固体含量/%	≥94	≥65	≥65
拉伸强度/MPa	≥1.65	≥1.5	≥1.2
断裂延伸率/%	≥350	≥300	≥200
柔性/℃	-30,弯折无裂纹	-20,弯折无裂纹	-10,绕φ10 mm 棒无裂纹
不透水性　压力/MPa	≥0.3		
保持时间/min	≥30		

3)高聚物改性沥青防水涂料　高聚物改性沥青防水涂料是以沥青为基料,用合成高分子聚合物进行改性配制成的水乳型或溶剂型防水涂料。其主要品种有:氯丁胶乳沥青防水涂料、再生橡胶乳溶沥青防水涂料、SBS 改性沥青防水涂料及 APP 改性沥青防水涂料等。此类涂料均属薄质型防水涂料。高聚物改性沥青防水涂料的质量应符合表9.14 的要求。

表 9.14   高聚物改性沥青防水涂料质量要求

项　　　　目		性　能　要　求
固体含量/%		≥43
耐热度(80 ℃,5 h)		无流淌、起泡和滑动
柔性(−10 ℃)		3 mm 厚,绕 ϕ20 mm 圆棒,无裂纹、断裂
不透水性	压力/MPa	≥0.1
	保持时间/min	≥30
延伸[(20±2)℃拉伸]/mm		≥4.5

(3)涂料层增强材料

为增强防水涂层的抗拉强度和防止涂层下坠,在涂层中增加胎体增强材料。增强材料主要有聚脂无纺布、化纤无纺布、玻纤网布等。

(4)嵌缝防水材料

嵌缝防水材料是用于各种接缝、接头及构件连接处起密封防水作用的材料,俗称密封油膏、嵌缝油膏。屋面防水常用的密封材料有改性沥青密封材料和合成高分子密封材料。

1)改性沥青密封材料   改性沥青密封材料是以沥青为基料,用适量的合成高分子聚合物进行改性,加入填充料和其他化学助剂配置而成的膏状密封材料。常用的有:改性石油沥青密封材料和改性焦油沥青密封材料。

2)合成高分子密封材料   合成高分子密封材料是以合成高分子材料为主体,加入适量的化学助剂、填充料和着色剂等,经特定的生产工艺而制成的膏状密封材料。常用的有:聚氨酯密封膏、丙烯酸酯密封膏、有机硅密封膏及聚硫密封膏等。与改性沥青密封材料相比,合成高分子密封材料具有高弹性、高延伸率、耐候性、强粘结性及耐疲劳性等性能,属于高档密封材料。

(5)基层处理

处理好基层对涂料防水有着重要作用,涂料紧密依附于基层后,形成一定厚度的防水膜,从而达到防水的目的。基层处理方法及要求如下:

①基层表面平整度不应超过 5 mm,否则应将其凸出部位铲平,将凹坑部位用 1∶2.5 水泥砂浆掺 15% 的 108 胶补抹填平。

②按设计要求做好排水坡度,不得有积水现象。

③将基层表面上的灰尘、砂子及浮浆清扫干净,防止因灰尘混入涂膜里而降低防水层质量。

④基层与凸出屋面结构连接处及基层转角处,应做成圆弧形或钝角。

⑤基层表面有起砂、起皮或空鼓等情况,应将其铲掉,重做找平层。

⑥基层表面上有 0.5 mm 以上的裂缝或有蜂窝麻面时,可用防水涂料腻子[防水涂料:滑石粉 = 1∶(1 ~ 2)]进行处理,并在裂缝或麻面处做一布二油。

(6)板缝和涂料防水层施工

1)板缝施工

①对板缝的要求   屋面板板缝上口的宽度应调整为 20 ~ 40 mm。当板缝宽度大于 50 mm

时,板缝内必须设置构造钢筋。灌缝前必须浇水充分湿润,冲洗干净。板缝下部应用不低于C20 细石砼灌缝并捣固密实,其上表面距板面的油膏缝深度为 20～30 mm。板缝必须干净,嵌缝前应清除板缝两侧表面浮灰杂物,随即满涂冷底子油,为嵌缝施工做好准备。

②油膏或胶泥嵌缝的施工　根据嵌缝材料的不同,有油膏冷嵌和聚氯乙烯胶泥热灌两种施工方法。当采用冷嵌油膏施工方法时,宜用嵌缝枪嘴伸入缝内,使挤出的油膏嵌满全缝;也可将油膏切成比缝稍宽的细长条,用刮刀将其用力嵌入缝内,随切随嵌,然后用铁镏子压实,其接槎宜用斜接。当气温低于 15 ℃ 或油膏过稠时,可将油膏用热水温烫后再用。

当采用热灌胶泥施工方法时,聚氯乙烯胶泥温度不宜低于 110 ℃。热灌胶泥时应由下向上进行,并尽量减少接头数量。一般先灌垂直于屋脊的板缝,后灌平行于屋脊的板缝。在纵横板缝交叉处,在灌垂直于屋脊板缝的同时,应将平行于屋脊的两侧板缝各灌 150 mm,并留成斜槎。

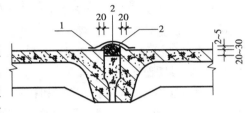

图 9.4　油膏嵌缝示意图
1—保护层;2—油膏

油膏或胶泥的覆盖宽度,应超出板缝每边不少于 20 mm(见图 9.4)。嵌缝材料固化后,可用油毡条、玻璃丝布等作覆盖层,以保护油膏或胶泥。

2)防水涂料施工　在涂刷防水涂料之前,须将基层表面薄涂一层冷底子油,以使涂料防水层与基层的粘结牢固。防水涂料的涂布方法有:刷涂施工、抹涂施工、刮涂施工、喷涂施工等。薄质涂料可采用刷涂和喷涂施工;厚质涂料宜采用抹涂或刮涂施工。

①刷涂施工　刷涂时一般可将涂料倒在经处理的基层上,用刷子刷涂均匀。倒涂料时要控制均匀,不可在一处倒得过多,否则涂料难以刷开,造成涂膜厚薄不均匀现象。

涂刷时应遵循先立面,后平面,先远处,后近处的原则,避免操作人员踏踩刚涂好的涂层。前一层涂料干燥后,方可进行第 2 层涂膜的涂刷。

相邻两道涂层之间的涂刷方向应互相垂直,以提高防水层的整体性和均匀性。涂层的接槎处,先退槎刷 50～100 mm,接槎后再超槎刷 50～100 mm,以免在搭接处发生渗漏。

在地漏、立管周围或阴阳角等特殊部位处,需按设计要求应先用密封材料密封,再加铺一至两层胎体材料的附加层进行增强处理,即先涂刷一层涂料,随即铺贴胎体增强材料,干燥后再刷一遍防水涂料。

对薄质涂料,每道涂刷的厚度为 2～3 mm。

②抹涂施工　对于流平性较差的厚质防水涂料,一般采用抹涂法施工,通常包括结合层涂布(底层涂料)和防水层涂膜的抹涂两道工艺过程。

结合层的涂布可采用机械喷涂或人工刷涂方法,在基层表面涂布一层与防水层配套的底层防水涂料。为填满基层表面的微细孔缝和增强基层与防水层的粘结力,要求涂布均匀,不得漏涂。

防水层抹涂施工需待底层防水涂料干燥后进行。使用抹灰工具(如抹子、压刀、阴阳角抿子等)抹涂防水涂料,一般涂抹一遍成活。

对于墙角抹涂防水涂料,一般由上而下、自左向右,顺一个方向随涂随抹平,做到表面平整密实。

基层平整度较差时,可增加一遍刮涂涂层,即在已涂布底层涂料的面上再刮涂一遍涂料,以保证其底层涂料的平整度。

对厚质涂料,每道的抹涂厚度为 4~8 mm。

（7）涂层保护层的施工

为防止防水涂料老化过快,应在其表面做保护层。实际工作中,可根据设计规定或涂料使用说明书要求选定涂层保护材料。对薄质涂料宜用云母粉、铝粉或浅色涂料作保护材料;厚质涂料则可用细砂等作保护材料。

在防水层涂刷最后一道涂层时,就立即均匀撒布保护层材料,并随即用胶辊滚压,使之粘牢,隔日将多余部分扫去。涂层刷浅色涂料时,须待防水层最后一道涂膜干燥后,将配好的浅色涂料均匀地涂刷一道,不露底、不起泡,干前禁止踩踏。

（8）施工质量要求

①涂料防水屋面不得有渗漏和积水现象。

②所用的防水涂料、胎体增强材料、嵌缝材料及复合卷材,必须符合现行国家产品标准和设计要求,不合格的材料,不得使用。

③屋面坡度必须准确,找平层平整度不得超过 5 mm,不得有疏松、起砂、起皮等现象,出现裂缝应作修补。

④水落口杯和伸出屋面的管道应与基层固定牢固,密封严密。各节点做法应符合设计要求,附加层设置正确,节点封固严密,不得有开缝翘边。

⑤防水层与基层应粘结牢固,不得有裂纹、脱皮、流淌、鼓泡、露胎体和皱皮等现象,厚度应符合设计要求。

⑥保护层的质量符合要求。涂料防水层质量检验的项目、要求和检验方法见表9.15。

表 9.15　涂料防水层质量检验的项目、要求和检验方法

	检 验 项 目	要 求	检 验 方 法
主控项目	防水涂料和胎体增强材料	必须符合设计要求	检查出厂合格证、质量检验报告和现场抽样复验报告
	涂膜防水层	不得有渗漏或积水现象	雨水或淋水、蓄水试验
	涂膜防水层在天沟、檐沟、檐口、水落口、泛水、变形缝和伸出屋面管道等细部做法	必须符合设计要求	观察检查和检查隐蔽工程验收记录
一般项目	涂膜防水层的厚度	平均厚度符合设计要求,最小厚度不应小于设计厚度的80%	针测法或取样量测
	防水层表观质量	与基层粘结牢固,表面平整,涂刷均匀,无流淌、皱折、鼓泡、露胎体和翘边等缺陷	观察检查
	涂膜防水层撒布材料和浅色涂料保护层	应铺撒或涂刷均匀,粘贴牢固	观察检查
	涂膜防水层的水泥砂浆或细石砼保护层与卷材防水层间	应设置隔离层	观察检查
	刚性保护层的分格缝留置	符合设计要求	观察检查

9.1.3 刚性防水屋面施工

刚性防水屋面是指用普通细石砼、补偿收缩砼、预应力砼、纤维砼等做屋面的防水层,利用砼的密实性达到防水目的。刚性防水屋面所用材料易得,价格便宜,耐久性好,维修方便,广泛用于一般工业与民用建筑。由于其所用材料密度大,抗拉强度低,易受砼的干湿变化、温度变化及结构位移等影响而产生裂缝,因此刚性防水层主要适用于防水等级为Ⅲ级的屋面防水。对于屋面防水等级为Ⅱ级以上的重要建筑物,可用作多道防水设防中的一道防水层,不适用于设有松散材料保温层的屋面,以及受较大振动或冲击的建筑屋面。

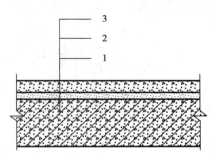

图9.5 细石砼防水屋面构造形式
1—结构层;2—隔离层;3—细石砼防水层

刚性防水屋面的构造形式,见图9.5。

(1)刚性屋面防水构造形式

刚性防水屋面的节点构造包括分格缝、变形缝、檐口、天沟、水落口、泛水、压顶、穿过防水层的管道等细部构造。这些细部构造施工质量的好与否,直接影响整个刚性屋面的防水效果。

1)分格缝 普通细石砼和补偿收缩砼防水层的分格缝宽度宜为20～40 mm。分格缝中应嵌填密封材料,上部铺贴防水卷材,以适应分格缝的变形和防止嵌缝材料老化,如图9.6(a)、(b)、(d)所示。顺水流方向的分格缝可以采用盖瓦式,如图9.6(c)所示。

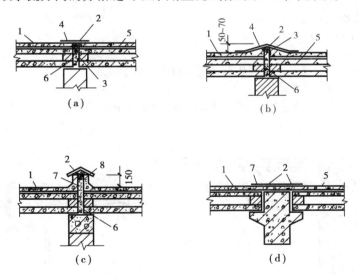

图9.6 分格缝的构造
(a)平缝 (b)凸缝 (c)盖缝 (d)屋面梁处分格缝
1—刚性防水层;2—密封材料;3—衬垫材料;4—防水卷材;
5—隔离层;6—细石砼;7——一布二油盖缝;8—盖瓦

2)变形缝 变形缝有等高变形缝和高低跨变形缝两种。刚性防水层与变形缝两侧墙体交接处应留宽度为30 mm 的缝隙,并用密封材料嵌填;泛水处应铺设卷材或涂膜附加层;变形缝中应填充泡沫塑料或沥青麻丝,其上填放衬垫材料,并应用卷材封盖,顶部应加扣砼盖板或金属盖板。等高屋面变形缝构造见图9.7。高低屋面变形缝构造见图9.8。

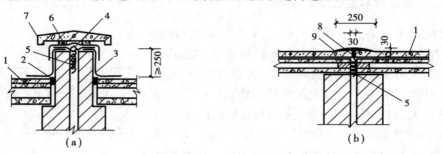

图9.7　等高屋面变形缝构造

（a）变形缝高出屋面　（b）变形缝低于屋面

1—刚性防水层;2—密封材料;3—防水卷材;4—衬垫材料;5—沥青麻丝;

6—水泥砂浆;7—砼盖板;8—油膏;9—二布二油

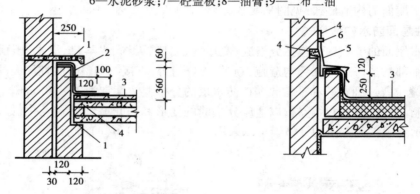

图9.8　高低屋面变形缝构造

1—沥青麻丝;2—二布二油;3—刚性防水层;4—密封材料;

5—金属或高分子盖板;6—金属压条钉子固定

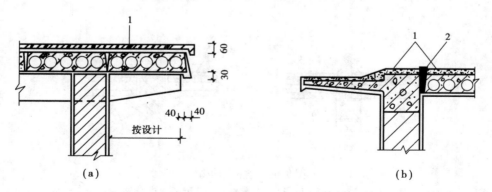

图9.9　自由落水檐口

（a）预制砼板檐口　（b）现浇砼檐口

1—细石砼;2—防水接缝材料

　3）檐口和天沟　预制砼板自由落水檐口的防水构造,见图9.9(a)。在预制屋面板与檐口圈梁或外墙相交处的防水层,宜设置分格缝,并用接缝材料填实,如图9.9(b)和图9.10(a)所示。如该部位不设分格缝时,应设 φ6@200,长度1 m左右的加强钢筋,如图9.10(c)、图9.10(d)所示。

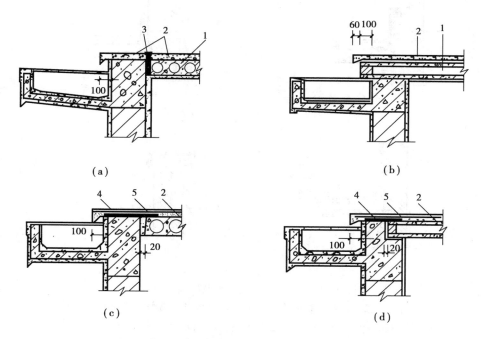

（a）　　　　　　　　　　　（b）

（c）　　　　　　　　　　　（d）

图9.10　现浇天沟、檐口
1—屋面板;2—刚性防水层;3—密封材料;4—干铺油毡一层;5—加强钢筋

刚性防水层与天沟、檐口的交接处应留凹槽,并用密封材料封严,如图9.11所示。刚性防水层应挑出檐口或板端不小于30 mm,并做滴水槽或鹰嘴,防止雨水倒爬,如图9.9所示。刚性防水的天沟,因纵向过长而常常发生开裂,故应设置分格缝并进行柔性密封处理。

4）水落口　在水落口周围500 mm范围内,应先涂刷一层2 mm厚的防水涂料,并在水落口与基层交接处留20 mm×20 mm凹槽,槽内嵌填密封材料,然后再做防水层。

5）泛水及压顶　刚性防水层与山墙、女儿墙等立墙交接处应预留20～40 mm宽的缝隙,缝内嵌填密封材料,上面再用柔性防水材料(卷材或涂膜)覆盖。覆盖宽度应不小于250 mm,在立墙上的收头部位应压入墙上预留的凹槽中,并进行密封处理,如图9.12所示。

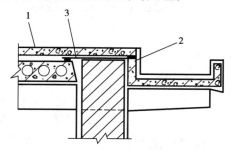

图9.11　预制天沟檐口
1—刚性防水层;2—密封材料;3—隔离层

采用细石砼泛水时,其垂直高度不得小于120 mm,并用密封材料嵌填,如图9.12(b)、(c)所示。

女儿墙上的砖或预制砼压顶上面应采用合成高分子卷材或高延伸性防水涂料进行防水处理,以防止因压顶处开裂而引起渗漏。

6）伸出屋面的管道　伸出屋面防水层的管道,与刚性防水层交接处应留设凹槽,槽内嵌

353

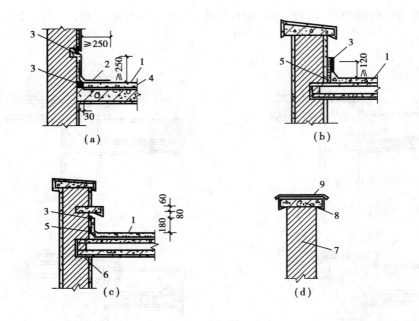

图 9.12 山墙、女儿墙泛水及压顶构造

1—刚性防水层;2—防水卷材或涂料;3—密封材料;4—隔离层;5—沥青麻丝;

6—板底垫油毡两层;7—女儿墙;8—砼压顶;9—合成高分子卷材

填密封材料,并应加设柔性防水附加层,收头处应固定密封,如图 9.13 所示。

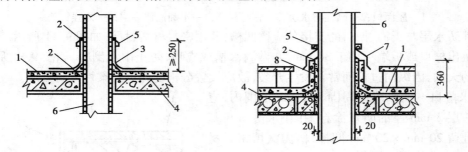

图 9.13 伸出屋面管道的防水构造

1—刚性防水层;2—密封材料;3—卷材或涂料防水层;4—隔离层;

5—金属箍;6—管道;7—24 号镀锌铁皮;8—沥青麻丝

(2)材料技术要求

1)水泥 宜采用普通硅酸盐水泥或硅酸盐水泥。当采用矿渣硅酸盐水泥时应采取减少泌水性的措施。水泥的强度等级不低于 32.5 级,并不得使用火山灰质硅酸盐水泥。

2)石子 宜采用质地坚硬、级配良好、最大粒径不宜超过 15 mm、含泥量不大于 1% 的碎石或砾石,否则应进行冲洗。

3)砂子 宜采用粒径为 0.3 ~ 0.5 mm 中砂或粗砂,含泥量不大于 2%,否则应进行冲洗。

4)拌和水 应采用不含有害物质的洁净水。水中不得含有影响水泥正常凝结与硬化的糖类、油类及含有酸、碱等有害物质,pH 值不得小于 4。一般的自来水和饮用水均可使用。

5)外加剂 为提高刚性防水层的砼的密实度,防止其渗漏,常在细石砼中掺入膨胀剂、减水剂、防水剂、引气剂等外加剂。

6）钢筋　防水层内配置的钢筋宜采用乙级冷拔低碳钢丝,直径为 4～6 mm,间距为 100～200 mm 的双向钢筋网片,钢筋网片应在分隔缝处断开,其保护层厚度不应小于 10 mm。

7）密封材料　分格缝等常用玛琋脂嵌缝,玛琋脂的质量应符合产品的质量标准及设计要求。

（3）细石砼防水层施工

1）隔离层施工　由于温差、干缩、荷载等作用,结构会发生变形或开裂,从而导致防水层产生裂缝,因此,应在防水层和结构层之间设置隔离层,使两层之间不粘结,让防水层自由伸缩,以减少因结构层变形而导致防水层的渗漏。

①黏土砂浆（石灰砂浆）施工　用黏土砂浆或石灰砂浆作隔离层。黏土砂浆配合比为:石灰膏:砂:黏土 =1:2.4:3.6（体积比）;石灰砂浆配合比为:石灰膏:砂 =1:4。砂浆铺抹前,将板面清扫干净,洒水湿润,不得有积水,然后铺抹黏土砂浆或石灰砂浆层,厚度约为 10～20 mm。隔离层要求厚度均匀、表面平整,抹平压光并养护。待砂浆层基本干燥并有一定强度后,方可进行防水层施工。

②水泥砂浆找平层＋卷材隔离层施工　用水泥砂浆找平层再铺卷材作隔离层。清扫结构层并洒水湿润,不得有积水。铺设 1:3 水泥砂浆找平层,厚度为 15～20 mm,压实抹光并养护。待水泥砂浆干燥后,上铺干砂滑动层,厚度为 4～8 mm,用滚筒将砂压实,然后再铺一层卷材。卷材层搭接缝用热沥青粘合,粘合面应平整。

施工好的隔离层应加强保护。采用垫板等措施后,可在其上运输砼。绑扎钢筋时不得扎破隔离层表面,浇捣防水层砼时不能损坏隔离层。

2）细石砼防水层施工　细石砼防水层施工工艺是:先清理隔离层表面,检查其质量,弹分格缝线及支设分格条,再绑扎钢筋网片,最后浇筑细石砼防水层。

①分隔缝设置

A. 分隔缝应设置在屋面板的支承端、屋面转折处、防水层与突出屋面结构的交接处,并与板缝对齐。纵横分隔缝设置间距一般不大于 6 m,分格面积不宜超过 36 m²。

B. 分隔缝宽一般为 10～20 mm。分格缝采用上宽下窄木条,用砂浆将其固定。

②细石砼防水层施工

A. 绑扎钢筋网片　钢筋网片应绑扎或焊接成型。钢筋网片的安放位置,以位于防水层的居中偏上为宜,保护层厚度应不小于 10 mm。钢筋网片在分格缝处断开,使防水层在该处能自由伸缩。

B. 浇筑防水层砼　细石砼强度等级应符合设计要求,一般不小于 C20,厚度不宜小于 40 mm。

砼应按先远后近、先高后低的顺序逐格进行浇捣。一个分格缝内的砼必须一次浇捣完成,不留施工缝。

手推车运送砼时,应先将砼倒在铁板上,再用铁铲铺设砼。若用浇灌斗吊运砼时,其倾倒高度不得高于 1 m,且宜分散倾倒,再用靠尺刮铺平整。

防水层砼应采用平板振捣器振捣,至直表面出浆,出浆后用铁抹子压实抹平,并使其符合排水坡度要求。

待砼收水初凝后,取出分格条,用铁抹子进行第 1 次抹光,并用水泥砂浆修补分格缝的缺损部分,使之平直整齐。

砼终凝前进行第 2 次抹光,使砼表面子整光滑、无抹痕。抹光时不准撒干水泥,要求原浆抹光。必要时可进行第 3 次抹光。

砼终凝后用锯末或草帘覆盖后淋水进行养护,养护时间不得少于 14 d。养护期间严禁踩踏,避免防水层受到损坏。

3)分格缝的处理

细石砼防水层分格缝处必须用密封材料嵌填并加贴防水卷材的方法进行处理。其处理方法同前。

4)施工质量要求

①刚性防水屋面不得有渗漏和积水现象。

②刚性防水屋面所用的材料必须符合质量标准和设计要求。

③穿过屋面的管道等与屋面交接处,周围要用柔性材料增强密封,不得渗漏,各节点做法符合设计要求。

④砼的强度等级、厚度及补偿收缩砼的自由膨胀率符合设计要求。

⑤刚性防水屋面层的表面平整度不超过 5 mm,不得起砂、起壳和裂缝。

⑥防水层内钢筋位置应准确。分格缝应平直,位置正确。密封材料应嵌填密实,盖缝卷材应粘贴牢固,无脱开现象。

⑦在施工过程中要做好隐蔽工程的检查和记录,以便于刚性防水屋面的竣工验收。

细石砼刚性防水层质量检验的项目、要求和检验方法见表 9.16。

表 9.16　细石砼刚性防水层质量检验的项目、要求和检验方法

	检 验 项 目	要 求	检 验 方 法
主控项目	1. 细石砼的原材料	必须符合设计要求	检查出厂合格证、质量检验和现场抽样复验报告
	2. 细石砼的配合比和抗压强度	必须符合设计要求	检查配合比和试块试验报告
	3. 细石砼防水层	不得有渗漏或积水现象	雨后或淋水检验
	4. 细石砼防水层在天沟、檐沟、檐口、水落口、泛水、变形缝和伸出屋面管道的防水构造	必须符合设计要求	观察检查和检查隐蔽工程验收记录
一般项目	1. 细石砼防水层表面	应密实、平整、光滑、不得有裂缝、起壳、起皮、起砂	观察检查
	2. 细石砼防水层厚度和钢筋位置	必须符合设计要求	观察和尺量检查
	3. 细石砼防水层分格缝的位置和间距	必须符合设计要求	观察和尺量检查
	4. 细石砼防水层表面平整度	允许偏差为 5 mm	用 2 m 靠尺和楔形塞尺检查

9.2 地下结构防水施工技术

建筑物地下结构埋设在地下或水下,长期受到潮湿和地下水的影响。如果地下结构没有防水措施或防水措施不得当,那么地下水就会渗入结构内部,使砼腐蚀、钢筋生锈、地基下沉,影响其使用年限,甚至直接危及建筑物的安全。为了确保地下建筑物的正常使用,必须重视地下结构的防水。根据《地下工程防水技术规范》(GB 50108—2001)的规定,地下工程防水等级分为四级,各级的标准应符合表9.17的规定。地下结构防水等级,应根据工程的重要性和使用中对防水的要求按表9.18选定。

地下结构防水一般可采用钢筋砼结构自防水、卷材防水、涂膜防水等技术措施。

表9.17 地下工程防水等级标准

防水等级	标 准
1 级	不允许渗水,结构表面无湿渍
2 级	不允许漏水,结构表面可有少量湿渍。工业与民用建筑:总湿渍面积不应大于总防水面积(包括顶板、墙面、地面)的1/1 000,任意100 m² 防水面积上的湿渍不超过1处,单个湿渍的最大面积不大于0.1 m²;其他地下工程:总湿渍面积不应大于总防水面积的6/1 000,任意100 m² 防水面积上的湿渍不超过4处,单个湿渍的最大面积不大于0.2 m²
3 级	有少量漏水点,不得有线流和漏泥砂。任意100 m² 防水面积上的漏水点数不超过7处,单个漏水点的最大漏水量不大于2.5 L/d,单个湿渍的最大面积不大于0.3 m²
4 级	有漏水点,不得有线流和漏泥砂。整个工程平均漏水量不大于2L/(m²·d),任意100 m² 防水面积的平均漏水量不大于4 L/(m²·d)

表9.18 不同防水等级的适用范围

防水等级	适 用 范 围
1 级	人员长期停留的场所;因有少量湿渍会使物品变质、失效的储物场所及严重影响设备正常运转和危及工程安全运营的部位;极重要的战备工程
2 级	人员经常活动的场所;在有少量湿渍的情况下不会使物品变质、失效的储物场所及基本不影响设备正常运转和工程安全运营的部位;重要的战备工程
3 级	人员临时活动的场所;一般战备工程
4 级	对渗漏水无严格要求的工程

9.2.1 防水砼施工

防水砼是用调整砼配合比、掺入外加剂或使用特种水泥等方法,提高自身的密实性和抗渗性,使其能够满足抗渗设计强度等级的不透水砼。它既是防水层,又是承重或维护结构。

防水砼一般分为普通防水砼、外加剂防水砼和补偿收缩防水砼三类。它们各有不同的特点,可根据工程不同的防水需要进行选择。

(1)材料技术要求

1)水泥 水泥强度等级不应低于 32.5 级。在不受侵蚀性介质和冻融作用时,宜采用普通硅酸盐水泥、硅酸盐水泥、火山灰质硅酸盐水泥、粉煤灰硅酸盐水泥;掺外加剂时可采用矿渣水泥;如受侵蚀介质作用时,应按介质的性质或按设计要求选用相应的水泥。在受冻融作用时,应优先选用普通硅酸盐水泥,不宜采用火山灰质硅酸盐水泥、粉煤灰硅酸盐水泥。

2)集料 石子最大粒径不宜大于 40 mm,泵送时其最大粒径应为输送管径的 1/4;吸水率不应大于 1.5%。其他要求应符合《普通砼用碎石或卵石质量标准及检验方法》(JGJ53—92)的规定。砂宜采用中砂,含泥量不得大于 3.0%,其他要求应符合《普通砼用砂质量标准及检验方法》(JGJ52—92)的规定。

3)拌和水 用自来水或饮用水作拌和水,其要求应符合《砼拌和用水标准》(JGJ63—89)的规定。

4)砼配合比及外加剂 防水砼的配合比是防水砼的关键技术。防水砼的配合比应由试验室通过试配来确定。防水砼的配合比,应符合下列规定:

①水泥用量不得少于 320 kg/m³;掺有活性掺和料时,水泥用量不得少于 280 kg/m³。

②含砂率宜为 35%~40%,泵送时可增至 45%。

③灰砂比宜为 1:1.5~1:2.5。

④水灰比不得大于 0.55。

⑤普通防水砼坍落度不宜大于 50 mm。防水砼采用预拌砼时,入泵坍落度宜控制在(120±20)mm,入泵前坍落度每小时损失值不应大于 30 mm,坍落度总损失值不应大于 60 mm。

⑥掺加引气剂或引气型减水剂时,砼含气量应控制在 3%~5%。

⑦防水砼采用预拌砼时,缓凝时间宜为 6~8 h。

⑧防水砼配料必须按配合比准确称量。计量允许偏差不应大于下列规定:水泥、水、外加剂、掺和料为 ±1%;砂、石为 ±2%。

5)外加剂 不同的外加剂,其性能、作用、掺入量都不同,应根据设计和施工工艺要求,选择相应的外加剂。

①减水剂 减水剂是一种表面活性剂,它以分子定向吸附作用将凝聚在一起的水泥颗粒絮凝状结构高度分散解体,并释放出其中包裹的拌和水,使在坍落度不变的条件下,减少拌和用水量;此外,由于高度分散的水泥颗粒更能充分水化,使水泥石结构更加密实,从而提高了砼的密实性和抗渗性。

常用的减水剂有:木质素磺酸钙、多环芳香族磺酸钠、糖蜜等。减水剂掺量可参考表5.16。

②三乙醇胺防水剂 三乙醇胺防水剂对水泥的水化起加快作用,水化生成物增多,水泥石结晶变细,结构密实,因此提高了砼的抗渗性,抗渗压力可提高 3 倍以上。三乙醇胺防水砼具

有早强和强化作用,施工简便,质量稳定。三乙醇胺防水剂的配料见表9.19。

表9.19　三乙醇胺防水剂配料表

配方 配比		1号配方		2号配方			3号配方			
		三乙醇胺0.05%		三乙醇胺0.05% + 氯化钠0.5%			三乙醇胺0.05% + 氯化钠 0.5% + 亚硝酸钠1%			
		水	三乙醇胺	水	三乙醇胺	氯化钠	水	三乙醇胺	氯化钠	亚硝酸钠
三乙醇 胺纯度	100%	98.75	1.25	86.25	1.25	12.5	61.25	1.25	12.5	25
	75%	98.33	1.67	85.83	1.67	12.5	60.83	1.67	12.5	25

③氯化铁防水剂　在砼中掺入适量的氯化铁防水剂配制成氯化铁防水砼。由于氯化铁防水剂与水泥水化析出物产生化学反应,其生成物填充砼内部孔隙,堵塞和切断贯通的毛细孔道,改善砼内部的孔隙结构,增加了密实性,使砼具有良好的抗渗性。

氯化铁防水砼配合比见表9.20。

表9.20　氯化铁防水砼配合比

项　　目	技　术　要　求
水　灰　比	≤0.55
水泥用量(kg·m^{-3})	≥310
坍落度/mm	30 ~ 50
防水剂掺量	水泥质量的3%

④引气剂　在砼中加入引气剂后,会产生大量微小、密闭、稳定而均匀的气泡,这些气泡切断砼中渗水通路,从而提高砼的密实性和抗渗性。

常用的引气剂有:松香酸钠(松香皂)、松香热聚物、烷基磺酸钠、烷基苯磺酸钠等。引气剂防水砼的配制要求,见表9.21。

表9.21　引气剂防水砼配制要求

项　　目	要　　求
引气剂掺量	以使砼获得3% ~6%的含气量为宜,松香酸钠掺量为0.01% ~0.03%,松香热聚物掺量约为0.01%
含　气　量	以3% ~6%为宜,此时拌和物密度降低不得超过6%,砼强度降低值不得超过25%
坍落度/cm	3 ~5
水泥用量/(kg·m^{-3})	≥330
水灰比	≤0.55
砂率/%	宜为35% ~40%
灰砂比	1.2 ~2.5
石子级配	自然级配

⑤膨胀剂 膨胀剂在水泥水化过程中生成膨胀结晶体,将水泥石中的空隙填充、堵塞,并切断砼内的毛细孔通道,增加砼的密实性,从而提高其防水性能。UEA膨胀剂防水砼配合比应通过试验室试配来确定。其掺量通常为10%~14%。

(2)防水砼施工要点

防水砼的施工工艺与普通砼施工基本相同,施工时应注意以下要点:

①固定模板的螺栓不宜穿过防水砼结构,避免地下水沿其裂缝渗入。

②为阻止钢筋的引水作用,结构迎水面钢筋的保护层厚度不小于30 mm。钢筋或钢丝不得接触模板,不准用钢筋作垫块。底板的钢筋不准接触垫层。

③防水砼须采用机械搅拌,其搅拌时间不少于2 min,掺外加剂时应适当延长。

④砼浇筑的自由倾落高度不得超过1.5 m,否则应改用串筒、溜槽或溜管进行浇筑。

⑤砼应分层浇筑,每层浇筑厚度不得35 cm,相邻两层砼的浇筑时间常温下不宜超过3 h,夏季应适当缩短。

⑥砼须采用插入式振捣器进行振捣,不得漏振或欠振,以确保砼的密实性和抗渗性。

⑦砼在终凝前须进行浇水养护,其养护时间不得少于14 d。

⑧砼强度等级应达到设计强度等级的75%以上时即可拆模,拆模过早会使砼受损而渗漏。

⑨拆模后应及时进行回填,以保证砼后期强度的增长不受影响。

9.2.2 防水水泥砂浆抹面施工

水泥砂浆防水层是一种依靠提高砂浆层的密实性来达到防水要求的刚性防水层,它抗渗性较好,施工方便,成本较低,但抵抗变形的能力差,当结构产生不均匀下沉或受较强振动荷载时,易产生裂缝或剥落。

水泥砂浆防水层分为刚性多层普通水泥砂浆防水层、聚合物水泥砂浆防水层、掺外加剂水泥砂浆防水层三种。

(1)材料技术要求

1)水泥 应采用强度等级不低于32.5级的普通硅酸盐水泥、硅酸盐水泥、特种水泥,严禁使用过期或受潮结块水泥。

2)砂子 砂宜采用中砂,含泥量不大于1%,硫化物和硫酸盐含量不大于1%。

3)拌和水 拌制水泥砂浆所用的水,应符合《砼拌和用水标准》(JGJ63—89)的规定。

(2)基层处理

基层处理十分重要,是保证防水层与基层表面牢固结合、不空鼓和密实不透水的关键。主要工作有:清理表面,浇水湿润,补平表面蜂窝孔洞,使基层表面潮湿、平整、坚实、粗造,从而增加防水层与基层间的粘结力。

1)砼基层的处理要点 新浇砼拆模后,立即用钢丝刷将砼表面扫毛,并冲洗干净;当遇有基层表面凹凸不平、蜂窝孔洞等缺陷时,要进行修补;若砼表面的蜂窝与露石等面积小、数目少时,可刷洗净基层后,用掺入膨胀剂的净浆打底,再抹掺入膨胀剂的水泥砂浆找平;若蜂窝、露石、露筋等面积大时,应凿去薄弱处,刷洗干净后,填塞掺入膨胀剂或防水剂等的砂浆或细石砼。

2)砖砌体基层处理要点 对于新墙,先清扫干净表面残留的灰浆,再浇水冲洗干净;对于旧墙,先剔除表面疏松部位,直到露出坚硬的墙面,再用水冲洗干净;对旧砌体的勾缝砂浆,应全部剔除干净,剔缝深度 1 cm;处理基层后,必须浇水充分湿润。

(3)防水砂浆层施工

水泥砂浆防水层的施工程序是:先抹顶棚,再抹墙面,后抹地面。

1)砼顶棚与墙面水砂浆层施工

其构造做法是:第 1 层为水泥素浆层,厚度为 2 mm(水灰比 0.37~0.4)。先抹 1 mm 厚的水泥素浆,用铁抹子往返用力刮抹,使其填实基层表面孔隙。随即再抹一层 1 mm 厚的水泥素浆找平层,并用湿毛刷在素灰层表面轻轻带刷,以打乱其毛细孔道,形成坚实不透水层,并有利于第 2 层抹灰层的结合。

第 2 层为水泥砂浆层,厚度为 6~8 mm(灰砂比 1:2.5,水灰比 0.6~0.7)。在第 1 层素灰层初凝时,轻抹水泥砂浆层,使其压入素灰层厚度的 1/4 左右。抹完后,在水泥砂浆初凝时用招扫帚按顺序向一个方向扫出横向条纹。

第 3 层为水泥素浆层,厚 2 mm。其施工方法同第 1 层。

第 4 层为水泥砂浆,厚度为 6~8 mm。按第 2 层的施工方法施工,在水泥砂浆初后、终凝前,用铁抹子压实,一般以抹压 2~3 次为宜,最后再压光。

2)砖石墙面与拱顶防水砂浆层施工　第 1 层是刷水泥浆一道,厚度约为 1 mm(水灰比 0.5~0.6),用毛刷往返涂刷均匀,涂刷后,可抹第 2、3、4 层等,其操作方法同上。

3)地面防水砂浆层施工　地面防水层施工与墙面、顶板不同的地方是,素灰层(第 1 层、第 3 层)不采用刮涂的方法,而是把拌和好的素灰倒在地面上,用棕刷往返用力涂刷均匀,第 2 层和第 4 层是在素灰层初凝时把拌和好的水泥砂浆层按厚度要求均匀铺在素灰层上,按顶板、墙面操作要求抹压,各层厚度也与顶板、墙面防水层相同。地面防水层在施工时应由里向外顺序进行,防止践踏已做好的防水层。

9.2.3　防水卷材层施工

卷材防水层是用胶结材料将数层卷材粘贴于结构防水部位的外表面(称外防水)而形成具有独立防水作用的柔性防水附加层。卷材防水层具有良好的韧性和延伸性,能适应一定的结构振动和微小变形。

(1)基层及材料技术要求

1)基层要求　地下结构基层必须牢固,无凹坑、起砂掉灰等缺陷;卷材层的基层一般采用水泥砂浆,水泥砂浆的配合比为水泥:砂≥1:3,水泥的强度等级不应低于 32.5 级,砂浆稠度为 70~80 mm。平面与立面的转角处及阴阳角应做成圆弧或钝角;基层应多次清洗,彻底除净尘土及其他杂质;基层必须干燥,以保持卷材防水层粘贴牢固。

2)材料技术要求　卷材防水层应选用高聚物改性沥青类或合成高分子类防水卷材;卷材外观质量、品种规格应符合现行国家标准或行业标准;卷材及其胶粘剂应具有良好的耐水性、耐久性、耐刺穿性、耐腐蚀性和耐菌性;高聚物改性沥青防水卷材的主要物理性能应符合表 9.22 的要求;合成高分子防水卷材的主要物理性能应符合表 9.6 的要求。

粘贴各类卷材必须采用与卷材材性相容的胶粘剂,胶粘剂的质量应符合下列要求:高聚物改性沥青卷材间的粘结剥离强度不应小于 0.8 N/mm;合成高分子卷材胶粘剂的粘结剥离强度不应小于 1.5 N/mm,浸水 168 h 后的粘结剥离强度保持率不应小于 70%。

表 9.22　高聚物改性沥青防水卷材的主要物理性能

项　　目		性　能　要　求		
		聚酯毡胎体	玻纤胎体	聚乙烯胎体
拉力/[N·(50 mm)$^{-1}$]		≥450	纵向≥350 横向≥250	≥100
延伸率/%		最大拉力时,≥30	—	断裂时,≥200
耐热度(2 h)/℃		SBS 卷材 90,APP 卷材 110,无滑动、流淌、滴落		PEE 卷材 90,无流淌、起泡
低温柔度/℃		SBS 卷材—18,APP 卷材—5,PEE 卷材—10,30 mm 厚,R = 15 mm;4 mm,厚 r = 25 mm;3 s 弯 180°,无裂纹		
不透水性	压力/MPa	≥0.3	≥0.2	≥0.3
	保持时间/min	≥30		

注:SBS—弹性体改性沥青防水卷材;APP—塑性体改性沥青防水卷材;PEE—改性沥青聚乙烯胎防水卷材。

(2)防水卷材层施工技术

地下结构防水防水卷材层有两种施工方法,即外防水法和内防水法。外防水法是将防水卷材粘贴在地下结构的迎水面,即结构的外表面,是地下工程中常见的防水方法;内防水法是将防水卷材粘贴在地下结构的背水面,即结构的内表面,内防水法多用于人防、隧道等工程。

外防水法与内防水法相比较,具有以下优点:外防水法的防水层在迎水面,受压力水的作用紧压在结构上,不容易脱开,防水效果好;而内防水法的卷材防水层在背水面,受压力水的作用容易局部脱开,造成渗漏。外防水法有两种施工方法,即外防外贴法(见图 9.14)和外防内贴法(见图 9.15)。

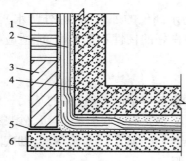

图 9.14　外防外贴法
1—临时保护墙;2—卷材防水层;3—永久性保护墙;
4—建筑结构;5—油毡;6—垫层

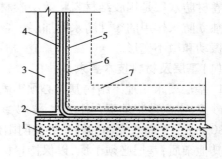

图 9.15　外防内贴法
1—砼垫层;2—干铺油毡;3—永久性保护墙;
4—找平层;5—保护层;6—卷材防水;7—需防水结构

1)外防外贴法　外防外贴法是将立面卷材防水层直接铺设在需防水结构的外墙外表面(见图 9.14),施工程序如下:

①浇筑所需防水结构的底面砼垫层。

②在垫层上砌筑永久性保护墙,墙下铺一层干油毡。墙的高度为结构底板厚度再加

100 mm。

③在永久性保护墙上用石灰砂浆接砌临时保护墙,墙高为300 mm。

④在永久性保护墙上抹1:3水泥砂浆找平层,在临时保护墙上抹石灰砂浆找平层。

⑤待找平层基本干燥后,应先在转角处粘贴一层卷材附加层,再进行大面积铺贴。铺贴时,先铺平面、后铺立面,交接处应交叉搭接。在垫层和永久性保护墙上应将卷材防水层粘贴牢固,在临时保护墙上则应将卷材防水层临时贴附,并分层临时固定在其顶端。

⑥为避免后序施工时损坏卷材防水层,须在永久性保护墙段的卷材防水层上抹低标号的水泥砂浆,在临时保护墙段卷材上抹石灰砂浆作保护层。

⑦先浇筑地下结构底板砼,再进行墙体施工。当结构墙体为砼时,保护墙可作为浇筑墙体的一侧模板;当墙体为砖石时,砌筑过程中应用水泥砂浆和石灰砂浆将其墙后的空隙填实。

⑧墙体施工完毕后,拆除临时保护墙,清除石灰砂浆,将临时固定的卷材分层揭开,清除卷材表面浮尘,再将其对应的结构墙体外表面抹水泥砂浆找平层,干燥后再将卷材分层错槎搭接往上铺贴,但应注意最外一层卷材应将错槎段覆盖。

⑨待卷材防水层施工完毕,经检查合格后,应及时做卷材防水层的保护结构。砌筑永久保护墙,应每隔5 m及转角处断开,断缝用卷材条或沥青麻丝充填。保护墙与卷材防水层之间的空隙,用水泥砂浆填实。保护墙施工完后,再回填土并夯实。

2)外防内贴法 当施工条件受到限制时,可采用外防内贴法施工。外防内贴法是浇筑砼垫层后,在垫层上将永久性保护墙全部砌好,将卷材防水层铺贴在垫层和永久性保护墙上(见图9.15),施工程序如下:

①在已施工好的砼底板垫层上砌筑永久保护墙,用1:3水泥砂浆在垫层和永久保护墙上抹找平层。保护墙与垫层之间须干铺一层油毡。

②找平层干燥后即涂刷冷底子油或基层处理剂,干燥后方可铺贴卷材防水层,铺贴时应先铺立面、后铺平面,先铺转角、后铺大面。在全部转角处应铺贴卷材附加层。

③卷材防水层铺完经验收合格后即应做好保护层,立面可抹20 mm厚的水泥砂浆;平面可抹水泥砂浆,或浇筑不小于50 mm厚的细石砼。

④施工防水结构时,应将防水层压紧。如为砼结构,则永久保护墙可当一侧模板;结构顶板卷材防水层上的细石砼保护层厚度不应小于70 mm,防水层如为单层卷材,则其与保护层之间应设置隔离层。

⑤结构完工后,方可回填土。

(3)特殊部位的防水构造

1)变形缝 变形缝的构造比较复杂,施工难度较大,往往在此部位易发生渗漏。变形缝应满足密封防水、适应变形、施工方便、检修容易等要求。用于沉降的变形缝的宽度宜为20~30 mm,用于伸缩的变形缝的宽度宜小于

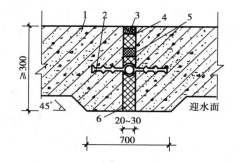

图9.16 中埋式止水带与遇水膨胀橡胶条、嵌缝材料复合使用

1—砼结构;2—中埋式止水带;3—嵌缝材料;
4—背衬材料;5—遇水膨胀橡胶条;6—填缝材料

此值。变形缝止水材料通常用橡胶止水带、氯丁橡胶止水带、钢边橡胶止水带或金属止水带等。变形缝止水带的常用构造形式见图9.16、图9.17、图9.18。

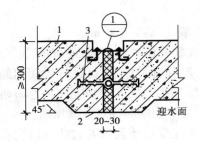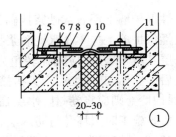

图 9.17　中埋式止水带与可卸式止水带复合使用

1—砼结构;2—填缝材料;3—中埋式止水带;4—预埋钢板;5—紧固件压板;

6—预埋螺栓;7—螺母;8—垫圈;9—紧固件压块;10—Ω 型止水带;11—紧固件圆钢

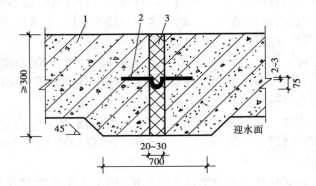

图 9.18　中埋式金属止水带

1—砼结构;2—金属止水带;3—填缝材料

2)后浇带　设置后浇带是为了防止由于沉降和砼收缩,所造成的地下结构渗漏。后浇带应设在受力和变形较小的部位,宽度宜为 700 ~ 1 000 mm。后浇带可做成平直缝,结构主筋不宜在缝中断开。后浇带施工前应将接缝处砼表面凿毛,将缝内杂物清理干净,再浇水湿润。浇筑后浇带的砼应采用补偿收缩砼,其强度等级不应低于两侧砼的强度等级。后浇带砼的养护时间不得少于 28 d。后浇带的构造形式见图 9.19、图 9.20、图 9.21、图 9.22。

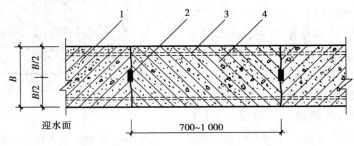

图 9.19　后浇带加橡胶止水条的构造做法

1—先浇砼;2—遇水膨胀橡胶止水条;3—结构主筋;4—后浇补偿收缩砼

3)施工缝　施工缝是防水薄弱部位之一,施工中应少留甚至不留施工缝。底板的砼应连续浇灌,不得留施工缝。墙体一般只允许留设水平施工缝,其位置不应留在剪力与弯矩最大处或底板与侧壁交接处,最低水平缝应高出底板上表面 200 mm 以上,水平施工缝的防水构造

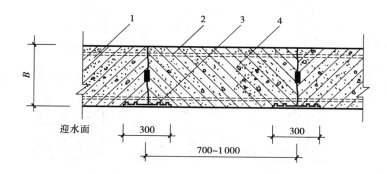

图 9.20 后浇带加外贴式止水带的构造做法

1—先浇砼;2—结构主筋;3—外贴式止水带;4—后浇补偿收缩砼

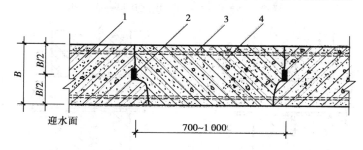

图 9.21 后浇带为阶梯缝的构造做法

1—先浇砼;2—遇水膨胀橡胶止水条;3—结构主筋;4—后浇补偿收缩砼

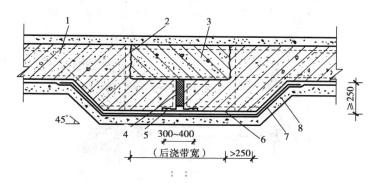

图 9.22 后浇带为阶梯缝加止水带的构造做法

1—砼结构;2—钢丝网片;3—后浇带;4—填缝材料;5—外贴式止水带;

6—细石砼保护层;7—卷材防水层;8—垫层砼

见图9.23。

4)穿墙管 给排水管、电缆管和供暖管穿过地下结构外墙,应做好防水处理。穿墙管埋设方式有两种:一种是固定式(见图9.24),另一种是套管式(见图9.25)。无论采用何种方式,必须与结构或墙外防水层相结合,并封堵严密。

5)埋设件 地下结构中的埋设件,容易导致水沿埋设件渗入室内。所以结构上的埋设件宜预埋,或采取砼局部加厚以及其他防水措施(见图9.26)。

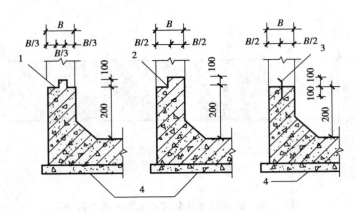

图 9.23　水平施工缝构造

1—凸缝；2—高低缝；3—金属止水片；4—底板垫层

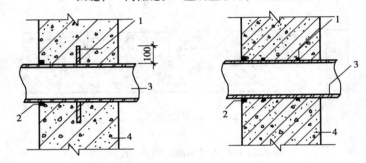

图 9.24　固定式穿墙管防水构造

1—遇水膨胀橡胶圈；2—嵌缝材料；3—主管；4—砼结构

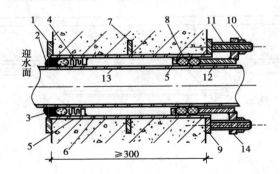

图 9.25　套管式穿墙管防水构造

1—翼环；2—嵌缝材料；3—背衬材料；5—挡圈；6—套管；7—止水环；8—橡胶圈；
9—翼盘；10—螺母；11—双头螺丝；12—短管；13—主管；14—法兰盘

9.2.4　地下结构防水质量要求

（1）防水砼的质量要求

防水砼抗渗性能试件应在浇筑地点制作。连续浇筑砼每 500 m³ 应留置一组（6 个）抗渗试件，每项工程不得少于两组。预拌砼的抗渗试件留置组数应视结构的规模和要求而定。试件应在标准条件下养护。

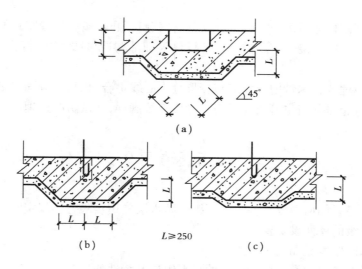

图 9.26　预埋件处理示意图
(a)预留槽　(b)预留孔　(c)预留件

防水砼的施工质量检验数量,应按砼外露面积每 100 m² 抽查一处,每处 10 m²,且不得少于 3 处;细部构造应按全数检查。

主控项目:防水砼的原材料、配合比及塌落度必须符合设计要求;防水砼的抗压强度和抗渗压力必须符合设计要求。

一般项目:防水砼表面应坚实、平整,不得有露筋、蜂窝等缺陷,埋设件位置应正确;防水砼结构表面的裂缝宽度不大于 0.2 mm,并不得贯通;防水砼结构厚度不小于 250 mm,其允许偏差为 +15 mm、-10 mm;迎水面钢筋保护层厚度不小于 50 mm,其允许偏差为 ±10 mm。

(2)水泥砂浆防水层的质量要求

水泥砂浆防水层的施工质量检验数量,应按施工面积每 100 m² 抽查一处,每处 10 m²,且不得少于 3 处。

主控项目:水泥砂浆防水层的原材料及配合比必须符合设计要求。

一般项目:水泥砂浆防水层表面应密实、平整,不得有裂纹、起砂、麻面等缺陷,阴阳角处应做成圆弧形;水泥砂浆防水层施工缝留槎位置应正确,接槎应按层次顺序操作,层层搭接紧密;水泥砂浆防水层的平均厚度应符合设计要求,最小厚度不得小于设计值的 85%。

(3)卷材防水层的质量验收

卷材防水层的施工质量检验数量,应按铺粘面积每 100 m² 抽查一处,每处 10 m²,且不得少于 3 处。

主控项目:卷材防水层所用卷材及主要配套材料必须符合设计要求;卷材防水层及其转角处、变形缝、穿墙管道等细部做法均须符合设计要求。

一般项目:卷材防水层的基层应牢固,基层表面应洁净平整,不得有空鼓、松动、起砂和脱皮现象,基层阴阳角处应做成圆弧形;卷材防水层的搭接缝应粘结牢固,密封严密,不得有皱折、翘边和鼓泡等缺陷;侧墙卷材防水层的保护层与防水层应粘结牢固、结合紧密、厚度均匀一致;宽度的允许偏差为 -10 mm。

(4)细部构造的质量验收

防水砼结构细部构造的施工质量检验应按全数检查。

主控项目:细部构造所用止水带、遇水膨胀橡胶腻子止水条和接缝密封材料必须符合设计要求;变形缝、施工缝、后浇带、穿墙管道、埋设件等细部构造做法,均须符合设计要求,严禁有渗漏。

一般项目:中埋式止水带中心线应与变形缝中心线重合,止水带应固定牢靠、平直,不得有扭曲现象;穿墙管止水环与主管或翼环与套管应连续满焊,并做防腐处理。

复习思考题9

1. 屋面防水等级如何划分? 各防水等级的防水层使用年限怎样规定?
2. 各防水等级的屋面设防要求如何规定?
3. 卷材防水的厚度是如何规定的?
4. 防水卷材有哪些种类? 各种卷材的材料组成及特性如何?
5. 冷底子油如何配置? 有什么作用?
6. 找平层有哪些质量要求?
7. 试简述卷材防水屋面的组成及施工要求。
8. 防水涂料屋面有哪些优点?
9. 试简述防水涂料屋面的种类及施工要求。
10. 刚性防水屋面是怎样防水的? 有什么优缺点?
11. 地下防水结构怎样设防? 常用的防水方法有哪些?
12. 地下防水结构中,结构自防水有哪些优点?
13. 普通防水砼常用外加剂有哪些?
14. 试简述地下防水结构中,水泥砂浆防水层的组成和各层的施工方法。
15. 地下防水结构中的变形缝止水材料有哪几种形式?

模拟项目工程

某高层建筑地下室有三层,采用合成高分子防水卷材防水,施工方法采用外防外贴法,地下结构施工完毕后,发现套管式穿墙管道处有渗水现象,检查发现迎水面管道处未嵌密封油膏。

【问题】:
(1)地下结构防水等级标准是如何划分的?
(2)地下结构常用防水方法有哪些?
(3)简述卷材外防外贴法、外防内贴法施工流程及要点。
(4)后浇带、施工缝及穿墙管道处的防水施工要求有哪些?

第 **10** 章

装饰施工技术

学习目标：

1. 了解装饰在建筑中的作用。
2. 熟悉装饰材料的品种、规格和质量要求。
3. 掌握抹灰、饰面、吊顶等的施工程序及施工要点。

职业能力：

1. 具有编制装饰施工方案的能力。
2. 能根据不同的装饰项目，选择与之相适应的装饰材料。
3. 具有指导和施工抹灰、饰面、吊顶等工程的能力。

建筑装饰是指为美化建筑和建筑空间、保护建筑物主体结构，采用装饰和装修材料、饰物对建筑物的表面及空间进行各种处理与加工的过程。

建筑装饰施工主要有抹灰、饰面、吊顶、施工等。

装饰施工具有工序多，施工复杂，工程量大，材料规格品种繁多，工程成本高，施工工期长，质量要求高等特点。在一般民用建筑中，平均 $1 m^2$ 建筑面积就有 $3 \sim 5 m^2$ 的内抹灰、$0.15 \sim 0.75 m^2$ 的外抹灰；装饰劳动量约占总劳动量的 $30\% \sim 50\%$；装饰工期约占施工总工期的 $30\% \sim 40\%$；装饰造价约占工程总造价的 30% 以上。

随着装饰材料日新月异的发展，装饰施工新技术、新工艺层出不穷，装饰施工机械化程度不断提高，装饰施工的内涵也得到了极大的丰富。

10.1 抹灰施工技术

用水泥砂浆、石灰砂浆或混合砂浆，涂抹在建筑物的墙面、顶面、楼地面等做成饰面层的过程，称为抹灰施工（简称抹灰）。

10.1.1 抹灰类型及组成

(1)抹灰类型

根据使用材料及装饰效果的不同,抹灰施工可分为一般抹灰、装饰抹灰和特种砂浆抹灰三种类型。

1)一般抹灰 一般抹灰通常是指用石灰砂浆、水泥砂浆、水泥混合砂浆、麻刀石灰、纸筋石灰、石灰膏或聚合物水泥砂浆等材料的抹灰。根据质量要求和主要工序的不同,一般抹灰又分普通抹灰、高级抹灰两个级别。

①普通抹灰 其构造做法为一层底层、一层中层和一层面层(或一层底层、一层面层)。阳角找方、设置标筋,分层赶平、修整,表面压光。要求表面光滑、洁净、线角顺直、清晰、接槎平整、分隔缝应清晰。

普通抹灰适用于一般居住、公用和工业建筑(如住宅、宿舍、医院、教学楼、办公楼、轻工业多层厂房等)以及高级建筑物中的附属用房等。

②高级抹灰 其构造做法为一层底层、数层中层和一层面层,多遍成活。阴阳角找方,设置标筋,分层赶平、修整,表面压光。要求表面光滑、洁净、颜色均匀、接槎平整、无抹纹、分隔缝和灰线应清晰美观。

高级抹灰适用于大型公共建筑物、纪念性建筑物(如剧院、礼堂、宾馆、展览馆等和高级住宅)以及有特殊要求的高级建筑等。

2)装饰抹灰 根据施工方法和装饰效果的不同,装饰抹灰又分为下列三种类型:

①水泥、石灰类装饰抹灰 它包括拉毛灰、搓毛灰、拉条灰、仿石抹灰和假面砖等。

②石粒类装饰抹灰 它包括水刷石、干粘石、斩假石、水磨石、机喷石、机喷石屑和机喷砂等。

③聚合物水泥砂浆装饰抹灰 它包括喷涂、滚涂、弹涂和刷涂等。

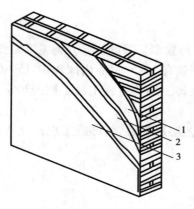

图10.1 抹灰构造示意图
1—底层灰;2—中层灰;3—面层灰

3)特种砂浆抹灰 根据建筑物特殊功能要求的不同,特种砂浆抹灰又分为保温隔热砂浆抹灰、耐酸砂浆抹灰和防水砂浆抹灰等。

(2)抹灰层的组成

为了使抹灰层与基层粘结牢固,防止空鼓开裂,并使抹灰层表面平整,抹灰层应分层进行。抹灰层一般由底层、中层和面层组成,如图10.1所示。

1)底层灰 底层灰主要起与基层粘结作用,还起初步找平作用,根据基层的不同材料,底层处理的方法亦不相同。

2)中层灰 中层灰主要起找平、粘结作用,还可以弥补底层灰的干缩裂缝,根据饰面质量要求,可以一次抹成或多次抹成。

3)饰面层 饰面主要起装饰美化作用,要求表面平整、色彩均匀、无裂纹,可以做成光滑、粗糙等不同的质感。抹灰层的组成、作用、基层材料和一般做法,见表10.1。

表 10.1　抹灰层的组成、作用、基层材料和一般做法

层　次	作　用	基层材料	一　般　做　法
底　层	主要起与基层粘结作用，兼起初步找平作用。砂浆稠度为 10～12 cm	砖墙基层	室内墙面一般采用石灰砂浆、石灰炉渣浆打底 室外墙面、门窗洞口的外侧壁、屋檐、勒脚、压檐墙等及湿度较大的房间和车间宜采用水泥砂浆或水泥混合砂浆
		砼基层	宜先刷素水泥浆一道，采用水泥砂浆或混合砂浆打底 高级装饰顶板宜用乳胶水泥砂浆打底
		加气砼基层	宜用水泥混合砂浆或聚合物水泥砂浆打底。打底前先刷一遍聚乙烯醇缩甲配合胶水溶液
		硅酸盐砌块基层	宜用水泥混合砂浆打底
		木板条、苇箔、金属网基层	宜用麻刀灰、纸筋灰或玻璃丝灰打底，并将灰浆挤入基层缝隙内，以加强拉结
		平整光滑的砼基层，如大板、大模墙体基层	可不抹灰，采用刮腻子处理
中　层	主要起找平作用。砂浆稠度为 7～8 cm		基本与底层相同。砖墙则采用麻刀灰或纸筋灰 根据施工质量要求可以 1 次抹成，也可以分遍进行
面　层	主要起装饰作用。砂浆稠度 10 cm		要求大面平整、无裂纹，颜色均匀 室内一般采用麻刀灰、纸筋灰、玻璃丝灰；高级墙面用石膏灰浆和水砂面层。装饰抹灰采用拉毛灰、拉条灰、扫毛灰等。保温、隔热墙面用膨胀珍珠岩灰 室外常用水泥砂浆、水刷石、干粘石等

（3）抹灰层的厚度要求

抹灰层应采取分层分遍涂抹的施工方法，以便抹灰层与基层粘结牢固，控制抹灰厚度，保证抹灰质量。如果一次抹得太厚，由于内外收水快慢不一，不仅面层容易出现干裂、空鼓和脱落，同时还会造成材料的浪费。

抹灰层的平均总厚度，应根据基体材料、抹灰部位和抹灰等级等情况来确定，并且不得大于下列数值：

1）顶棚　板条、现浇砼为 15 mm；预制砼为 18 mm；金属网为 20 mm。

2）内墙　普通抹灰为 20 mm；高级抹灰为 25 mm。

3）外墙　外墙为 20 mm；勒脚及突出墙面部分为 25 mm。

4）石墙　石墙为 35 mm。

每遍抹灰的厚度一般控制如下：抹水泥砂浆每遍厚度为 5 ~ 7 mm；抹石灰砂浆或混合砂浆每遍厚度为 7 ~ 9 mm；抹灰面层用麻刀灰、纸筋灰、石膏灰等罩面时，经赶平、压实后，其厚度麻刀灰不大于 3 mm；纸筋灰、石膏灰不大于 2 mm；平整光滑的砼内墙面和楼板底面，宜采用腻子分遍刮平，总厚度为 2 ~ 3 mm。板条、金属网用麻刀灰、纸筋灰抹灰的每遍厚度为 3 ~ 6 mm。

10.1.2　一般抹灰施工

(1)内墙抹灰施工

1)施工条件　屋面防水或上层楼面面层已经完成，不渗不漏；主体结构已经检查验收并达到相应要求，门窗框和楼层预埋件已安装完毕检查合格，并对门窗框做好了保护；水、电、煤气管线、配电箱、消火栓箱已安装完毕，各种管道已做完压力及通水试验，并已检查合格；施工方案已通过审定，样板间已鉴定合格，组织施工班组进行了技术交底。

2)施工程序　内墙抹灰施工程序为：基层处理→找规矩→贴灰饼、做标筋→做护角→抹底层灰→中层灰→面层灰等。

3)施工要点

①基层处理　对砖墙面应清除污泥、多余的灰浆，清理干净后浇水湿润墙面；对砼墙面应清除松石、浮砂并补平，光滑平面应凿毛，并在抹灰前浇水湿润墙面。

②找规矩　对普通抹灰先用托线板检查墙面平整度和垂直度，根据检查结果决定抹灰厚度，一般最薄处不小于 7 mm；对高级抹灰先将房间规方。小房间以一面墙做基线，用方尺规方；对大房间则在地上先弹出十字线，并按墙面基层平整度在地面弹出墙角中层抹灰面的准线。再在距墙角线约 100 mm 处用线锤吊直，弹出垂直线，并以此垂直线为准，将地面上的墙角中层抹灰面准线翻引上墙，弹出墙角处两面墙上中层抹灰厚度线，以此作为标准灰饼厚度。

③贴灰饼、做标筋　在 2 m 左右高度、离墙两阴角 100 ~ 200 mm 处，用底层灰砂浆各做一个见方约 50 mm 的灰饼，再以这两个灰饼标志为依据，用托线板靠、吊垂直，在其下方的墙面再各做一个灰饼，距地面 150 ~ 20 mm。然后用钉子钉在左右灰饼两外侧墙上，用尼龙线栓在钉子上挂水平通线，间隔 1.2 ~ 1.5 m 加做若干灰饼。

做标筋，待灰饼稍干后，用同类砂浆在上下灰饼之间抹上一条宽约 10 cm，厚度与上下灰饼一致的灰埂，作为标筋。

④做护角　在室内墙面、柱面和门洞的阳角处应做护角。护角用 1:2 水泥砂浆抹出护角，收水稍干后用捋角器抹成小圆角，高度不低于 2 m，每侧宽度不小于 50 mm。

⑤抹底、中层灰　当标筋稍干后，将墙面湿润，然后抹上底灰，并用木抹子压实搓毛，底层灰要低于标筋。待底层干至 6 ~ 7 成后可抹中层灰，其厚度以抹平标筋为准，并使其略高于标筋。其后用木杠按标筋刮平，凹陷处补灰后再刮平。再用木抹子搓压密实。

⑥抹面层灰　当底层(中层)6 ~ 7 成干时，便可进行面层抹灰，要求纵横两遍涂抹，最后用钢抹子压光，不留抹痕。

(2)顶棚抹灰施工

1)施工条件　屋面防水层及楼面面层已施工完毕，穿过楼板管道的间隙填堵严实。

2)施工程序　顶棚抹灰施工程序为：搭架子→基层处理→刷结合层→找规矩→抹底层灰、中层灰→抹面层灰等。

3)施工要点

①搭架子　顶棚抹灰前,一般采用高凳加铺脚手板作工作台。搭架子后应留出 1 个人的高度 +100 ~ 300 mm 的净高,以便于顶棚抹灰。

②处理基层　用钢丝刷清除附着的砂子或砂浆,用火碱水清洗预制板上的油渍,填平凹处或凿去凸处。

③刷结合层　待基层处理后,须刷一道 108 胶水泥浆,并用扫帚扫毛,以保证顶棚抹灰层与顶棚基层的牢固结合。

④弹水平线　抹灰前,应在四周墙面与顶棚交接处弹出水平线,作为抹灰的水平标准。顶棚抹灰一般不做标志块和标筋,而用目测的方法控制其平整度,以无明显高低不平及接槎痕迹为准。

⑤底、中层抹灰　抹底层灰采用 1∶3 水泥砂浆打底,厚度为 2 ~ 5 mm。紧跟着抹配合比为水泥∶石灰膏∶砂 =1∶3∶9 的中层灰砂浆,厚度 6 mm 左右,抹后用刮尺刮平赶匀,随后用木抹子搓平。抹灰顺序为由前往后退,其方向须与砼板缝成垂直。

⑥面层抹灰　待中层灰达到 6 ~ 7 成干时抹面层灰。面层抹灰采用 1∶2.5 水泥砂浆或 1∶0.3∶2.5 混合砂浆,厚度为 5 mm。抹灰前先润湿中层灰表面,薄刮一道面层灰与其粘牢,紧跟着抹第二遍,横竖顺平,最后用铁抹子压实压光。

(3)外墙抹灰施工

1)施工条件　主体结构施工完毕并验收合格,外墙所有预埋件、阳台栏杆已安装完毕;窗框与墙间的缝隙已用砂浆堵塞严密;脚手孔洞已堵严填实;抹灰用脚手架已按要求搭设完毕;施工方案已通过审定。

2)施工程序　外墙抹灰施工程序为:基层处理→找规矩、做灰饼、做标筋→抹底层灰→抹中层灰→弹分隔线、嵌分隔条→抹面层灰→做滴水线等。

外墙抹灰应先上部后下部,先檐口再墙面;大面积外墙可分片同时施工,一次不能完成时应在阴阳角交接处或分格线处划断施工。

3)施工要点

①基层处理　其施工要点同内墙抹灰。

②找规矩、做灰饼、做标筋　外墙面抹灰因其面积较大,抹灰施工须一步架一步架地往下抹。外墙抹灰找规矩要在四角挂自上而下垂直通线,再决定抹灰厚度,每步架大角两侧弹上控制线,再拉水平通线,并弹水平线做标志块,竖向每步架做一个标志块,然后做标筋。

③抹底层灰、抹中层灰　抹灰前须先润湿墙面,再抹一道 108 胶水泥浆,紧接着抹 1∶3 水泥砂浆,每遍厚度 6 mm 左右;分层抹至与冲筋条齐平,用木杠刮平,并用木抹子搓毛。

④弹分隔线、嵌分隔条　待中层灰 6 ~ 7 成干时,按设计弹出分隔线;在分格条两侧抹八字形水泥砂浆粘贴分隔条。

⑤抹面层灰　面层抹灰厚度由分隔条控制,一般略高于分隔条,然后用木杠刮平,并清刷分隔条上砂灰,防止起条时损坏墙面。

⑥拆除分隔条、勾缝　面层灰抹好后即可拆除分隔条,随即用素水泥浆勾缝,分格缝宽窄和深浅应均匀一致。

⑦做滴水线　在窗台、窗楣、雨篷、阳台、檐口等部位应做流水坡度。设计无要求时,可做 10% 的泛水,下面应做滴水线或滴水槽,滴水槽的宽度和深度均不小于 10 mm。要求楞角整齐,光滑平整,起到挡水作用。

（4）砼表面刮腻子施工

砼基层表面较平整、光滑时，可不抹灰而直接刮腻子进行表面处理。

1）施工程序　砼表面刮腻子施工程序一般为：基层修补→找平→刮腻子等。

2）施工要点

①先将砼表面的灰块、浮渣等杂物用开刀铲除，如有表面油污，应用清洗剂和清水洗净，干燥后再用鬃刷将表面灰尘清扫干净。用水泥聚合物腻子将墙面麻面、蜂窝、洞眼、残缺处填补好，如果有较大的孔洞、裂缝可用密封防水材料嵌填，并用腻子补平。

②表面局部凹凸不平的凸出部分可用錾子凿平或用砂轮机打磨平，凹入部分应用腻子分层批刮，待硬化后，整体打磨一次使之平整。砼外墙面一般用水泥腻子修补和批刮其表面，禁止使用不耐水的大白腻子。

③满刮两遍腻子。第一遍满刮，要求横向刮抹平整、均匀、光滑，线角及边棱整齐。尽量刮薄，不得漏刮，接头不得留槎，注意不要沾污门窗框及其他部位，否则应及时清理。待第一遍腻子干透后，用粗砂纸打磨平整，磨后用扫帚清扫干净。第二遍满刮腻子方法同第一遍，但刮抹方向与前遍腻子相垂直。然后用细砂纸打磨平整、光滑为止。

10.1.3　抹灰质量标准及验收

抹灰验收时，应检查所用材料的品种、面层的色及花纹是否符合设计要求。抹灰分格缝的宽度和深度应均匀一致，表面光滑、无砂眼，不得有错缝、缺棱掉角。

1）一般抹灰主控项目　见表10.2。

表10.2　一般抹灰主控项目

项　次	项　目	检验方法
1	抹灰前基层表面的尘土、污垢、油渍等应清除干净，并应洒水润湿	检查施工记录
2	一般抹灰所用材料的品种和性能应符合设计要求。水泥的凝结时间和安定性复验应合格。砂浆的配合比应符合设计要求	检查产品合格证书、进场验收记录、复验报告和施工记录
3	抹灰应分层进行。当抹灰总厚度大于或等于35 mm时，应采用加强措施。不同材料基体交接处表面的抹灰，应采取防止开裂的加强措施，当采用加强网时，加强网与各基体的搭接宽度不应小于100 mm	检查隐蔽工程验收记录和施工记录
4	抹灰层与基层之间及各抹灰层之间必须粘结牢固，抹灰层应无脱层、空鼓，面层应无爆灰和裂缝	观察；用小锤轻击检查；检查施工记录

2）一般项目

①一般抹灰的表面质量应符合下列规定：普通抹灰表面应光滑、洁净、接槎平整，分隔缝应清晰；高级抹灰表面应光滑、洁净、颜色均匀、无抹纹，分隔缝和灰线应清晰美观。

②护角、孔洞、槽、盒周围的抹灰表面应整齐、光滑；管道后面的抹灰表面应平整。

③抹灰层的总厚度应符合设计要求;水泥砂浆不得抹在石灰砂浆层上,罩面石膏灰不得抹在水泥砂浆层上。

④分格缝的设置应符合设计要求,宽度和深度应均匀,表面应平整光滑,棱角应整齐。

⑤有排水要求的部位应做滴水线(槽)。滴水线(槽)应整齐顺直,滴水线应内高外低,滴水槽的宽度和深度均不应小于 10 mm。

⑥一般抹灰的允许偏差和检验方法应符合表 10.3 的规定。

表 10.3　一般抹灰的允许偏差和检验方法

项　次	项　目	允许偏差/mm		检验方法
		普通抹灰	高级抹灰	
1	立面垂直度	4	3	用 2 m 垂直检测尺检查
2	表面平整度	4	3	用 2 m 靠尺和塞尺检查
3	阴阳角方正	4	3	用直角检测尺检查
4	分格条(缝)直线度	4	3	拉 5 m 线,不足 5 m 拉通线,用钢直尺检查
5	墙裙、勒脚上口直线度	4	3	拉 5 m 线,不足 5 m 拉通线,用钢直尺检查

注:①普通抹灰,本表第 3 项阴角方正可不检查;
②顶棚抹灰,本表第 2 项表面平整度可不检查,但应平顺。

10.2　饰面施工技术

所谓饰面,即用天然或人造石材饰面板以及各种饰面砖镶贴在基层上的建筑装饰。

10.2.1　墙砖饰面砖镶贴

(1)排砖形式

饰面砖在镶贴前应根据设计要求和施工工艺,确定排砖形式,以保证装饰效果和施工质量。

1)内墙排砖　内墙面砖镶贴排列方法有直缝镶贴和错缝镶贴,如图 10.2 所示。在同一墙面只能留一行(排)非整块饰面砖,非整块面砖应排在紧靠地面上或不显眼的阴角处。饰面砖缝宽为 1~1.5 mm。凡有管线、卫生设备、灯具支撑等时,面砖应用整砖套割吻合,不准用非整砖拼凑。

2)外墙排砖　外墙面排砖主要是确定面砖的排列方法和砖缝的大小。外墙面砖镶贴排砖方法较多,常用的矩形面砖排列有矩形长边水平排列和竖直排列两种;按砖缝宽度,又可分为密缝排列(缝宽 1~3 mm)与疏缝排列(缝宽 4~20 mm)。此外,还可采用密缝、疏缝,按水平、竖直方向相互排列,如图 10.3 所示。预排中应该遵循如下原则:凡阳角部位都应是整砖,且阳角处正立面整砖应盖住侧立面整砖。对大面积墙面砖的镶贴,除不规则部位外,其他都不

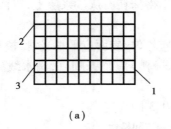 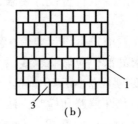

图 10.2　内墙面砖贴法示意图

(a)直缝排列　(b)错缝排列

1—阳角;2—阴角;3—非整块砖

裁砖。除柱面镶贴外,其余阳角不得对角粘贴,如图 10.4 所示。

在预排中,对突出墙面的窗台、腰线、滴水槽等部位排砖,应注意台面砖须做出一定的坡度,一般 $i=3\%$;台面砖盖立面砖。底面砖应贴成滴水鹰嘴,如图 10.5 所示。

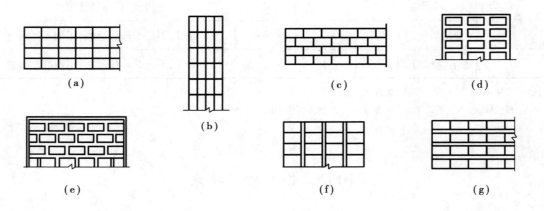

图 10.3　外墙面砖排缝示意图

(a)长边水平密缝　(b)长边竖直密缝　(c)密缝错缝　(d)水平、竖直疏缝

(e)疏缝错缝　(f)水平密缝、竖直疏缝　(g)水平疏缝、竖直密缝

预排外墙面砖还应核实外墙实际尺寸,以确定外墙找平层厚度,控制排砖模数(即确定竖向、水平、疏密缝宽度及排列方法)。此外,还应注意外墙面砖的水平缝与门窗旋脸、窗台、腰线齐平。

(2)构造做法

1)室内镶贴　饰面砖粘结所用砂浆主要有三种:水泥砂浆,其配合比为 1∶2 或 1∶3(体积比)。水泥石灰砂浆,在 1∶2 或 1∶3 水泥砂浆中加入不大于水泥用量 15% 石灰膏,以增加粘贴砂浆的保水性与和易性。这两种粘贴砂浆均较软,此法称"软贴法"。在 1∶2 水泥砂浆中加入107 胶(水泥质量的 5% ~10%),其优点是砂浆不易流淌,容易保证墙面洁净,减少了清洁墙面工序,且能延长砂浆使用时间。此法称为"硬贴法"。胶粘剂和多功能建筑胶粉,镶贴饰面砖成本较高。

2)室外镶贴　一般用稠度适中的 1∶2 水泥砂浆或水泥石灰砂浆(石灰膏掺量不大于水泥重量的 15%)作为粘结砂浆。也可采用粉状面砖胶粘剂镶贴饰面砖。

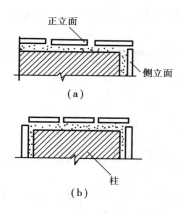

正立面
侧立面
(a)

柱
(b)

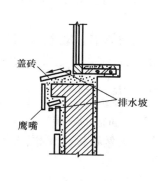

盖砖
排水坡
鹰嘴

图 10.4 外墙阳角镶贴排砖示意图　　图 10.5 外窗台线角面砖镶贴示意图
(a)阳角盖砖示意图 (b)柱面对角粘贴关系

(3)镶贴施工程序

1)室内镶贴施工程序　基层处理→抹底子灰→选砖、浸砖→排砖弹线→贴标准点→垫底尺→镶贴面砖→擦缝。

2)室外镶贴施工程序　基层处理、抹底子灰→排砖→弹线分格→选砖、浸砖→镶贴面砖→勾缝、擦缝等。

(4)镶贴施工

1)室内镶贴施工要点　基层处理、抹底子灰与一般抹灰基本相同,注意中层砂浆应平整、粗糙;底层灰至 6~7 成干时,按设计要求结合墙面和面砖尺寸进行排砖、弹线;镶贴饰面砖前,用废面砖贴在墙上作为标志块,用以控制面砖的平整度;镶贴饰面砖前,应先挑选颜色、规格一致的面砖浸泡 2 h 以上,然后取出晾干备用;垫底尺。计算好最下一皮砖下口标高,在墙的水平线处安置一八字靠尺,且用水平尺校水平后作为最下行面砖铺贴依据。铺贴时面砖下口坐在八字靠尺上,既可防止其下滑,又可保证横平竖直;贴砖应自下向上粘贴,要求砂浆饱满,亏灰时要取下重贴,注意随时用靠尺检查平整度,同时要保证缝隙宽一致;镶贴完质量检查合格后,用清水将面砖表面擦洗干净,然后用与面砖相同颜色的水泥浆擦缝,再用布将缝上的素浆擦匀、砖面擦净。

2)室外镶贴施工要点

①基层处理、选砖、浸砖同前。

②弹线、分格。在外墙阳角处用大于 5 kg 的线锤吊垂线,并用经纬仪校核,用花篮螺栓将吊正的钢丝绷紧作为基准线。以阳角的基线为准,每隔 1.5~2 m 作标志块,定出阳角方正,抹上隔夜"铁板糙"。

在精抹面层上,先弹出顶面水平线,再按水平方向的面砖数,每隔 1 m 左右弹一垂线。在层高范围内,按预排砖数,弹出水平分缝及分层皮数线。按预排计算的接缝宽度,做出分格条。

③镶贴外墙面砖应自上而下分层、分段进行。每段内也应自上而下粘贴,先贴突出墙面的附墙柱、腰线等,并注意突出部分的流水坡度。

粘贴时,在面砖背面满铺粘结砂浆。粘贴后,用小铲柄轻轻敲击,使之与基层粘牢,随时用靠尺找平找方,贴完一皮后,须将砖面上的挤出灰浆刮净,并将分格条(嵌缝条)靠在第 1 行下口,作为第2行面砖镶贴基准,同时还可防止上行面砖下滑。分格条一般隔夜小心取出,洗净待用。

④勾缝、擦洗、密缝不必勾缝,仅用色浆擦缝即可。疏缝可用1:1水泥细砂浆勾缝,分两次嵌入,第2次一般用色浆。勾缝后即用纱头擦净砖面。

10.2.2　饰面板材安装

(1)花岗岩等饰面板的安装

饰面板材包括天然石材,如花岗岩、大理石、青石板等;人造饰面板材,如人造大理石、预制水磨石等。

1)施工方法　石材饰面板的安装施工方法一般有"挂贴"和"粘贴"两种。通常采用"粘贴"方法的饰面石材板是规格较小(指边长在40 cm及以下)的板材,且安装高度在1 000 mm左右。规格较大的石材饰面板则应采用挂贴的方法安装。

挂贴石材方法又分湿法作业与干法作业。湿法作业有两种方法,即传统湿法和改进湿法安装工艺。干法作业即"干挂法"安装工艺。

2)施工准备

①做好施工排板图和大样图　饰面板安装前应根据建筑设计要求,核实饰面板安装部位结构的实际尺寸及偏差情况,再根据纠正偏差所增减的尺寸,绘出修正图或修改排板图。

对柱面,应测量柱的实际高度和柱子中心线,柱与柱的中心距,柱子上部、中部、下部拉水平通线后的实际结构尺寸,再确定出柱饰面板的边线,并依此算出饰面板分块尺寸。

对外形较复杂的墙面,特别是要用异形饰面板镶嵌的部位,尚须用黑铁皮或三夹板进行实际放样,以确定其实际的规格尺寸。最后绘出分块大样图和节点大样图,排图时应考虑饰面板的拼缝宽度。

②选板与预拼　选板主要是按排板图中的编号检查板的外观和几何尺寸,淘汰损坏的、变色的饰面板。

预拼主要从板材的天然纹理和色差两方面去考虑,预拼则是一种艺术创意。应注意对花纹进行拼接,对色彩深浅微差进行协调,做到合理组合,以达到预定效果。

③基体处理　基体应具有足够的稳定性和刚度,表面应平整粗糙。光滑的基体表面应进行凿毛处理;基体表面残留的砂浆、尘土和油污等应清洗干净。

④施工机具　饰面板安装前,应准备好切割板、电钻等。

3)施工程序

①传统湿法施工程序　基层处理→绑扎钢筋网片→弹饰面板看面基准线→预拼编号→钻孔、剔凿、绑不锈钢丝或铜丝→安装上墙→临时固定→分层灌浆→嵌缝→清洁板面→抛光打蜡。

②改进湿法施工程序·基层处理→预排对号→石材钻孔→基体钻孔→板材安装→固定U形钉→加楔校正→分层灌浆→清洁板面→嵌缝→抛光打蜡。

③干挂法施工程序　基层处理→选材→弹线→石材钻孔→板材安装→安装固定件→板材调整→固定螺栓→胶结销钉。

④粘贴法施工程序　基层处理→抹底层灰、中层灰→弹线、分格→选料、预排→对号粘贴上墙→嵌缝→清理→抛光打蜡。

4) 施工要点

①传统湿法施工要点

A. 按设计要求在基层结构内预埋钢筋,安装装饰面板前,将预埋钢筋剔出墙面,然后焊接或绑扎 $\phi6 \sim 8$ mm 竖向钢筋,其间距按饰面板宽度设置。再连接(绑或焊),$\phi6$ 横向钢筋,其间距按饰面板竖向尺寸设置。均应参照墙面弹线。如基体未有预埋件,也可用电锤钻孔,用 M16 膨胀螺栓固定连接铁件,然后再绑扎或焊接竖横钢筋,如图 10.6 所示。

B. 对预拼排号后的板材,按顺序进行钻孔打眼。打孔眼的形式有直孔、斜孔、"牛轭孔"和三角形锯口等。打孔前先将板材固定在木架上,直孔用手电钻打,板材上下两侧各打两孔,每孔位于距两端各 1/4 边长处,孔径为 3 mm,深 15 ~ 20 mm。如打"牛轭孔",应在板背的直孔位置,距板边 1 ~ 2 cm 左右打一横孔,使直孔与横孔连通。打斜孔时,孔眼轴线与板大面成 35°角左右。为提高工效,也有在装饰板侧面上与背面的边长 1/3 ~ 1/4 处锯成三角形锯口,在锯口内挂死。板孔钻好后,把铜丝或不锈钢丝穿入孔内,直孔再用铅皮和环氧树脂紧固,如图 10.7 所示。

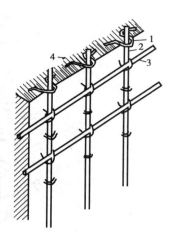

图 10.6　墙面绑扎钢筋图
1—预埋钢筋;2—竖向钢筋;
3—横向钢筋;4—墙体

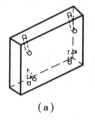 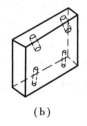 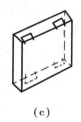

（a）　　　　　　　（b）　　　　　　　（c）

图 10.7　饰面板各种孔型

（a）牛轭孔　（b）斜孔　（c）三角形锯口

C. 墙柱面安装饰面板时,应先确定下面第 1 层板的安装位置。其方法是用线锤从上至下吊线,考虑板厚、灌浆厚度或钢筋网所占厚度,以确定两头饰面板间的总长度和饰面板的位置。然后将此位置线投影到地面,在墙下边作出第 1 层板的安装基准线,并在墙上弹出第 1 层板的标高。

根据编号,将面板对号安装。石板就位后,上口略向后仰,把石板下的铜丝扭扎于横筋上,然后扶正石板,将上口铜丝扎紧,并用木楔塞紧垫稳,用靠尺和水平尺检查平整度和上口水平度。上口可用木楔调整,下沿可用铁皮调整,完成后,以后各板依次进行。

板材自下而上安装时,为防止灌浆时板材的游走,必须采取临时固定措施。外墙面可用脚手架的脚手杆为支撑,用斜木枋撑牢固定板面的横木枋。内墙是用纸或熟石膏外贴于板缝处。柱面可用方木或角钢环箍,如图 10.8 所示。

D. 板材经校正垂直、平整后,在临时固定措施完成后即可灌浆。一般采用 1:3 水泥砂浆,稠度为 8 ~ 15 cm,宜分层灌入。第 1 层灌完后 1 ~ 2 h,在确认无移动后第 2 层灌浆,高度

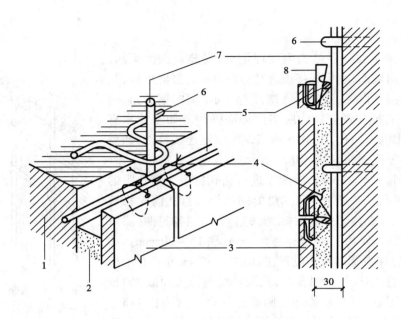

图 10.8　饰面板及钢筋网片固定

1—墙体;2—水泥砂浆;3—大理石板;

4—铜丝或铅丝;5—横筋;6—铁环;7—立筋;8—木楔

100 mm 左右。第 3 层灌至板上口下 50~100 mm 处,留空作为上层板材灌浆的接头。

第 1 层板材的灌浆凝固后,可清理上口余浆,隔日再拔除上口木楔和有碍上层安装的石膏饼。再进行第 2 层板材的对号安装。

E. 全部板材安装完后,清理表面,并用与板材同色的水泥砂浆嵌缝,边嵌边擦,使缝隙嵌浆密实平整。板材虽在出厂时已作抛光处理,但施工中局部污染会影响整体效果,故还应用高速旋转帆布擦磨,重新抛光上蜡。

②改进湿法施工要点(楔固法)

A. 基体处理　先对清理干净的基体用水湿润,并抹 1:1 水泥砂浆,同时清洗板材背面。

B. 板材钻孔　将板材直立固定于木架上,在板的上侧边中心线上位于两端 1/4 处钻孔,孔径 6 mm,孔深 25~40 mm。若板宽大于 500 mm,则增钻一孔;若大于 800 mm 则增钻两孔。其后将板旋转 90°固定在木架上,在板的左右两侧各打一孔,孔位距板下端 100 mm 处,孔径和孔深不变。上下孔在板背均用钢錾剔 7 mm 深小槽,以便安卧 U 形钉,如图 10.9 所示。

C. 基体钻孔　用冲击钻按基体上分块弹线位置,并对应于板材上下直孔位置打 45°斜孔,孔径为 6 mm,孔深为 40~45 mm。

D. 板材安装　将板材按编号安放就位,依板与基层间的孔距,用加工好的 ϕ5 不锈钢 U 形钉的一端钩进板的直孔内,另一端插入基体斜孔内,并随即用硬木小楔卡紧,如图 10.10 所示。用水平尺和靠尺板校正板的平整度和垂直度,并检查各拼缝是否紧密,最后敲紧小木楔,用大木楔紧固于板材与基体之间,以紧固 U 形钉作临时固定。然后分层灌浆,擦缝清理表面等与传统湿法相同。

③干挂法施工要点　此工艺是利用高强度螺栓和耐腐蚀、高强度的柔性连接件,将薄型石材面板挂在建筑物结构的外表面,在石材与结构表面间留有 40~50 mm 的空腔,采暖设计时

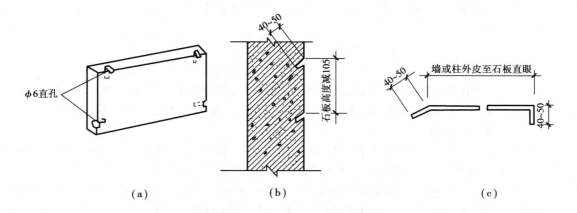

图 10.9 打直孔、斜孔及 U 形钉

（a）打直孔示意图 （b）基体钻斜孔 （c）U 形钉

可填入保温材料。此工艺不适宜于砖墙和加气砼墙体。防止了析碱现象,施工不受季节影响,可由上往下施工,也有利于成品保护。

A. 施工前应根据设计意图和结构实际尺寸作出分格设计、节点设计和翻样图,并根据翻样图提出挂件及板材的加工计划。对挂件应做承载力破坏试验和抗疲劳试验。

B. 根据设计尺寸对板材钻孔,并在板材背面刷胶粘剂,贴玻璃纤维网格布增强,并给予一定的固化时间,此期间要防止受潮。

C. 根据设计的孔位用电锤在结构基体面上钻孔,如孔位与结构主筋相遇,则可在挂件的可调范围内移动孔位。

D. 按大样图用经纬仪测出大角的两个面的竖向控制线,在大角上下两端固定挂线用的角钢,用钢丝挂竖向控制线。

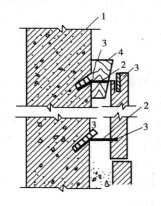

图 10.10 板材安装示意图

1—基体;2—U 形钉;3—硬木小楔;4—大木楔

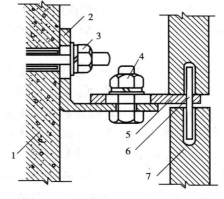

图 10.11 石材外饰面干挂法构造示意图

1—主体结构;2—不锈钢挂件;3—不锈钢膨胀螺栓;
4—不锈钢螺栓;5—不锈钢连接板;
6—不锈钢钢针;7—石材饰面板

E. 支底层石材托架,放置底层石板,调节并临时固定。

F. 对结构钻孔,插入固定螺栓,安装不锈钢固定件(直接挂法)。用嵌缝膏嵌入下层石材上部孔眼,插连接钢针,嵌上层石材下孔,并临时固定,重复上述过程,直至完成全部板材安装,如图10.11所示。

10.2.3 涂料施工

建筑物墙面采用建筑涂料饰面,是各种饰面做法中最简便、最经济的一种方式。涂料装饰外墙面省工省料、工期短、工效高,便于更新,经济适用,故涂料饰面一直被广泛地应用。

(1)建筑涂料选择

外墙使用的涂料必须具有良好的耐久性、耐污性和抗冻性,以保证较好的装饰效果。内墙涂料应具有较好的耐干、耐湿擦性。对砼和水泥砂浆等无机硅酸盐的底材,须选择具有较好的耐碱性涂料,以防止底材引起"盐析"现象;对钢材和塑料底材应选择溶剂型或其他有机高分子涂料。此外,还应考虑所选择的涂料与建筑整体的协调性,以及对建筑外形设计的装饰效果。

(2)涂料施工

1)涂料施工方法 墙面涂料的施工方法有刷涂、滚涂、喷涂、弹涂、抹涂等方法,每种施工方法都是在做好基层后施涂,不同的基层对涂料施工有不同的要求。

①刷涂施工 采用鬃刷或毛刷施涂,头遍横涂,走刷要平直,有流坠马上刷开,回刷一次,蘸涂料要少,一刷一蘸,不宜蘸得太多,防止流淌,由上向下一刷接一刷,不得留缝,第1遍干后刷第2遍,一般为竖涂。

②滚涂施工 利用滚涂辊子进行涂饰。首先把涂料搅匀调至施工稠度,少量倒入平漆盘中摊开。用辊筒均匀地蘸涂料,并在底盘或辊网上推滚至均匀后再在墙面或其他被涂物上滚涂。

③喷涂施工 利用压力或压缩空气将涂料喷涂于墙面上的机械化施工方法。将涂料调至施工所需稠度装入储料罐或压力供料筒中,空气压缩机的压力应控制在0.4~0.8 MPa,喷枪口应与被涂面垂直,喷嘴与墙面的距离一般控制在400~600 mm,喷枪运行速度一般为400~600 mm/s。先喷门、窗口,然后再横向或竖向往返喷涂墙面,涂层一般要求两遍成活(横一竖一)。

④弹涂施工 在墙面刷好底色涂层后,用弹涂器分多遍将色浆弹涂在墙面上,弹涂时应与墙面垂直,控制好距离,使弹点大小均匀,结成不同的色点,形成相互交错、衬托的彩色饰面。

⑤抹涂施工 采用纤维涂料或仿瓷涂料饰面,使之形成硬度很高,类似汉白玉、大理石、瓷砖等天然石料的装饰效果。先刷一层底层涂料做结合层,2 h左右即可用不锈钢抹子涂抹饰面,涂层厚度为2~3 mm,抹完后间隔1 h左右,再用不锈钢抹子拍抹饰面压光,使涂料中的粘结剂在表面形成一层光亮膜。涂层干燥时间一般为48 h以上,未干期间应注意保护。

2)涂料施工程序 基层处理→打底子→刮腻子及磨光→施涂涂料。

外墙面一般采用均由上而下、分段分步进行涂刷,分段分步的部位应选择在门、窗、转角、水落管等易于搭接和掩盖处。

内墙面应在顶棚涂饰完毕后进行涂刷,由上而下分段涂刷。快干涂料涂宽15~25 cm,慢干涂料涂宽45 cm左右。

3)施工要点

①基层处理 基层表面的尘土、油污必须清洗干净,孔洞、沟槽以及裂缝应采取不同方法

提前修补好。局部不平整处,可采用 108 胶加水泥(胶与水泥配比为 20∶100)和适量的水调成腻子,进行找平处理。

②打底子　抹灰基层面在批刮腻子前,通常兑基底汁胶或涂刷基层处理剂进行打底处理。待胶水或底漆干后,即可批刮腻子。

③刮腻子及磨光　为使施涂面平整光滑,保证质量、便于施涂和节约材料,在刷涂料前应在基层上刮腻子。一般应刮两遍以上,每遍待其结硬后用砂纸打磨光滑,并清理干净。推刮的腻子应坚实牢固,不得有粉化、起皮和裂纹现象。

④施涂涂料

A.涂料施工时,施工环境应当清洁干净。一般涂料施工时的环境温度不宜低于 + 10 ℃,相对湿度不宜大于 60% 。

B.涂料涂刷前,被涂物件的表面必须干燥,涂料施工过程中应注意气候条件的变化,当遇有大风、雨、雾情况时,不可施工,特别是面层涂料不应施工。

C.涂料施工应先施涂封底涂料(底漆),待其干燥后再进行中间层施工。中间层施涂应均匀,颜色应一致。最后施涂罩面层,施涂时不得有漏涂和流坠现象。

各层涂料的施涂,可采用刷涂、滚涂、喷涂、弹涂、抹涂等工艺,施涂的层数可根据涂料性质和装饰要求而定。施涂涂料时,后一遍必须在前一遍涂层表面干燥后进行。

10.2.4　水磨石楼地面施工

水磨石地面具有色彩丰富,图案组合多样,表面平整光滑,坚固耐用,不起灰、易清洗等特点。

(1)构造做法

它是在砼基层或水泥砂浆垫层已完成的基础上,根据设计要求弹线分格,镶贴分格条,然后抹水泥石子浆,待水泥石子浆硬化后磨光露出石子,并经补浆、细磨、打蜡而做成。其构造及做法,如图 10.12 所示。

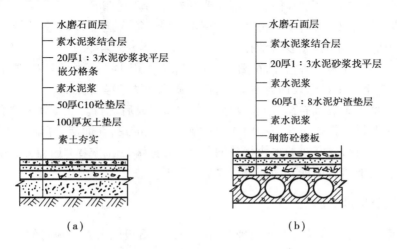

图 10.12　水磨石楼地面构造做法
(a)水磨石地面　(b)水磨石楼面

（2）施工准备

1）材料准备　施工前应准备好矿物颜料，其掺入量一般为水泥用量的5%；选用坚硬可磨、洁净无杂物的石子，其粒径4～12 mm；胶结石子所用的白水泥或42.5级硅酸盐水泥；分格所用的铜条、玻璃条或塑料条及抛光所用的石蜡。

2）施工准备　将水泥砂浆或砼基层上的浮灰、污物清理干净；在距地面 + 500 mm 的墙面上弹好水平线；做水泥砂浆找平层，先刷素水泥浆一遍，然后做灰饼、标筋、抹底灰，并用木抹子搓实，至少两遍，24 h 后洒水养护。

（3）施工程序

水磨石楼地面的主要施工程序为：弹线、嵌条→罩面→磨光→酸洗→打蜡。

（4）施工要点

1）弹线、嵌条分格　水泥砂浆找平层达到强度后，按设计要求弹线或图案分格墨线，然后按墨线固定铜条或玻璃条，并予以埋牢，24 h 后即可洒水养护，一般养护3～5 d。嵌条放置高度应比磨平施工面高2～3 mm。

2）罩面　铺设水泥石子浆面层前，刷素水泥浆一道，随刷随铺设面层水泥石子浆。应先按配合比将水泥和颜料干拌均匀，再将石料加入彩色水泥粉中，干拌均匀，然后加水湿拌。

将拌和均匀的石子浆按分格顺序进行铺设。铺设完毕后，应在面层均匀撒一层石子，随即用钢抹子由嵌条处向中间将石子拍入水泥石子浆中，并拍实压平，再用辊筒纵横碾压平实，边压边补石子。压至表面出浆后，再用钢抹子抹平，次日开始养护。

同一面层上采用几种颜色图案时，应先做深色，后做浅色，先做大面，后做镶边；待前一种水泥石子浆凝固后，再铺后一种水泥石子浆。

3）磨光　开磨时间应以石子不松动为准。大面积施工宜用机械磨石机研磨，小面积、边角处，可使用小型湿式磨光机研磨。一般常用"三磨两浆"法，研磨时，要确保磨盘下经常有水。头遍先用60～80号粗磨石磨光，使全部分格条外露，磨后要将泥浆冲洗干净，再擦一道同色水泥浆，用以填补砂眼，个别掉落石子部位要补好。第2遍在养护2～3 d后用100～150号细磨石磨光，方法同第1遍，磨光后再补上一道水泥浆。第3遍用180～240号油石磨，磨至表面石子粒粒显露，平整光滑，无砂眼细孔。

4）酸洗　磨石面用清水冲洗干净，经3～4 d晾干。用1:3草酸溶液擦洗，同时用280号油石进行研磨，直至石子显露表面光滑为止，再用清水冲洗干净后擦干。

5）打蜡　水磨石地表面打蜡，应在其他工序全部完成后进行。在干燥发白的水磨石面层上打地板蜡或工业蜡。将蜡包在薄布内或用布蘸稀糊状的蜡，在面层上薄而均匀地涂上一层，待干后再用钉有细帆布或麻布的木块代替油石，装在磨盘上研磨第1遍，再上蜡磨第2遍，直至光滑锃亮为止。上蜡后用锯末满铺进行养护。

10.2.5　石材楼地面施工

石材楼地面施工主要包括：天然大理石、花岗石、青石板以及人造板材的施工。

（1）施工程序

石材楼地面主要施工程序为：基层处理→弹线→试拼、试排→扫浆→铺水泥砂浆结合层→铺板块→灌缝、擦缝。

（2）施工要点

1）弹线　根据水平基准线,在四周墙面上弹出面层标高线和水泥砂浆结合层线。有坡度要求的地面,应弹出坡度线。在地面上弹出十字中心线,按板的尺寸加预留缝放样分块。

2）试拼、试排　对每个房间的板块,按图案、颜色、纹理试拼。试拼后按两个方向坐标编号,按编号码放整齐。在地面纵横两个方向,铺两条略宽于板块的干砂带,砂带厚度为 30 mm,在砂带上预排板块,根据大样图,拉线校方正度,校对板块与墙边、柱边、门洞口及其他复杂部位的相对位置。

3）浸水　施工前将板块浸水润湿,并码好阴干备用。铺砌时切忌板块有明水。

4）摊铺砂浆　先刷素水泥浆一道,随刷随铺砂浆。石材施工所用砂浆为干硬性砂浆,配合比为水泥∶砂 = 1∶4（体积比）。摊铺长度约在 1 m,宽度超过板块宽度 20～30 mm 并找平,铺完一段砂浆层,安装一段面板。应先铺基准板块,作为整个房间的水平标准（起标筋作用）和接缝的依据。

5）铺贴　铺贴时,按基准板块先拉通线,对准纵横缝按线铺贴。为使砂浆密实,安放时四角同时下落,用橡皮锤轻击板块,如有空隙应补浆。缝隙、平整度满足要求后,揭开板块,浇一层水泥素浆,正式铺贴。每铺一条,再用 2 m 靠尺双向找平。随时将板面多余砂浆清理干净。铺板块采用后退的顺序铺贴。

6）灌缝、擦缝　板块铺贴后次日,用素水泥砂浆灌缝 2/3 高度,再用与面板相同颜色的水泥浆擦缝,然后用干锯末拭净擦亮。

7）养护　在拭净的石材上覆盖湿锯末养护 2～3 d,养护期内禁止上人和堆放重物。

10.3　吊顶施工技术

吊顶是室内上部空间构造,是室内装饰的重要组成部分,具有保温、隔热、防火、隔声、吸声、反光作用,又是电器、暖卫、通风空调等各种管线和设备的隐蔽层。吊顶由吊杆（吊筋）、龙骨（搁栅）、饰面层三部分组成。

10.3.1　吊杆与楼板的连接

吊杆一般用直径为 6～10 mm 的钢筋制作,上人吊顶吊杆间距一般为 900～1 200 mm,不上人吊顶吊杆间距一般为 1 200～1 500 mm。安装前,应先按龙骨的标高沿房屋四周在墙上弹出水平线,再按龙骨的间距弹出龙骨中心线,找出吊杆中心点,计算好吊杆的长度,将吊杆与楼板连接好。

如为现浇钢筋砼楼板,应预先埋设吊筋或吊点铁件,亦可先预埋铁件,以备焊接吊筋用;如为装配式楼板,可在板缝内预埋吊杆或用射钉枪固定吊点铁件,这种方法目前已被广泛采用。图 10.13 为上人吊顶吊点连接法,图 10.14 为不上人吊顶吊点连接法。

10.3.2　龙骨的安装

（1）龙骨材料
吊顶龙骨架材料有:轻钢龙骨、铝合金龙骨等。

图 10.13 上人吊顶吊点

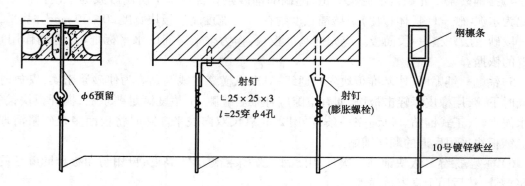

图 10.14 不上人吊顶吊点

1)轻钢龙骨 轻钢龙骨是以镀锌钢带、薄壁冷轧退火钢带为材料,经冷弯或冲压而成的吊顶骨架。用这种龙骨构成的吊顶具有自重轻、刚度大、防火、抗震性能好、安装方便等优点。它能使吊顶龙骨的规格标准化,有利于大批量生产,组装灵活,安装效率高,已被广泛应用。轻钢龙骨的断面多为"U"形,称为"U"形轻钢龙骨;亦有"T"形断面的烤漆龙骨,可用于明龙骨吊顶。

2)铝合金龙骨 铝合金龙骨是用铝合金材料经挤压或冷弯而成,这种龙骨具有自重轻、刚度大、防火、耐腐蚀、华丽明净、抗震性能好、加工方便、安装简单等优点。若用于活动装配式吊顶的明龙骨,其外露部分比较美观。铝合金型材可制成"T"形龙骨,也可制成"U"形龙骨。

(2)龙骨构造

1)轻钢龙骨吊顶 轻钢龙骨分为:主龙骨、次龙骨(中、小龙骨)及连接件等,见图 10.15。

①主龙骨(大龙骨) 由于整个吊顶荷载是通过主龙骨传给吊杆的,因此主龙骨是一个受均布荷载和集中荷载的连续梁。一般如选用标准图集的龙骨,则主要核对该体系是否满足使用要求。

②次龙骨(中、小龙骨) 主要功能是固定饰面板,并将面板荷载传递给主龙骨。因此,次龙骨是构造龙骨,其间距尺寸取决于饰面板的规格尺寸。对于单块面积较大的板材,次龙骨的间距应适当控制。

③连接件 连接件起连接主、次龙骨,组成一个整体骨架的作用。采用标准图集的龙骨,连接件是配套提供。

2)铝合金龙骨吊顶 铝合金吊顶龙骨常用于活动式吊顶,如用于明龙骨吊顶时,次(中、小)龙骨、边龙骨采用铝合金龙骨,而承担负荷的主龙骨一般采用钢制的。

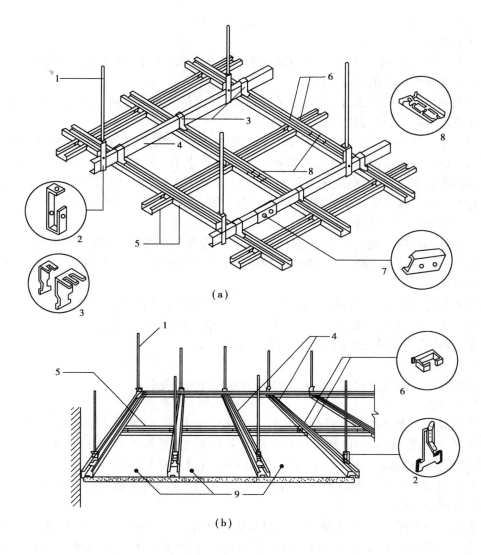

图 10.15　U、C 形吊顶轻钢龙骨主、配件组合示意图

1—吊杆;2—吊件;3—挂件;4—主龙骨(双层骨架吊顶为 U 形承载龙骨,单层骨架吊顶为 C 形覆面主龙骨);
5—次龙骨(双层骨架吊顶为 C 形覆面龙骨,单层骨架吊顶为 C 形横撑覆面龙骨);6—龙骨支托(挂插件);
7—U 形龙骨连接件(接长件);8—C 形龙骨连接件(接长件、接插件);9—固定式罩面板

①主龙骨(大龙骨)与次龙骨　主龙骨的侧面有长方形孔,供次龙骨穿插连接;还有圆形孔供悬吊固定。或者在主龙骨上部开半槽,次龙骨的下部也开出半槽,并在主龙骨半槽两侧各打出一个 $\phi3$ 的圆孔,然后用 22 号细铁丝穿过小孔,把次龙骨扎紧在主龙骨上;或者在次龙骨的两端剪出连接耳,并在连接耳上打孔,用铝铆钉固定或用自攻螺丝固定。

②边龙骨　边龙骨也称封口角铝,其作用是对吊顶毛边等的封口,使边角部位整齐顺直。

(3)安装程序及施工要点

1)轻钢龙骨吊顶

①安装程序　弹标高线→安装吊杆→安装大龙骨→按水平标高线调整大龙骨→大龙骨底

部弹线→固定中、小龙骨→固定边龙骨→安装横撑龙骨。

②施工要点

A. 放线　根据顶棚设计标高,沿内墙面四周弹水平线,作为顶棚安装的控制线;在楼板下底面上弹龙骨布置线和吊杆位置线。

B. 安装吊杆　吊杆的选择,首先是考虑强度,其次是要悬吊方便,可用钢筋,也可用型钢件。具体按前面的"吊杆与楼板的连接"施工。

C. 龙骨的安装与调平　先将大龙骨与吊杆连接固定,固定时应用双螺帽在螺杆部位上下固定,然后以一个房间为单元,按标高线将大龙骨调整水平。调整方法可用 6 cm×6 cm 方木按主龙骨间距钉铁钉,其后横放在主龙骨上,用铁钉卡住各主龙骨,使其按规定间隔定位,临时固定。方木两端要顶到墙或梁,再按十字和对角拉线,用螺栓调平。对于大房间的主龙骨可按房间跨度的 1/200 ~ 1/300 起拱。

中小龙骨的位置一般应按装饰板材的尺寸在大龙骨底部弹线,用挂件固定牢固。中龙骨在与主龙骨的垂直交叉点处,均用中龙骨挂件固定在主龙骨上,吊挂件的上端 U 形腿用钳子卧入主龙骨内。

横撑龙骨可用中、小龙骨截取,应与中、小龙骨相垂直地装在饰面板的拼接处,与中、小龙骨处于同一个水平面内。安装时将其端头插入挂插件,扣在纵向中龙骨上,并用钳子将挂搭弯入纵向龙骨内,要求横撑龙骨底面与纵向龙骨底面平齐。

2)铝合金龙骨吊顶

①安装程序　弹线定位→固定悬吊体系→安装与调平龙骨。

②施工要点

A. 弹线定位　如果吊顶设计要求具有一定造型或图案,应先弹出顶棚对称轴线,再弹出主龙骨和吊点位置。吊点的间距大小与主龙骨断面的抗剪截面要素成正比,但与吊顶高度成反比,因此要综合考虑。一般吊杆间距,主龙骨间距应控制在 1 ~ 1.2 m。

如果是用卡在龙骨上的铝合金板,龙骨宜与板垂直;如铝合金板用螺钉固定在龙骨上时,龙骨的安置要按板的形状设计。

如果吊顶有不同标高,那么除了要在四周墙柱面上弹出标高线,还应在楼板上弹出变高处的位置线。然后再将角铝或其他封口材料固定在墙柱面,封口材料的底面应与标高线重合。角铝可用水泥钉或射钉固定。

B. 吊件的固定　铝合金龙骨吊顶的吊件,可使用膨胀螺栓或射钉固定角钢块,通过角钢块上的孔,将吊挂龙骨用的镀锌铁丝绑牢在吊件上。一般单股的镀锌铁丝用 14 号以上的,双股的用 18 号以上的。

如用伸缩式吊杆,其形式较多,常用一个带孔的弹簧钢片将两根调直 8 号铅丝连接,当用力压弹簧钢片时,铅丝在孔中就可自由伸缩,当手松开后,由于吊顶的作用使铅丝受拉,弹簧钢片的孔中心错位,将吊杆张紧固定。

C. 安装与调平龙骨　主、次龙骨宜从同一方向同时开始安装。安装时先将主龙骨在确定位置和标高大致就位,次龙骨也应在主龙骨的相应位置上就位。就位后,通过拉纵横控制标高线,从一侧开始,边调整,边安装,最后精调至龙骨平直为止。如要考虑主龙骨的起拱,在放线时就应适当起拱。边龙骨应沿着墙柱面标高线,用水泥钉钉牢,也可用膨胀螺栓固定。

10.3.3　饰面板的安装

饰面板与龙骨的连接有:钉固、粘接、卡接、搁置法等。

1)钉固法　采用钉子固定法应区分板材的类别,并注意有无压缝条、装饰小花等配件,常用的钉子有圆钉、扁头钉、木螺丝(用于木龙骨)和自攻螺钉(用于轻钢龙骨)等。采用钉子固定法时,钉子间距视不同板面而定,可在四块板的交角处钉装饰小花;饰面板横、竖缝钉压缝条。

2)胶粘法　用各种胶粘剂将装饰板粘接在龙骨或基层板上。常用的胶粘剂有 4115 建筑胶粘剂,它适用于粘结木材、石棉板、纸面石膏板、矿棉板、刨花板、钙塑板、聚苯乙烯泡沫板等;SG791 建筑轻板胶粘剂,适用于粘贴纸面石膏板、矿棉吸音板、石膏装饰板等;XY-401 粘胶剂,适用于石膏板、钙塑板等板材的粘结。

3)卡口镶嵌法　金属面层与基层的连接一般采用卡口连接或扣板钉子连接,它采用特制配套龙骨与其相匹配的金属条板镶嵌固定。

4)搁置法　吊顶龙骨上设有配套的饰面板安置格栅,安装时放入饰面板即可。

(1)装饰石膏板的安装

1)螺钉固定法　当采用 U 形轻钢龙骨时,装饰石膏板可用镀锌自攻螺钉固定在 U 形龙骨上,孔眼用腻子补平,再用与板面颜色相同的色浆涂刷。

2)粘接安装法　采用轻钢龙骨(UC 形)组成的隐蔽式装配吊顶时,可采用胶粘剂将装饰石膏板直接粘贴在龙骨上。胶粘剂应涂刷均匀,不得漏涂。

3)搁置平放法　当采用 T 形铝合金龙骨或轻钢龙骨时,可将装饰石膏板搁置在由 T 形龙骨组成的格栅上,即完成吊顶安装。

(2)纸面石膏板的安装

1)螺钉固定法　石膏板用螺钉固定在龙骨上。金属龙骨大多采用自攻螺钉。固定石膏板的次龙骨间距,一般应不大于 600 mm。

2)企口暗缝固定法　饰面石膏板可采用企口暗缝接板的形式,安装时将龙骨的两肢插入企口暗缝中。

3)粘结固定法　用胶粘剂将石膏板饰面板粘到龙骨上。

(3)吸声穿孔石膏板的安装

1)活动式吊顶法　龙骨吊装找平后,将吸声穿孔石膏板搁置在龙骨的翼缘上,并用压板固定。

2)隐蔽式吊顶法　龙骨吊装找平后,在吸声穿孔石膏板的四角处采用塑料小花压角用螺钉固定,并在塑料小花之间沿板边等间距加钉固定。

3)胶粘式吊顶法　龙骨吊装找平后,将吸声穿孔石膏板直接粘贴在龙骨上。胶粘剂尚未完全固化前,不能振动板材,并应保持房间通风。

(4)钙塑凹凸板安装

1)采用 401 胶粘贴,在板背面四周涂胶粘剂,待胶粘剂稍干,触摸时能拉细丝后即可按定位线进行粘贴,须按压密实粘牢。挤出的胶液应及时擦净。待全部板块贴完后,用腻子把板缝、坑洼、麻面补实刮平。

2)用塑料花固定钙塑凹凸板时,可以用镀锌木螺钉将塑料花钉压在板块的四角对接部位,同时沿着板块边缘用镀锌圆钉进行固定,露明的钉帽要用与板面颜色相近的涂料涂盖。

复习思考题 10

1. 装饰施工有什么作用？其主要内容有哪些？
2. 抹灰施工有哪些种类？
3. 抹灰为什么要分层？一般分为几层？
4. 试简述一般内墙抹灰的施工要点。
5. 墙砖饰面对排砖有什么要求？
6. 饰面板有哪几种施工方法？各种施工方法的特点是什么？
7. 试简述涂料选择原则、方法。
8. 涂料施工方法有哪几种？
9. 裱糊工程对基层有些什么要求？
10. 裱糊工程有哪些施工程序？
11. 水磨石楼地面有哪些施工程序？
12. 试简述石材楼地面施工要点。
13. 吊顶龙骨常用材料有哪些？
14. 试简述轻钢龙骨吊顶施工要点。

第 **11** 章
高层建筑施工技术

学习目标:

1. 了解高层建筑的施工特点。
2. 熟悉高层建筑基础和主体结构的施工方法、施工工艺。
3. 了解高层建筑防水及装饰的施工方法及施工要点。

职业能力:

1. 具有编写高层建筑基础及主体结构施工方案的初步能力。
2. 具有指导高层建筑现场施工的初步能力。
3. 具有编写高层建筑安全措施的能力。

11.1　高层建筑施工概述

11.1.1　高层建筑的定义

表 11.1　各个国家对高层建筑起始高度界线

国　别	起　始　高　度
中　国	住宅:10 层及 10 层以上,其他建筑:>24 m
德　国	>22 m(至底层室内地板面)
法　国	住宅:>50 m,其他建筑:>28 m
日　本	31 m(11 层)
比利时	25 m(至室外地面)
英　国	24.3 m
苏　联	住宅:10 层及 10 层以上,其他建筑:7 层
美　国	22 ~ 25 m 或 7 层以上

　　高层建筑是以层数或者高度来确定的,不同的国家和地区有不同的理解,表 11.1 的是主要几个国家对高层建筑起始高度界线。小于表 11.1 所示的层数或高度的则为多层建筑。

高层建筑一般分为四类,第 1 类:9～16 层(最高到 50 m),称为低高层建筑;第 2 类:17～25 层(最高到 75 m),称为中高层建筑;第 3 类:26～40 层(最高到 100 m),称为高层建筑;第 4 类:40 层以上(100 m 以上),称为超高层建筑。

11.1.2　高层建筑的发展原因

进入 20 世纪 80 年代,高层建筑在我国得到了空前的发展,尤其是北京、上海及经济发达的城市发展更快。据不完全统计,在全国年竣工房屋面积中高层建筑的竣工面积已占 10% 以上,而且其发展的趋势在不断加快。高层建筑之所以能如此快速发展,主要是:可节约建设用地;有利于生产、工作等多方面的综合使用;为建筑多功能化创造了条件;美化了城市环境,体现城市特点。

11.1.3　高层建筑施工特点

高层建筑在建筑、结构、设备、消防等方面与低层、多层建筑在施工技术上有一定的相同之处,但是随着建筑物高度的增加带来施工难度的加大,使得高层建筑与低层、多层建筑在施工技术上有其显著的特点,主要表现在"高"、"深"、"长"、"密"四个方面:

1)"高"是指建筑物的层数多、高度高　由于建筑物层数多、高度高,其工程量大,技术复杂,高空作业多,因此垂直运输、高空安全防护、防火、通讯联络、用水及建筑垃圾的处理等问题就成为主要特点之一。

2)"深"是指建筑物的基础埋置深度深　由于高层建筑地下埋深嵌固要求,为了保证其整体的稳定性,一般应有一层至数层地下室,作为设备层及车库、人防、辅助用房等。因此,埋深均在地面以下 5 m,使基础施工难度加大。

3)"长"是指建筑物施工周期长　高层建筑的施工工期一般为两年左右,施工期内跨越冬、雨期,因此,只有充分利用全年时间,合理布置和安排,编制周密细致的施工组织设计和施工方案设计,才能缩短工期。

4)"密"是指高层建筑的施工条件复杂　高层建筑一般建设在市区,施工用地紧张,周边环境复杂,为了保证工程的正常进行,需要合理安排现场临时设施,尽可能减少材料的现场制作及材料、设备的储存量,充分利用商品砼和预制构配件等半成品材料。

11.1.4　施工方案的选择

(1)基础施工方案

高层建筑中的基础是整个房屋结构的重要组成部分。基础的造价约占土建总造价的 1/4～1/3,特殊情况下基础的造价占土建总造价的比例甚至更高。高层建筑常用的基础形式有:片筏基础、箱形基础、桩基础和复合基础。所以,高层建筑基础的施工方案要根据基础结构形式及埋深、地基土质情况、地下水位、市政或其他地下埋设的设施和施工场地周边情况等而定,并通过技术经济比较选出最优方案。

在高层建筑的基础施工中,基坑开挖一般有以下几种方案:

1)放坡开挖　施工现场周边无建筑物或离开所开挖的基坑较远,地下无主要的市政设施等,且基坑深度不太深,具有足够的空地时,可采用放坡开挖的方式进行施工。此时应主要解决挖土机的选择及开挖方案、运土汽车的进出场和配套等问题;如果地下水位较高,还应采取适当的降、排水措施。

2）挡土支护　如果施工场地受限,周边环境不允许基坑的开挖采用放坡大开挖的方式,则应考虑基坑挡土支护方案。

3）桩基础　如果施工的基础是桩基础,首先要根据设计所采用的桩是预制桩还是灌注桩,是一般的灌注桩还是大直径灌注桩,然后再根据工程特点选择合适的桩孔成型机械和成孔工艺。

4）筏板、箱形或复合基础　高层建筑的基础一般采用筏板基础、箱形基础或复合基础,往往有厚大的砼底板和深地梁等。在确定施工方案时,对大体积砼施工中温度应力和收缩裂缝的控制,应予以高度重视。

（2）主体结构施工方案选择

高层建筑主体结构有钢筋砼结构、钢结构和钢-砼组合结构等多种形式,本章主要介绍高层建筑主体结构是钢筋砼结构的施工技术。钢筋砼结构体系一般分为全现浇钢筋砼结构体系、装配整体式钢筋砼结构体系和现浇柱、预制梁板钢筋砼结构体系。全现浇钢筋砼结构体系可采用爬模、滑模、台模等支模方法和专用工具,选用组合钢模、钢框胶合板模板、中型钢模板、钢或胶合板可拆卸式大模板,以及塑料或玻璃钢模壳等工具式模板及其支撑体系。全装配式可采用升板法、升层法等;部分装配式体系可采用滑模、升板法、散装模板、滑模和升板工艺相结合等方法。高层建筑的剪力墙、筒体等竖向结构的成型,宜采用大模板、滑模、爬模等施工方法。对于水平结构可以采用组合钢模、台模、快拆模板等施工方法。对于有裙房部分的高层建筑一般采用先主体后裙房的施工方案,也可用主体与裙房同时施工或先裙房后主体等施工顺序,但不管采用哪一种方案,均应考虑由于施工先后顺序不同、建筑物重量差引起的沉降变形问题。

另外,高层建筑的施工还要结合工程特点进行脚手架、安全防护方案的选择和计算。提高新型脚手架的应用比重。提高碗扣式脚手、门架式脚手架的应用技术水平。积极慎重地推广整体爬架和悬挑式脚手架;开发低合金钢管脚手架。

（3）高层建筑垂直运输设备及方案

高层建筑施工中,建筑材料、施工设备和施工人员都要进行垂直运输。其中砼(包括预制构件)、模板、钢筋及其他材料的输送量很大,而高层建筑的施工速度,在很大程度上取决于所选用垂直运输机械的能力。

目前国内高层建筑施工采用的垂直运输设备和机械主要有:施工电梯、塔吊、砼泵和快速提升机等。施工电梯能运送施工人员和尺寸、重量不大的建筑材料;快速提升机主要用于建筑材料和小型设备;塔吊和砼泵能解决垂直和水平运输,但砼泵局限于输送砼。机械的数量和型号应根据服务面积、建筑高度、进度要求、机械供应条件和施工单位的技术力量等确定。

垂直运输方案主要有:施工电梯 + 塔吊或砼泵;快速提升机 + 砼泵;塔吊 + 快速提升机或砼泵;施工电梯 + 塔吊 + 砼泵;施工电梯 + 塔吊 + 快速提升机和施工电梯 + 快速提升机 + 砼泵等。

11.1.5　泵送砼

砼泵是在压力推动下沿管道输送砼的一种设备,它能连续不断地完成砼的水平运输和垂直运输,配以布料杆或布料机,还可以方便地进行砼的浇筑。因此,它具有工效高、劳动强度低、施工现场文明等特点,在现浇砼结构的高层建筑施工中得到了广泛的应用,能有效地解决砼量大的基础施工以及占总垂直运输量70%左右的上部结构砼的运输问题。砼泵的类型、工作原理及泵送砼施工要点见5.4节。

11.1.6 高强砼特点及施工

(1)高强砼

在20世纪60年代初我国开始研制高强砼,并已试点应用在一些预制构件中。那时的高强砼为干硬砼,密实成型时需强力振捣,故推广比较困难。到了20世纪80年代后期,高强砼在现浇工程中被采用,主要在北京、上海、辽宁、广东等一些高层和大跨(桥梁)工程中得到应用,强度等级相当于C60或600号。其中,辽宁省已有十余幢高层或多层建筑采用高强砼,深圳市在1992—1993年就已有贤成大厦等25个工程采用C60级高强泵送砼,总量已达2万 m³。C80及C80以上等级的高强砼,目前正处于试验研究阶段,其中有些城市正酝酿使用C80级砼。

(2)高强砼的优越性

1)节约砼 实践表明,砼强度等级从C30提高到C60,对受压构件可节省砼30%～40%;受弯构件可节省砼10%～20%。虽然高强砼比普通砼成本上要高一些,但由于减少了截面,结构自重减轻,这对自重占荷载主要部分的建筑物具有特别重要意义。再者,由于梁柱截面缩小,不但改变了肥梁胖柱,而且可增加使用面积。以深圳贤成大厦为例,该建筑原设计用C40级砼,改用C60级砼后,其底层面积可增大1 060 m²,经济效益十分显著。

2)密实性、抗渗、抗冻性好 高强砼的密实性能好,抗渗、抗冻性能均优于普通砼。因此,高强砼除用于高层和大跨度工程外,还大量用于海洋和港口的砼结构,用以增强抵抗海水浸蚀和海浪冲刷的能力,提高其使用寿命。

3)高强砼变形小 高强砼变形较小,从而可使构件刚度得以提高,大大改善建筑物的变形性能。

(3)高强砼技术

1)高强砼施工应解决的技术问题

①低水灰比,大坍落度 高强砼一般要求低水灰比,这种低水灰比的砼早在20世纪60年代末,我国就有过研究与应用,但由于砼在低水灰比的情况下,坍落度很小,甚至没有坍落度,其成型和捣实都很困难,无法在现浇砼施工中应用。

②坍落度损失问题 现代城市砼施工,一般采用预搅或商品砼。施工工地往往与搅拌站相距很远,要把砼从搅拌站运到工地需用较长的时间。砼在运输的过程中,其坍落度随时间的增加而减小,这对高强砼来说无疑又增加了难度。

③砼可泵性问题 泵送砼几乎是高层建筑施工的唯一方法。所以高强砼要解决砼可泵送的技术要求。

2)要解决这一系列技术难题,关键是研制和使用高性能的外加剂

①对原材料的选择 配置C60级高强砼,不需要用特殊的材料,但必须对本地区所能得到的所有原材料进行优选,它们除了要有比较好的性能指标外,还必须质量稳定,即在施工期内主要性能不能有大的变化。

②工时的质量控制和管理 一般来说,在试验室配置符合要求的高强砼相对比较容易,但

在施工过程中,砼要稳定在要求的质量水平上就比较困难了。如在一般情况下不太敏感的因素,在低水灰比的情况下会变得相当敏感,而对高强砼,设计时所留的强度裕量又不可能太大,可供调节的裕量较小,这就要求在整个施工过程中必须注意各种条件和因素的变化,并且要根据这些变化随时调整配合比和各种工艺参数。对于高强砼,一般检测技术如回弹仪或超声波仪等在强度大于 50 MPa 后已不能采用。唯一能进行检测的钻心取样法检验高强砼会破坏砼结构。因此,加强现场施工质量控制和管理显得十分重要。

③超细活性掺和料的应用　对于强度等级为 C80 或更高的砼,需要采取一些特殊的技术措施——掺入超细活性掺和料。砼强度达到一定极限后就不可能再增加了,这是因为砼强度在水化时不可避免地会在其内部形成一些细微的毛细孔。如果要使其强度进一步提高,就必须采取措施把这些孔隙填满,进一步增加砼的密实性。最常用的方法是用极细(微米级)的活性颗粒掺入砼,使它们在水浆中的细微孔隙中水化,减少和填充砼中的毛细孔,达到增密和增强的作用。由于这些极细的颗粒需水量很大,就需要大量高效减水剂加以塑化,否则难以施工;超细活性颗粒在砼搅拌时会到处飞扬,很难加入砼中,故必须对超细活性颗粒进行增密处理后才能使用。

(4)要重点突破的技术难关

C60 级砼的推广应用,重点解决标准化和商品化中的一些技术问题;C80～100 级超高强砼的开发和试点应用;硅灰和其他超细掺和料的增密及掺用技术商品化的问题;高强砼脆性问题的改进和解决措施;C80 及其以上级砼的设计和应用规定;超塑化剂和超塑化技术的研究;高强砼非破损和半破损检测技术的研究。

11.2　高层建筑基础施工技术

11.2.1　深基坑挡土支护方法

(1)H 形钢桩加挡板支护法

H 形钢桩加挡板支护是用锤击的方法将 H 形钢(或工字钢)桩打入土中的预定深度,随着土方的开挖在 H 形钢桩之间加插横板用以挡土,其支护示意见图 11.1。这种方法适用于地下水位较低时的黏土、砂土等地基开挖的支护,如水位较高时要采取降水措施,软土地基慎用。

(2)灌注桩支护法

1)间隔式灌注桩加钢丝网水泥挡土　在钻孔灌注桩之间用钢丝水泥抹面挡土(见图 11.2)。此法适用于黏土、砂土和地下水位较低的土层,可用机械钻孔或人工挖孔。

2)双排式灌注桩　采用直径较小的灌注桩做双排梅花式布置的挡土桩,桩顶用圈梁连接,形成门式架(见图 11.3),此法适用于黏土、砂土地质基坑开挖的支护。

(3)地下连续墙法

在地面沿着开挖工程的周边,用特种挖槽机械在护壁的条件下开挖沟槽,然后吊放钢筋笼并浇筑砼,形成砼墙,能防渗挡土。此法适用于任何地质,特别是软弱地基开挖的支护。

地下连续墙除上述做法外,目前还采用灌注桩或预制桩连续筑成一道桩排式地下连续墙(见图 11.4)。

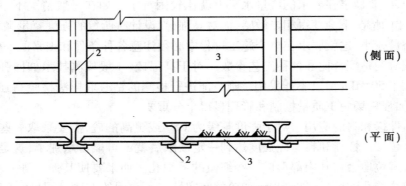

图 11.1　H 形钢桩加挡板支护
1—主柱;2—楔子;3—横挡板

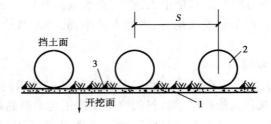

图 11.2　间隔式灌注桩挡土墙
1—钢丝网水泥;2—灌注桩;3—砂土

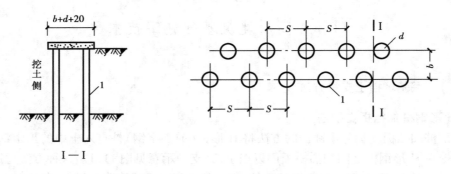

图 11.3　双排式灌注桩挡土墙
1—灌注桩

(4)土层锚杆支护法

土层锚杆支护法是在基坑开挖过程中,向其四周土壁钻一系列的锚杆孔,并在孔内安设锚杆,注入水泥浆,形成锚固体,然后张拉锚杆,通过挡土结构产生的预压应力将锚杆长度内的土层得到加固(图 11.5)。此法适用于土层开挖的各种挡土结构,但在软弱地基淤泥质土时慎用。

(5)锚喷网支护法

锚喷网支护法是随基坑的开挖在所加固的边坡上钻孔、插筋、注浆设置锚杆,在边坡表面挂网、喷射砼形成面层,天然边坡土体通过锚杆与喷射砼面层,形成挡土的联合支护结构,用以

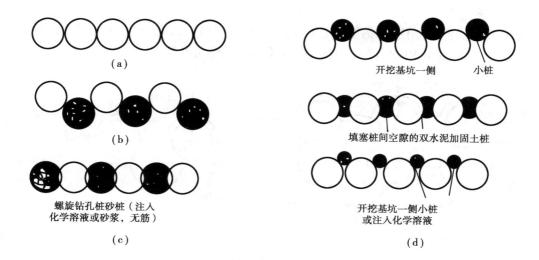

图 11.4　桩排式地下连续墙

（a）一字形相接排列　（b）交错相接排列　（c）一字形搭接排列　（d）混合排列

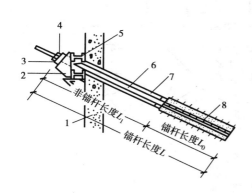

图 11.5　土层锚杆示意图

1—地下连续墙或挡土板桩；2—支座；

3—垫板；4—螺帽；5—槽钢；6—非锚固筋；

7—钻孔；8—锚固拉筋

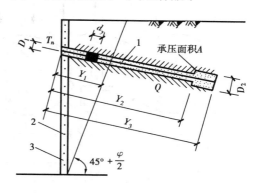

图 11.6　喷网锚支护示意图

1—锚杆；2—金属挂网；

3—喷射细石砼

抵抗墙后和墙顶传来的土压力,见图11.6。

此法适用于各种土层开挖的支护,尤其适用于施工场地较小,紧贴建筑物的基坑开挖。

工艺流程:修理边坡→锚杆制作→钻孔→锚杆安设→注浆→挂钢筋网→锚头固定→喷射砼→养护。

（6）水泥土幕墙支护法

水泥土幕墙支护是用深层搅拌法、旋喷法等工艺形成的水泥土幕墙结构。它既可挡土,亦可挡水,且造价低。普通深层搅拌水泥土挡墙和旋喷桩墙,适用于不太深的基坑作支护;若采用加筋形式,则适用于较深的基坑护壁。旋喷桩墙形式见图11.7,加筋（劲性）水泥挡土墙见图11.8。

(7)钢支撑法

钢支撑法一般由立柱、型钢围檩、支撑钢管(或工字钢)、八字撑、上下抱箍等组成,如图11.9所示。此法适用于面积较大,且水平应力和较大的基坑开挖时的支护。

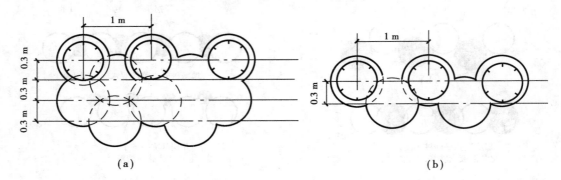

(a)   (b)

图 11.7   旋喷桩墙形式
(a)双排桩   (b)单排桩

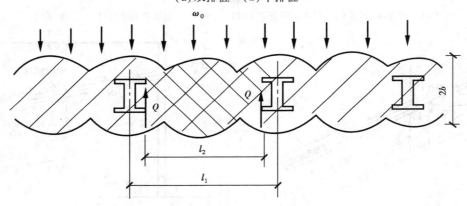

图 11.8   劲性水泥挡土墙

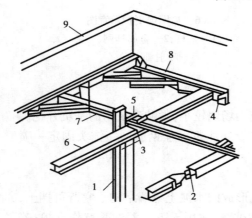 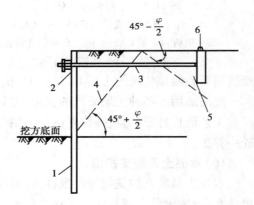

图 11.9   水平钢支撑

1—中间柱;2—螺旋千斤顶;3—U 形螺栓;4—托座;
5—水平角撑;6—水平支撑;7—八字撑;8—横撑;9—挡土墙

图 11.10   水平拉锚

1—挡土桩;2—横撑;3—拉杆;
4—滑动面;5—稳定区;6—锚定板

（8）水平拉锚支撑法

在挡土结构上端采用水平拉锚,其一端与挡土结构连接,另一端与锚梁或锚桩连接,可做预应力张拉或花篮螺栓拉紧,见图11.10。此法适用于基坑较深,坑外有锚桩或有固定拉锚索的地方。

11.2.2　土层锚杆支护施工

（1）锚杆类型

用于地基的锚杆有三种类型:第1种类型锚杆由圆柱形注浆体和钢筋或钢索构成[见图11.11(a)],适用于拉力不大的临时性锚杆以及岩石性锚杆;第2种类型为扩大的圆柱体,注入压力灌浆液而形成[见图11.11(b)],适用于黏性土和无黏性土;第3种类型是采用特殊的扩孔装置,在孔眼内长度方向扩一个或几个扩孔圆锥台体[见图11.11(c)],适用于粘性土和砂土。

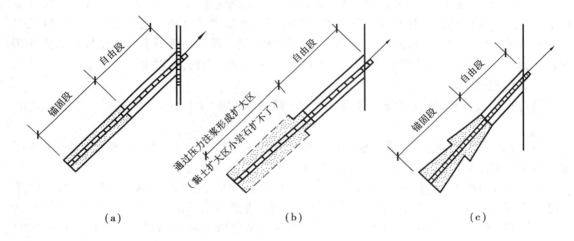

图 11.11　三种锚杆类型

（a）圆柱体锚杆　（b）扩大圆柱体锚杆　（c）扩孔圆锥台体锚杆

（2）锚杆构造

锚杆由锚头、锚杆、塑料套管定位分隔器（钢绞线用）以及水泥砂浆等组成。锚杆分钢筋、钢管及钢绞线。锚杆全长分自由段与锚固段。自由段的锚杆套塑料管以保证张拉时锚杆能自由伸长,锚固段内要求灌浆或压力灌浆,使其密实,从而达到锚固土层的目的。锚杆与地下墙连接构造见图11.12。

（3）锚杆施工工艺

锚杆施工工艺分为干作业和湿作业。

1）干作业　锚杆施工主要工序是:钻孔、插放钢索、灌浆、养护、安装锚头、预应力张拉、紧固锚杆。

工艺流程为:施工准备→移机就位→校正孔位调正角度→钻孔→接螺旋钻杆继续钻孔到预定深度→退螺旋钻杆插放锚杆→插入注浆管→灌水泥浆→养护→上锚头→预应力张拉→上螺帽紧固锚杆或顶紧楔片锚杆施工完毕。

2）湿作业　施工工序与干作业基本相同,区别在于施工时利用水冲钻入,采用内外套管。

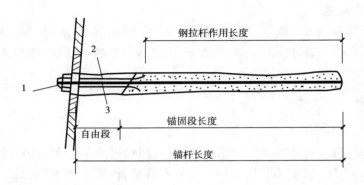

图 11.12 锚杆构造图

1—锚头;2—塑料套管;3—钢拉杆

工艺流程为:施工准备→移机就位→安钻杆校正孔位调正倾角→打开水源钻孔→反复提内钻杆冲洗→接内套管钻杆及外套管→继续钻进→反复提内钻杆冲洗到预定深度→反复提内钻杆冲洗到孔内出清水→停水→拔内钻杆→插放钢绞线束及注浆管→灌浆→用拔管机拔外套管,二次灌浆→养护→安装钢腰梁→安锚头锚具→张拉预应力筋,并紧固。

(4)锚杆施工要点

1)进行土方开挖,使锚杆施工作业面低于锚杆标高 50~60 cm,并平整好操作范围内的场地。

2)锚杆成孔钻机就位后,必须使用锚杆机导杆垂直于挡土桩墙,然后调整锚杆角度,锚杆角度偏差不大于 0.5°。

3)采用湿作业成孔时,先启动水泵,注水钻进,并根据地质条件控制钻进速度。每节钻杆钻进后在接钻杆前,一定要反复冲洗外套管内泥水,直至清水溢出,接内外套管时,要停止浇水,把丝扣处泥砂清除干净,抹上少量黑油,并保证每节套管在同一轴线上。钻进过程中随时注意速度、压力及钻杆的平直,钻进离设计要求深度 20 cm 时,用水反复冲洗管中泥砂,直到外管管内溢出清水,然后退出内钻杆,拔出内钻杆后,用塑料管测量钻孔深度等。

如果采用干作业成孔时应随时注意钻进速度,避免"别钻",应把土充分倒出后再拔钻杆。

4)灌浆、放钢索、拔外套管。把注浆塑料和插入外套管底,开始灌水泥浆,边灌浆,边活动注浆管,使水泥浆灌到孔口后再拔注浆管,不可边注浆边拔注浆管。外套管内注水泥浆后旋置钢绞线,放置前应检查钢绞线分隔器、导向架是否绑好,并清除污泥。拔外套管时,首先保证拔管器油缸与外套同心,如不合适应在液压缸前用方木垫平、垫实,使油缸套住下一节套管。当天钻的孔应在当天灌浆。

5)预加应力。锚体养护至设计强度 70%~80%,再施加预应力,使挡土桩、锚梁、锚杆和土体间受到预加应力,以减少变形。

11.2.3 地下连续墙的施工

地下连续墙施工法是在地面上采用挖槽机械,沿开挖工程的周边轴线,开挖逐个单元槽段,依靠泥浆护壁,在槽内吊放钢筋网笼,用导管灌筑砼,形成一个单元连续墙,如此逐段施工,从而形成连续的钢筋砼墙。该墙既可作为挡土防渗的支护结构,亦可作为永久承重的地下结构。

（1）地下连续墙施工工艺

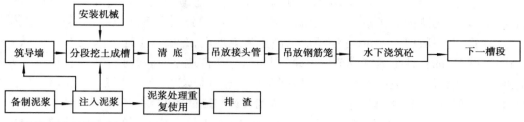

（2）挖槽机械选择

1）多头钻挖槽机　适用于粘性土、砂质土、砂砾层及淤泥等土层。

2）钻抓斗式挖槽机　适用于粘性土及砂性土，软黏土不宜使用。

3）冲击式钻机　适用于老粘性土、硬土和夹有孤石的土层，多用于桩排式地下连续墙成孔。

（3）单元槽段划分

单元槽段一般以 5～8 m 为宜，也有采用 10 m 或更长的。单元槽段长度大，既可减少接头数量，又可提高截水防渗能力和连续性，而且施工效率高，但选择时应考虑地质条件、对邻近结构物的影响，挖槽机最小挖掘长度、钢筋笼的重量及尺寸等因素的影响。单元划分实例见图 11.13。

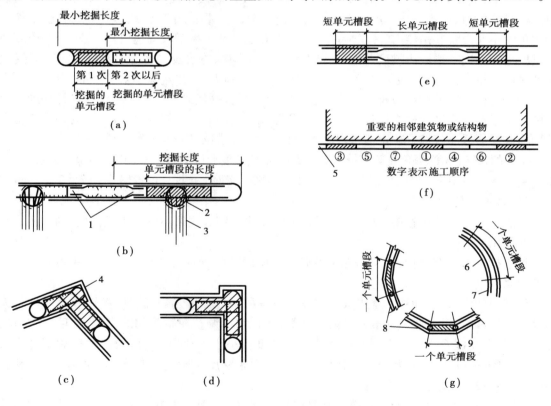

图 11.13　按结构物的形状或形式划分单元槽段

（a）一个挖掘单元长度　（b）柱子与地下墙连续的连接　（c）钝角形拐角　（d）直角形拐角
（e）长短单元槽段的组合　（f）减少对邻近建筑物影响　（g）圆周形状或曲线形状
1—接头部分；2—圆柱；3—梁；4—导墙伸出部分；5—地下墙；
6—冲击钻式；7—曲线导墙；8—抓头式或多头钻式；9—多角形导墙

（4）导墙施工

槽段放线后，应沿地下连续墙轴线两侧构筑导墙，以防地表土的坍塌和保证成槽的精度。导墙要具有足够的刚度和承载能力，导墙一般用现浇钢筋砼制作；导墙砼的厚度一般为 200 mm，导墙的高度一般取 1.5 m；导墙顶面略高于施工地面，并应高于地下水位 1.5 m 以上；导墙宜建筑在密实的粘性土地基或杂填土地基上，如遇不良地基时，应进行换填黏土夯实处理；现浇钢筋砼导墙拆模后应立即在两片导墙间每隔 2 m 加设支撑，然后用粘性土将导墙背后分层回填夯实；现浇钢筋砼导墙养护 3 d，强度达到设计强度的 50% 时，方可进行成槽作业。

导墙的作用是：为地下连续墙定位、定标高；施工时支撑挖槽机；挖槽时为挖槽机定向；存储泥浆、稳定浆位；维护上部土体稳定和防止土体坍落等。

导墙的截面形式见图 11.14。图 11.14(a) 适用于表层地基强度较高，作用在导墙上的荷重较小的情况；图 11.14(b)、(c)、(d) 适用于表层地基强度不够或坍落性大的土层地基及作用于导墙上的荷重较大的情况；图 11.14(e) 适用于保护相邻结构物的情况；图 11.14(f) 适用于地下水位较高的情况；图 11.14(g)、(h)、(i) 为临时性导墙。

（5）槽段开挖

挖槽前，应预先将地下墙划分为若干个施工槽段。槽段平面形状见图 11.13。有拐角的单元槽段，其拐角应不小于 90°。槽段的长短应根据设计要求、土层性质、地下水情况、钢筋笼的轻重大小及设备起吊能力、砼供应能力等条件确定。地下墙槽段间应跳挖，宜相隔一段或两段跳段进行。同一槽段内槽底开挖的深度宜一致，不同深的槽段，应先挖较深的槽段，后挖较浅的槽段。成槽机抓斗在成槽过程中须保证垂直均匀地上下，尽量减少对侧壁的扰动。

槽段终槽深度的控制应符合下列要求：非承重墙的槽段、终槽深度必须保证设计深度。承重墙的槽段终槽深度应根据设计入岩要求，参照地质削面图上岩层标高，成槽时的钻进速度和鉴别槽底岩屑样品等综合确定。槽段开挖完毕，应检查槽位、槽深、槽宽及槽壁垂直度。

槽段的长度、厚度、倾斜度等应符合下列要求：槽段长度允许偏差为 ±2.0%。槽段厚度允许偏差为 +1.5%，−1.0%。槽段垂直度允许偏差为 ±1/50。墙面上预埋件位置偏差不应大于 10 mm。

（6）泥浆护壁

为防止槽段开挖过程中土壁坍塌，通常采用泥浆护壁。泥浆不仅有护壁作用，同时还具有携砂的作用。

泥浆护壁方法有两种：一种是先制备泥浆，再将其倒入槽中护壁；另一种是利用成槽时形成的泥浆护壁。

泥浆由膨润土、掺和物和水组成。膨润土是一种颗粒极细，遇水膨胀，粘性和可塑性均大的黏土。掺和物有增粘剂、分散剂及防漏剂等，加入它可调整泥浆的相对密度、粘度、失水量、钙离子量，防止泥浆渗漏。新制备的泥浆相对密度应小于 1.05，成槽后的泥浆相对密度不大于 1.15，槽底的泥浆相对密度不大于 1.20。同时泥浆粘度、失水量、厚度、pH 值、稳定性和胶体率应符合设计要求。

泥浆制备方法有高速回转式搅拌和喷射式搅拌两种。高速回转式搅拌是通过高速回转叶片，使泥浆产生激烈的涡流，从而把泥浆搅拌均匀。喷射式搅拌是用泵把水喷射成射流状，通过喷嘴附近的真空吸力将粉末供给装置中的膨润土吸出，同时通过射流进行搅拌。

（7）清底

挖槽结束后，沉淀到槽底的土体颗粒，在挖槽过程中未被排出的土渣，以及吊钢筋笼时从

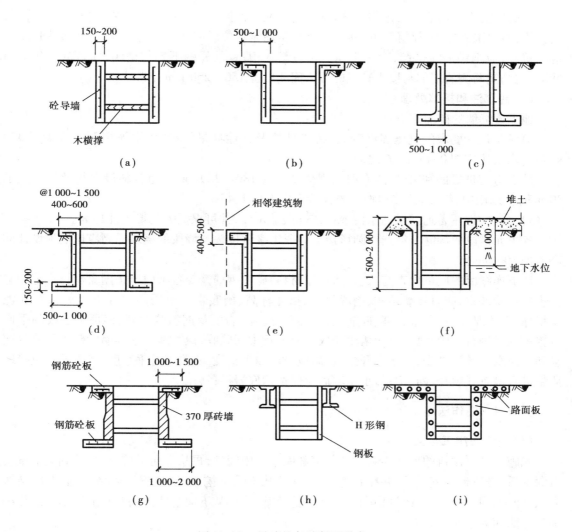

图 11.14　导墙的各种断面形式

(a)板墙形　(b)倒 L 形　(c)L 形　(d)工字形　(e)保护相邻结构做法

(f)地下水位高时做法　(g)砖混导墙　(h)型钢钢板组合导墙　(i)预制板组合

槽壁碰落的泥土等留在槽内,将影响水下浇筑砼的质量,因此必须进行清底。清底的方法有吸泥泵排泥法、空气升液排泥法、潜水泥浆泵排泥法。

槽段的清底要求:承重墙槽底沉渣厚度不应大于 100 mm;非承重墙槽底沉渣厚度不宜大于 300 mm。

(8)钢筋笼制作与安装

地下连续墙的钢筋笼规格和尺寸应考虑单元槽段、接头形式及现场的起重能力等因素。钢筋笼在现场制作,钢筋的净距应大于 3 倍粗骨料粒径,并预留砼导管的位置。钢筋笼如分节制作,可采用搭接接头,接头位置和长度应满足砼结构设计规范的要求。砼保护层厚度不应小于 70 mm。钢筋笼四周两道钢筋的交点需全部点焊,其余的可采用 50% 交叉点焊,焊接点必须牢固,临时铁丝绑扎点在钢筋入槽前应全部清除。

钢筋笼验收合格后方可吊装入槽;钢筋笼应在清槽换浆合格后立即吊装;钢筋笼应平稳入槽就位,不得采用冲击、压沉等方法强行入槽;钢筋笼就位后应在 4 h 内浇筑砼,超过 4 h 而未能浇筑砼,应把钢筋笼吊起,冲洗干净后再重新入槽;钢筋笼的下端与槽底之间宜留 500 mm 间隙,钢筋笼两侧的端部与接头管或砼接头面间应留 150 ~ 250 mm 空隙。

(9)砼灌注和接缝处理

地下连续墙的砼灌注应符合下列规定:

1)满足设计要求的抗压强度等级、抗渗性能及弹性模量等指标,水泥用量不宜少于 370 kg/m³;水灰比应在 0.45 ~ 0.6 之间。

2)砼应有良好的和易性,入孔时的坍落度宜为 180 ~ 220 mm。粗骨料最大料径不应大于 30 mm,宜选用中、粗砂,砼拌和物中的含砂率应不小于 45%。

3)水泥宜选用普通硅酸盐水泥或矿渣硅酸盐水泥,并可根据需要掺入外加剂。

各单元槽段的接缝一般选用圆形接头管或工字钢接头。墙段的浇筑标高应比墙顶设计标高增加 500 mm。

地下连续墙的质量检查与验收:除对原材料、砼和钢筋笼等各项内容按国家现行规范的有关规定检验外,尚应对导墙结构、槽段尺寸、槽底标高、槽底岩性土质、入岩(土)深度、终孔泥浆指标、沉渣厚度、槽段垂直度、砼灌注量和灌注速度、墙顶及钢筋笼标高、墙顶中心线的平面位置等项目进行检验;每一单元槽段完成后应进行中间验收,填写地下连续墙隐蔽工程验收记录和灌注水下砼记录表;当土方开挖后,尚应对墙面平整度、实测墙身垂直度、墙身质量及接缝质量进行检查并填写验收记录,承重墙尚应保留槽底岩样备查。

11.2.4 逆作法施工

(1)逆作法施工含义

先施工高层建筑的地下连续墙及其顶部圈梁和中间柱,再从上向下挖土,当达到地下室楼盖深度后,浇筑地下室楼盖,并在其掩护下,连续从上向下挖土,浇筑下一屋楼盖,而上部结构亦从下向上同时施工,一改过去先从上向下挖地基土,再从下向上施工基础和上部结构的传统施工方法称为逆作法施工。

逆作法具有施工工艺先进,施工工程期短,基坑变形小,施工成本低,施工速度快等优点。

(2)逆作法施工程序

逆作法的施工程序,见图 11.15。

①沿高层建筑地下室的周边,施工地下连续墙 该连续墙以后就作为地下室的边墙或围护结构。因此,地下连续墙应深于地下室的基础。在地下连续墙范围内,施工中间支承柱。它们在地下室建成后起支承柱的作用,在地下室尚未施工时是置于地下的桩,通常是以泥浆护壁的大直径钻孔灌注桩,它们通常布置在建筑物的柱子的位置处或隔墙相交处,数量、桩径和入土深度均经计算确定。

②施工地下室的第 1 层(即建筑物的 -1 层) 其方法是:以地下连续墙作为支护结构,在墙体范围内挖掘土方到地下 1 层地面标高,并完成 -1 层顶面的梁板楼面体系以及柱和墙的浇筑。该 -1 层的梁板体系被连接于原先施工的各中间支承柱,以它们作为支承,而该梁板体系本身又作为地下连续墙的横向支撑系统。

③开挖 -2 层土方,并以与 -1 层相同的施工方法,施工 -2 层 同样,-2 层的梁板体系

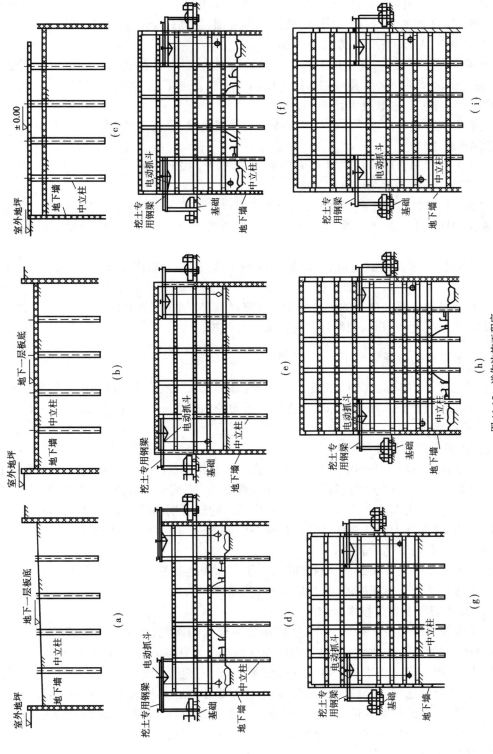

图 11.15　逆作法施工程序

（a）做围护和支承柱，开挖一层土　（b）施工地下一层楼板　（c）施工地下一层楼面　（d）施工上部一层结构、地下二层挖土　（e）上部二层结构施工、地下二层浇楼板　（f）施工上部三层、地下三层挖土　（g）施工上部三层、地下三层浇楼板　（h）上部四层施工、下部四层挖土　（i）上部二层结构施工，地下二层浇楼板、下部五层施工、上部四层挖土、下部四层挖土、底板浇捣被支承于中间支承柱,梁板体系周身又支撑着连续墙。以此类推,依次向下施工 -3, -4,…各层地下室。施工 -2 层的同时,在 -1 层的楼面结构上面,接高柱子和墙,向地面以上施工 +1 层,并依次向上施工 +2, +3,…各层主体结构。

由上可知,除了 -1 层外,其余地下各层均与地面以上层次同时施工,但在地下室底板浇筑之前,已施工的地面上下各层荷载均作用于中间支承柱及地下连续墙。所以地下室底板浇筑前,地面以上可施工的层数应由计算决定。

④浇筑地下室底板　待地下室底板砼养护到设计强度时,再施工其余地上各层结构。

(3)逆作法施工技术

逆作法施工组织和管理的难度较大,施工时应把握以下关键技术:

1)用地下连续墙作为永久地下室外墙。

2)对建筑主体结构柱子下的承载桩,在成桩的过程中要预先增加型钢支柱。

3)先施工地面楼板,将其支撑在型钢支柱与连续墙上,作为地下连续墙挖土过程中的支撑。

4)在地下室最下部底板施工前,上部结构的施工高度要控制在钢支柱桩的安全承载力之内。

5)各支柱桩及地下连续墙在施工过程中的沉降量,要控制在结构允许范围内。

6)施工有顶盖的地下室时,要保证其施工安全与效率。

11.2.5　大体积砼的浇筑

对大体积砼,目前国内尚无确切的定义。根据我国的实践经验,单面散热的结构断面最小厚度大于 75 cm,双面散热大于 100 cm,水化热引起的砼内外最高温差预计超过 25 ℃ 的砼结构,应按大体积砼施工。

(1)大体积砼易产生温度裂缝

大体积砼结构浇筑后水泥的水化热很大,聚集在砼结构内部的热量不易散发,会导致砼内部温度显著升高。而砼结构表面系数大,散热亦较快,因而砼结构就形成较大的内外温差,致使砼内部产生压应力,表面产生拉应力。当拉应力超过砼该龄期的抗拉强度时,砼表面就产生裂缝。实践表明,砼内部的最高温度多发生在砼浇筑后的最初 3~5 d。大体积砼常见的裂缝则多发生在早期的不同浓度的表面。

表面裂缝不属于结构性裂缝,但砼收缩时,由于表面裂缝处易产生应力集中,可促使砼收缩裂缝的开展,因此,对大体积砼的施工,应引起高度重视。

(2)防止大体积砼裂缝的技术措施

防止大体积砼裂缝的技术措施如下:选用水化热较低的水泥,如矿渣水泥或粉煤灰水泥等;在保证砼强度的条件下,水泥用量以 260~300 kg/m³ 为宜;加入高效减水剂,以降低每立方米砼的用水量,水灰比以小于 0.6 为宜;砼的入模温度不宜超过 28 ℃,且选择室外气温较低时进行施工;粗骨料宜选用粒径较大的卵石,应尽量降低砂石的含泥量,以减小砼的收缩量;为提高砼的和易性,可在砼中掺入适量的矿物掺料,如粉煤灰等;对表层砼做好保温措施,以减少表层砼热量的散失,降低内外温差;在浇筑过程中,可减小砼浇筑分层厚度。

(3)大体积砼的施工

大体积砼的施工应根据连续浇筑的要求、结构尺寸大小、钢筋疏密、砼供应条件等情况选用以下三种方案(图 11.16)。

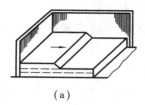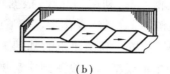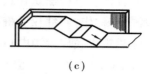

　　　(a)　　　　　　　　　　　(b)　　　　　　　　　　　(c)

图 11.16　大体积混凝土基础浇筑方案
(a)全面分层　(b)分段分层　(c)斜面分层

　　①全面分层　即将整个结构分为数层浇筑,当已浇筑的下层砼尚未凝结时,即开始浇筑第 2 层。如此逐层进行,直至浇筑完成。这种方案适用于结构平面尺寸不太大的工程。一般长方形底板宜从短边开始,沿长边推进浇筑;亦可从中间向两端或从两端向中间同时进行浇筑。

　　②分段分层　采用全面分层浇筑方案,当砼的浇筑强度太高,施工难以满足时,则可采用分段分层浇筑方案。它是将结构从平面上分成几个施工段,厚度上分成几个施工层,先在第 1 段上完成各层砼的浇筑,再依次进行第 2 段、第 3 段的施工。施工时要求第 1 段第 1 层末端砼初凝前,开始第 2 段第 1 浇筑层的施工,以保证砼接触面结合良好。该方案适用于厚度不大而面积或长度较大的结构。

　　③斜面分层　当结构的长度超过厚度的 3 倍,而砼的流动性较大时,宜采用斜面分层浇筑方案。因砼流动性较大,采用分层分段时不能形成稳定的分层踏步,故采用斜面分层,也就是一次将砼浇筑到顶,让砼自然流淌,形成一定的斜面,只需在下一段砼施工时上一段砼尚未初凝即可。砼的振捣需从下端开始,逐渐上移,以保证砼的施工质量。

　　大体积砼浇筑时,应对砼进行温度监测和控制,以掌握大体积砼的升温和降温。

11.3　高层建筑主体结构施工技术

11.3.1　高层建筑施工测量

　　施工测量是把设计的建筑物、构筑物的平面位置和高程,按设计要求以一定的精度测设在地面上,作为施工的依据,并在施工过程中进行一系列的测量工作,以指导各工序的施工。

　　施工测量贯穿于整个施工过程中。从场地平整、建筑物定位、基础施工,到建筑物构件的安装等,都需要进行施工测量,才能使建筑物、构筑物各部分的尺寸、位置符合设计要求。

　　高层建筑施工测量的主要任务是控制其垂直度,就是将建筑物的基础轴线准确地向高层引测,并保证各层相应轴线位于同一竖直面内,控制竖向偏差,使轴线向上投测的偏差值不超限。

　　轴线竖向投测时,其竖向误差在本层内不超过 5 mm,楼层累计误差不应超过 $2H/10\ 000$（H 为建筑物总高度）,且不大于:30 m$< H \leqslant$60 m 时,10 mm;60 m$< H \leqslant$90 m 时,15 mm;90 m$< H$时,20 mm。

（1）高层建筑物轴线的竖向投测

高层建设物轴线的竖向投测，主要有外控法和内控法两种方法。

1）外控法　外控法是在建筑物外部，利用经纬仪，根据建筑物轴线控制桩来进行轴线的竖向投测，亦称作"经纬仪引桩投测法"。具体操作步骤如下：

①在建筑物底部投测中心轴线位置　高层建筑的基础工程完工后，将经纬仪安置在轴线控制桩 A_1，A_1'，B_1，B_1' 上，把建筑物主轴线精确地投测到建筑物的底部，并设立标志，如图 11.17 中的 a_1，a_1'，b_1，b_1'，以供下一步施工向上投测之用。

②向上投测中心线　随着建筑物不断升高，应逐层将轴线向上传递，如图 11.17 所示。将经纬仪安置在中心轴线控制桩 A_1，A_1'，B_1 和 B_1' 上，严格整平仪器，用望远镜瞄准建筑物底部已标出的轴线 a_1，a_1'，b_1 和 b_1' 点，用盘左和盘右分别向上投测到每层楼板上，并取其中点作为该层中心轴线的投影点，如图 11.17 中的 a_2，a_2'，b_2 和 b_2'。

③增设轴线引桩　当轴线控制桩距建筑物较近时，望远镜的仰角较大，操作不便，投测精度也会降低。此时，可将原中心轴线控制桩引测到更远的安全地方，或者附近大楼的屋面。

将经纬仪安置在已投测上去的较高层（如第 10 层）楼面轴线 a_{10}，a_{10}' 上，如图 11.18 所示，瞄准地面上原有的轴线控制桩 A_1 和 A_1' 点，用盘左、盘右分中投点法，将轴线延长到远处和 A_2' 点，并用标志固定其位置，A_2，A_2' 即为新投测的 A_1，A_1' 轴控制桩。

更高各层的中心轴线，可将经纬仪安置在新的引桩上，按上述方法继续进行投测。

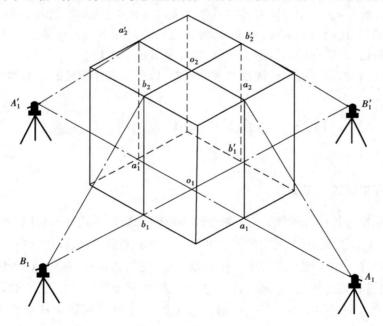

图 11.17　经纬仪投测中心轴线

2）内控法　内控法是在建筑物内 ±0 平面设置轴线控制点，并预埋标志，以后在各层楼板相应位置上预留 200 mm × 200 mm 的传递孔，在轴线控制点上直接采用吊线坠法或激光铅垂仪法，通过预留孔将其点位垂直投测到任一楼层，如图 11.19 和图 11.20 所示。

基础施工完毕后，在 ±0 首层平面上，适当位置设置与轴线平行的辅助轴线。辅助轴线距

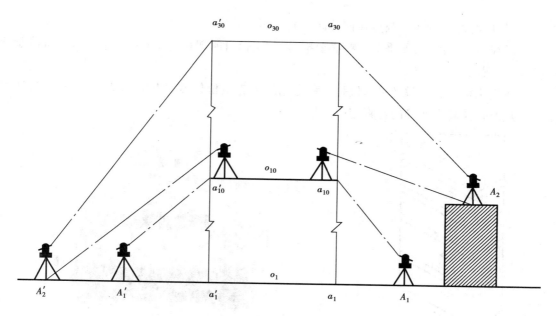

图 11.18　经纬仪引桩投测

轴线 500~800 mm 为宜,并在辅助轴线交点或端点处埋设标志,如图 11.18 所示。

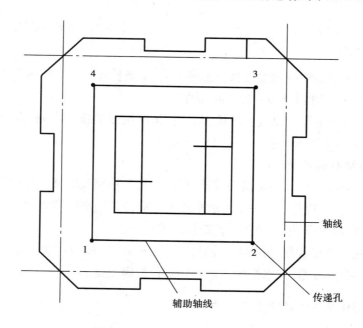

图 11.19　内控法轴线控制点的设置

①吊线坠法　吊线坠法是利用钢丝悬挂重锤球的方法,进行轴线竖向投测。此法一般用于高度在 50~100 mm 的高层建筑施工中,锤球的重量为 10~20 kg,钢丝的直径为 0.5~0.8 mm。

投测方法如图 11.20 所示,在预留孔上面安置十字架,挂上锤球,对准首层预埋标志。当锤球线静止时,固定十字架,并在预留孔四周做出标记,作为以后恢复轴线及放样的依据。此

409

时,十字架中心即为轴线控制点在该楼面上的投测点。

用吊线坠法实测时,要采取一些必要措施,如用铅直的塑料管套着坠线或将锤球沉浸于油中,以减少摆动。

②激光铅垂仪法　激光铅垂仪是一种专用的铅直定位仪器,如图11.21所示。此法适用于高层建筑物及高塔架等的铅直定位测量。

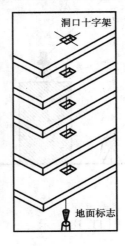

图11.20　吊线坠法
投测轴线

图11.21　激光铅垂仪

为了把建筑物的平面定位轴线投测至各层上去,每条轴线至少需要两个投测点。根据梁、柱的结构尺寸,投测点距轴线500～800 mm为宜。

为了使激光束能从底层投测到各层楼板上,在每层楼板的投测点处,需要预留孔洞,洞口大小一般在300 mm×300 mm左右,如图11.22所示。

(2)高层建筑物的高程传递方法

1)利用钢尺直接丈量法　在标高精度要求较高时,可用钢尺沿某一墙角自±0.00 m标高处起向上直接丈量,把高程传递上去。然后根据由下面传递上来的高程,作为该层墙身砌筑和安装门窗、过梁及室内装修、地坪抹灰等控制标高的依据。

2)悬吊钢尺法　在楼梯间悬吊钢尺,钢尺下端挂一重锤,使钢尺处于铅垂状态,用水准仪在下面与上面楼层分别读数,按水准测量原理把高程传递上去。

11.3.2　高层建筑主体结构施工技术

本节主要介绍高层建筑主体结构的竖向结构模板体系和水平结构模板体系的组合钢模板的施工;水平结构模板体系的台模施工、高层升板施工。有关大模板、液压滑升模板等内容,参见5.6节、5.7节。

(1)组合钢模板

1)模板安装面的找平

①水泥砂浆找平法　根据标高要求先用水泥砂浆找平,待其达到一定强度后将模板支于

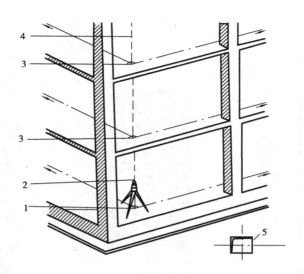

图 11.22　用铅垂仪进行平面控制点垂直投影

1—底层平面控制点;2—铅垂仪;3—铅垂孔;

4—铅垂线;5—铅垂孔边弹墨线标记

其上,达到密封和统一标高。

②模底填塑料找平方法　沿模板支设位置线两侧,填 2 cm 左右厚的聚苯乙烯硬泡沫塑料,将模板支于其上。

2)组合钢模板的支设

①基础模板支设　高层建筑的基础较深,体积较大,要求防水和抗渗,对模板及支撑系统的刚度、强度和稳定性要求较高。其外侧模板支撑多采用钢管和扣件组成的斜支撑系统,一端支撑在模板钢楞上,另一端支撑在基坑的斜坡上;采用对拉螺栓控制内外模板的距离,其内侧模板可用拉筋固定,拉筋可拉在钢筋骨架或垫层预埋件上,见图 11.23。

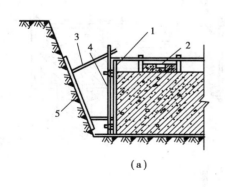

(a)

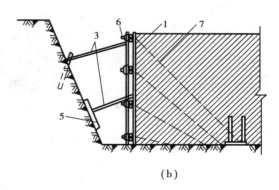

(b)

图 11.23　基础模板支设方法

(a)箱形基础底板模板　(b)大体积砼基础模板

1—钢模板;2—木槽芯;3—钢管支撑;4—钢管围楞;5—垫板;6—对拉螺栓;7—钢拉筋

②柱模板支设　柱模板支设有三种方法,预组合单片支设、预组合 L 形模板支设和组合

整体支设,见图11.24。

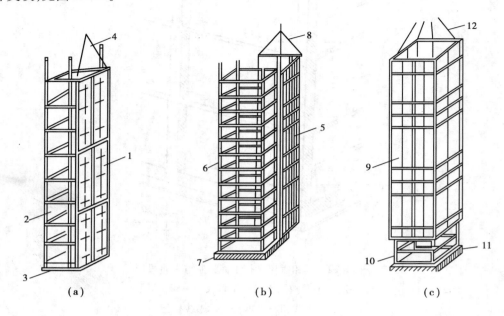

图 11.24　柱模板安装示意图

（a)预组合单片模板　（b)预组合 L 形模板　（c)预组合整体柱模

1—钢模板;2—主筋;3—短柱基准;4—吊索;5—钢模板;6—柱钢筋;

7—短柱基准;8—吊索;9—钢模板;10—钢筋;11—短柱基准;12—吊索

柱模与梁模连接处的处理方法有:保证柱模的长度符合模数,不符合部分放到节点部位处理;以梁底标高为准,由上往下配模,不符合模数部分放到柱根部位处理。柱模板与墙模板连接的方法,见图11.25。柱模板应支撑牢固,高度在 4 m 及以上时,一般应四面支撑(或用花篮螺栓拉紧);当柱高超过 6 m 时,不宜单根支撑,宜几根同时支撑连成构架。

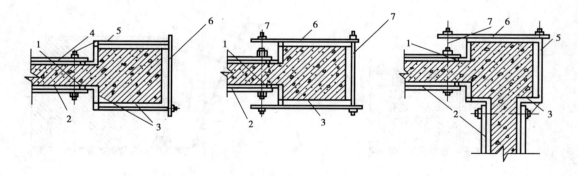

图 11.25　柱墙模板连接示意图

1—木条;2—墙模板;3—柱模;4—钢管龙骨;5—M16 钩头螺栓;6—钢管;7—M16 螺栓

③梁模板支设　梁模板支设方法有:单块就位支设、单片预组合支设、整体预组合支设。

④墙模板支设　组装墙模板时,对拉螺栓应做如下设置:采用组合式对拉螺栓时,内拉杆拧入尼龙帽要有 7~8 个丝扣,见图11.26;采用板条拉杆时,塑料管的切割长度比墙厚小 2~

3 mm,见图 11.27;采用通长对拉螺栓时(如套预制的带孔砼条),其长度比墙厚短 4~5 mm,两端要套上橡皮垫圈,防止水泥浆渗入孔中,见图 11.28。

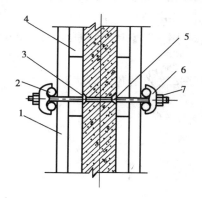

图 11.26　组合式对拉螺栓示意图

1—内钢楞;2—外钢楞;3—对拉螺栓;4—钢模板;
5—顶帽;6—"3"形扣件;7—螺帽

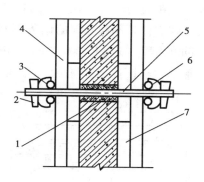

图 11.27　板条拉杆示意图

1—套管;2—楔形块;3—外钢楞;4—内钢楞;
5—板条拉杆;6—"3"形扣件;7—钢模板

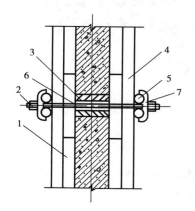

图 11.28　对拉螺栓示意图

1—钢模板;2—螺帽;3—带孔砼条;4—内钢楞;
5—外钢楞;6—对拉螺栓;7—"3"形扣件

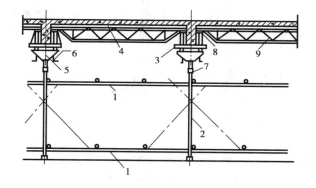

图 11.29　桁架支设楼板模板示意图

1—水平连杆;2—支柱;3—梁夹;4—钢模板;5—柱模顶帽;
6—梁桁架;7—微调螺杆;8—梁边方木;9—板下桁架

⑤楼模板支设　楼模板一般采用预组合支设法,即先支好梁、墙模板,后将桁架按规定就位并固定,再吊装模板,见图 11.29。

(2)台模施工

台模体系由面板和支架两部分组成,适用于现浇楼板施工。它可整体安装、脱模和转移,并利用起重机从现浇的楼板下移出转至上层使用。

1)台模构造　台模体系按支撑方式的不同,有立柱式台模、桁式台模、悬架式台模。

①立柱式台模　立柱式台模由面板、支承系统和辅助运输设备组成。

台模面板　常用组合钢模板、胶合板、铝合金板或工程塑料板等。

支承系统　包括:次梁、主梁、立柱、水平支撑和斜撑。

413

立柱由柱顶座、柱臂和柱脚组成。立柱通常采用规格为 $\phi 48 \times 3.5$ mm 的圆形钢管,柱顶配有柱帽,用螺栓与主梁连接。柱脚采用 $\phi 38 \times 4$ mm 的圆形钢管,端部焊有底板,能在柱臂内伸缩。施工时通过柱脚在立柱管内的伸缩来调节台模的高低,用 $\phi 12$ mm 的销子固定。也可用安装在立柱顶部和底部的调节螺旋来调正台模的高低。水平支撑和斜撑通常采用 $\phi 48 \times 3.5$ mm 的钢管,支撑与立柱之间用扣件连接。

辅助运输设备是台模翻层的运输工具,它包括台模升降运输和吊篮式活动钢平台。

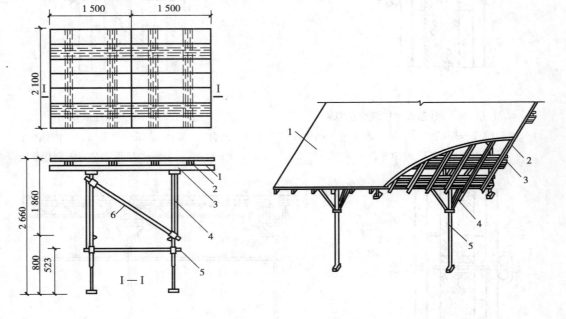

图 11.30 普通钢管组合台模
1—组合钢模板;2—次梁;3—主梁;
4—立柱;5—水平支撑;6—斜撑

图 11.31 薄壁槽钢组合台模
1—面板;2—次梁;3—主梁;4—托架;5—顶撑

A. 普通钢管组合台模 台模的立柱、纵横连接杆和斜撑等采用普通脚手架钢管,见图 11.30。立柱一般为 4～10 根,为伸缩式。台模面板可采用组合钢模板,有框或无框胶合板,凡靠梁和柱方向的台模,均带梁侧板和柱头模板。台模面积一般为 6～16 m²。

B. 薄壁槽钢组合台模 它由面板、构架和支撑系统组成,见图 11.31。面板选用木胶合板或竹胶合板,面板直接支撑在构架的次梁上,用螺栓连接,构架由主梁和次梁组成,主、次梁均采用 Q235 轻质内卷边槽钢:次梁为 100 mm × 50 mm × 20 mm × 2 175 mm × 3 000 mm、@400 mm,主梁为 160 mm × 60 mm × 20 mm × 2 175 mm × 4 500 mm,主次梁之间用螺栓连接。支撑系统包括柱架与顶撑,托架与主梁连接尺寸为上口 540 mm × 540 mm,高为 800 mm,用角钢焊接而成;顶撑为可调活动式,由上、下段钢管组成。

C. 20 K 台模 它由面板、承重支架、纵梁、横梁、挑梁、接长管、调节螺栓等组成,见图 11.32。20 K 的台模面板由 1 220 mm × 2 440 mm × 18 mm 的胶合板拼接而成。承重支架是由钢管焊接成的支柱管架,支柱的外径为 61 mm、壁厚为 3.9 mm,纵梁、挑梁为 I16,横梁为 J400 铝梁。

D. 门架式台模　这种台模是用门形架搭设而成,见图 11.33。

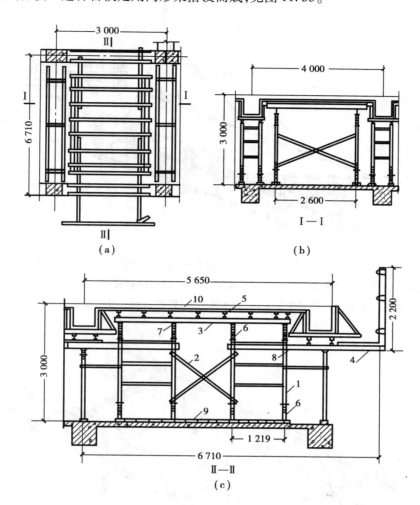

（a）台模平面布置　　（b）台模横剖面 Ⅰ—Ⅰ　　（c）台模纵剖面 Ⅱ—Ⅱ

图 11.32　20 K 台模布置与构造

1—承重支架;2—剪刀撑;3—纵梁;4—挑梁;5—横梁;6—调节螺栓;

7—顶板;8—接长管（或延伸管）;9—垫板;10—面板

②桁架式台模　桁架式台模见图 11.34,主要适用于大开间、大进深、无柱帽的无梁楼盖结构。

2）台模施工　台模适用于高层建筑中的各种楼盖结构,是现浇钢筋砼楼板的一项专用模板。它形如桌子,故亦称台模。由于它在施工中层层向上吊运翻转,中途不再落地,亦称飞模。现以立柱式台模为例,介绍其施工程序及施工要点。

①施工程序　立柱式台模的施工程序为:台模拼装→就位→绑扎钢筋→浇筑砼→养护→拆模→翻层。

②施工要点

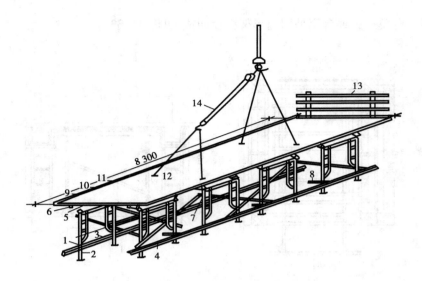

图 11.33　门架式台模布置与构造

1—门式架下部安装连接件;2—底托插入门式架;3—交叉拉杆;4—通长角铁;5—顶托;6—大龙骨;
7—人字支撑;8—水平拉杆;9—小龙骨;10—木板;11—铁皮;12—吊环;13—护身栏;14—电动环链

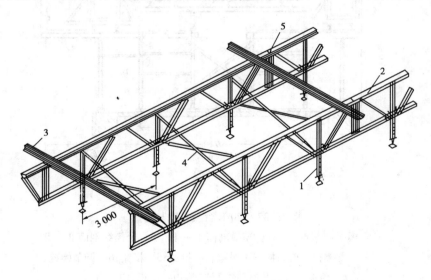

图 11.34　桁架式台模

1—伸缩式支腿;2—桁架;3—龙骨;4—剪刀撑;5—拼接

A. 台模拼装常在现场拼装,须预先制作台模的靠模。靠模是拼装所需规格的基准。顺装台模的靠模可做成立体状固定在拼装平台上;倒装台模的靠模则以平面状固定在拼装平台上。

B. 台模就位应按台模施工图进行,用塔吊将台模按顺序吊至施工的楼层。台模就位时,先使台模四周紧靠墙壁,并留出几厘米空隙。同一开间内的台模就位后,将台模的面板调平并调整至设计标高,连接台模各部件,并用钢板盖缝。

C. 浇筑楼盖梁板砼,经自然养护,其强度达到设计强度80%以上时拆模。拆模时,台模升降运输车就位,用千斤顶升起台模运输车的臂架,托住台模下部的水平支撑,敲掉倒拔榫,拔出柱脚销子,把柱脚推进立柱管内,随即插上销子,使台模保持最低高度。接着下降台模运输车臂架,台模在自重的作用下随之下降。

D. 台模降落到台模运输车上后,将台模推至出模口的吊篮式活动钢平台上。用塔吊将台模及钢平台吊运到上层楼面,并用人力将其推运到指定位置就位,又进行上层楼盖的施工。

(3)高层升板施工

1)升板法　升板法是把各层楼板和屋面板在现场预制,板与板之间涂刷隔离剂,当板养护到规定强度后,通过安装在柱上的升板机,以柱为支撑和导杆,将各层楼板和屋面板逐层提升到设计位置,然后将板和柱连接固定。由此不难看出,升板施工的关键设备是升板机。

①升板机　升板机主要有电动和液压两类:

A. 电动升板机　电动升板机由电动机驱动,通过链杆和蜗轮蜗杆传动机构,使螺杆上升,从而带动吊杆和屋面板上升[见图11.35(a)]。当板升过一个停歇孔时,用承重销临时固定;当楼板固定后,将提升架下端四个支腿放下支撑于楼板上,并将悬挂升板机的承重销取下,开动电动机反转,此时螺杆被楼板顶住不能下降,只能迫使升板机沿螺杆升过上一个停歇孔时,停止开动,装入承重销,将升板机挂上[见图11.35(b)]。楼板与升板机不断交替上升,即可将屋面板和各层楼板提升到设计标高,并将其固定。

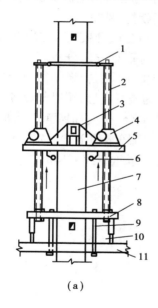
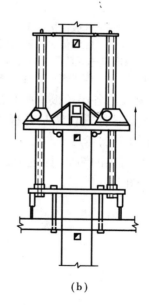

（a）　　　　　　　　　　　（b）

图 11.35　电动升板机构造图

（a）提升屋面板　（b）升板机自升

1—螺杆固定架;2—螺杆;3—承重销;4—电动螺旋千斤顶;5—提升机底盘;
6—导向轮;7—柱子;8—提升架;9—吊杆;10—提升架支腿;11—屋面板

B. 液压升板机　一般由液压系统、电控系统、提升工作机构、自升式机架组成,见图11.36。

②升板施工　图11.37为10层升板建筑预制桩的施工方法,第1种是采用两层高的柱

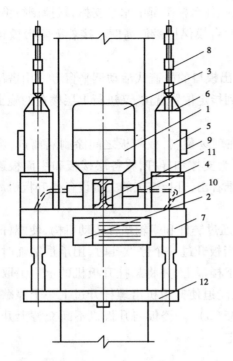

图 11.36　液压升板机构造图

1—油箱；2—油泵；3—配油体；4—随动阀；

5—油缸；6—上棘爪；7—下棘爪；8—竹节杠；

9—液压销；10—机架；11—停机销；12—自动随动架

子,楼板预制分 2 批,每批 5 层,每层楼板单独提升,提升杆长为 5 层楼的高度。第 2 种是采用 5 层高的柱子,楼板预制一批完成,每层升板单独提升,提升杆为 5 层楼的高度。预制柱用起重机吊装,柱子也可采用部分预制柱,再采用现浇钢筋砼柱接高。

2)升滑法　升滑法是将升板与滑模两种工艺结合,利用架设在钢骨架上的升板机,在提升屋面板时,同时进行柱和墙体的施工。滑升柱的模板固定在屋面板的下面和钢骨架的四周,见图 11.38。利用屋面板作为操作平台,在提升过程中向模板内灌注砼,模板不断滑升,砼连续浇筑。

3)升层法　升层法是在准备提升的板面上进行内外墙和整体构件的施工,包括门窗和一部分装修及设备的施工。然后整体向上提升,由上而下逐层进行,直至最下一层就位,见图 11.39。

4)分段升板法　分段升板法是将高层建筑从垂直方向分成若干段,每段的最下一层楼板采用箱形结构,以增加其承载能力,并在其上浇筑该段的各层楼板。此时箱形空间可作为技术夹层,用以敷设各种管线。

5)悬挂升板法　悬挂升板法是升板法和悬挂法的结合,楼板和屋面板在地面上重叠制作,中央竖井用滑模施工,然后安装悬挂梁、承重缆索,承重缆索的下端固定于地下,其上端穿过楼板、屋面板和悬臂梁的端部,固定于建筑物最高点上,承重钢缆索同时起提升板的导向作用。悬挂升板法见图 11.40。

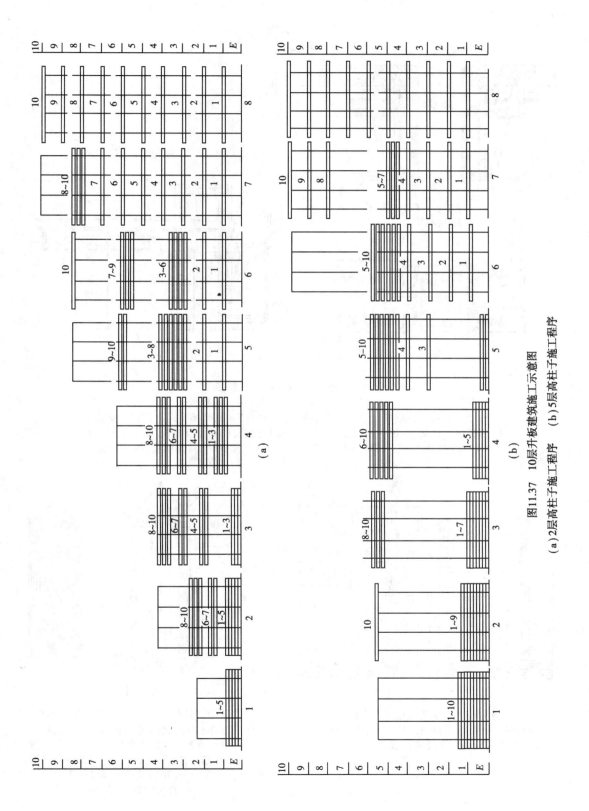

图11.37　10层升板建筑施工示意图
(a) 2层高柱子施工程序　(b) 5层高柱子施工程序

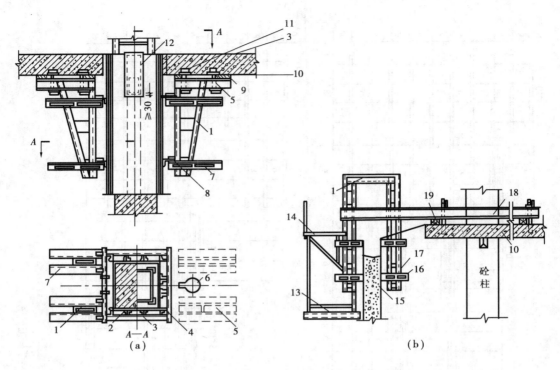

图 11.38 升滑法施工示意图
(a)滑升柱的模板 (b)滑升墙体的模板
1—提升架;2—转角模板;3—固定模板;4—围圈;5—螺栓;6—提升孔;7—支撑;
8—压板;9—硬垫木;10—顶层板;11—预埋螺帽铁板;12—抽板模板;13—吊脚手架;
14—操作平台;15—墙体;16—模板支撑;17—围檩;18—悬臂钢梁;19—垫块

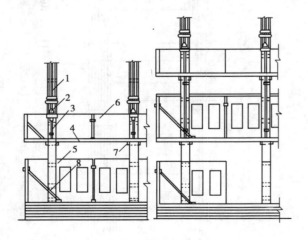

图 11.39 升层法施工示意图
1—柱;2—升板机;3—吊杆;4—屋面板;
5—顶层墙板;6—女儿墙墙板;7—承重销;
8—临时支撑

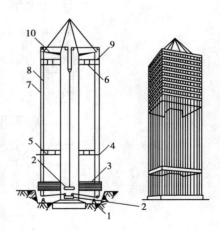

图 11.40 悬挂升板法施工示意图
1—建筑物钢缆固定器;2—卷扬机;
3—重叠生产的模板;4—钢缆升降装置;
5—正在提升的楼板;6—安置好的楼板;
7—升降钢缆;8—建筑物钢缆;
9—楼板夹紧装置;10—悬臂

11.4　高层建筑玻璃幕墙与防水施工技术

11.4.1　高层建筑玻璃幕墙施工技术

目前玻璃幕墙施工主要有两种形式:单元式(或称工厂组装式)和元件式(或称现场组装式)。目前应用较多的是元件式。

(1)材料要求

①玻璃幕墙金属材料和零附件应选用不锈钢,若选用普通钢材应进行表面热浸镀锌处理,铝合金应进行表面阳极氧化处理。

②铝合金材料及钢材应符合现行国家标准的规定。

③玻璃可选用钢化玻璃、夹层玻璃、中空玻璃、吸热玻璃、热反射镀膜玻璃、夹丝玻璃等,其产品质量应符合国家的技术标准。

④密封材料、结构硅酮密封胶、低发泡间隔双面胶带等应符合《玻璃幕墙工程技术规范》之规定。

(2)连接构造

玻璃幕墙与墙体结构是通过固定支座、固定幕墙立柱连接的。固定支座应具备调整范围,其调整尺寸 a_x,a_y,a_z 不应小于 40 mm,见图 11.41。立柱与固定支座的连接见图 11.42。固定支座通过焊接固定在预埋件或型钢支架上,玻璃的安装构造见图 11.43。

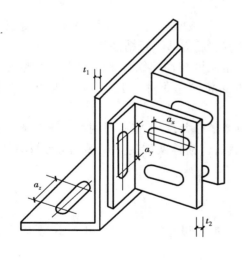

图 11.41　固定支座示意图

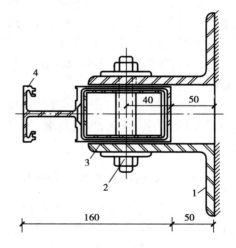

图 11.42　立柱连接构造示意图
1—127 mm×89 mm×9.5 mm 角钢;
2—M16 mm×130 mm 不锈钢螺栓;
3—铝合金套筒;4—幕墙竖框

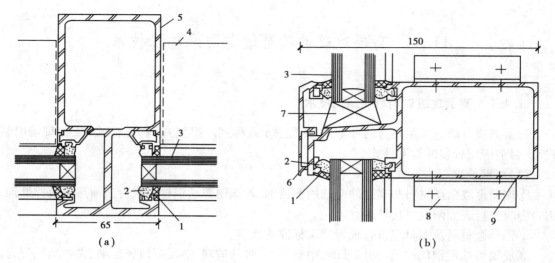

图 11.43　玻璃安装构造示意图
（a）立柱装配玻璃　（b）横挡装配玻璃
1—密封胶；2—橡胶压条；3—玻璃；4—固定连接件；5—幕墙竖向件；
6—泄水孔；7—橡胶垫块；8—连接件；9—幕墙横挡

（3）安装工艺

测量放线→固定立柱上下底座→找正找平→初步固定→安装立柱→检查立柱间距和垂直度→插入横撑→安装定位块→安装玻璃→放填充材料→打密封胶。

（4）施工要点

①在墙体施工时，应预埋好铁件，然后将连接铁件焊接或螺栓固定在预埋件或外墙金属骨架上。连接件须进行防锈处理或用不锈钢，在连接件就位后立即进行精确找正。

②安装立柱时，通过固定支座与每层楼板连接。紧固件与预埋铁件之间用焊接或螺栓连接，立柱全部安装完毕，检查其间距、垂直度后，即可安装横撑龙骨。上、下立柱采用方钢管（或铝材）芯连接。

③安装横撑时，应先用木支撑将两根立柱的间距微微撑大，然后将横撑两端的燕尾槽对准竖龙骨上的燕尾销送入，橡胶锤敲打横撑连接部位，然后将横撑两端的燕尾槽用橡胶圈塞平，撤出木支撑。

11.4.2　高层建筑防水施工技术

高层建筑由于深基础的设置和建筑功能的需要，一般均设有一层或多层地下室，其防水功能十分重要，目前采用较多的做法有以下几种。

（1）高层建筑地下室防水的做法

1）砼结构的防水砼，一般分为普通防水砼、外加剂防水砼和微膨胀防水砼。

2）刚性附加防水层一般在防水砼的迎水面或背水面抹上防水砂浆层。

3）合成高分子卷材防水，这种做法能适应钢筋砼结构沉降、伸缩和开裂变形的需要。

4）高聚物改性沥青油毡防水。

5）聚氨酯涂膜防水。

（2）防水砼后浇缝的处理

当地下室为大面积的防水砼结构时，防水砼后期的干缩蠕变成或不均匀沉降等，易引起其开裂、变形而导致渗漏水，因此，应预留必要的后浇缝。缝内的结构钢筋不断开，仅在浇筑砼时使其预留断缝，待各段防水砼施工完毕，收缩变形完成后，再浇筑具有一定膨胀性能和强度的明矾石膨胀水泥砼。其配合比见表 11.2。

表 11.2　明矾石水泥砼配合比

砼强度等级	配合比		水灰比	砂率/%	坍落度/cm	材料用量/（kg·m⁻³）				MF 掺量/%
	水泥：砂子：石子					水泥	砂子	石子	水	
C30	1：1.47：2.64		0.44	36	10～12	450	662	1 188	198	0.5

对后浇缝浇筑砼前，必须将后浇缝两侧砼的表面凿毛并彻底清理干净，以保证先后浇筑的砼相互粘结牢固，不出现裂缝，使其起到结构和防水的双重作用。

11.5　高层建筑施工安全技术

高层建筑由于施工高度大，高空坠落、物件打击等安全事故时有发生。目前我国颁布了许多安全生产方面的法规和条例，如：《建设工程安全生产管理条例》（国务院令第 393 号）；《建筑工程预防高处坠落事故若干规定》和《建筑工程预防坍塌事故若干规定》的通知（建质[2003]82 号）等。所以，在施工中除遵守一般建筑安装工程的安全操作规程外，还应根据高层建筑施工的特点，编制安全技术措施。

11.5.1　高层建筑脚手架的搭拆要求

高层建筑的脚手架搭拆，除遵守多层建筑脚手架搭拆的要求外，尚须遵守下列规定：

1）高层建筑的脚手架应进行设计和计算。

2）采用支撑于地面上的外脚手架时，必须以 15～18 m 高度为一段，采取挑、撑、吊等方法，分段将荷载分卸到建筑物上，同时每层应与建筑物连接，连接点垂直距离不得大于 4 m，水平距离不得大于 4.5 m。

3）高层建筑施工，必须在施工层工作面外侧支设 3 m 以上的安全网，首层必须支设一道固定的安全网，在施工层与首层之间每隔 3～4 个楼层须支设挑出的安全网。

4）安全网必须是合格产品，严禁用丙纶网做保护网。

5）安全网应每隔 3 m 设一根（道）支杆，与地面保持 45°；在楼层支网，须预埋钢筋环或在墙的里外侧各绑一道横杆；不论搭设平网或立网，其每根绳头均需栓紧栓牢，松紧一致；网与网连接和转角处必须严密，不得有空隙之处；网外口一般比里口高 50 cm 以上。

6）使用吊篮架子时，其吊索和固定装置必须牢靠；操作人员要挂好保险绳或安全卡具。吊篮升降时，保险绳要随升降调整，不得摘除。吊篮两端面和外侧用网封严，吊篮顶要设护头网或护头顶棚，吊篮里侧要绑一道护身栏，并设挡脚板。

7）转移插口架子时，必须先将钢丝绳挂在塔式起重机大钩上，方可拆动室内的窗口别杆。

在别杆未卡好或还处于松动时,插口架子严禁上人,插口架子的两端面须用网封严。

8)使用桥式脚手架时,要特别注意立柱与墙体是否连接牢靠。升降时,必须挂好保险绳。

11.5.2 高层建筑施工的防电、避雷措施

1)在高、低压线路下方均不得搭设脚手架,脚手架的外侧边缘与外电架空线路的边线之间必须保持安全操作距离,最小安全操作距离不小于表11.3的规定。当条件不满足最小距离规定时,必须采取防护措施,增设屏障、防护架,并悬挂醒目警告标志牌。

2)高层建筑施工时应按图纸的规定,随时将砼中的立筋与接地装置连接,以防施工遭到雷击。

3)工地上的井字架等垂直运输设备应将一侧的中间立杆接高,高出顶端的作为接闪器,并在该立杆下端设置接地器,同时应将卷扬机的金属外壳可靠接地。

4)建筑工地上的起重机最上端必须设避雷针,并连接于接地装置上。

5)建筑物的钢管脚手架应有良好的接地,并做好避雷装置。

表11.3 脚手架外缘距架空输电线的最小安全距离

输电线路电压/kV	1 以下	1~10	35~110	154~220	330~500
最小安全距离/m	4	6	8	10	15

11.5.3 高层建筑施工其他安全措施

1)在"四口"、"五临边"均须采取有效的防护措施"四口"的防护措施,即楼梯口、电梯口(包括垃圾洞口)、预留洞口,必须设围护栏或盖板。正在施工的建筑物的出入口和井架通道口,必须搭设板棚或席棚,棚的宽度应大于出入口宽,棚的长度应根据建筑物的高度,分别为5~10 m。"五临边"的防护措施,即凡尚未安装栏杆的阳台周边、无脚手架的屋面周边、井架通道的一侧边、框架建筑的楼层周边和斜道两侧边,必须设1 m高的双层围护栏或搭设安全围护设施。

2)高层建筑施工时,应采取可靠的措施,保证上下通信联系畅通。

3)结构施工时,施工层使用的中小型电气机具,应安装漏电保护器。

4)消防用水设专用管线,并保证足够的水压。

5)高层作业时必须划出禁区,并设置围栏、警示牌,禁止行人、闲人进入。凡在高空作业外沿必须行人者,应搭设防护棚。

6)夜间高空作业应有足够的照明设备。高处应采用低压安全灯,电梯等高耸机电设备,要有接地装置。

7)不准在6级及以上大风或大雨、雷、雾天气从事露天高空作业。

复习思考题 11

1. 高层建筑施工的特点是什么？
2. 试述护坡桩的分类及支撑形式。
3. 试述地下连续墙的施工工艺。
4. 何谓"逆作法"施工？
5. 如何确定大体积砼的浇筑方案？为防止大体积砼产生裂缝,应采取哪些技术措施？
6. 高层建筑常用的施工体系有哪几种？
7. 简述台模施工工艺。
8. 什么是高层建筑的"四口"、"五临边"？

模拟项目工程

1. 某办公写字楼,由两幢 26 层的办公塔楼和 4 层裙房组成。塔楼采用内筒外框结构,地下一层为设备用房,地下二层为消防水池及其他用房。基础形式为箱形基础与厚筏板,砼强度等级为 C40。考虑两塔楼中部裙房地下层与塔楼之间设沉降缝在构造上很难处理,基础差异沉降较小,故不采用沉降缝,采用后浇带进行处理。

【问题】：

(1) 什么是后浇带？后浇带起何作用？
(2) 后浇带的设置距离和带宽一般为多少？
(3) 后浇带的保留时间一般应为多少？
(4) 后浇的断面构造形式有哪几种？
(5) 说明本项目工程后浇的留设要求和施工要点。

2. 某高层建筑,钢筋砼基础底板长 × 宽 × 高 = 25 m × 14 m × 1.2 m,要求连续浇筑砼,不留施工缝。现搅拌站有 3 台 2501 的搅拌机,每台搅拌机生产率为 5 m^3/h,砼运输时间为 25 min,气温为 25 ℃,浇筑分层厚度为 300 mm。

【问题】：

(1) 大体积砼产生裂缝的主要原因是什么？
(2) 为防止大体积砼产生裂缝,应采取哪些技术措施？
(3) 大体积砼浇筑有几种方案？
(4) 本项目工程砼基础能采用全面分层法、分段分层法或斜面分层法吗？为什么？
(5) 要完成本项目工程砼基础的浇筑需要多少时间？